Java 8

入门与实践(微课视频版)

丁振凡◎编著

中国水利水电出版社
www.waterpub.com.cn
·北京·

内 容 提 要

《Java 8 入门与实践（微课视频版）》是一本关于 Java 语言面向对象编程的 Java 入门书，以知识点+实例的形式，详细介绍了 Java 核心技术和编程技巧，每章最后都有 Java 习题，既可以巩固所学内容，又能提高读者的动手能力。全书分 3 篇共 17 章，其中第 1 篇为 Java 语言基础，具体内容包括 Java 语言概述，数据类型与表达式，流程控制语句，数组和方法；第 2 篇为 Java 面向对象核心概念及应用，详细介绍了类与对象，继承与多态，常用数据类型处理类，抽象类、接口及内嵌类；第 3 篇为 Java 语言高级特性，包括异常处理，Java 绘图，图形用户界面编程基础，文件操作与输入/输出流，多线程，泛型、Collection API 与 Stream，Swing 图形界面编程，Java 网络编程，JDBC 技术和数据库应用等。本书内容全面，知识点介绍由浅入深，实例选择兼顾知识性、实用性和趣味性，有利于读者快速入门和培养解决实际问题的能力。本书覆盖 Java 计算机等级考试（二级）的知识体系要求，同时也融入了 JDK1.8 版本中的新知识。

《Java 8 入门与实践（微课视频版）》的配套资源非常丰富，包括 **128 集视频讲解、源代码文件和 PPT 教学课件等**；为了方便教学和读者学习，本书还配备了《Java 8 入门与实践实验指导及习题解析（微课视频版）》（配有 103 集视频讲解），对书中的知识点进行了提炼、对上机实验进行了详细指导、对课后习题进行了详细解答和分析。

《Java 8 入门与实践（微课视频版）》是一本 Java 入门视频教程，可作为 Java 初学者、Java 编程爱好者、Java 语言工程师等使用 Java 8 进行软件开发的实战指南和参考工具书，也适合应用型高校计算机相关专业、培训机构作为 Java 程序设计和面向对象编程的教材或参考书。

图书在版编目（CIP）数据

Java 8 入门与实践 ：微课视频版 / 丁振凡编著.
-北京 ：中国水利水电出版社, 2019.5

ISBN 978-7-5170-7556-1

Ⅰ．①J… Ⅱ．①丁… Ⅲ．①JAVA 语言—程序设计
Ⅳ．①TP312.8

中国版本图书馆 CIP 数据核字(2019)第 056774 号

书　　名	Java 8 入门与实践（微课视频版） Java 8 RUMEN YU SHIJIAN (WEIKE SHIPIN BAN)
作　　者	丁振凡　编著
出版发行	中国水利水电出版社 （北京市海淀区玉渊潭南路 1 号 D 座　100038） 网址：www.waterpub.com.cn E-mail：zhiboshangshu@163.com 电话：（010）62572966-2205/2266/2201（营销中心）
经　　售	北京科水图书销售中心（零售） 电话：（010）88383994、63202643、68545874 全国各地新华书店和相关出版物销售网点
排　　版	北京智博尚书文化传媒有限公司
印　　刷	三河市龙大印装有限公司
规　　格	185mm×235mm　16 开本　27.25 印张　578 千字
版　　次	2019 年 5 月第 1 版　2019 年 5 月第 1 次印刷
印　　数	0001—5000 册
定　　价	89.80 元

凡购买我社图书，如有缺页、倒页、脱页的，本社营销中心负责调换

版权所有·侵权必究

前 言

Preface

Java 语言从 1995 年诞生到现在，得到了飞速的发展，已经涉及计算机应用的众多领域，如浏览器应用、桌面应用、Internet 服务器、中间件、个人数字代理、嵌入式设备等。Java 语言的面向对象、跨平台、多线程等特性，奠定了其作为网络应用开发的首选工具。

Java 是一个面向对象的程序设计语言，内容体系非常丰富，本书的立足点是 Java 语言基础部分，写作时以 Java 语言的基本内容体系为线索，将面向对象程序设计的原则与特点融入具体的 Java 程序实例中，理论与实践相结合，使读者快速入门。本书内容覆盖 Java 计算机二级等级考试的知识体系要求，同时也融入了 JDK1.8 版本中的新知识。

本书共 17 章，具体安排如下。

第 1 章介绍 Java 面向对象程序设计的特性、语言的特点以及 Java 程序的调试过程；

第 2 章介绍 Java 数据类型与表达式，以及基本的输入/输出操作；

第 3 章介绍分支语句和循环语句的使用；

第 4 章介绍数组的应用、方法的定义与调用，以及方法参数传递问题；

第 5 章介绍类与对象的概念、类成员和实例成员的访问差异、this 的运用，以及变量的有效范围；

第 6 章介绍继承与多态的概念、访问控制修饰符、final 修饰符，以及 super 的使用，并介绍了 Object 类和 Class 类的使用；

第 7 章介绍字符串的处理、基本数据类型包装类、日期和时间的访问处理；

第 8 章介绍抽象类与接口的使用、内嵌类的应用，并介绍了 Java 8 新支持的 λ 表达式的应用；

第 9 章介绍 Java 异常处理机制及编程特点；

第 10 章介绍 Java 绘图；

第 11 章介绍图形用户界面编程基础，主要涉及图形界面布局、事件处理特点、简单的图形部件和容器的使用，还介绍了鼠标和键盘事件处理；

第 12 章介绍文件操作与输入/输出流，主要涉及字节流和字符流的读/写、对象序列化，以及文件和目录的管理操作、文件的随机访问等；

第 13 章介绍 Java 多线程的编程处理特点、共享资源的访问控制；

第 14 章介绍 Java 泛型、Collection API 与 Stream，主要涉及泛型的概念，Collection API 的定义层次与使用，Java 8 新支持的 Stream，以及综合性较强的扫雷游戏的设计案例；

第 15 章介绍 Swing 部件的使用，主要涉及对话框、菜单、各类选择部件等；

第 16 章介绍 Java 网络编程，主要涉及 Socket 通信和数据报传输编程、URL 资源访问。本章给出了简单聊天程序的设计样例，分别用 Socket 通信和数据报多播实现，最后介绍了基于 Socket 通信的网络对弈五子棋案例；

第 17 章讨论 Java 数据库访问编程技术，还结合一个简单考试系统的设计给出了一个综合设计样例。

Java 语言是一种纯面向对象的编程语言，适合高等院校面向对象程序设计课程的教学或者作为自我学习的参考书。面向对象技术总体上包括面向对象分析、面向对象设计和面向对象编程三方面内容。本书仅介绍面向对象编程相关内容，要熟悉面向对象分析和设计，还需要学习更多的知识和内容，如 UML 建模等，Java 实际上是建模实现的最好的程序设计语言。

要学好 Java，首先必须熟悉 Java 语言的基本语法规则；其次，要尽可能熟悉 Java 的类库，掌握类库的体系和常用类的使用方法。另外，软件设计是一个富有创造性的工作，同时也是一项工程，只有经过严格、系统的训练，才能提高自己的编程能力。亲自动手编程并上机调试，是提高编程能力的最好途径。现代软件设计通常由集体完成，每个人编写的程序要让别人容易理解，所以，代码的规范化以及适当添加注释也是提高软件编写效率和可维护性的重要保证。编程教学的根本目标是培养学生的计算机逻辑思维和代码组织能力，而代码设计的首要目标是要做到算法清晰、代码规范，同时也要考虑代码在运行和存储效率上的优化。希望读者对常见问题的解决方法熟练掌握，以便遇到类似问题时能快速写出代码。

本书是作者多年来教学和软件开发经验的总结，对书中内容进行了精心设计和安排：知识点按照由浅入深、循序渐进的原则进行组织；程序样例大多简短实用，且很多例题来自融知识性、趣味性、挑战性于一身的游戏和全国程序设计竞赛试题，让学生在提高动手能力的同时，更多体会编程的乐趣；书中所有代码均经过调试，许多例子是实际应用的写照，有利于培养学生解决实际问题的能力。

本书可以作为高等院校开设 Java 语言的教材，也可作为读者学习 Java 语言的自学用书。学习本书建议安排 48~64 学时的教学，并将其中大约 1/3 的时间留给上机实践，最好再安排一周的课程设计。

本书由华东交通大学丁振凡、范萍、喻佳、李明翠和邹芝兰编写，其中范萍编写第 1~4 章，喻佳编写第 5~8 章，邹芝兰编写第 9 章，丁振凡编写第 10~15 章，李明翠编写第 16~17 章。全书由丁振凡统稿。与本书配套的除教学 PPT 课件外，还有 Java 网络教学平台（网址是"http://cai.ecjtu.jx.cn/"），通过该平台，可实现全方位的师生互动。

另外，读者可在手机微信公众号中搜索并关注"人人都是程序猿"，输入本书书名发送到公众号后台获取资源下载链接（内容包括教学视频、源码文件、PPT 课件等），也可加入 QQ 群：631424481（请注意加群时的提示，并根据提示加入对应的群号），在线交流学习。

由于编者水平所限，加之时间仓促，疏漏之处在所难免，恳请读者批评指正。

编　者

目　录

Contents

第 1 篇　Java 语言基础

第 2 篇　Java 面向对象核心概念及应用

第 3 篇　Java 语言高级特性

第1篇

Java 语言基础

本篇介绍了程序设计语言普遍涉及的一般性知识。主要包括程序的调试过程、语言的基本符号、数据类型和表达式、各种语句的使用，以及数组的定义与访问、方法的定义与调用等。

第 1 章主要讨论了 Java 程序的调试过程；第 2 章的核心是建立变量类型概念，理解表达式的表示方式与计算过程，了解数据的输入和输出形式；第 3 章介绍了各种流程控制语句的使用，结合典型实例介绍了计算机解题的基本思路和编程方法；第 4 章介绍了数组的存储组织和访问方式，并讨论了方法的定义和调用形式。

本篇内容是学习 Java 程序设计语言的必备知识，也是后续学习的基础。

第 1 章

Java 语言概述

本章知识目标：

❑ 了解面向对象程序设计的特性。
❑ 掌握 Java 应用程序的调试过程。
❑ 了解 Java 的开发与运行环境。
❑ 了解 Java 语言的特点。

从 1995 年问世至今，Java 得到了众多厂商的支持，成为软件开发的主流技术，无论桌面应用、手机应用、Web 应用，还是云计算和大数据应用，均有 Java 的身影。Java 是纯面向对象的程序设计语言，拥有跨平台、多线程等众多特性，在网络计算中应用广泛。

1.1　面向对象程序设计的特性

早期的编程语言如 Fortran、C 语言等都是面向过程的语言，面向过程编程的一个明显特点是数据与程序分开，随着计算机软件的发展，程序越做越大，软件维护也日益困难。面向对象编程贴近人类思维方式，面向对象的软件开发将世界上的事物均看作对象，对象有两个特征：状态与行为，对象可以通过自身的行为来改变自己的状态。新的程序设计语言一般为面向对象的语言，面向对象程序设计具有以下四大特性。

1．封装性（Encapsulation）

面向对象的第一个原则是把数据和对该数据的操作都封装在一个类中，类的概念和现实世界中的"事物种类"是一致的。例如，电视机就是一个类，每台电视有尺寸、品牌等属性。可用 on/off 开关来开启电视，通过更改频道让电视机播放不同的节目。

对象是类的一个实例化结果，对象具有类所描述的所有属性以及方法。对象是个性化的，在程序设计语言中，每个对象都有自己的存储空间来存储对象的各个属性值，有些属性本身又可能是由别的对象构成。

每个对象都属于某个类。面向对象程序设计就是设计好相关的类，类中有属性和方法。在统一建模语言（UML）中使用如图 1-1 所示的符号来描述对象和类的结构，其中，属性用来描述对象的状态，而方法则描述对象的行为。还可以通过访问修饰符来限制类的属性和方法的访问操作控制。

2．继承性（Inheritance）

继承是在类、子类及对象之间自动共享属性和方法的机制。每个类实质上是表示某个概念，类的上层可以有父类、下层可以有子类，形成一种层次结构，如图 1-2 所示。一个类将直接继承其父类的属性和行为，而且继承还具有传递性，因此，它还将间接继承所有祖先类的属性和行为。例如，概念"学生"可包含姓名和性别等属性，所有其子类将继承这些属性。

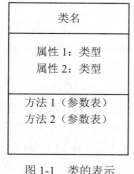

图 1-1　类的表示

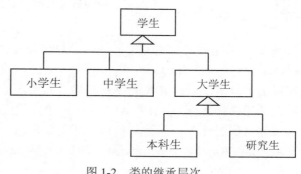

图 1-2　类的继承层次

继承最主要的优点是重复使用性，在继承已有类的基础上加以改写，进而使其功能不断扩充，可达到程序共享的好处，提高软件开发效率。

当父类繁衍出许多子类时，它的行为接口通过继承可以传给其所有子类。因此，可以通过统一的行为接口去访问子类对象的行为，但不同子类中具体行为实现可能不一样。子类中对父类定义的行为重新定义是下面将介绍的多态性的一种体现。

3. 多态性（Polymorphism）

多态是指在表示特定功能时，有多种不同的形态或实现方法。常见的多态形式有以下两种。

（1）方法的重载（overloading）。即在同一个类中某个方法有多种形态。方法名相同，但参数不同，所以也称参数多态。

（2）方法的覆盖（overriding）。对于父类的某个方法，在子类中重新定义一个相同形态的方法，这样，在子类中将覆盖从父类继承的那个方法。

多态为描述客观事物提供了极大的能动性。参数多态提供方法的多种使用形式，这样方便使用者的调用，而覆盖多态则可使得我们以同样的方式对待不同的对象，不同的对象可以用各自的方式响应同一消息。通过父类定义的引用变量可引用子类的对象，执行对象方法时则表现出每个子类对象各自的行为，这种特性称为运行时的多态性。

4. 抽象性（Abstraction）

抽象有两个层次的含义，第一体现在类的层次设计中，高层类是低层类的抽象表述。类层次设计体现着不断抽象的过程。许多类是抽象出来的概念，如"动物""水果"。Java 中有一个 Object 类，它处于类层次结构的顶端，该类中定义了所有类的公共属性和方法。可以用 Object 类的变量去引用任何子类的对象，通过 Object 对象引用能访问的成员，在子类中总是存在的。

第二体现在类与对象之间的关系上，类是一个抽象的概念，而对象是具体的。面向对象编程的核心是设计类，但实际运行操作的是对象。类是对象的模板，对象的创建以类为基础。同一类创建的对象具有共同的属性，但属性值不同。

扫一扫，看视频

1.2　Java 开发和运行环境

Java 开发和运行环境有很多，例如，Oracle 公司的 JDK、NetBeans，开源组织提供的 Eclipse，Xinox 公司的 JCreator，Spring Source 公司的 STS 等。

在以上工具中，只有 JDK 是字符环境，其他均是图形环境。JDK 可以从 Oracle 公司的主页下载，如果选择 Java 8，则在 Windows 下的 64 位版本为 jdk-8u66-windows-x64.exe。JDK 的基本构成体系如图 1-3 所示，包括运行环境和开发工具（编译器、调试器、工具库等）。Java 运行环境（Java Runtime Environment，JRE）包含 Java API 和 Java 虚拟机（JVM），JVM 主要担负以下三大任务。

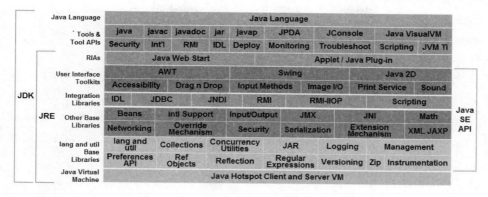

图 1-3　JDK 的基本构成体系

（1）加载代码——由类加载器执行。

（2）检验代码——由字节码校验器执行。

（3）执行代码——由运行时解释执行的。

　　JDK 下载后需要安装，单击下载的文件包即可实现安装，默认安装路径是 C:\Program Files\Java\jdk1.8.0_66\目录下，安装完毕后会在此目录下含有 5 个子目录。

（1）bin 目录：存放 JDK 的可执行程序，如 javac.exe、java.exe 等。

（2）db 目录：含 JDK 附带的一个轻量级的关系数据库，名为 Derby。

（3）include 目录：存放用于本地方法的文件。

（4）jre 目录：是 Java 的运行环境，如果只是为了能够运行 Java 字节码，可以只安装 jre，它会在系统中已安装的浏览器下安装相应的解析环境，使浏览器能够运行 Java。

（5）lib 目录：含有一些库文件。

1.3　Java 语言的特点

扫一扫，看视频

Java 语言具有以下特点。

1．简单的面向对象语言

　　Java 语言的语法类似 C 语言或 C++语言，Java 是从 C++语言发展而来的，从某种意义上讲，Java 语言是 C 语言及 C++语言的一个变种，因此，C++语言程序员可以很快掌握 Java 编程技术，但 Java 语言比 C++语言要简单，Java 语言摒弃了 C++语言中容易引发程序错误的地方，如指针和内存管理。另外，它又从 Smalltalk 和 Ada 等语言中吸收了面向对象技术中最好的东西。Java 语言的设计完全是面向对象的，并提供了丰富的类库。

2．跨平台与解释执行

　　Java 语言实现了软件设计人员的一个梦想——"跨平台"，为此目标，Java 语言的目标代码设计为字节码的形式，从而可以实现"一次编译、到处执行"。在具体的机器运行环境中，由 Java 虚拟机对字节码进行解释执行。通过定义独立于平台的基本数据类型及其运算，Java 数据得以在任何硬件平台上保持一致。

解释执行无疑在效率上要比直接执行机器码低，所以 Java 的运行速度相比 C++要慢些，但 Java 解释器执行的字节码是经过精心设计的，Java 解释器执行的速度比其他解释器执行快。结合其他一些技术，也可以提高 Java 的执行效率，例如，在具体平台下，Java 还可以使用本地代码。Java 运行环境将提供一个即时编译器，这个编译器在运行时将字节码翻译为机器码。

3．健壮和安全的语言

Java 在编译和运行程序时，都要对可能出现的问题进行检查，以消除错误的产生。Java 在编译时，提示可能出现但未被处理的异常，帮助程序员正确地进行选择，以防止系统的崩溃。类型检查帮助检查出许多开发早期出现的错误。Java 不支持指针，从而防止了对内存的非法访问。在 Java 语言里，像指针和释放内存等 C++功能被删除，避免了非法内存操作。

由于 Java 代码的可移动特性，代码的安全设计变得至关重要。例如，Java Applet 是存放在 Web 服务器上，但却是下载到客户端浏览器中运行。如果 Applet 中含有恶意代码（例如，修改或删除客户端的文件），那是非常危险的。因此，Java 代码在执行前将由运行系统进行安全检查，只有通过了安全检查的代码才能正常执行。

4．支持多线程

多线程是当今软件技术的一项重要成果，它在很大程度上提高了软件的运行效率，因此，在操作系统、数据库系统及应用软件开发等很多领域得到了广泛使用。多线程技术允许在同一程序中有多个执行线索，也就是可以同时做多件事情，从而满足复杂应用需要。Java 不但内置多线程功能（例如，Java 的自动垃圾回收就是以线程方式在后台运作），而且 Java 提供语言级的多线程支持，利用 Java 的 Thread 类可容易地编写多线程应用。

5．面向网络的语言

Java 源于分布式应用这一背景。Java Applet 是直接嵌入浏览器中执行的程序，曾经给浏览器页面的动态交互性带来很大影响。Java 中还提供了丰富的网络功能，例如，利用 Java 提供的 Socket 和数据报的通信功能，可以很容易编写客户/服务器应用。Java 应用程序可凭借 URL 打开并访问网络上的对象，其访问方式与访问本地文件系统几乎完全相同。如今，Java 已经成为分布式企业级应用的事实标准。

6．动态性

Java 程序的基本组成单元是类，有些类是自己编写的，有些类是从类库引入的。在运行时所有 Java 类是动态装载的，这就使 Java 可以在分布式环境下动态地维护程序和类库。不像 C++那样，每当类库升级后，相应的程序都必须重新修改、编译。

扫一扫，看视频

1.4　Java 程序及调试步骤

本节以 Java 桌面应用为例介绍程序的调试过程。调试 Java 程序包括编辑、编译、运行 3 个步骤，如图 1-4 所示。

1.　编辑源程序

可以用任意文本编辑器（如 Edit、记事本或 IDE 集成开发环境中的编辑窗口）编辑源程序文件。为调试程序方便，保存的 Java 源程序的存放目录位置通常与 DOS 命令提示符所显示的路径要一致。以下几个 DOS 命令在调试 Java 程序时常用到。

（1）更换当前盘

命令格式：盘符

例如，以下命令将 DOS 的当前盘从 e 盘更换到 d 盘。

E:/>d:

（2）进入当前目录的子目录

命令格式：cd　子目录名

（3）显示当前目录下的文件列表

命令格式：dir

（4）文件改名

命令格式：rename　旧文件名　新文件名

【例 1-1】简单 Java 程序（Hello.java）。

程序代码如下：

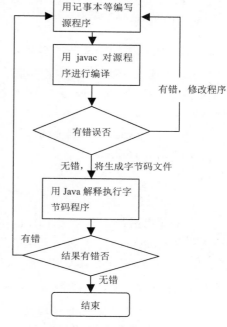

图 1-4　调试程序的过程

```
#01  class Hello {
#02     public static void main(String[] args) {
#03        System.out.println("Hello World!");
#04     }
#05  }
```

✍ 说明：

（1）Java 源程序文件必须以.java 的扩展名结尾。

（2）每个 Java 程序是由若干类构成的，再简单的 Java 程序也必须包括一个类。第 1 行用关键字 class 来标志一个类定义的开始，Hello 为类名。

（3）在类体中，第 2 行定义了 main 方法头，其中，main 为方法名。方法名后的一对小括号中定义方法的参数形态；public 的含义是该方法的访问是公开的；static 表示该方法是一个静态方法；void 表示该方法无返回值。main 方法是 Java 应用程序的执行入口。

（4）方法体中安排方法执行的语句序列，第 3 行的语句是一条方法调用语句，表示引用 System 类（是 Java 语言基础类库中的一个类）的 out 属性（代表标准输出流对象）的 println 方法，该方法将其参数"Hello World!"在标准输出设备（显示器）上输出。每条语句必须以";"结尾。

📢 注意：

> Java 语言是大小写敏感的语言，Java 的文件名及程序中的符号均要严格注意大小写，如果把 class 写成 Class 或 CLASS 都是错误的。

2．编译生成字节码文件（.class）

在 JDK 的运行环境下，程序的编译和运行均需要在 DOS 命令行方式下输入命令。编译用到 Java 编译器程序（javac.exe），它将 Java 源程序文件（.java）编译后产生一个对应的字节码文件（.class）。

命令格式：javac 文件名.java

例如：javac Hello.java

📢 注意：

> 输入的文件名后必须加有扩展名".java"。

如果出现找不到 javac 执行程序的错误，则需要将 Java 安装目录的 bin 子目录设置到 DOS 的搜索路径（path）下。解决办法有以下两种。

（1）如果 JDK 安装在 C:\Program Files\Java\ jdk1.8.0_66\目录下，则可以进行以下设置。

```
path=%path%;C:\Program Files\Java\ jdk1.8.0_66\bin
```

其中，%path%代表 path 环境变量原来的值。

（2）在 Windows 桌面下，右击"我的电脑"，从弹出的快捷菜单中选择"属性"→"系统属性"→"高级"→"环境变量"命令，弹出的对话框如图 1-5 所示，选择系统环境变量 Path，单击"编辑"按钮，可出现如图 1-6 所示的"编辑系统变量"对话框，在"变量值"栏中添加";C:\Program Files\Java\jdk1.8.0_66\bin"。

图 1-5　"环境变量"对话框

图 1-6　"编辑系统变量"对话框

源程序如果有语法错误，编译则会给出相应的错误提示信息和错误大致位置，这个位置基本准确，但有时可能是由其他地方的错误而引发，所以在排除错误时要前后仔细查看。有错误或警告的话，用文本编辑器重新编辑修改，存盘退出后，再次编译，直至没有任何错误。当然，要提醒读者的是，编译器只能查找程序中的语法错误，对于程序逻辑上的问题，编译器是不会给出提示的。

编译成功后，Java 程序的编译对应源代码文件中定义的每个类都生成一个以这个类名字命名的.class 文件。

3．字节码的解释与运行

在 JDK 软件包中，运行程序是通过 Java 字节码解释器（java.exe）来解释执行程序。

命令格式：java 字节码类名

🔊 注意：

> 命令中字节码文件名后面不要写后缀名.class，因为默认的就是要去执行.class 的文件，写了反而会出错。

例如：java Hello

例 1-1 的编译、解释执行完整情况如图 1-7 所示。

同一 Java 源文件中可定义多个类，以下程序 First.java 中定义了两个类，则编译后将产生两个字节码文件，分别是 First.class 和 Second .class。

图 1-7　应用程序调试过程

【例 1-2】同一源程序文件中定义多个类（First.java）。

程序代码如下：

```
#01  public class First {
#02      public static void main(String args[]) {
#03          System.out.println(Second.Message);
#04      }
#05  }
#06
#07  class Second {
#08      static String Message = "Hello Java!";
#09  }
```

✎ 说明：

> 第 1～5 行定义了 First 类，在第 7～9 行定义了 Second 类。Second 类中定义了一个静态属性 Message，在 First 类中访问 Second 类的 Message 属性。

📢 注意：

同一 java 源文件中最多只能定义一个带 public 修饰的类，且要求源程序的文件名必须与 public 修饰的类名一致，main 方法通常也放在该类中。运行程序时，要执行含 main 方法的类，本例是 First 类。如果将 First 类的 main 方法复制到 Second 类中，也可以运行 Second 类。

Java 也支持图形界面编程，Java Applet 就是运行于浏览器页面中的 Java 图形界面程序，考虑到 Applet 应用现在不太受欢迎，因此本书不过多介绍 Applet 编程。以下是一个窗体应用程序，在窗体中安排一块画布，在画布中绘制图形。图 1-8 所示为程序的执行效果。

图 1-8　程序执行效果

【例 1-3】简单图形界面应用程序（MyCanvas .java）。

程序代码如下：

```
#01    import java.awt.*;
#02    public class MyCanvas extends Canvas {
#03        public void paint(Graphics g) {
#04            g.setColor(Color.red);           //设置画笔颜色为红色
#05            g.drawString("大家好!", 40, 80);   //绘制文字
#06            g.drawLine(30, 40, 130, 40);      //绘制直线
#07            g.drawOval(30, 40, 80, 60);       //绘制椭圆
#08        }
#09        public static void main(String args[]) {
#10            Frame x = new Frame("演示");        //构造方法的参数设置窗体标题
#11            x.add(new MyCanvas());            //创建一个画布对象加入窗体中央
#12            x.setSize(300,200);               //设置窗体大小
#13            x.setVisible(true);               //设置窗体可见
#14        }
#15    }
```

✍ 说明：

（1）第 1 行的 import 语句是用来引入 Java 系统提供的类，java.awt.*表示 java.awt 包中的所有类，本程序中用到了其中的 Frame 类、Graphics 类和 Canvas 类。Java 语言中通过包组织类，引入其他包中的类，就可以在程序中直接使用这些类。

（2）第 2 行定义了本例的主类，MyCanvas 是类名，要注意主类名必须和文件名相同，extends 是关键字，表示继承的意思，其父类为 Canvas 类（表示画布）。

（3）第 3 行定义的 paint 方法为实现图形绘制的方法，其所在的图形部件将自动调用该方法进行绘图。paint 方法的参数 g 是一个代表"画笔"的 Graphics 对象，利用该对象可调用 Graphics 类的系列方法绘制各种图形，如第 4 行用 setColor 方法设置画笔的颜色，Color.red 表示红色；第 5 行用 drawString 方法在指定位置绘制文字，后面两个参数为坐标位置；第 6 行用 drawLine 方法绘制直线，参数为直线的始点和末点的坐标；第 7 行用 drawOval 方法绘制椭圆，4 个参数为椭圆的外切矩形左上角的坐标与宽

度、高度。

（4）在 main 方法中，首先通过 new 运算符创建一个 Frame 对象，赋值给 x 引用变量，然后，通过 x 去访问窗体的方法，第 11 行通过 add 方法给窗体中加入一个 MyCanvas 类型的画布对象，第 12 行设置窗体的大小；第 13 行设置窗体可见。

1.5　在 Eclipse 环境下调试 Java 程序

扫描，拓展学习

从 Eclipse 的网站（http://www.eclipse.org/）下载 Eclipse 安装程序，根据你的计算机选择 32 位或 64 位安装包（如 eclipse-java-photon-R-win32-x86_64.zip），对下载文件进行解包安装，在安装后的目录中将有一个 eclipse 子目录，运行其下的 eclipse.exe 文件即可启动 Eclipse。

（1）从 File 菜单中选择 New→Java Project 命令创建一个工程，将弹出一个新建工程对话框，输入工程名称（如 test），单击 Finish 按钮即可。

（2）选中工程，右击，从弹出的快捷菜单中选择 New→Class 命令，在出现的对话框的 Name 域输入类名 Hello，然后单击 Finish 按钮，即可进入程序编辑界面。

（3）在如图 1-9 所示的界面中可编辑输入程序。在 Eclipse 环境中调试程序是即时编译的，如果程序输入过程中发现编译有问题，则会自动在代码中通过特殊指示告知错误位置。调试运行程序，可按 Ctrl+F11 组合键或者单击 ▶ 图标。在右下的 Console 子窗体中可看到运行结果。例如，图中程序的输出结果为 hello。

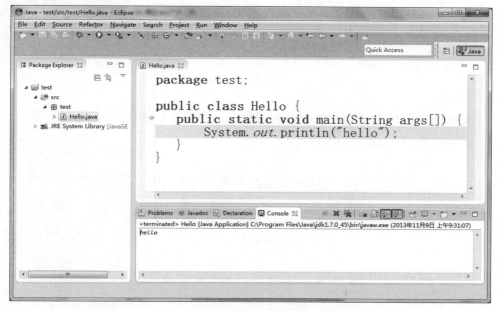

图 1-9　程序编辑和运行调试界面

习　题

1．选择题

（1）编译和解析执行一个 Java 应用程序应分别采用的命令是（　　）。

A．java 和 javac   B．javac 和 java

C．javap 和 java   D．javac 和 jdb

（2）下列叙述中，正确的有（　　）。

A．一个源程序文件中只能定义一个类

B．源文件名与 public 类名可以不相同

C．源文件扩展名为.java

D．源文件中 public 类的数目不限

（3）编译 Java 源程序文件将产生相应的字节码文件，字节码文件的扩展名为（　　）。

A．java   B．class   C．txt   D．exe

（4）以下（　　）是应用程序的 main 方法头。

A．public static int main(char args[])

B．public static void main(String args[])

C．public static void MAIN(String args[])

D．public static void main(String args)

2．思考题

（1）面向对象程序设计的四大特性分别是什么？

（2）简述 Java 语言的特点。

3．编程题

（1）创建一个名为 TestApp 的 Java 应用程序，在屏幕上分行显示以下一段文字。

    华东交通大学

      欢迎您！

（2）分别在字符界面和窗体图形界面中绘制输出以下三角形图案。

```
  *
 ***
*****
```

第 2 章

数据类型与表达式

本章知识目标：

❑ 掌握 Java 标识符的命名要求。

❑ 了解程序注释的形式。

❑ 掌握数据类型划分、变量定义与赋值、数据类型自动转换与强制转换。

❑ 熟悉各类运算符的使用，了解其优先级与结合性。

❑ 了解 Math 类常用数学方法的使用。

❑ 掌握常用的数据输入与输出方法。

本章涉及程序设计语言几个基本问题，首先是基本符号、数据类型表示、表达式的计算及变量的赋值处理；其次，介绍了对应数学函数 Math 类的常用方法；最后，讨论了常用的数据输入/输出方法。

扫描，拓展学习

2.1 Java 符号

Java 语言主要由以下 5 种符号组成：标识符、关键字、运算符（详见 2.3 节）、分隔符和注释。这 5 种符号有着不同的语法含义和组成规则，它们相互配合，共同完成了 Java 语言的语义表达。

2.1.1 标识符

在程序中，通常要为各种变量、方法、对象和类等加以命名，将所有由用户定义的名字称为标识符。Java 语言中，标识符是以字母、汉字、下划线（_）、美元符（$）开始的一个字符序列，后面可以跟字母、汉字、下划线、美元符、数字。标识符的长度没有限制。

除了上面的规则外，定义标识符还要注意以下几点。

（1）Java 的保留字（也称关键字）不能作为标识符，如 if、int、public 等。

（2）Java 是大小写敏感的语言。所以，A1 和 a1 是两个不同标识符。

（3）标识符能在一定程度上反映它所表示的变量、常量、类的意义，即能见名知义。

按照一般习惯，变量名和方法名以小写字母开头，而类名以大写字母开头。如果变量名包含了多个单词，则单词组合时，切换每个单词的第一个字母用大写，如 isVisible。

表 2-1 列出了一些 Java 合法标识符、不合法标识符及不合法的原因。

表 2-1　Java 标识符举例

合法标识符	不合法标识符	不合法的原因
tryAgain	try#	不能含有#号
group_7	7group	不能以数字开头
opendoor	open-door	不能出现减号、只能有下划线
boolean_1	boolean	关键字不能作为标识符

2.1.2 关键字

Java 语言中将一些单词赋予特殊的用途，不能当作一般的标识符使用，这些单词称为关键字或保留字。表 2-2 列出了 Java 语言中的常用关键字及用途。

表 2-2　Java 常用关键字及用途

关　键　字	用　　途
boolean、byte、char、double、float、int、long、short、void	基本类型
new、super、this、instanceof、null	对象创建、引用
if、else、switch、case、default	选择语句

续表

关　键　字	用　　途
do、while、for	循环语句
break、continue、return	控制转移
try、catch、finally、throw、throws、assert	异常处理
synchronized	线程同步
abstract、final、private、protected、public、static	修饰说明
class、enum、extends、interface、implements、import、package	类、枚举、继承、接口、包
native、transient、volatile	其他方法
true、false	布尔常量

有关 Java 关键字要注意以下两点。

（1）Java 语言中的关键字均为小写字母表示。TRUE、NULL 等不是关键字。

（2）goto 和 const 虽然在 Java 中没有作用，但仍保留作为 Java 的关键字。

2.1.3　分隔符

在 Java 中，圆点"."、分号";"、空格和花括号"{ }"等符号具有特殊的分隔作用。将其统称为分隔符。每条 Java 语句以分号作为结束标记。一行可以写多条语句，一条语句也可以占多行。例如，以下 Java 语句是合法的。

```
int i,j;
i=3;j=i+1;
String x="hello"+
        ", welcome!";
```

Java 中可以通过花括号"{ }"将一组语句合并为一个语句块。语句块在某种程度上具有单条语句的性质。类体和方法体也是用一组花括号作为起始和结束。

为了增强程序的可读性，经常在代码中插入一些空格来实现缩进，一般按语句的嵌套层次逐层缩进。为使程序格式清晰而插入程序中的空格只起分隔作用，在编译处理时将自动过滤掉多余空格。但要注意字符串中的每个空格均是有意义的。

2.1.4　注释

注释是程序中不执行的部分，在编译时它将被忽略，其作用是增强程序的可阅读性。Java 的注释有以下三种方法。

（1）单行注释，在语句行中以"//"开头到本行末的所有字符视为注释。例如：

```
setLayout(new FlowLayout());                    //采用流式布局
```

（2）多行注释，以"/*"和"*/"进行标记，其中"/*"标志着注释块的开始，"*/"标志着注释块的结束。例如：

```
/*  以下程序段循环计算并输出
        2!、3!、4!…9!的值
*/
int fac=1;
for (int k=2; k<10; k++) {
    fac = fac * k;
    System.out.println(k+"!="+fac);
}
```

（3）文档注释，类似前面的多行注释，但注释开始标记为"／**"，结束仍为"*/"。文档注释除了起普通注释的作用外，还能够被 Java 文档化工具（javadoc）识别和处理，在自动生成文档时有用。其核心思想是当程序员编完程序以后，可以通过 JDK 提供的 javadoc 命令生成所编程序的 API 文档，而该文档中的主要内容就是从程序的文档注释中提取的。该 API 文档以 HTML 文件的形式出现，与 Java 帮助文档的风格与形式完全一致。

例如，下面的 DocTest.java 文件：

```
/** 这是一个文档注释的例子，介绍下面这个类 */
public class DocTest{
    /** 变量注释，变量 i 充当计数 */
    public int i;
    /** 方法注释，下面方法的功能是计数 */
    public int count(){ i++; }
}
```

📢 注意：

　　好的编程习惯是先写注释再写代码或者边写注释边写代码。要保持注释的简洁性，注释信息要包含代码的功能说明，并解释必要的原因，以便于代码的维护与升级。

扫描，拓展学习

2.2　数据类型与变量

2.2.1　数据类型

在程序设计中要使用和处理各种数据，数据按其表示信息的含义和占用空间大小区分为不同类型。Java 语言的数据类型可以分为简单数据类型和复合数据类型两大类，如图 2-1 所示。

简单数据类型也叫基本类型，它代表的是语言能处理的基本数据。如数值数据中的整数和实数（也叫浮点数），字符类型和代表逻辑值的布尔类型。基本数据类型数据的特点是占用的存储空间是固定的。

复合数据类型也称引用类型，其数据存储取决于数据类型的定义，通常由多个基本类型或复合类型的数据组合构成。

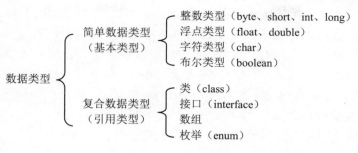

图 2-1　Java 数据类型

数据所占存储空间的大小以字节为单位，表 2-3 列出了 Java 所有基本数据类型分配的存储空间大小及数据取值范围。在某些情况下，系统自动给基本数据类型变量的存储单元赋默认值，此表中也给出了各种基本类型的默认值。

表 2-3　基本数据类型

关 键 字	数 据 类 型	所占字节	默 认 值	取 值 范 围
byte	字节型	1	0	$-2^7 \sim 2^7-1$
short	短整型	2	0	$-2^{15} \sim 2^{15}-1$
int	整型	4	0	$-2^{31} \sim 2^{31}-1$
long	长整型	8	0	$-2^{63} \sim 2^{63}-1$
float	单精度浮点型	4	0.0F	$1.4e^{-45} \sim 3.4e^{+038}$
double	双精度浮点型	8	0.0D	$4.9e^{-324} \sim 1.798e^{+308}$
char	字符型	2	0	$0 \sim 65535$
boolean	布尔型	1	false	true，false

2.2.2　字面量

字面量也称常数，值的大小由其文字符号就可看出。除了各种基本数据类型的字面量外，还有一种字符串形式字面量，其处理有些特殊，原因在于 Java 并没有将字符串作为简单类型，而是作为一种复合类型对待，在 Java 中专门有一个类 String 对应字符串的处理。

1．布尔型字面量

布尔型字面量只有 true 和 false 两个取值。它表示逻辑的两种状态，true 表示真，false 表示假。

📢 注意：

> Java 中的布尔类型是一个独立的类型，不对应于任何整数值，这一点和 C 语言中的布尔值用 0 或非 0 来表示是完全不同的。

2．整型字面量

整型字面量就是不带小数的数，但包括负数。在 Java 中整型字面量分为 long、int、short

和 byte 4 种类型。在 Java 语言中对于数值数据的表示有以下几种形式。

（1）十进制：数据以非 0 开头，如 4、–15。

（2）八进制：数据以 0 开头，其中，每位数字范围为 0～7，如 054、012。

（3）十六进制：数据以 0x 开头，由于数字字符只有 10 个（0～9），所以表示十六进制时分别用 A～F 几个字母来代表十进制的 10～15 对应的值。因此，每位数字范围为 0～9、A～F，如 0x11、0xAD00。

（4）二进制（是 JDK1.7 新增功能）：数据以 0b 开头，如 0b101。

Java 语言的整型字面量默认为 int 类型，要将一个字面量声明为 long 类型则在数据的后面加 L 或 l。一般使用'L'而不使用'l'，因为字母'l'很容易与数字'1'混淆。例如，12 代表一个 int 类型字面量，占 4 个字节；12L 代表一个 long 类型字面量，占 8 个字节。

3．浮点型字面量

浮点型字面量也就是实数，包括两种类型：float 和 double。浮点型字面量有以下两种表示形式。

（1）小数点形式：也就是以小数表示法来表示实数，如 6.37、–0.023。

（2）指数形式：也称科学表示法，例如，3e–2 代表 0.03，3.7E15 代表 $3.7*10^{15}$，这里，e/E 左边的数据为底数，e/E 右边的数据是 10 的幂。另外要注意，只有实数才用科学表示法，整型字面量不能用这种形式。

为了区分 float 和 double 两种类型字面量，可以在字面量后面加后缀修饰。float 类型字面量以 F/f 结尾，double 类型字面量以 D/d 结尾。如果浮点型字面量不带后缀，则默认为双精度类型字面量。

注意：

浮点数在进行计算时会导致舍入误差，例如，System.out.print(2.0-1.1)的打印结果是 0.8999999999-999999，而不是 0.9，误差是因数据在计算机内的表示形式导致的。

4．字符型字面量

字符型字面量是由一对单引号括起来的单个字符或以反斜杠（\）开头的转义符，如'J'、'4'、'#'、'd'。字符在计算机内是用编码来表示的。为了满足编码的国际化要求，Java 的字符编码采用了国际统一标准的 Unicode 码，一个字符用 16 位无符号型数据表示。所有字母字符和数字字符的编码值是连续增加的。例如，字符'A'的编码为 65，字符'B'的编码为 66，字符'a'的编码为 97，字符'b'的编码为 98。

特殊字符可以通过转义字符来表示。表 2-4 列出了常用转义字符及描述。

表 2-4　常用转义字符及描述

转 义 字 符	描　　述
\'	单引号字符
\"	双引号字符

续表

转 义 字 符	描　　述
\\	反斜杠
\r	回车
\n	换行
\f	走纸换页
\t	横向跳格
\b	退格

表示字符的另一种方式是用转义字符加编码值来表示，具体有以下两种方法。

（1）\ddd：用 1~3 位八进制数（ddd）表示字符。

（2）\uxxxx：用 1~4 位十六进制数（xxxx）对应的 Unicode 编码值表示字符。

例如，小写字符 a 可以表示为"\141"或"\u61"。

5．字符串型字面量

字符串型字面量是用双引号括起来的由 0 个或多个字符组成的字符序列，字符串中可以包含转义字符，如"12345" "This is a string\n" "a"。

Java 中，字符串实际上是类 String 类型的数据。

2.2.3　变量

1．变量的定义与赋值

变量即在程序运行过程中它的值是允许改变的量。Java 中的变量必须先声明，后使用。声明变量包括指明变量的类型和变量的名称，根据需要也可以指定变量的初始值。

格式：类型　变量名[=值] [,变量名[=值], …];

说明：格式中方括号表示可选部分，其含义是在定义变量时可以设置变量的初始值，如果在同一语句中要声明多个变量，则变量间用逗号分隔。例如：

```
int count;                //定义 count 为整型变量
double m, n = 0;          //定义变量 m 和 n 为双精度型，同时给变量 n 赋初值 0
char c = 'a';             //定义字符变量 c 并给其赋初值
count = 0;                //给变量 count 赋值
```

✎ 说明：

上述给变量赋值的语句称为赋值语句。其效果是将赋值号 "=" 右边的值赋给左边的变量。

声明变量又称为创建变量，执行变量声明语句时系统根据变量的数据类型在内存中开辟相应的内存空间，并将变量的值存入该空间。可以想象每个变量为一个小盒子，变量名为盒子的标记，而变量的值为盒中的内容，如图 2-2 所示。

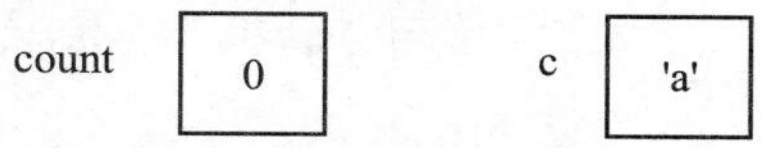

count　| 0 |　　c　| 'a' |

图 2-2　变量的定义与赋值

变量的命名要符合标识符的规定，程序中用变量名来引用变量的数值。在某些情况下，变量没有赋初值时系统将按其所属类型给变量赋初值。但是，通常要养成引用变量前保证变量已赋值的习惯。

2. 变量的取值范围

变量所分配的存储空间大小取决于变量的数据类型，不同数值型变量的存储空间大小不同，因此能存储的数值范围也不同。各种数值变量对应的包装类中分别定义了两个属性常量 MAX_VALUE 和 MIN_VALUE 指示相应基本类型的数值范围。

【例 2-1】简单数据类型变量取值范围演示。

```
#01   public class VariablesRange {
#02     public static void main(String args[]) {
#03         System.out.println("数据的取值范围是:");
#04         System.out.println("字节型: " + Byte.MIN_VALUE + "～" +
#05             Byte.MAX_VALUE);
#06         System.out.println("短整型: " + Short.MIN_VALUE + "～" +
#07             Short.MAX_VALUE);
#08         System.out.println("整型: " + Integer.MIN_VALUE + "～" +
#09             Integer.MAX_VALUE);
#10         System.out.println("长整型: " + Long.MIN_VALUE + "～" +
#11             Long.MAX_VALUE);
#12         System.out.println("单精度: " + Float.MIN_VALUE + "～" +
#13             Float.MAX_VALUE);
#14         System.out.println("双精度: " + Double.MIN_VALUE + "～" +
#15             Double.MAX_VALUE);
#16     }
#17   }
```

【运行结果】

```
数据的取值范围是:
字节型: -128～127
短整型: -32768～32767
整型: -2147483648～2147483647
长整型: -9223372036854775808～9223372036854775807
单精度: 1.4E-45～3.4028235E38
双精度: 4.9E-324～1.7976931348623157E308
```

✍ 说明:

int 类型的包装类是 Integer，其他几种数值类型的包装类的名称均为相应的基本类型名称的首字符改为大写表示，例如 byte 类型的包装类是 Byte。

3. 赋值自动转换与强制转换

在程序中经常需要通过赋值运算设置或更改变量的值。赋值语句的格式为:

变量 = 表达式；

其功能是先计算右边表达式的值，再将结果赋给左边的变量。

表达式可以是常数、变量或一个运算式。例如：

```
int x = 5;                        //将 5 赋值给变量 x
x = x + 1;                        //将 x 的值增加 1 重新赋值给 x
```

📢 **注意：**

> 赋值不同于数学上的"等号"，x=x+1 在数学上不成立，但这里的作用是给变量 x 的值增加 1，程序中常用这样的方式给一个变量递增值。

在使用赋值运算时可能会遇到等号左边的数据类型与等号右边的数据类型不一致的情况。这时需要将等号右边的结果转换为等号左边的数据类型，再赋值给左边的变量。这时可能出现两种情况，一种是系统自动转换；另一种必须使用强制转换。系统自动转换也称为"隐式转换"。Java 规定：将数据表示范围小的"短数据类型"转化为数据表示范围大的"长数据类型"，系统将自动进行转换；反之必须使用强制转换。

以上实际上很容易理解，短数据类型的数据转换为长数据类型显然不存在数据超出范围问题，而将长数据类型的数据存储在短数据类型的空间中，则存在表示超出范围的问题。因此，强制转换有可能造成数据的部分丢失。

基本数据类型自动转换的递增顺序为：

byte→short→char→int→long→float→double

强制类型转换也称为"显示转换"，其格式为：

变量 = (数据类型) 表达式

📢 **注意：**

> 布尔类型不能与其他类型进行转换。

【**例 2-2**】简单数据类型输出。

程序代码如下：

```
#01  public class SimpleDataType {
#02     public static void main(String args[]) {
#03        char i = 'a';
#04        byte b = (byte) i;           //将 char 类型转化为 byte 型要使用强制转换
#05        short si = 20000;
#06        int li = (int) 4.25;      //实数转换为整数
#07        float f = 3.14f;            //实数默认为双精度型，通过后缀指定为 float 型
#08        System.out.println(b+ "\t" + si + "\t" + i + "\t" + li + "\t" + f);
#09     }
#10  }
```

【运行结果】

```
97      20000      a      4      3.14
```

☞ 说明:

（1）第 8 行实现程序结果的输出，用 "+" 运算符将输出数据与字符串拼接。

（2）对于常数给变量赋值，系统将自动检查数据的大小是否超出变量类型的范围，例如，第 5 行的 20000 虽然是 int 类型常数，但其值在 short 类型有效范围之内，因此系统将自动转换赋值。如果数据超出范围，则不能通过编译，例如:

```
short si = 200000;                    //编译指示将丢失数据精度
```

小写字母 a 的编码为 97，第 3 行如果写成以下形式也是允许的。

```
char ch = 97;                         //根据编码值转换为相应的字符
```

但要注意，以上是指赋值号右边为常数情形，如果赋值号右边是变量则严格按照类型转换原则进行检查。如果将第 4 行改为:

```
byte b = i;                           //错误
```

则编译器将指示错误。如果右边是字符常数，例如:

```
byte b = 'a';                         //正确
```

则编译将检查字符的编码值是否超出 byte 数据范围，这里 a 的编码值不超出，所以可以赋值，而如果改为汉字字符，例如:

```
byte b = '丁';                        //出错
```

则编译将发现字符'丁'的编码值为 19969，超出 byte 表示的范围，所以编译会报错。

（3）第 6 行将实数强制转换为整数，变量 li 的赋值结果是 4，后面的小数部分将被舍去。第 7 行的常数后加 f 有必要，不能将双精度数给 float 变量直接赋值，否则将不能通过编译，也可以使用强制转换。

```
float f = (float) 3.14;
```

有些情况下，强制转换会导致数据结果的错误，例如:

```
byte x = 25, y = 125;
byte m =(byte)(x+y);
System.out.println("m=" + m);
```

输出结果为: m=-106

字节数据的最大表示范围是 127，再大的数只能进位到符号位，因此，产生的结果为一个负数。如果不使用强制转换，直接写成以下形式:

```
byte m = x + y;
```

编译会给出 possible loss of precision 的错误指示信息。

🔊 注意:

为避免数据溢出，Java 虚拟机将两段整数相加的结果默认定为 int 类型，因此两整数进行加、乘等运算，如果将结果赋给长度小于 int 类型的变量，编译要求进行强制转换，否则不能通过编译。

扫描，拓展学习

2.3　表达式与运算符

表达式是由操作数和运算符按一定的语法形式组成的式子。一个常量或一个变量可以看作表达式的特例，其值即该常量或变量的值。在表达式中，表示各种不同运算的符号称为运算符，参与运算的数据称为操作数。

组成表达式的运算符有很多种，按操作数的数目来分，有以下 3 种。

（1）一元运算符。只需一个运算对象的运算符号称为一元运算符，如++、--、+、-等。例如：

```
x = - x;                        //将 x 的值取反赋值给 x
y = ++ x;                       //将 x 的值加 1 赋给 y
```

一元运算符支持前缀记号或者后缀记号。

❑　前缀记号是指运算符出现在它的运算对象之前。例如：

```
operator op                     //前缀记号
```

❑　后缀记号是指运算符出现在运算对象之后。例如：

```
op operator                     //后缀记号
```

（2）二元运算符。需要两个运算对象的运算符号称为二元运算符，例如赋值号"="可以看作是一个二元运算符，它将右边的运算对象赋值给左边的运算对象。其他二元运算符如+、-、*、/、>、<等。例如：

```
x = x + 2;
```

所有的二元运算符使用中缀记号，即运算符出现在两个运算对象的中间。

```
op1 operator op2                //中缀记号
```

（3）三元运算符。三元运算符需要 3 个运算对象。Java 有一个三元运算符"?:"，它是一个简要的 if...else 语句。三元运算符也是使用中缀记号，例如：

```
op1 ? op2 : op3                 //其含义是如果 op1 结果为真值执行 op2；否则执行 op3
```

运算除了执行一个操作外，还返回一个数值。返回数值和它的类型依靠于运算符号和运算对象的类型。例如，算术运算符完成基本的算术操作（如加、减）并且返回数值作为算术操作的结果。由算术运算符返回的数据类型取决于它的运算对象的类型：如果两个整型数相加，那么结果就是一个整型数；如果两个实型数相加，那么结果就为实型数。

可以将运算符分成以下几类：算术运算符、关系运算符、逻辑运算符、位运算符、赋值组合运算符、类型转换和其他运算符。

2.3.1　算术运算符

算术运算是针对数值类型操作数进行的运算。根据需要参与运算的操作数的数目要求，可将算术运算符分为双目算术运算符和单目算术运算符两种。

1. 双目算术运算符

双目算术运算符如表 2-5 所示。

表 2-5　双目算术运算符

运　算　符	使 用 形 式	描　　　述	举　　　例	结　　　果
+	op1 + op2	op1 加上 op2	5+6	11
−	op1 − op2	op1 减去 op2	6.2−2	4.2
*	op1 * op2	op1 乘以 op2	3*4	12
/	op1 / op2	op1 除以 op2	7/2	3
%	op1 % op2	op1 除以 op2 的余数	9%2	1

注意：

（1）"/" 运算对于整数和浮点数情况不同，7/2 结果为 3，而 7.0/2.0 结果为 3.5，也就是说，整数相除将舍去小数部分，而浮点数相除则要保留小数部分。

（2）取模运算 "%" 一般用于整数运算，它是用来得到余数部分。例如，7%4 的结果为 3，但当参与运算的量为负数时，结果的正负性取决于被除数的正负。

（3）如果出现各种类型数据的混合运算，系统将按自动转换原则将操作数转化为同一类型，再进行运算。例如，一个整数和一个浮点数进行运算，则结果为浮点型。一个字符和一个整数相加，则结果是字符的编码值与整数相加后得到的整数值。

看看以下程序段。

```
char c = 'a';
int d = 'c'-c;                  //两字符相减结果为它们的编码值之差
int x = c+1;                    //字符与整数运算时，将字符转换为整数后再运算
char c2 = (char)x;
System.out.println(c+ "\t" + d + "\t" + x + "\t" + c2);
```

则该程序段对应的输出结果如下：

```
a       2       98      b
```

2．单目算术运算符

单目算术运算符如表 2-6 所示。

表 2-6　单目算术运算符

运　算　符	使 用 形 式	描　　述	功 能 等 价
++	a++或++a	自增	a=a+1
−−	a−−或−−a	自减	a=a−1
−	−a	求相反数	a=−a

几点说明：

（1）变量的自增与自减与++与−−出现在该变量前后位置无关。无论++x 还是 x++均表示 x 要增 1。

（2）表达式的值与运算符位置有关。

若 x=2，则(++x)*3 结果为 9，也就是++x 的返回值是 3，而(x++)*3 结果为 6，即 x++的返回值是 2。这一点在记忆上有些困难，可以观察是谁开头，如果是变量开头，则取变量在递增前的值作为表达式结果，实际就是变量的原有值；如果是++开头，则强调要取"加后"的结果，也即取变量递增后的值作为表达式结果。

2.3.2　关系运算符

关系运算符也称比较运算符，是用于比较两个数据之间大小关系的运算，如表 2-7 所示。关系运算的结果是布尔值（true 或 false），如果 x 的值为 5，则 x>3 的结果为 true。

表 2-7　常用的关系运算符

运　算　符	用　　法	描　　述	举　　例
>	op1 > op2	op1 大于 op2	x>3
>=	op1 >= op2	op1 大于等于 op2	x>=4
<	op1 < op2	op1 小于 op2	x <3
<=	op1 <= op2	op1 小于等于 op2	x <=4
==	op1 == op2	op1 等于 op2	x ==2
!=	op1 != op2	op1 不等于 op2	x!=1

2.3.3　逻辑运算符

逻辑运算是针对布尔型数据进行的运算，运算的结果仍然是布尔型量。表 2-8 列出了 Java 语言支持的逻辑运算符。

表 2-8　逻辑运算符

运　算　符	含　义	用　　法	结果为 true 的条件	附 加 特 点
&&	逻辑与	op1 && op2	op1 和 op2 都是 true	op1 为 false 时，不计算 op2
||	逻辑或	op1 || op2	op1 或 op2 是 true	op1 为 true 时，不计算 op2
!	逻辑非	! op	op 为 false	

特别注意，逻辑表达式计算时还要注意&&和||两个运算符的附加特点，在某些情况下，不必要对整个表达式的各部分进行计算，例如，(5==2) && (2<3)的结果为 false。这里实际只计算发现 5==2 的值为 false，则断定整个逻辑表达式的结果为 false，右边的(2<3)没被计算。这一点希望读者能引起注意。在一些特殊情况下，右边的表达式也许会产生某个异常情形，但却因为没有执行右边的运算而没有表现出来。对于或逻辑，当左边的运算为真时也不执行右边的运算。

例如，设 x=3，执行下面语句，结果为 true。

```
System.out.println((x==3)||(x/0>2));
```

如果将代码改为

```
System.out.println((x/0>2)||(x==3));
```

则运行时将因为用 x 去除 0 而产生算术运算异常。

思考以下程序的运行结果，注意 m++ 和 ++m 的使用差异及逻辑运算符的附加特点。

```
public class Notice {
    public static void main(String a[]) {
        int m = 4;
        System.out.println("result1="+m++);
        System.out.println("result2="+(++m));
        boolean x = (m>=6) && (m%2==0);
        boolean y = (m<=6) || (++m==7);
        System.out.println("result3="+x);
        System.out.println("result4="+y);
        System.out.println("m = "+m);
    }
}
```

【运行结果】

```
result1=4
result2=6
result3=true
result4=true
m = 6
```

2.3.4　位运算符

位运算是对操作数以二进制比特（bit）位为单位进行的操作运算，位运算的操作数和结果都是整型量。几种位运算符和相应的运算规则参见表 2-9。

表 2-9　位运算符

运　算　符	用　　法	操　作　说　明
~	~op	结果是 op 按比特位求反
>>	op1 >> op2	将 op1 右移 op2 个位（带符号）
<<	op1 << op2	将 op1 左移 op2 个位（带符号）
>>>	op1 >>> op2	将 op1 右移 op2 个位（不带符号的右移）
&	op1 & op2	op1 和 op2 都是 true，结果才为 true
|	op1 | op2	op1 或 op2 有一个是 true，则结果为 true
^	op1 ^ op2	op1 和 op2 是不同值时结果为 true

📢 注意：

> 对于&、|和^运算符，参与运算的两个运算量可以是逻辑值，也可以是数值数据。对于数值数据，将对两运算量按位对应计算，这时，1 相当于 true，0 相当于 false。

1. 移位运算符

移位运算是将某一变量所包含的各比特位按指定方向移动指定的位数，移位运算符通过对第一个运算对象左移或者右移位来对数据执行位操作。移动的位数由右边的操作数决定，移位的方向取决于运算符本身。表 2-10 给出了具体例子。

表 2-10　移位运算符使用示例

x（十进制表示）	x 的二进制补码表示	x<<2	x>>2	x>>>2
30	00011110	01111000	00000111	00000111
−17	11101111	10111100	11111011	00111011

从表 2-10 可以看出，数据在计算机内是以二进制补码的形式存储的，从正负数的区别看最高位：最高位为 0 则数据是正数；为 1 则为负数。显然，对数据的移位操作不能改变数据的正负性质，因此，在处理带符号的右移中，右移后左边留出的空位上复制原数的符号位，而不带符号的右移中，右移后左边的空位一律补 0；带符号的左移在后边补 0。

2. 按位逻辑运算

位运算符&、|、~、^分别提供了基于位的与（AND）、或（OR）、求反（NOT）、异或（XOR）操作。其中，异或是指两位值不同时，对应结果位为 1；否则为 0。

不妨用两个数进行计算，例如，x=13，y=43，计算各运算结果。

首先，将数据转换为二进制形式：x=1101，y=101011。

考虑到数据在计算机内的存储表示，不妨以字节数据为例，x 和 y 均占用一个字节，所以 x 和 y 的二进制为 x=00001101，y=00101011。

~x 结果应为 11110010，十进制结果为−14。

📝 说明：

> 14 的二进制为 1110，补全 8 位也即 00001110，−14 的补码是 14 的原码求反加 1，即 11110001+1=11110010。

x & y 的计算如图 2-3 所示。

x & y = 1001，即十进制的 9。

其他运算可仿照图 2-3 所示的方法。

```
      00001101
&     00101011
   ──────────
      00001001
```

图 2-3　位与运算

2.3.5　赋值组合运算符

赋值组合运算符是指在赋值运算符的左边有一个其他运算符，例如：

```
x += 2;                        //相当于 x = x + 2
```

其功能是先将左边变量与右边的表达式进行某种运算后，再把运算的结果赋给变量。能与赋值符结合的运算符包括算术运算符（+、-、*、/、%）、位运算符（&、|、^）、位移运算符（>>、<<、>>>）。

以"+="为例，虽然 x+=1 和 x=x+1 两者的计算结果均为给 x 的值增加 1，但针对某些特殊的数据类型，其使用方面还是有所不同。

在 Java 语言中，整型常数默认是 int 类型，所以下面的赋值语句会报错：

```
byte a = 1;
a = a + 1;                          //错误提示，int 类型转换为byte 类型会损失精度
```

赋值号右边的表达式是 byte 类型数据和 int 类型数据的混合运算，将转换为 int 类型进行计算，结果为 int 类型，不能直接赋值给赋值号左边的 byte 型变量。

但如果采用"+="进行递增运算，就不会出问题。

```
byte a = 1;
a += 1;                             //a 值增加 1
```

2.3.6 其他运算符

表 2-11 给出了其他运算符的简要说明。这些运算符的具体应用将在以后用到。

表 2-11 其他运算符

运　算　符	描　　述
?:	作用相当于 if...else 语句
[]	用于声明数组、创建数组及访问数组元素
.	用于访问对象实例或者类的类成员函数
(type)	强制类型转换
new	创建一个新的对象或者新的数组
instanceof	判断对象是否为类的实例

说明：

（1）条件运算符是唯一的一个三元运算符，其结构如下：

```
条件?表达式 1:表达式 2
```

其含义是如果条件的计算结果为真，则结果为表达式 1 的计算结果；否则为表达式 2 的计算结果。例如，用以下语句可以求两个变量 a 和 b 中的最大值。

```
x =（a>b）？a ：b;
```

（2）instanceof 用来决定第一个运算对象是否为第二个运算对象的一个实例。

例如：

```
String x="hello world!";
```

```
if (x instanceof String)
    System.out.println("x is a instance of String");
```

2.3.7 运算符优先级

运算符的优先级决定了表达式中不同运算执行的先后顺序，优先级高的先运算，由于圆括号的优先级是最高的，所以，如果对运算符的优先级记不清楚，可以采用添加圆括号的方法让部分表达式先进行计算。

在算术表达式中，"*"的优先级高于"+"，所以，5 + 3 * 4 相当于 5 + (3 * 4)。

在逻辑表达式中，关系运算符的优先级高于逻辑运算符，所以，x > y && x < 5 相当于 (x > y)&& (x < 5)。

在运算符优先级相同时，运算的进行次序取决于运算符的结合性，例如，4 * 7 % 3 应理解为(4 * 7) % 3，结果为 1，而不是 4 *(7 % 3)，结果为 4。

运算符的结合性分为左结合和右结合，左结合就是按由左向右的次序计算表达式，例如上面的 4 * 7 % 3，而右结合就是按由右到左的次序计算表达式，例如，a = b = c 相当于"a = (b = c)"，再如，a ? b : c ? d : e 相当于"a ? b :(c ? d : e)"。Java 运算符的优先级与结合性如表 2-12 所示。

表 2-12　Java 运算符的优先级与结合性

运 算 符	描 述	优 先 级	结 合 性
()	圆括号	15	左
new	创建对象	15	左
[]	数组下标运算	15	左
.	访问成员（属性、方法）	15	左
++, −−	后缀自增、自减 1	14	右
++, −−	前缀自增、自减 1	13	右
~	按位取反	13	右
!	逻辑非	13	右
−、+	算术符号（负号、正号）	13	右
（type）	强制类型转换	13	右
*、/、%	乘、除、取模	12	左
+、−	加、减	11	左
<<、>>、>>>	移位	10	左
<、>、<=、>= instanceof	关系运算	9	左
==、!=	相等性运算	8	左
&	位逻辑与	7	左
^	位逻辑异或	6	左

续表

运 算 符	描 述	优 先 级	结 合 性
|	位逻辑或	5	左
&&	逻辑与	4	左
||	逻辑或	3	左
?:	条件运算符	2	右
=、+=、-=、*=、/=、%=、&=、^=、|=、<<=、>>=、>>>=	赋值运算符	1	右

扫描，拓展学习

2.4　常用数学方法

　　Java.lang.Math 类封装了常用的数学函数和常量，Math.PI 和 Math.E 两个常量分别代表数学上的 π 和 e。表 2-13 列出了 Math 类的常用静态方法，通过类名作前缀可调用。

表 2-13　Math 类的常用静态方法

方 法	功 能
int abs(int i)	求绝对值 注：另有针对 long、float、double 类型参数的多态方法
double ceil(double d)	不小于 d 的最小整数（返回值为 double 型）
double floor(double d)	不大于 d 的最大整数（返回值为 double 型）
int max(int i1,int i2)	求两个整数中最大数 注：另有针对 long、float、double 类型参数的多态方法
int min(int i1,int i2)	求两个整数中最小数 注：另有针对 long、float、double 类型参数的多态方法
double random()	0～1 的随机数，不包括 0 和 1
int round(float f)	求最靠近 f 的整数
long round(double d)	求最靠近 d 的长整数
double sqrt(double a)	求平方根
double cos(double d)	求 d 的 cos 函数 注：其他求三角函数的方法有 sin、tan 等
double log(double d)	求自然对数
double exp(double x)	求 e 的 x 次幂（ex）
double pow(double a, double b)	求 a 的 b 次幂

　　【例 2-3】调用 Math 类的数学方法。

　　程序代码如下：

```
#01   class MathTest{
#02     public static void main(String args[]) {
#03       double x = 5.65;
#04       System.out.println("x=" + x);
#05       System.out.println("Math.round(x)="+ Math.round(x));
#06       System.out.println("Math.floor(x)="+ Math.floor(x));
#07       System.out.println("Math.sqrt(9)="+ Math.sqrt(9));
#08       System.out.println("Math.cos(45度)="+
#09             Math.cos(45*Math.PI/180));
#10     }
#11   }
```

【运行结果】

```
x=5.65
Math.round(x)=6
Math.floor(x)=5.0
Math.sqrt(9)=3.0
Math.cos(45度)=0.7071067811865476
```

✍ 说明：

　　Math.round(5.65)的结果为 6，其结果是按四舍五入处理后的整数，结果类型也是整数类型。Math.floor(5.65)的结果为 5.0，它是求不大于参数的最大整数，但其结果是实数。Math.sqrt(9)的结果是实数 3.0，而不是整数 3。三角函数 cos 的实际参数用弧度表示，求 cos(45 度)要将参数转化为弧度表示。

　　因为 Math.random()返回结果是小于 1 的小数，要产生值介于[10,100]区间的随机整数可用以下表达式，将 Math.random()方法的结果乘上一个放大系数后再强制转换为整数。

```
10 + (int)(Math.random()* 91)
```

　　实际上，Java 中针对随机数的产生还有一个 java.util.Random 类，其中包含一些实例方法用来产生随机数，使用这些方法首先要创建 Random 类的对象，以下为使用举例。

```
Random r = new Random();          //创建 Random 类的对象赋值给引用变量 r
int m = r.nextInt();              //产生一个随机整数
int n = r.nextInt(10);           //产生一个随机整数，其值介于[0,10]区间
double a = r.nextDouble();        //产生一个实数，其值介于[0,1.0] 区间
```

2.5　数据的输入/输出

扫描，拓展学习

为了在后面的程序介绍中能方便地获取输入数据，以下介绍常用数据输入和输出方法。

2.5.1　使用标准输入/输出流

1. 数据的输出

标准输出流（System.out）中提供有以下方法实现数据的输出显示。

- ❑ print()方法：实现不换行的数据输出。
- ❑ println()方法：与上面方法的差别是输出数据后将换行。
- ❑ printf()方法：带格式描述的数据输出。该方法包含两个参数，第 1 个参数中给出输出格式的描述，第 2 个参数为输出数据，其中，输出格式描述字符串中需要安排与输出数据对应的格式符。常用格式符包括%c（代表单个字符）、%d（代表十进制数）、%f（代表浮点数）、%e（代表科学表示法的浮点数）、%n（代表换行符）、%x（代表十六进制数）、%s（代表字符串）。

【例 2-4】数据输出应用举例。

程序代码如下：

```
#01  public class TestPrint {
#02    public static void main(String a[]) {
#03      int m = 12, n = 517;
#04      System.out.print("n%m=" + (n % m));
#05      System.out.println("\tn/m=" + (n / m));
#06      System.out.print(Integer.toBinaryString(m));
#07      System.out.println("\t" + Integer.toBinaryString(m >> 2));
#08      System.out.printf("Value of PI is %.3f %n", Math.PI);
#09      System.out.printf("result1= %e %n", 1500.34);
#10      System.out.printf("result2= %13.8e %n", 1500.34);
#11    }
#12  }
```

【运行结果】

```
n%m=1    n/m=43
1100     11
Value of PI is 3.142
result1= 1.500340e+03
result2= 1.50034000e+03
```

✎ 说明：

第 6、7 行用到的 Integer.toBinaryString(int)方法用于将一个整数转化为二进制形式的数字串；第 8 行 printf 方法的输出格式中"%.3f"表示按精确保留小数点后 3 位的形式在此位置输出数据项内容，默认按 6 位小数位输出；第 9 行 printf 方法的格式定义中"%e"表示用科学表示法，默认小数点后数据按 6 位输出；第 10 行 printf 方法中"%13.8e"表示小数点后按 8 位输出，整个数据占 13 位宽度，宽度值多余的前面补空格，宽度值不足则按实际数据占的宽度输出。

2．数据的输入

（1）字符的输入

利用标准输入流的 read()方法，可以从键盘读取字符。但要注意，read()方法从键盘获取的是输入字符的字节表示形式，需要使用强制转换将其转化为字符型。例如：

```
char c = (char)System.in.read();                        //读一个字符
```

（2）字符串的输入

从标准输入流（System.in）取得数据，经过 InputStreamReader 转化为字符流，并经 BufferedReader进行包装后，借助BufferedReader流对象提供的readLine()方法从键盘读取一行字符。

【例 2-5】字符串类型数据输入。

程序代码如下：

```
#01   import java.io.*;
#02   public class InputString {
#03     public static void main(String args[]) {
#04       String s = "";
#05       System.out.print("please enter a String: ");
#06       try {
#07         BufferedReader in = new BufferedReader(new InputStreamReader(
#08             System.in));
#09         s = in.readLine();                      //读一行字符
#10       } catch (IOException e) {}
#11       System.out.println("You've entered a String: " + s);
#12     }
#13   }
```

【运行结果】

```
please enter a String: Hello World!
You've entered a String: Hello World!
```

✎ 说明：

（1）第 9 行用流对象的 readLine()方法读数据时有可能产生 I/O 异常（IOException），对于 I/O 异常，Java 编译器强制要求程序中必须对这类异常进行捕获处理，将可能产生异常的代码放在 try 块中，catch 部分用于定义捕获哪类异常及相关处理代码。

（2）第 4 行在定义变量 s 时给其赋初值有必要，在 try 块中第 9 行读取数据给 s 赋值不能保证一定成功，如果在第 11 行访问 s 时，不能确定 s 赋过值，则编译不让通过。

程序中还常需要输入数值数据，例如，整数和实数。这类数据必须先通过上面的方法获取字符串，然后通过基本数据类型的包装类提供的方法将字符串转换为相应类型的数据。从数字字符串分析得到整数可使用 Integer 类的 parseInt(String s)方法，从字符串形式的数据分析得到双精度数则用 Double 类的 parseDouble(String s)方法。

例如：

```
String x="123";
int m= Integer.parseInt(x) ;                        //m 的值为 123
x="123.41";
double n= Double.parseDouble(x) ;                   //n 的值为 123.41
```

2.5.2 用 Swing 对话框实现输入/输出

1. 数据输入

可用 javax.swing.JOptionPane 类的 showInputDialog 方法从信息输入对话框获得字符串。该方法最简单的一种格式为：

```
static String showInputDialog(Object message)
```

其中，参数 message 为代表输入提示信息的对象。

2. 数据输出

javax.swing.JOptionPane 类的 showMessageDialog 方法将弹出消息显示对话框，可用来显示输出结果。该方法最简单的一种格式为：

```
static void showMessageDialog(Component parentComponent, Object message)
```

其中，参数 parentComponent 代表该对话框的父窗体部件，如果存在，则对话框显示在窗体的中央，在值为 null 时表示该对话框在屏幕的中央显示；参数 message 为显示的内容。

【例 2-6】用 Swing 对话框输入和显示数据。

程序代码如下：

```
#01  import javax.swing.*;
#02  public class TestSwing {
#03    public static void main(String args[]) {
#04      String s = JOptionPane.showInputDialog("请输入圆的半径: ");
#05      double r = Double.parseDouble(s);
#06      double area = Math.PI * r * r;
#07      JOptionPane.showMessageDialog(null, "圆的面积="+area);
#08    }
#09  }
```

运行程序将弹出如图 2-4 所示的对话框，在对话框中输入 5.1，如图 2-4 所示。
单击"确定"按钮，将弹出如图 2-5 所示的消息框。

图 2-4 信息输入对话框

图 2-5 消息显示对话框

2.5.3 使用 java.util.Scanner 类

Scanner 是 JDK1.5 新增的一个类，一个扫描器，使用分隔符分解它的输入，默认情况下用空格作为分隔符。Scanner 的输入源取决于构造参数，以下从标准输入（键盘）获取数据。

```
Scanner scanner = new Scanner(System.in);
```

Scanner 类的常用方法如下。

- boolean hasNext()：判断是否有下一个数据。
- int nextInt()：读取整数。
- long nextLong()：读取长整数。
- double nextDouble()：读取双精度数。
- String nextLine()：读取一行字符串。

上述方法执行时都会造成程序阻塞，等待用户在命令行输入数据并回车确认，如果输入的数据不够，将在下一行继续等待输入。

【例 2-7】输入两个整数，求其和与积。

程序代码如下：

```
#01  import java.util.Scanner;
#02  public class TestScaner {
#03    public static void main(String args[]) {
#04      Scanner s = new Scanner(System.in);
#05      System.out.print("请输入两个整数，用空格隔开：");
#06      int a = s.nextInt();
#07      int b = s.nextInt();
#08      System.out.println("两个数之和为" + (a+b));
#09      System.out.println("两个数之积为" + (a*b));
#10    }
#11  }
```

【运行结果】

```
请输入两个整数，用空格隔开：45 56
两个数之和为101
两个数之积为2520
```

思考：

输出语句中的"(a+b)"和"(a*b)"，哪个可以省略小括号？

2.5.4　使用 java.io.Console 类

在 JDK1.6 版本中还增加了一个类 java.io.Console，通过 System 类的 console()方法可得到 Console 类的对象。例如：

```
Console con = System.console();
```

Console 对象提供有以下方法实现在 DOS 控制台与用户交互。

- readLine(String hint)：读一行信息，其中参数为提示输入的字符串。

❏ char[] readPassword(String hint)：读用户输入的密码，其中参数为提示输入的字符串，该方法执行时将隐藏用户输入的文本，方法返回结果是字符数组。

❏ printf(String fmt, Object... args)：按指定格式字符串描述输出参数内容。

❏ format(String fmt, Object... args)：作用同上面的 printf 方法。

【例 2-8】利用 Console 对象实现输入/输出。

程序代码如下：

```
#01  import java.io.Console;
#02  public class TestConsole {
#03    public static void main(String[] args) {
#04      Console con = System.console();          //获得 Console 实例对象
#05      if (con != null) {                       //判断是否有控制台的使用权
#06        String user = con.readLine("Enter username:");
#07        String pwd = new String(con.readPassword("Enter passowrd:"));
#08        con.format("Username is:%s \n" , user);
#09        con.printf("Password is: " + pwd + "\n");
#10      }
#11    }
#12  }
```

📢 注意：

readPassword 方法在用户输入密码时不进行任何显示。

扫描，拓展学习

2.6 综 合 样 例

【例 2-9】输入三角形的三条边，求其面积和周长，计算结果精确到小数点后两位。

【分析】首先要定义变量来表示三角形的三条边，以及定义变量存放周长和面积，三条边的数据类型为实数，周长和面积也为实数，所以变量类型选用 double 型。数据的输入方式可以选择本章介绍的一种，不妨采用 Scanner 类提供的方法。数据的输出可以采用 System.out.printf 来实现精确到小数点后两位，不妨改换一种方式，用 DecimalFormat 来进行格式设置。用 Swing 对话框来实现输出结果的显示，将结果拼接为字符串，通过"\n"字符实现换行显示。

程序代码如下：

```
#01  import java.util.Scanner;
#02  import javax.swing.JOptionPane;
#03  import java.text.DecimalFormat;
#04  public class Triangle {
#05    public static void main(String args[]) {
#06      double a,b,c ;                       //三条边
#07      Scanner scan = new Scanner(System.in);
#08      System.out.print("请输入三角形三边值，用空格隔开：");
```

```
#09            a = scan.nextDouble();
#10            b = scan.nextDouble();
#11            c = scan.nextDouble();
#12            double 周长 = a + b + c;
#13            double p = (a + b + c) / 2;          //为求面积引入的变量
#14            double 面积 = Math.sqrt(p *(p-a)*(p-b)*(p-c));
#15            DecimalFormat precision = new DecimalFormat("0.00");
#16                      //设置数据格式为精确到小数点后两位
#17            String result = "三条边分别为"+a+","+b+","+c+"的三角形\n"+
#18                 "周长= "+ precision.format(周长) + "\n"+
#19                 "面积= "+ precision.format(面积);
#20            JOptionPane.showMessageDialog(null,result);
#21      }
#22  }
```

【运行结果】

请输入三角形三边值，用空格隔开：3.5 4.2 5
输出结果如图 2-6 所示。

图 2-6 三角形周长和面积

✍ 说明：

　　程序中代表面积和周长的变量均采用中文也是可以的，面积的计算在数学上有个公式，所以，在第 13 行先要计算 p 的值，第 14 行计算面积使用了 Math.sqrt 方法。第 15 行通过 DecimalFormat 类设置了一个数据格式，用来表示精确到小数点后两位，在第 18 行和第 19 行使用该格式描述来格式化表示周长和面积。所有输出内容拼接在字符串变量 result 中。最后，第 20 行通过 Swing 的消息框显示结果 result 的内容。

　　实际上，实现数据精确到小数点后两位也可以采用最简单的乘上放大倍数取整，然后除以放大倍数的办法。例如，将周长精确到小数点后两位可以写成：

```
周长 = (int)(周长 * 100 + 0.5)/100.0;              //加 0.5 是为了实现四舍五入
```

习　　题

1．选择题

（1）下列选项中，（　　）是合法的 Java 标识符名字。

A．counterl　　　　　B．$index　　　　　C．name-7　　　　　D．_byte

E．1array　　　　　　F．2i　　　　　　　G．try　　　　　　　H．char

（2）下面各项中定义变量及赋值不正确的有（　　）。

A．int i = 32;　　　　　　　　　　　　B．float f = 45.0;

C．double d = 45.0;　　　　　　　　　D．long x = (long)45.0;

（3）Java 语言中，整型常数 123 占用的存储字节数是（　　）。

A．1　　　　　　　B．2　　　　　　　C．4　　　　　　　D．8

（4）一个 int 类型的整数和一个 double 类型的数进行加法运算，则结果类型为（　　　）类型。

A．int　　　　　　B．double　　　　　C．float　　　　　D．long

（5）设 a = 8，则表达式　a >>> 2 的值是（　　　）。

A．1　　　　　　　B．2　　　　　　　C．3　　　　　　　D．4

（6）用八进制表达 8 的值，正确的是（　　　）。

A．0x10　　　　　　B．010　　　　　　C．08　　　　　　D．0x8

（7）要产生[20,999]之间的随机整数使用（　　　）表达式。

A．(int)(20+Math.random()*979)　　　　　　B．20+(int)(Math.random()*980)

C．(int)Math.random()*999　　　　　　　　D．20+(int)Math.random()*980

（8）表达式 1+2+ "x"+3 的值是（　　　）。

A．"12x3"　　　　B．"3x3"　　　　C．"6x"　　　　D．"x6"

（9）设有类型定义　int x=24;long y=25;，下列赋值语句不正确的是（　　　）。

A．y=x;　　　　　B．x=y;　　　　　C．x=(int)y;　　　　D．y=x+2;

2．思考题

（1）试判断下列表达式的执行结果。

① 6+3<2+7　　　　　　② 4%2+4*3/2　　　　　　③ (1+3)*2+12/3

④ 8>3&&6==6&&12<3　　⑤ 7+12<4&&12-4<8　　　⑥ 23>>2

（2）编写类，并将以下程序段放在 main 方法中，思考运行结果。

程序 1：

```
int a = 2;
System.out.print(a++);
System.out.print(a);
System.out.print(++a);
```

程序 2：

```
int x = 4;
System.out.println("value is " +((x > 4) ? 99.99 : 9));
```

程序 3：

```
int x = 125;
System.out.println(x%2);
System.out.println(x/10);
System.out.println(x%3==0);
```

程序 4：

```
int a = 6, b = 7, c = 8;
```

```
double d = 3.14;
String x = "hello";
System.out.println(a+b+x+c+d);
```

程序 5：

```
char a = '6';
int d = a - '0';
System.out.println((char)(a+2));
System.out.println(d+1);
```

3．编程题

（1）输入矩形的长和宽，计算矩形的周长和面积。

（2）从键盘输入摄氏温度（C），计算华氏温度（F）的值并输出。其转换公式如下：

$$F = (9 / 5) \times C + 32$$

（3）从键盘输入一个实数，获取该实数的整数部分，并求出实数与整数部分的差，将结果分别用两种形式输出：一种是直接输出；另一种是用精确到小数点后 4 位的浮点格式输出。

第 3 章

流程控制语句

本章知识目标：

❑　掌握两种条件语句（if 和 switch）的使用。
❑　掌握 3 种循环语句（while、do…while、for）的使用。
❑　了解 break 和 continue 语句的作用。
❑　学会分析理解程序的执行流程。

通常，程序的执行是按照书写顺序逐条往后执行。实际解题算法中经常存在条件判断和步骤重复的情形，因此，在程序设计语言中提供有条件选择语句和循环语句。这些语句可控制程序执行流程的变化。

扫描,拓展学习

3.1 条件选择语句

3.1.1 if 语句

1. 无 else 的 if 语句

其格式如下:

```
if (条件表达式) {
    if 块;
}
```

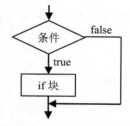

图 3-1 无 else 的条件语句

✍ 说明:

（1）如果条件表达式的值为真,则执行"if 块"部分的语句;否则,直接执行后续语句。该语句的执行流程如图 3-1 所示。

（2）用大括号括住表示要执行一组语句,也称语句块。语句块以"{"表示块的开始,以"}"表示块的结束。如果要执行的"if 块"为单条语句,可以省略大括号。

【例 3-1】从键盘输入 3 个数,输出其中的最大者。

程序代码如下:

```
#01    import java.util.Scanner;
#02    public class FindMax{
#03        public static void main(String args[]) {
#04            Scanner s = new Scanner(System.in);
#05            System.out.print("请输入 3 个数,用空格隔开: ");
#06            int a = s.nextInt();
#07            int b = s.nextInt();
#08            int c = s.nextInt();
#09            max = a;
#10            if (b > max)
#11                max = b;
#12            if (c > max)
#13                max = c;
#14            System.out.println("最大值是: " + max);
#15        }
#16    }
```

✍ 说明:

第 9~13 行是完成求最大值的核心,先假定 a 最大,以后的 b 和 c 分别与最大值比较,如果自己比最大值还大,则自己为最大值。

💬 思考:

如果用 Math.max 方法来实现求 3 个数的最大值,如何用一个表达式实现?

2. 带 else 的 if 语句

其格式如下：

```
if (条件表达式) {
    if 块;
}
else {
    else 块;
}
```

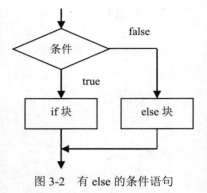

图 3-2 有 else 的条件语句

✍ 说明：

（1）该格式是一种更常见的形式，即 if 与 else 配套使用，所以一般称作 if...else 语句，其执行流程如图 3-2 所示，如果条件表达式的值为真，执行"if 块"的代码；否则执行"else 块"的代码。

（2）"if 块"和"else 块"为单条语句时，可省略相应位置的大括号。

例如，以下代码根据随机产生的一个整数，输出该数是奇数还是偶数的信息。

```
int x = (int)(1 + Math.random()*100);        //随机产生 1~100 的一个整数
if (x % 2 == 0)
    System.out.println(x + "是偶数");
else
    System.out.println(x + "是奇数");
```

3. if 语句的嵌套

在稍微复杂的编程中，常出现条件的分支不止两种情况，一种方法是用 if 嵌套来解决。所谓 if 嵌套，就是在 if 语句的"if 块"或"else 块"中又含有 if 语句。

例如，上面求 a、b、c 3 个数中最大数，也可以采用 if 嵌套来组织。

```
if (a>b) {
  if(a>c)
    System.out.println("3 个数中最大值是: "+a);
  else
    System.out.println("3 个数中最大值是: "+c);
}
else {  //a<=b 的情况
  if (b>c)
    System.out.println("3 个数中最大值是: "+b);
  else
    System.out.println("3 个数中最大值是: "+c);
}
```

关于 if 嵌套要注意的一个问题是 if 与 else 的匹配问题，由于 if 语句有带 else 和不带 else 两种形式，编译程序在给 else 语句寻找匹配的 if 语句时是按最近匹配原则来配对。所以在出现 if 嵌套时最好用花括号来标识清楚相应的块。

4．阶梯 else if

阶梯 else if 是嵌套 if 中一种特殊情况的简写形式。这种特殊情况就是"else 块"中逐层嵌套 if 语句，使用阶梯 else if 可以使程序更简短和清晰。

【例 3-2】输入一个学生的成绩，根据所在分数段输出信息。如果在 0~59 区间，则输出"不及格"，在 60~69 区间输出"及格"，在 70~79 区间输出"中"，在 80~89 区间输出"良"，在 90 以上输出"优"。

程序代码如下：

```
#01  import javax.swing.*;
#02  public class ScoreRange{
#03     public static void main(String args[]) {
#04        int s;
#05        s = Integer.parseInt(JOptionPane.showInputDialog("输入分数:"));
#06        if (s < 60)
#07           System.out.println("不及格");
#08        else if (s < 70)
#09           System.out.println("及格");
#10        else if (s < 80)
#11           System.out.println("中");
#12        else if (s < 90)
#13           System.out.println("良");
#14        else
#15           System.out.println("优");
#16     }
#17  }
```

✐ 说明：

该程序是 if 嵌套的一种比较特殊的情况，除了最后一个 else 外，其他 3 个 else 的语句块中正好是一个 if 语句。

📢 注意：

在 else if 中条件的排列是按照范围逐步缩小的，下一个条件是上一个条件不满足情况下的一种限制，例如，条件 s<90 实际上包括 s>=80 的限制。

3.1.2 多分支语句 switch

对于多分支的处理，Java 提供了 switch 语句，其格式如下：

```
switch (expression)
{
    case value1 : 语句块 1; break;           //分支 1
    case value2 : 语句块 2; break;           //分支 2
        ⋮
    case valuen : 语句块 n; break;           //分支 n
```

```
    [default : 默认语句块; ]              //分支 n+1,均不符合其他 case 分支情形
}
```

switch 语句的执行流程如图 3-3 所示。

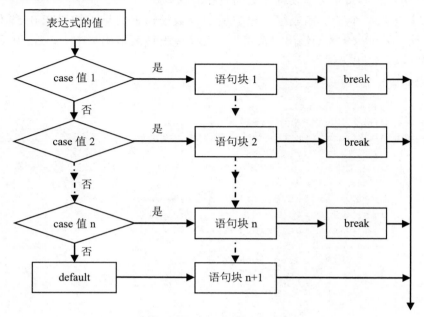

图 3-3　switch 语句的执行流程

📖 说明：

　　（1）switch 语句执行时首先计算表达式的值，这个值可以是整型、字符型或字符串型（其中，字符串型是在 JDK1.7 中新增的支持），同时要与 case 分支的判断值的类型一致。计算出表达式的值后，它首先与第一个 case 分支进行比较，若相同，则执行第一个 case 分支的语句块；否则再检查第二个分支……，以此类推。

　　（2）case 子句中的值 value n 必须是常量，各个 case 子句中的值不同。

　　（3）如果没有情况匹配，就执行 default 指定的语句，但 default 子句本身是可选的。

　　（4）break 语句用来在执行完一个 case 分支后，使程序跳出 switch 语句，即终止 switch 语句的执行，否则，找到一个匹配的情况后面所有的语句都会被执行，直到遇到 break 为止。在特殊情况下，多个不同的 case 值要执行一组相同的操作，这时可以不用 break。

　　假设有 6 个小伙伴在一起捉迷藏，找人者通过投掷色子来决定。用 A、B、C、D、E、F 代表这 6 个人，可以编写以下一段代码：

```
int n = 1 + (int)(Math.random() * 6);        //产生 1~6 的随机整数
switch (n) {
    case 1: System.out.println("轮到 A 找人");break;
    case 2: System.out.println("轮到 B 找人");break;
    case 3: System.out.println("轮到 C 找人");break;
```

```
case 4: System.out.println("轮到 D 找人");break;
case 5: System.out.println("轮到 E 找人");break;
default: System.out.println("轮到 F 找人");
}
```

上面代码中，1~6 分别对应 A~F 6 个小伙伴，最后一种情况用了 default，也可以用 case 6，因为所有其他情况前面全列出了，只剩下值为 6 的情况。前面那些情况的 case 语句块中均要包括 break 语句，最后一种情况就没必要了。

例 3-2 也可采用 switch 语句实现，修改后的程序代码如下：

```
#01   import javax.swing.*;
#02   public class TestSwitch{
#03       public static void main(String args[]) {
#04           String s = JOptionPane.showInputDialog("输入分数:");
#05           int x = Integer.parseInt(s) / 10;
#06           switch (x) {
#07             case 0:  case 1:  case 2: case 3: case 4:
#08             case 5:  System.out.println("不及格");break;
#09             case 6:  System.out.println("及格"); break;
#10             case 7:  System.out.println("中");break;
#11             case 8:  System.out.println("良");break;
#12             case 9:  case 10: System.out.println("优");
#13           }
#14       }
#15   }
```

✍ 说明：

这里的关键通过除 10 取整，将成绩的判定条件转化为整数值范围的情形。第 7 行所列出的 5 种 case 情形无任何执行语句，所以按执行流程均会执行第 8 行的语句。

3.2　循 环 语 句

循环语句是在一定条件下反复执行一段代码，被反复执行的程序段称为循环体。Java 语言中提供的循环语句有 while 语句、do...while 语句、for 语句。

3.2.1　while 语句

扫描，拓展学习

while 语句的格式如下：

```
while (条件表达式) {
    循环体
}
```

while 语句的执行流程如图 3-4 所示，首先检查条件表达式的值是否为真，若为真，则执行循环体，结束后继续判断是否继续循环，直到条件表达式的值为假，执行后续语句。循环体通常是一个组合语句，如果是单个语句，可以省略花括号。

假设随机产生一些整数，求这些数据之和，直到总和达到指定目标值，统计随机数的个数，可以设计这样一段代码。

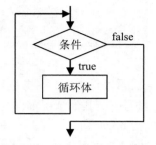

图 3-4　while 语句的执行流程

```
int target = 100;            //假设目标值为100
int sum = 0;                 //用来存放累计和
int count = 0 ;              //用来统计随机数个数
while (sum<target) {
    int x = (int)(Math.random()*10);    //产生 0~9 的随机整数
    sum = sum + x ;                      //实现累加
    count++;
}
System.out.println(count);
```

上面是 while 循环的典型使用方法，先判断循环条件，满足条件时执行循环。

【例 3-3】在 3 位数中找出所有水仙花数，水仙花数的条件是该数等于其各位数字的立方和。

【分析】3 位数的范围是从 100 开始到 999，显然要对该范围的所有数进行检查，因此，可以设置一个循环变量，初始时让其为 100，以后随着循环的进行不断增值，直到其值超出 999 结束循环。这里的一个难点是如何获取各位数字。

程序代码如下：

```
#01   public class SpecialNumber {
#02     public static void main(String args[]) {
#03       int i, j, k, n = 100, m = 1;
#04       while (n < 1000) {
#05         i = n / 100;                 //获取最高位
#06         j = (n - i * 100) / 10;      //获取第 2 位
#07         k = n % 10;                  //获取最低位
#08         if (Math.pow(i, 3) + Math.pow(j, 3) + Math.pow(k, 3) == n)
#09           System.out.println("找到第 " + m++ + " 个水仙花数： " + n);
#10         n++;
#11       }
#12     }
#13   }
```

【运行结果】

找到第 1 个水仙花数：153

找到第 2 个水仙花数：370

找到第 3 个水仙花数：371

找到第 4 个水仙花数：407

✍ 说明：

在程序中用到了 Math 类的一个静态方法 pow 来计算某位数字的立方。第 5 行取最高位和第 7 行取最低位的办法是典型做法，但取中间那位办法变化多，第 6 行也可以是(n/10)%10 或者（n%100）/10 等。

🔊 注意：

while 循环的特点是"先判断，后执行"。如果条件一开始就不满足，则循环执行为 0 次。另外，在循环体中通常要执行某个操作影响循环条件的改变（如本例中的 n++），如果循环条件永不改变，则循环永不终止，称为死循环。要强制停止死循环的执行，只有按 Ctrl+C 组合键。在循环程序设计中，要注意避免死循环。

【例 3-4】 从键盘输入一个长整数，求其各位数字之和。

【分析】 问题的关键是如何得到各位数字，要得到一个整数的最低位数字可用除 10 求余数的办法，而要得到该整数的除最低位外的数只要用除 10 取整即可。该过程可以反复进行，直到将各位数字均取出并完成累加，循环的结束条件是剩下的数变为 0。

程序代码如下：

```
#01    import javax.swing.*;
#02    public class SumOfDigit {
#03        public static void main(String args[]) {
#04            long n, m = 0;
#05            n = Long.parseLong(JOptionPane.showInputDialog("输入整数"));
#06            long a = n;
#07            while (a > 0) {
#08                m += a % 10;                        //累加计算各位数字之和
#09                a = a / 10;
#10            }
#11            System.out.print(n + "的各位数字之和=" + m);
#12        }
#13    }
```

✍ 说明：

程序中引入了 3 个变量，n 记下要分析的整数，m 记录其各位数字之和，a 记录数据的递推变化，第 9 行把最低位抛去后，其值越来越小，最后变为 0，则不再循环。

3.2.2　do...while 语句

如果需要在任何情况下都先执行一遍循环体，则可以采用 do...while 循环，其格式如下：

```
do {
    循环体
} while (条件表达式) ;
```

do...while 语句的执行流程如图 3-5 所示。先执行循环体的语句，再检查表达式，若表达式值为真则继续循环；否则结束循环，执行后续语句。

do 循环的特点是"先执行，后判断"，循环体至少要执行一次，这一点是和 while 循环的重要差别，在应用时要注意选择。

假设随机产生某范围数据，想要得到某个值，统计要产生多少次，可以设计以下代码：

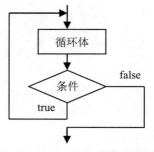

图 3-5　do...while 语句的执行流程

```
int target = 8;                    //假设目标数据值为 8
int count = 0 ;                    //统计随机数个数
do {
    int x = (int)(Math.random()*10);
    count++;
} while (x!=target);               //满足条件继续循环
System.out.println(count);
```

上面是 do 循环的典型使用，在评估条件前，先进入循环并获得一个随机数据赋值给 x，然后评估条件(x!=target)，只要条件满足就继续循环。

扫描，拓展学习

3.2.3　for 语句

如果循环可以设计为按某个控制变量值的递增来控制循环，则可以直接采用 for 循环实现。for 语句一般用于事先能够确定循环次数的场合，其格式如下：

```
for(控制变量设定初值；循环条件；迭代部分) {
    循环体
}
```

循环体为单条语句时可以省略花括号。for 语句的执行流程如图 3-6 所示。for 语句执行时，首先执行初始化操作；其次判断循环条件是否满足，如果满足，则执行循环体中的语句；最后通过执行迭代部分给控制变量增值。每循环一次，重新判断循环条件。

for 循环的优点在于变量计数的透明性，很容易看到控制变量的数值变化范围。对于循环次数确定的情形，最好采用 for 循环。

下面的 for 循环代码求 10 个随机数之和。

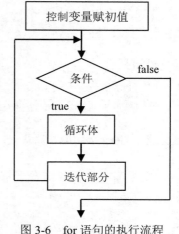

图 3-6　for 语句的执行流程

```
int sum = 0;                       //用来存放累加和
for (int k=1;k<=10;k++) {
    int x = (int)(Math.random()*10);
```

```
    sum = sum + x ;
}
```

上面的 for 循环等价于以下的 while 循环。

```
int k = 1;                                    //控制变量设定初值
while (k<=10) {                               //循环条件
    int x= (int)(Math.random()*10);
    sum = sum + x;
    k++;                                      //迭代部分，循环控制变量值更新
}
```

需要注意的是，在 while 循环中，循环控制变量初始化，条件评估以及控制变量值更新几个操作分散在不同地方，而 for 循环是将它们整齐排放在一起。

使用 for 循环要注意以下几点。

（1）初始化、循环条件及迭代部分都可以为空语句（但分号不能省），三者均为空的时候，相当于一个无限循环。

（2）在初始化部分和迭代部分可以使用逗号语句，来进行多个操作。所谓逗号语句，是用逗号分隔的语句序列。例如：

```
for(int i=0,j=6; i<j; i++,j--) {
    System.out.println(i+","+j);
}
```

该循环用了 2 个循环控制变量 i 和 j，随着循环的进行，i 的值递增，而 j 的值递减。执行该代码段的输出结果如下：

```
0,6
1,5
2,4
```

【例 3-5】求 $1+\dfrac{1}{2^2}+\dfrac{1}{3^2}+\dfrac{1}{4^2}+\cdots+\dfrac{1}{100^2}$ 的值。

程序代码如下：

```
#01  public class Ex3_5 {
#02      public static void main(String args[]) {
#03          double sum = 1;
#04          for (int k = 2; k <= 100; k++)
#05              sum = sum + 1.0 / (k*k);
#06          System.out.println("sum=" + sum);
#07      }
#08  }
```

【运行结果】

```
sum=1.6349839001848923
```

✍ 说明:

计算结果包含小数，所以保存计算结果的变量要定义为 double 类型，第 5 行中累加项 1.0/(k*k)不能写成 1/(k*k)，否则就是整除运算。

【例 3-6】求 Fibonacci 数列的前 10 个数。

Fibonacci 数列是指数列的第 0 个元素是 0，第 1 个元素是 1，后面每个元素都是其前两个元素之和。程序代码如下：

```
#01  public class Fibonacci {
#02     public static void main(String[] args) {
#03        int n0 = 0, n1 = 1, n2;
#04        System.out.print(n0 + " " + n1 + " ");
#05        for (int i = 0; i < 8; i++) {
#06           n2 = n1 + n0;                          //计算
#07           System.out.print(n2 + " ");
#08           n0 = n1;                               //递推
#09           n1 = n2;
#10        }
#11     }
#12  }
```

【运行结果】

```
0 1 1 2 3 5 8 13 21 34
```

✍ 说明:

在利用循环解决问题时经常要用到迭代推进的思想。根据 Fibonacci 数列规律，在循环内先计算 n2、输出 n2，后将变量 n0、n1 的值向前递推，以便下一轮求新值。注意循环体内语句的排列次序。

💬 思考:

将循环中最后两个语句反过来可否？也即 n1=n2；n0=n1；。

【例 3-7】利用随机函数产生 10 道 2 位数的加法测试题，根据用户解答输入计算得分。

程序代码如下：

```
#01  import java.util.Scanner;
#02  public class AddExam {
#03     public static void main(String args[]) {
#04        int score = 0;
#05        Scanner scan=new Scanner(System.in);
#06        for (int i = 0; i < 10; i++) {
#07           int a = 10 + (int) (90 * Math.random());
#08           int b = 10 + (int) (90 * Math.random());
#09             /*  将加法表达式亮出，获取用户的输入解答 */
#10           System.out.print(a + "+" + b + "=?");
#11           int ans = scan.nextInt();
#12             /* 如果解答正确的话，给予得分 */
```

```
#13                if (a + b == ans)
#14                    score = score + 10;          //每道题10分
#15                }
#16             /* 10 道题全部做完，亮出成绩 */
#17             System.out.print("your score= " + score);
#18         }
#19 }
```

✍ 说明：

　　表达式 10+(int)(Math.random()*90)产生[10,99]的随机数。这里，循环起计数作用，10 道题要循环 10 次。在循环内，第 7、8 行产生两个被加数，第 10 行提示用户解答，第 13 行判断解答的正确性，第 14 行通过累加分值的办法统计得分。

3.2.4　循环嵌套

扫描，拓展学习

　　循环嵌套就是循环体中又含循环语句。3 种循环语句可以自身嵌套，也可以相互嵌套。嵌套将循环分为内外两层，外层循环每循环一次，内循环要执行一圈。注意编写嵌套循环时不能出现内外循环的结构交叉现象。

【例 3-8】找出 3~50 的所有素数，按每行 5 个数输出。

【分析】素数是指除了 1 和本身外，不能被其他整数整除的数。因此，要判断一个数 n 是否为素数可用一个循环来解决，用 2~(n-1)的数去除 n，有一个能除尽，则可断定该数不是素数，这时应结束循环，引入一个标记变量 f 来表示这方面的信息，f 为 true 时表示该数为素数；f 为 false 时则表示该数不是素数。

　　程序代码如下：

```
#01 public class FindPrime {
#02     public static void main(String args[]) {
#03         int m = 0; //统计找到的素数个数
#04         for (int n = 3; n <= 50; n++) {        //外循环
#05             boolean f = true;
#06             int k = 2;
#07             while (f && k <= (n - 1)) {        //内循环，从2~(n-1)去除n
#08                 if (n % k == 0)
#09                     f = false;                 //发现有一个数能除尽n就不是素数
#10                 k++;
#11             }
#12             if (f) {
#13                 System.out.print("\t" + n);
#14                 if (++m % 5 == 0)              //控制每行显示5个数
#15                     System.out.println();
#16             }
#17         }
#18     }
#19 }
```

【运行结果】

3	5	7	11	13
17	19	23	29	31
37	41	43	47	

✎ 说明：

> 本例包含多种结构嵌套情况，读者需要仔细思考整个程序的组织，从循环的角度，包含一个二重循环：外层循环是有规律的变化，适合用 for 循环实现；内层循环是要判断数 n 是否为素数，由于内层循环的循环次数是不定的，所以采用 while 循环，注意循环进行的条件是 f 为 true 且控制变量≤n-1。第 12 行通过逻辑变量 f 的值来判断是否找到一个素数，在条件中直接放置逻辑变量，这是较规范的方式，如果写成 "if (f==true)" 的形式，虽然效果一样，但不够规范。第 13 行输出中用 "\t" 字符控制数据对齐显示，第 15~16 行根据找到的素数个数来控制每行显示 5 个数据。

【例 3-9】统计 3 位数中满足各位数字降序排列的数的个数，要求各位数字无重复。例如，510、321 都满足要求，而 766、201 就不符合要求。

【分析】3 位数的范围是从 100 开始到 999，但满足降序条件的数要进一步缩减，最小的降序数是 210，最大的则是 987。可以利用循环在这个范围内查找降序数，取出其各位数字，检查是否符合降序要求。

程序代码如下：

```
#01  public class DescendOrder {
#02    public static void main(String args[]){
#03      int count = 0;
#04      for(int n = 210;n <= 987; n++)
#05        int a = n/100;                     //百位数字
#06        int b = n/10%10;                   //十位数字
#07        int c= n%10;                       //个位数字
#08        if(a > b && b > c)                 //降序条件
#09          count++;
#10      }
#11      System.out.println("**共有" + count + "个降序的 3 位数**");
#12    }
#13  }
```

【运行结果】

共有 120 个降序的 3 位数

再看此题的另一种解法，用三重循环来控制各位数字的变化，根据各位数字的精确取值范围进行统计。百位数字的范围是 2~9，十位数字的范围是 1 到百位数字减 1，而个位数字的范围是 0 到十位数字减 1。

程序代码如下：

```
int  count = 0;
for(int a = 2; a<=9; a++)                      //百位数字
```

```
    for (int b = 1; b<=a-1; b++)                        //十位数字
        for (int c = 0; c<=b-1; c++)                    //个位数字
            count++;
System.out.println("共有" + count + "个降序的 3 位数");
```

【例 3-10】少年宫最近邮购了小机器人配件，共有 3 类，其中，A 类含有 8 个轮子、1 个传感器；B 类含有 6 个轮子、3 个传感器；C 类含有 4 个轮子、4 个传感器。他们一共订购了 100 套机器人，收到了轮子 600 个、传感器 280 个。根据这些信息请你计算：B 类机器人订购了多少个？

【分析】3 类机器人的数量范围首先可以确定均在 100 套以内，根据轮子总数和传感器总数还可进一步缩小范围，例如，A 类每个有 8 个轮子，3 类机器人轮子数合计才 600 个，所以，A 类的数量在 75 以内。类似地，由于轮子总数的限制，可以确定 C 类的范围在 70 以内，B 类机器人可由三类机器人的总和为 100 求解得到。可以组织一个二重循环来测试，在循环内算出轮子和传感器的总数，并判断是否满足轮子总数为 600 个且传感器总数为 280 个的要求，满足要求则输出结果并结束程序运行。

程序代码如下：

```
#01  public class MachineMan {
#02      public static void main(String args[]) {
#03          int q = 0;                              //传感器总数
#04          int r = 0;                              //轮子总数
#05          for (int  a=0; a<=75; a++)
#06              for (int  c=0; c<=70; c++) {
#07                  int b = 100-a-c;
#08                  q = a * 1 + b * 3 + c * 4;
#09                  r = a * 8 + b * 6 + c * 4;
#10                  if (r==600 && q==280){
#11                      System.out.println("B 类机器人"+b+"个");
#12                      System.exit(0);             //结束程序运行
#13                  }
#14              }
#15      }
#16  }
```

【运行结果】

B 类机器人 60 个

3.3　跳　转　语　句

扫描，拓展学习

3.3.1　break 语句

在 switch 语句中，break 语句已经得到应用。在各类循环语句中，break 语句也为我们提供了方便的跳出循环的方法。它有以下两种使用形式。

❑　break　//不带标号，从 break 直接所处的循环体中跳转出来。

❑　break 标号名　//带标号，跳出标号所指的代码块，执行块后的下一条语句。

给代码块加标号的格式如下：

```
BlockLabel: { codeBlock }
```

思考以下程序的运行结果。

```
class Loop{
    public static void main(String[] agrs) {
        outer:  for(int x=0;x<2;x++){
        middle: for(int y=0;y<4;y++){
                    System.out.println(x+","+ y);
                    if(y==2) { break  outer; }
                }
            }
        }
}
```

【运行结果】

```
0,0
0,1
0,2
```

✍ 说明：

　　语句 if(y==2) { break　outer; }是当 y 为 2 时要退出标号 outer 所标记的循环，也就是退出外层循环，所以，看到了上面的运行结果。如果换成不带标号的 break 语句，则输出结果中还将包括外层循环 x 取值为 1 的那些情形。

再来看例 3-10 的程序，第 12 行采用了 System.exit(0)的办法来停止程序运行，如果采用 break 来结束循环，则要退出最外层的循环，可以在第 5 行加入一个标号，然后采用带标号的 break 来实现循环的退出。

利用 break 语句可以改写前面的很多例子，例如，例 3-8 是引入了布尔变量来控制循环，且采用 while 循环。实际上，也可以用 for 循环来实现，程序代码如下：

```
for (int k=2; k<=(n-1);k++) {         //从 2~(n-1)去除 n
    if (n % k==0)
        break;                        //发现有一个数能除尽 n 就不是素数
}
```

在这种情况下，要在循环外再来看是否为素数就只能看循环控制变量的值，但由于这里将 k 定义为循环局部变量，循环结束它的值无效，解决办法是将 k 在循环前定义，这样判断是否为素数只要看 k 是否等于 n 即可。

【例 3-11】 4 位同学中一位做了好事，班主任问这 4 位是谁做的好事。

A 说"不是我"；B 说"是 C"；C 说"是 D"；D 说"C 胡说"。

已知 4 人中 3 个人说的是真话，1 个人说的是假话。根据这些信息，找出做了好事的人。

【分析】 这是一个逻辑问题，用算法语言解决此类问题通常要用循环去测试可能的情形，不妨用字符'A' 'B' 'C' 'D'分别代表 A、B、C、D 4 位同学，man 代表做好事的那位同学。可以用循环去测试，将每个人说的话用逻辑进行表达，考虑到要计算 3 个人说的为真话，可以将每个人说话的正确性用 1 和 0 表示，1 代表真话，0 代表假话。这样计算有 3 个人说真话就可以用表达式表示。

程序代码如下：

```
#01  public class FindPerson{
#02      public static void main(String args[]) {
#03          char man;
#04          for (man ='A' ; man <= 'D'; man++) {
#05              int a = (man != 'A') ? 1 : 0;
#06              int b = (man == 'C') ? 1 : 0;
#07              int c = (man =='D') ? 1 : 0;
#08              int d = (man != 'D') ? 1 : 0;
#09              if (a + b + c + d == 3)
#10                  break;
#11          }
#12          System.out.println("the man is "+man);
#13      }
#14  }
```

【运行结果】

```
the man is C
```

✎ 说明：

本例是一个逻辑表示问题，第 5~8 行是核心，仔细体会如何将 4 人说话的内容表示出来，以及说话的真假表示为 1 和 0 的数字形式。

3.3.2 continue 语句

continue 语句用来结束本次循环，跳过循环体中下面尚未执行的语句，接着进行循环条件的判断，以决定是否继续循环。对于 for 语句，在进行循环条件的判断前，还要先执行迭代语句。它有以下两种形式。

❑ continue //不带标号，终止当前一轮的循环，继续下一轮循环。

❑ continue 标号名 //带标号，跳转到标号指明的外层循环，继续其下一轮循环。

【例 3-12】输出 10~20 之间不能被 3 或 5 整除的数。

程序代码如下：

```
#01  public class Ex3_12 {
#02     public static void main(String args[]) {
#03        int j = 9;
#04        do {
#05           j++;
#06           if (j % 3 == 0 || j % 5 == 0)
#07              continue;
#08           System.out.print(j + " ");
#09        } while (j < 20);
#10     }
#11  }
```

【运行结果】

```
11 13 14 16 17 19
```

✍ 说明：

当变量 j 的值能被 3 或 5 整除时，执行 continue 语句，跳过本轮循环的剩余部分，直接执行下一轮循环。

该程序如果用 for 循环来表达，则第 3~9 行的代码可以写成以下形式：

```
for (int j=10;j<=20;j++) {
    if (j%3==0 || j%5==0)         //如果变量值能被 3 或 5 整除，则跳过输出语句
        continue;
    System.out.println(j + " ");
}
```

另外，如果条件改用逻辑与（&&）来表达，且比较符换成不等（!=），则代码如下：

```
for (int j=10;j<=20;j++)
    if (j%3!=0 && j%5!=0)         //如果变量值不能被 3 整除且不能被 5 整除就执行输出
        System.out.println(j + " ");
```

扫描，拓展学习

3.4 综 合 样 例

【例 3-13】利用随机函数产生 100 以内的一个整数，给用户 5 次猜测的机会，猜对给出"你真厉害!"，每次猜错，则看是否在 5 次内，如果是，则根据情况显示"错，大了!继续"或者"错，小了!继续"，否则显示"错，没机会了!"。

程序代码如下：

```
#01  import java.util.Scanner;
```

```
#02  public class  GuessNumber {
#03      public static void main(String[] args) {
#04          Scanner  scanner = new Scanner(System.in);
#05          int  n = (int)(Math.random()*100);
#06          for (int i=1; i<=5; i++) {
#07              System.out.print("请输入猜的数: ");
#08              int num = scanner.nextInt();
#09              if(num == n){
#10                  System.out.println("你真厉害! ");
#11                  break;                          //退出循环
#12              }
#13              else {
#14                  System.out.print("错,");
#15                  if (i==5) {
#16                      System.out.println("没机会了! 实际数="+n);
#17                      continue;                   //本题这里也可用break
#18                  }
#19                  if (num>n )
#20                      System.out.println("大了! 继续");
#21                  else
#22                      System.out.println("小了! 继续");
#23              }
#24          }
#25      }
#26  }
```

✍ 说明:

　　程序通过 for 循环控制猜的次数，每循环一次则让用户输入一个猜的数。如果猜中，则通过 break 语句结束循环；如果猜错，则首先看是否到达 5 次，达到了则显示没机会，通过 continue 语句跳过剩余执行语句，后面还有一个 if 语句是判断输入数是大了还是小了。

　　另一种办法是定义一个布尔类型标记变量来表示猜中否。在 for 循环前，将标记变量初值设为 false，猜中时将标记变量赋值为 true。这样，在 for 循环内将不用判别是否达到 5 次，将第 15~18 行删除。在 for 循环结束后根据标记变量的值来决定是否显示"没机会了!"的信息，标记变量为 false 才显示"没机会了!"。

　　从本章一些例题可以看出，同一问题编程往往有多种表达形式，我们要尽量让程序代码清晰简练，同时做到可读性强，执行效率高。

　　【例3-14】某长途车从始发站早 6:00 到晚 6:00 每 1 小时整点发车一次。正常情况下，汽车在发车 40min 后停靠本站。由于路上可能出现堵车，假定汽车因此而随机耽搁 0~30min，也就是说最坏情况汽车在发车 70min 后才到达本站。假设某位旅客在每天的 10:00~10:30 之间一个随机的时刻来到本站，那么他平均等车的时间是多少分钟？

　　可以通过编程多次模拟这个过程，计算输出平均等待的分钟数，精确到小数点后 1 位。

　　【分析】实际就是计算人和汽车到达本站的时间差。由于乘客是在 10:00~10:30 之间到达等车站点，汽车每隔 1h 整点发车 1 次，汽车从起点到达本站的最少时间是 40min，所以，最早时乘客可以等到 9 点发出的车，如果错过，则只好等 10 点发出的车。可以将 9 点作为相对时间计算的基点，分别计算人和两趟汽车到达本站所过去的分钟数。引入变量 s1 模拟 9 点出发的车到达本站的时间点，所以 s1 的值为 "40+ Math.random()*30"，引入变量 s2 模拟 10 点出发的车到达本站相对 9 点的分钟数，所以 s2 的值为 "100+ Math.random()*30"，引入变量 s3 模拟人到达本站相对 9 点的分钟数，所以 s3 的值为 "60+ Math.random()*30"。

```
#01  public class WaitBus{
#02     public static void main(String args[]) {
#03        double waitTime;                          //本次等车时间
#04        double averageTime = 0;                   //累计求平均等车时间
#05        for (int k=0;k<10000;k++) {               //模拟 1 万次情形
#06           double s1 = 40 + Math.random()*30;     //9 点出发的车
#07           double s2 = 100 + Math.random()*30;    //10 点出发的车
#08           double s3 = 60 + Math.random()*30;     //人 10 点后到达
#09           if (s1 - s3 > 0)                       //是否 9 点的车晚于人到达本站
#10              waitTime = s1 - s3;                 //赶上 9 点的车
#11           else
#12              waitTime = s2 - s3;                 //只能坐 10 点的车
#13           averageTime += waitTime;
#14        }
#15        System.out.printf("平均等车时间=%.1f 分",averageTime/10000);
#16     }
#17  }
```

【运行结果】

平均等车时间=37.4min

✎ 说明：

本问题利用随机数来模拟概率问题，结果不是固定的，但变化范围不大。

习　　题

1. 选择题

（1）以下程序的运行结果为（　　　）。

```
public class Test {
   public static void main(String args[]) {
      int i=0, j=2;
      do {
         i=++i;
         j--;
```

```
        } while(j>0);
        System.out.println(i);
    }
}
```

A. 0   B. 1   C. 2   D. 3

（2）执行以下程序后，输出结果为（   ）。

```
public class Ex2{
  public static void main(String args[]) {
    int k ,f=1;
    for (k=2;k<5;k++)
      f = f * k;
    System.out.println(k);
  }
}
```

A. 0   B. 1   C. 5   D. 4   E. 24

（3）设有以下类：

```
class Loop{
  public static void main(String[] args) {
    int x=0;int y=0;
    outer: for(x=0;x<100;x++){
    middle: for(y=0;y<100;y++){
            System.out.println("x="+x+"; y="+y);
          if (y==10) {  <<<insert code>>>  }
      }
    }
  }
}
```

在<<<insert code>>>处插入（   ）代码可以结束外循环。

A. continue middle;   B. break outer;

C. break middle;   D. continue outer;

（4）下列循环的执行次数是（   ）次。

```
int x=4,y=2;
while (--x!=x/y) {  }
```

A. 1   B. 2   C. 3   D. 4

（5）以下程序段的输出结果为（   ）。

```
int x=1;
for (x=2;x<=10;x++ ) ;
System.out.print(x);
```

A. 1   B. 2   C. 10   D. 11

（6）设 int x=2，y=3，则表达式(y-x==1)?(!true?1:2):(false?3:4)的值为（　　　）。

A．1　　　　　　　　B．2　　　　　　　　C．3　　　　　　　　D．4

2．写出程序的运行结果

程序 1：

```
String c="red";
switch (c) {
    default:
        System.out.println("white");
    case "red":
        System.out.println("red");
        break;
    case "blue":
        System.out.println("blue");
}
```

程序 2：

```
outer:
for (int i=1;i<3;i++)
    for (int j=1;j<4;j++)
    {
        if (i==1 && j==2)
            continue outer;
        System.out.println("i="+i+"  j="+j);
    }
```

程序 3：

```
int j=0;
do {
    if(j==5) break;
    System.out.print(j + " ");
    j++;
} while(j<10);
```

程序 4：

```
int i = 10, j = 10;
boolean b = false;
if (b = i == j)
    System.out.println("True");
else
    System.out.println("False");
```

程序 5：

```
int x = 23659;
```

```
String m = "result=";
while (x>0) {
    m = m + x%10;
    x = x/10;
}
System.out.println(m);
```

3. 编程题

（1）从键盘输入 1 个整数，根据是奇数还是偶数分别输出 odd 和 even。

（2）从键盘输入 3 个整数，按由小到大的顺序排列输出。

（3）从键盘输入一系列字符，以#作为结束标记，求这些字符中的最小者。注：输入数据建议采用一行输入（如 abdhg34dg#）。

（4）输入一个代表年份的整数，判断是否为闰年。满足以下两个条件之一才可以称为闰年。①能被 4 整除但不能被 100 整除；②能被 400 整除。

（5）三角形的 3 条边必须满足约束关系：任意两边之和大于第三边。输入 3 个实数代表三角形的 3 条边值，判断它们能否合格。如果合格，输出 yes；否则输出 no。

（6）从键盘输入 a、b、c 3 个实数，计算方程 $ax^2+bx+c=0$ 的实数根。

（7）利用下式求 e^x 的近似值。

$$e^x = 1 + \frac{x}{1!} + \frac{x^2}{2!} + \frac{x^3}{3!} + \cdots + \frac{x^n}{n!} + \cdots$$

输出 x=0.2~1.0 之间步长为 0.2 的所有 e^x 值。（计算精度为 0.00001）

（8）设有一条绳子长 2000m，每天剪去 1/3，计算多少天后长度变为 1cm？

（9）计算 n 至少多大时，以下不等式成立。

$$1+1/2+1/3+\cdots+1/n>6$$

（10）编写一个程序从键盘输入 10 个整数，将最大、最小的整数找出来输出。

（11）百鸡百钱问题。公鸡每只 3 元，母鸡每只 5 元，小鸡 3 只 1 元，用 100 元钱买 100 只鸡，公鸡、母鸡、小鸡应各买多少只？

（12）用二重循环输出九九乘法表。注意用制表符"\t"实现结果的对齐显示。

（13）设 N 是一个 4 位数，它的 9 倍正好是其反序数，求 N。反序数就是将整数的数字倒过来形成的数。

（14）一个数如果等于其所有因子之和，称为"完数"，输出 100 以内所有完数。

（15）有 N 个人参加 100m 短跑比赛，跑道为 8 条。程序的任务是按照尽量使每组的人数相差最少的原则分组。例如，N=8 时，分成 1 组即可；N=9 时，分成 2 组，其中一组 5 人，一组 4 人。要求从键盘输入一个正整数 N，输出每个分组的人数。

第 4 章

数组和方法

本章知识目标：

- ❑ 掌握一维数组和二维数组的定义、分配空间。
- ❑ 掌握用循环访问数组元素的方法。
- ❑ 掌握方法定义格式，理解方法头和方法体的作用。
- ❑ 掌握方法的调用形式，理解参数传递的特点。
- ❑ 了解 Java 应用程序的命令行参数的使用。
- ❑ 了解 Arrays 类的典型方法的使用。

数组是程序设计语言中常用的一种数据组织方式，数组广泛应用于批量数据的处理。将完成一些特定功能的程序编写作为方法，在需要的地方调用方法，可有效缩短程序代码的长度，提高编程效率。

4.1 数 组

Java 语言中，数组是一种最简单的复合数据类型。数组的主要特点如下。

❑ 数组是相同数据类型元素的集合。

❑ 数组中各元素按先后顺序连续存放在内存中。

❑ 每个数组元素用数组名和它在数组中的位置（称为下标）来表达。

4.1.1 一维数组

一维数组与数学上的数列有着很大的相似性。数列 a_1，a_2，a_3…的特点也是元素名字相同，下标不同。创建一维数组需要以下 3 个步骤。

1. 声明数组

声明数组要定义数组的名称、维数和数组元素的类型。有以下两种定义格式。

格式 1：数组元素类型　数组名[]；

格式 2：数组元素类型[]　数组名；

其中，数组元素的类型可以是基本类型，也可以是类或接口。例如，要保存某批学生的成绩，可以定义一个数组 score，声明如下：

```
int score[];
```

该声明定义了一个名为 score 的数组，每个元素类型为整型。

2. 创建数组空间

数组声明只是定义了数组名和类型，并未指定元素个数。与变量一样，数组的每个元素需要占用存储空间，因此必须通过某种方式规定数组的大小，进而确定数组需要的空间。

给已声明的数组分配空间可采用以下格式：

```
数组名 = new 数组元素类型 [数组元素的个数]；
```

例如：

```
score = new int[10];                    //创建含 10 个元素的整型数组
```

也可以在声明数组的同时给数组规定空间，即将两步合并。例如：

```
int score [] = new int[10];
```

数组元素的下标从 0 开始，最大下标值为数组的大小减 1。当数组的元素类型为基本类型时，在创建存储空间时将按默认规定给各元素赋初值。但如果元素类型为其他引用类型（如 String 类型），则其所有元素值为 null（代表空引用）。

对于以上定义的 score 数组，10 个元素的下标分别为 score[0]，score[1]，score[2]，...，score[9]。每个元素的初值为 0，如图 4-1 所示。

3．创建数组元素并初始化

另一种给数组分配空间的方式是声明数组时给数组一个初值表，则数组的元素个数取决于初值表中数据元素个数，格式如下。

格式 1：类型　数组名[] ={ 初值表 };

格式 2：类型　数组名[] = new 类型[]{ 初值表 };

例如：

score[0]	0
score[1]	0
score[2]	0
score[3]	0
score[4]	0
score[5]	0
score[6]	0
score[7]	0
score[8]	0
score[9]	0

图 4-1　数组的存储分配

```
int score[] = {1,2,3,4,5,6,7,8,9,10};
```

该语句将创建一个整型数组 score，包含 10 个元素，且各元素的初值分别为 1，2，…，10。通过数组的属性 length 可得到数组元素的大小，也就是数组元素的个数。

例如，score.length 指明数组 score 的长度。

📢 注意：

数组元素的下标范围是 0~score.length-1，如果下标超出范围，则运行时将产生"数组访问越界异常"。

编程中常用循环来控制对数组元素的访问，访问数组元素的下标随循环控制变量变化。

【例 4-1】求 10 个学生的平均成绩。

程序代码如下：

```
#01  public class Ex4_1 {
#02    public static void main(String args[]){
#03        int score[] = new int[10];
#04        /* 以下用随机函数产生 10 个学生的成绩存入数组 score 中 */
#05        for(int k = 0; k < score.length; k++){
#06            score[k] =(int)(Math.random()* 101);
#07            System.out.print(score[k] + "\t");      //输出数组元素
#08        }
#09        System.out.println();
#10        /* 以下计算平均成绩 */
#11        double sum = 0;
#12        for(int k = 0; k < score.length; k++)
#13            sum += score[k];
#14        System.out.println("平均成绩为: " + sum / score.length);
#15    }
#16  }
```

✍ 说明：

在该程序中，给数组提供数据和计算平均分别用两个循环来处理，虽然可以合并为一个循环，但建议还是养成每个程序块功能独立的编程风格，这样程序更清晰。

思考：

　　求最高分、最低分如何修改程序?

对于数组和含一组元素的集合，还存在一种称为增强 for 循环的语句，可遍历访问数组中的所有元素，形式如下：

```
for(元素类型 循环变量名:数组名){ 循环体 }
```

因此，将以上求数组所有元素之和的循环语句可改写为：

```
for(int x:score) sum += x;
```

其中，x 的取值将随循环执行过程按 score[0]，score[1]，…，score[9]顺序变化。

值得注意的是，增强 for 循环只能访问数组元素，但不能给数组元素赋值。以下代码编译没有问题，但运行时会发现 score 数组的元素没有得到随机数的值。

```
for(int x:score) x =(int)(Math.random()*100);
```

【例 4-2】利用随机数模拟投掷色子 500 次，输出各个数的出现次数。

【分析】色子的值只有 6 种情况，可以定义一个数组来统计这 6 种情况，数组的大小就是 6，投掷 500 次可以通过一个循环来控制，每次投掷的结果来决定给哪个数组元素增加 1。注意数组的下标是从 0 开始，而色子的值是从 1 开始，所以要进行减 1 的折算。投掷 1 时给下标为 0 的元素增值 1，以此类推。

程序代码如下：

```
#01  public class  Ex4_2 {
#02    public static void main(String args[]){
#03      int count[] = new int[6];
#04      for(int k = 0; k<500; k++){            //投掷 500 次
#05          int v =(int)(Math.random()*6+1);
#06          count[v-1]++;                      //对应色子点值的统计元素值增加 1
#07      }
#08      for(int i = 0;i<count.length; i++)
#09          System.out.println((i+1)+ "出现次数为: "+count[i]);
#10    }
#11  }
```

【例 4-3】将一维数组元素按由小到大顺序重新排列。

排序方法有很多种，这里介绍一种最简单的办法，交换排序法。其基本思路如下。

假设对 n 个元素进行比较，即 a[0]，a[1]，…，a[n-1]。

第一遍，目标是在第 1 个元素处（i=0）放最小值，做法是将第 1 个元素与后续各元素（i+1~n-1）逐个进行比较，如果有另一个元素比它小，就交换两元素的值。

第二遍，仿照第一遍的做法，在第 2 个元素处（i=1）放剩下元素中最小值。也就是将第 2 个元素与后续元素进行比较。

...

最后一遍（第 n-1 遍），将剩下的两个元素 a[n-2] 与 a[n-1] 进行比较，在 a[n-2] 处放最小值。

也就是要进行 n-1 遍比较（外循环），在第 i 遍（内循环）要进行（n-i）次比较。

程序代码如下：

```
#01  public class Ex4_3 {
#02      public static void main(String args[]){
#03          int a[] = { 4, 6, 3, 8, 5, 3, 7, 1, 9, 2 };
#04          int n = a.length;
#05          System.out.println("排序前…");
#06          for(int k = 0; k < n; k++)
#07              System.out.print("   " + a[k]);
#08          System.out.println();
#09          /* 以下对数组元素按由小到大进行排序 */
#10          for(int i = 0; i < n - 1; i++)
#11              for(int j = i + 1; j < n; j++)
#12                  if(a[i] > a[j]){
#13                      /* 交换 a[i] 和 a[j] */
#14                      int temp = a[i];
#15                      a[i] = a[j];
#16                      a[j] = temp;
#17                  }
#18          System.out.println("排序后…");
#19          for(int k = 0; k < n; k++)
#20              System.out.print("   " + a[k]);
#21      }
#22  }
```

【运行结果】

```
排序前…
   4   6   3   8   5   3   7   1   9   2
排序后…
   1   2   3   3   4   5   6   7   8   9
```

✍ 说明：

第 14~16 行交换 a[i] 和 a[j] 的值如果直接用 a[i]= a[j]；a[j]= a[i] 会导致两个元素的值均为 a[j] 原来值，所以引入一个临时变量，而且要注意语句次序。

扫描，拓展学习

4.1.2　多维数组

Java 语言中，多维数组被看作数组的数组，多维数组的定义是通过对一维数组的嵌套来实现的，即用数组的数组来定义多维数组。

多维数组中，最常用的是二维数组。下面以二维数组为例介绍多维数组的使用。

1．声明数组

二维数组的声明与一维数组类似，只是给出两对方括号。

格式1：数组元素类型　数组名[][];

格式2：数组元素类型[][]　数组名;

例如：int a[][];

2．创建数组空间

为二维数组创建存储空间有以下两种方式。

（1）直接为每一维分配空间，例如：

```
int a[][] = new int [2][3];
```

以上定义了两行三列的二维数组 a，数组的每个元素为一个整数。数组中各元素通过两个下标来区分，每个下标的最小值为 0，最大值比行数或列数少 1。数组 a 共包括 6 个元素，即 a[0][0]、a[0][1]、a[0][2]、a[1][0]、a[1][1]、a[1][2]。其逻辑组织排列如表 4-1 所示。

表 4-1　二维数组的逻辑组织排列

a[0][0]	a[0][1]	a[0][2]
a[1][0]	a[1][1]	a[1][2]

可以看出，二维数组在形式上与数学中的矩阵和行列式相似。

（2）从最高维开始，按由高到低的顺序分别为每一维分配空间，代码如下：

```
int a[][] = new int [2][];
a[0] = new int [3];                        //第 1 行有 3 个元素
a[1] = new int [4];                        //第 2 行有 4 个元素
```

上面的数组中，第 1 行的 3 个元素是 a[0][0]、a[0][1]、a[0][2]，第 2 行的 4 个元素是 a[1][0]、a[1][1]、a[1][2]、a[1][3]。

Java 语言中，不要求多维数组每一维的大小相同。

要获取数组的行数，可以通过以下方式获得。

```
数组名.length
```

数组的列数则要先确定行，再通过以下方式获取该行的列数。

```
数组名[行标].length
```

【例4-4】二维数组动态创建示例。

程序代码如下：

```
#01  public class Ex4_4 {
#02    public static void main(String[] args){
#03      int[][] m = new int[4][];          //这里只定义了二维数组行的大小
#04      for(int i = 0; i < m.length; i++){
```

```
#05              m[i] = new int[i + 1];              //对每行创建子数组
#06              for(int j = 0; j < m[i].length; j++){
#07                  m[i][j] = i + j;
#08              }
#09          }
#10          //以下按行、列输出数组的元素
#11          for(int i = 0; i < m.length; i++){
#12              for(int j = 0; j < m[i].length; j++)
#13                  System.out.print(m[i][j] + " ");
#14              System.out.println();
#15          }
#16      }
#17  }
```

【运行结果】

```
0
1 2
2 3 4
3 4 5 6
```

✍ 说明：

> 第 3 行定义了二维数组的行数，但没有确定每行的列数；在循环中第 5 行逐个创建每行的子数组的大小，也就是确定列数，但这里它们的大小不一样。引用数组元素时，必须保证访问的数组元素是在已创建好的空间范围内。

如果用增强 for 循环来访问二维数组，则程序中的第 11~15 行可以写成以下形式：

```
for(int [] row : m){
    for(int element : row)
        System.out.print(element +" ");
    System.out.println();
}
```

3．创建数组元素并初始化

二维数组与一维数组的默认初值原则相同。可用以下方式在数组定义时同时进行初始化。

```
int a[][] = {{1,2,3},{4,5,6}};              //2×3 的数组
int b[][] = {{1,2},{4,5,6}};                //b[0]有两个元素，而 b[1]有三个元素
```

更为常见的做法是在数组定义后通过二重循环给数组每个元素赋值。

【例 4-5】矩阵相乘 $C_{n \times m} = A_{n \times k} \times B_{k \times m}$。

矩阵 C 的任意一个元素 C(i,j)的计算是将 A 矩阵第 i 行的元素与 B 矩阵第 j 列的元素对应相乘的累加和，公式表示如下：

$$C(i, j) = \sum_{p=0}^{k-1} A(i, p) * B(p, j)$$

而 i 的变化范围为 0~n-1；j 的变化范围为 0~m-1；p 的变化范围为 0~k-1，所以，矩阵相乘需要用三重循环来实现。

程序代码如下：

```
#01  public class MatrixMultiply {
#02      public static void main(String args[]){
#03          int a[][] = { {1,0,3},{2,1,3 }};              //2行3列
#04          int b[][] = { {4,1,0},{-1,1,3},{2,0,1}};      //3行3列
#05          int c[][] = new int[2][3];                    //2行3列
#06          int n = a.length, k = b.length, m = b[0].length;
#07          System.out.println("***** Matrix A *****");   //输出矩阵A
#08          for(int i = 0; i < n; i++){
#09              for(int j = 0; j < k; j++)
#10                  System.out.print(a[i][j] + "\t");
#11              System.out.println();
#12          }
#13          System.out.println("***** Matrix B *****");   //输出矩阵B
#14          for(int i = 0; i < k; i++){
#15              for(int j = 0; j < m; j++)
#16                  System.out.print(b[i][j] + "\t");
#17              System.out.println();
#18          }
#19          /* 计算 C=A×B */
#20          for(int i = 0; i < n; i++){
#21              for(int j = 0; j < m; j++){
#22                  c[i][j] = 0;
#23                  for(int p = 0; p < k; p++)
#24                      c[i][j] += a[i][p] * b[p][j];
#25              }
#26          }
#27          System.out.println("*** Matrix C=A×B ***");   //输出矩阵C
#28          for(int i = 0; i < n; i++){
#29              for(int j = 0; j < m; j++)
#30                  System.out.print(c[i][j] + "\t");
#31              System.out.println();
#32          }
#33      }
#34  }
```

【运行结果】

```
***** Matrix A *****
1       0       3
2       1       3
***** Matrix B *****
4       1       0
```

```
-1      1       3
2       0       1
*** Matrix C=A×B ***
10      1       3
13      3       6
```

扫描，拓展学习

4.2 方 法

4.2.1 方法声明

方法是类的行为属性，标志了类所具有的功能和操作。方法由方法头和方法体组成，方法头定义方法的访问特征，方法体实现方法的功能，其一般格式如下：

修饰符 1 修饰符 2…返回值类型 方法名(形式参数表)[throws 异常列表]
{
    方法体各语句;
}

✍ 说明：

（1）任何方法定义中均含有小括号，无参方法在小括号中不含任何内容。

（2）修饰符包括方法的访问修饰符（如 public 等）、抽象方法修饰符 abstract、类方法修饰符 static、最终方法修饰符 final、同步方法修饰符 synchronized、本地方法修饰符 native，它们的作用将在后面章节中进行介绍。

（3）形式参数用于从调用方法的环境获取所需数据，参数表列出了方法需要多少参数、每个参数的类型信息，方法体内通过访问参数名可获取参数值。形式参数列表的格式如下：

类型 1 参数名 1，类型 2 参数名 2，…

（4）返回值是方法在操作完成后返还调用它的环境的数据，返回值的类型用各种类型关键字（如 int、float 等）来指定。如果方法无返回值，则用 void 标识。

对于有返回值的方法，在方法体中一定要有一条 return 语句，该语句的形式有以下两种。

❑ return 表达式;   //方法返回结果为表达式的值
❑ return;   //用于无返回值的方法退出

return 语句的作用是结束方法的运行，并将结果返回给方法调用者。return 返回值必须与方法头定义的返回类型相匹配。

4.2.2 方法调用

调用方法就是要执行方法，方法调用的形式为

方法名(实际参数表)

✍ **说明：**

（1）实际参数表列出传递给方法的实际参数，实际参数也简称实参，它可以是常量、变量或表达式。相邻的两个实参间用逗号分隔。实参的个数、类型、顺序要与形参对应一致。

（2）调用的执行过程是首先将实参传递给形参，然后执行方法体。方法运行结束，从调用该方法的下一个语句继续执行。

【例 4-6】 编写求阶乘的方法，并利用求阶乘的方法实现一个求组合的方法。

n 个元素中取 m 个的组合计算公式为 c(n,m)=n!/((n-m)!*m!)，并利用求组合方法输出以下杨辉三角形。

```
c(0,0)
c(1,0)c(1,1)
c(2,0)c(2,1)c(2,2)
c(3,0)c(3,1)c(3,2)c(3,3)
```

程序代码如下：

```
#01  public class Ex4_6 {
#02     /* 求n!的方法 fac(n)*/
#03     public static long fac(int n){
#04         long res = 1;
#05         for(int k = 2; k <= n; k++)
#06             res = res * k;
#07         return res;
#08     }
#09
#10     /* 求 n 个中取 m 个的组合方法 */
#11     public static long com(int n, int m){
#12         return fac(n)/(fac(n - m)* fac(m));
#13     }
#14
#15     public static void main(String args[]){
#16         for(int n = 0; n <= 3; n++){
#17             for(int m = 0; m <= n; m++)
#18                 System.out.print(com(n, m)+ "  ");
#19             System.out.println();
#20         }
#21     }
#22  }
```

【运行结果】

```
1
1 1
1 2 1
1 3 3 1
```

✎ 说明：

> 第 3~8 行定义了求 n!的方法 fac(n)，第 11~13 行定义了求组合的方法 com(n,m)，它利用求阶乘方法 fac 计算组合。在 main 方法中通过一个二重循环中调用求组合的方法输出杨辉三角形的各个位置的数据。

💬 思考：

> 用二维数组表示杨辉三角形各行各列的数据，不难发现有下列规律。
>
> a[i][0]=1,a[i][i]=1,a[i][j]=a[i-1][j-1] + a[i-1][j]
>
> 其中，i 代表行，变化范围为 0~n，其中 n 为行数-1；j 代表列，变化范围为 1~i。

读者可练习用数组保存数据，输出 5 行的杨辉三角形。

【例 4-7】写一个方法判断一个整数是否为素数，返回布尔值。利用该方法验证哥德巴赫猜想：任意一个不小于 3 的偶数可以拆成两素数之和。不妨将验证范围缩小到 4~100。

【分析】每个偶数 n 的拆法用循环去试，将 n 拆成 i 和 n-i，要求 i 和 n-i 均为素数，i 的变化范围是 2~n/2，这就是内层循环的循环变量取值范围。而外层循环的控制变量就是 n，其范围是 4~100。

程序代码如下：

```
#01  public class Ex4_7 {
#02      /* 判断一个数 n 是否为素数的方法 */
#03      static boolean isPrime(int n){
#04          if(n==0 || n==1)return false;              //0,1 不是素数
#05          for(int k=2;k<n;k++){
#06            if(n%k==0)
#07              return false;          //只要遇到一个能整除即可断定不是素数
#08          }
#09          return true;                //循环结束，说明没有数能除尽 n,那么 n 为素数
#10      }
#11
#12      public static void main(String[] args){
#13          for(int n=4;n<=100;n++)
#14              for(int i=2;i<=n/2;i++)
#15                if(isPrime(i)&& isPrime(n-i))
#16                  System.out.println(n+"="+i+","+(n-i));
#17      }
#18  }
```

✎ 说明：

> 求素数的问题前面已经遇到过，这里将判断一个数 n 是否为素数的问题编写为一个方法，方法的返回结果为 boolean 类型，第 5~8 行用 2~n-1 的数去循环测试是否能够整除 n，如果发现有能整除的情形，则断定不是素数，所以通过 return 语句返回 false，执行到循环外时，可以断定 n 为素数，所以直接返回 true。实际上，循环的终点可以缩小到 Math.sqrt(n)。

扫描，拓展学习

4.2.3 参数传递

在 Java 语言中，参数传递是以传值的方式进行，即将实参的存储值传递给形参。这时要注意以下两种情形。

（1）对于基本数据类型的参数，其对应的内存单元存放的是变量的值，因此，它是将实参的值传递给形参单元。这种情形下，对形参和实参的访问实际操纵的是不同的内存单元。因此，在方法内对形参数据的任何修改都不会影响实参。

（2）对于引用类型（如对象、数组等）的参数变量，实参单元和形参单元中存放的是引用地址，参数传递是将实参存放的引用地址传递给形参。这样，实参和形参引用的是同一对象或同一数组。因此，对形参所引用对象成员或数组元素的更改将直接影响实参对象或数组。

【例 4-8】参数传递演示。

程序代码如下：

```
#01  public class Ex4_8 {
#02      static void paraPass(int x, int y[]){
#03          x = x + 1;
#04          y[1] = y[1] + 1;
#05          System.out.println("x= " + x);
#06      }
#07
#08      public static void main(String args[]){
#09          int m = 5;
#10          int a[] = { 1, 4, 6, 3 };
#11          paraPass(m, a);
#12          System.out.println("m= " + m);
#13          for(int k = 0; k < a.length; k++)
#14              System.out.println(a[k] + "\t");
#15      }
#16  }
```

【运行结果】

```
x= 6
m= 5
1        5        6        3
```

✎ 说明：

  paraPass 方法有两个参数，参数 x 是基本类型，参数 y 为一维数组，也就是引用类型。方法调用时，两个实际参数分别为整型变量 m 和整型数组 a。

（1）实参 m 的值传递给形参变量 x 分配的单元中。这样 x 的值为 5，如图 4-2 所示。在 paraPass 方法内将 x 值增加 1，输出 x 的结果为 6，方法 paraPass 执行结束后，返回 main 方法中，输出 m 的值是 5。

（2）第 2 个参数是数组。实参 a 中存储的是数组的引用地址，参数传递时是将实参数组 a 中引用地址传递给形参 y，图 4-3 给出了参数传递时，形参与实参的对应关系。也就是形参 y 和实参 a 是代表同一数组。所以，当方法内将 y[1]加上 1 变为 5 后，a[1]也为 5。

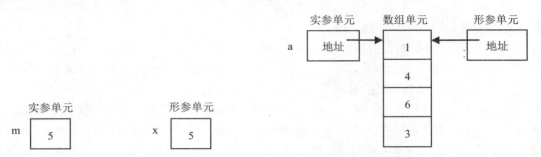

图 4-2　基本数据类型参数传递　　　　图 4-3　引用数据类型参数传递

实际上，数组处理很多问题都可编写成方法，然后，通过方法调用去使用它们。

问题 1：将一维整型数组输出，按每行 n 个元素的输出形式。

可设计以下方法，方法包含 2 个参数。

```java
public static void output(int x[], int n){      //输出数组，每行 n 个数据
    for(int k=0;k<x.length;k++){
        System.out.println(x[k]+ "\t");
        if((k+1)%n==0)
            System.out.println();
    }
}
```

如果按每行 5 个元素的形式输出数组 a，可以通过方法调用 output(a,5)即可。

当然，方法调用时，对应的 n 值不能太大，因为在控制台一行能表示的输出内容的长度有限，到了右边界会自动折行。

问题 2：求一维数组所有元素的平均值。

设计以下方法，方法参数为数组，返回结果为求得的平均值。

```java
public static double average(double x[]){        //求 x 数组的所有元素平均值
    double sum = 0;
    for(int k=0;k<x.length;k++)
        sum += x[k];
    return sum/x.length;
}
```

这样，前面求学生成绩的平均分可直接输出方法调用结果，具体代码如下：

```java
System.out.println("学生成绩的平均分=" + average(score);
```

问题 3：求一维数组所有元素中的最大值。

设计以下方法，方法参数为数组，返回结果为所有元素中的最大值。

```
public static double max(double x[]){
    double xm = x[0];
    for(int k=1;k<x.length;k++)
        if(xm<x[k])  xm = x[k];
    return xm;
}
```

问题 4：查找某个整数在一维整数数组中的首次出现位置。

设计以下方法，方法包含 2 个参数，返回结果为数据在数组中的位置信息。由于数据在数组中可能不出现，这时可以设计一个特别值（如-1）来标识这种情形。

```
public static int  search(int x[], int s){        //在 x 数组中找数据 s 的出现位置
    for(int k=0;k<x.length;k++)
        if(s == x[k])                              //找到，则返回位置 k
            return k;
    return -1;                                     //没找到，返回-1
}
```

问题 5：统计某个整数在一维整数数组中的出现次数。

设计以下方法，两个参数分别为数组和要查的整数，方法返回为统计结果。

```
public static int  appearTimes(int x[], int s){ //在 x 数组中找数据 s 的出现次数
    int count = 0;
    for(int k=0;k<x.length;k++)
        if(s == x[k])
            count++;                               //找到，则计数值增 1
    return  count;
}
```

4.2.4 递归

递归是方法调用中的一种特殊现象，它是在方法自身内又调用方法自己。注意，在方法内递归调用自己通常是有条件的，在某个条件下不再递归。递归调用的一个典型例子是求阶乘问题，根据阶乘的计算特点，可以发现以下规律。

```
n! = n *(n-1)!
```

也就是说，求 5 的阶乘可以将 5 乘上 4 的阶乘，而 4 的阶乘又是将 4 乘上 3 的阶乘，依次类推。最后 1 的阶乘为 1 或 0 的阶乘为 1，结束递归。

用数学表示形式来描述可以写成：

$$\begin{cases} fac(n)=1 & \text{当 } n=1 \\ fac(n)=n*fac(n-1) & \text{当 } n>1 \end{cases}$$

可以利用递归编写以下求阶乘的方法。

```
static int fac(int n) {
```

```
if(n==1)
    return 1;
else
    return  n * fac(n-1);
}
```

在编写递归方法时一定要先安排不再递归的条件检查，从而避免无限递归。递归的执行要用到堆栈来保存数据，它在递归的过程中需要保存程序执行的现场，然后在结束递归时再逐级返回结果。返回时知道 1!就可以得到 2!，知道 2!就可以得到 3!……，以此类推。也就是计算递归时分为递推和回推两个阶段，采用递归计算在效率上明显不高，因此，在一般情况下不采用递归计算。

扫描，拓展学习

4.2.5　Java 方法的可变长参数

在 Java 5 中方法提供了变长参数，参数定义时，使用 "..." 表示可变长参数。与可变参数匹配的实参个数不固定，方法调用时，对应可变长参数可以给出任意多个实参（包括 0 个）。因此，一个方法中不允许有多个可变长参数，而且可变长参数必须处于方法参数排列中的最后位置。

标准输出流的 printf 方法就含有可变长参数，它含有 2 个参数，第 1 个参数为代表输出格式的描述串，第 2 个参数为代表输出数据的可变长参数。以下是这个方法的 2 个调用，第 1个调用有 2 个参数，第 2 个调用有 3 个参数。

```
System.out.printf("%d ",n);                           //其中，n 为整型变量
System.out.printf("%d %s",n,"cat");
```

在具有可变长参数的方法中，可以把可变长参数当成数组使用。例如，以下方法求一组数的平均值，在方法中通过循环遍历访问每个参数。

```
static double average(double...args){
    double sum = 0;
    for(double v : args)
        sum += v;
    return args.length == 0 ? 0 : sum/args.length;
}
```

针对该方法的以下调用均是成立的。

```
double avg1 = average(2.3 , 4.5 , 6 , 8);
double avg2 = average(2,5);
double avg3 = average();
```

特别地，如果实参数据已经在一个数组中，则可以直接传递数组给可变参数。例如：

```
double[] score = {55, 87, 68};
double avg = average(score);
```

🔊 注意：

可变参数是兼容数组类参数的，但是数组类参数却无法兼容可变参数。也就是说，如果将以上 average 方法参数改为数组类型，则 average(2 ,6)形式的调用不成立。

4.3　Java 命令行参数

扫描，拓展学习

在 Java 应用程序的 main 方法中有一个字符串数组的参数，该数组中存放所有的命令行参数，命令行参数是给 Java 应用程序提供数据的手段之一，它们跟在命令行运行的主类名之后，各参数之间用空格分隔。使用命令行参数有利于提高应用程序的通用性。

【例 4-9】输出命令行所有参数。

程序代码如下：

```
#01  public class Ex4_9 {
#02      public static void main(String[] args){
#03          for(int i = 0; i < args.length; i++)
#04              System.out.println(args[i]);
#05      }
#06  }
```

【运行结果】

```
D:\>java Ex4_9 "hello good" 34  "my  123"
hello good
34
my  123
```

✐ 说明：

如果命令行参数中有引号，则两个引号间的字符系列为一个参数，空格作为参数的分隔符。如果引号不匹配，则从最后一个引号到行尾的所有字符将作为一个参数。

💬 思考：

将本程序中的 for 循环改用增强 for 循环的表达形式如何实现？

4.4　数组工具类 Arrays

扫描，拓展学习

Java 中有一个 Arrays 类，该类在 java.util 包中，其中封装了对数组进行操作的一系列静态方法。

1．数组排序

利用 Arrays 类的 sort 方法可方便地对数组排序。例如：

```
int a[] = { 4, 6, 3, 8, 5, 3, 7, 1, 9, 2 };
java.util.Arrays.sort(a);
for(int k=0;k<a.length;k++){
    System.out.print(a[k]+ " ");
}
```

上述代码段对应的输出结果如下：

```
1 2 3 3 4 5 6 7 8 9
```

2．数组转化为字符串

利用 Arrays 类的 toString()方法可以将数组转化为字符串的形式。例如：

```
int a[] = { 4, 6, 3, 8, 5, 3, 7, 1, 9, 2 };
System.out.print(java.util.Arrays.toString(a));
```

数组转化为字符串的输出结果如下：

```
[4, 6, 3, 8, 5, 3, 7, 1, 9, 2]
```

如果将上面的数组变为二维数组形式：

```
int a[][] = { {4, 6}, {3, 8, 5},{ 3, 7, 1},{ 9, 2} };
System.out.print(java.util.Arrays.toString(a));
```

则相应输出结果如下：

```
[[I@2a139a55, [I@15db9742, [I@6d06d69c, [I@7852e922]
```

可以看出，输出的是数组的引用地址信息，因为二维数组每行元素又是一个一维数组，是否有方法将二维数组数据变为字符串表示呢？Arrays 类提供了 deepToString()方法。

```
int a[][] = { {4, 6}, {3, 8, 5},{ 3, 7, 1},{ 9, 2} };
System.out.print(java.util.Arrays.deepToString(a));
```

则相应输出结果如下：

```
[[4, 6], [3, 8, 5], [3, 7, 1], [9, 2]]
```

3．数组的复制

Arrays 类提供对数组进行复制的两个方法如下。

- ❑ static \<T\> T[] copyOf(T[] arr,int newLength)：从 arr 数组的首位置开始，复制指定长度的元素到结果数组中。如果 newLength 值大于整个数组长度，则新数组按默认赋值给其他元素初始化。注意，这里的数组元素类型是 T，它是用来表示通用数据类型的泛型参数。关于泛型可参见第 14 章的介绍。
- ❑ static \<T\> T[] copyOfRange(T[] arr,int fromIndex,int toIndex)：从 arr 数组的 fromIndex 至 toIndex 区间的部分元素到结果数组中。

例如，以下代码对应的输出结果为"[2, 5, 8, 24, 67]"。

```
int a[] = {2,5,8,24,67,7,9 };
int b[] = Arrays.copyOf(a,5);
System.out.println(Arrays.toString(b));
```

上面代码只将数组 a 中的前 5 个元素复制到新数组 b 中。

4．数组元素的折半查找

Arrays 类中拥有 binarySearch 方法用于元素的查找，该方法有以下两种形态。

❑ static int binarySearch(Object[]a ,Object key)：如果 key 在数组 a 中，返回搜索值在数组中的位置，否则返回"-"（插入点）。其中，插入点为大于 key 值的元素位置，相对于开始位置为-1 进行计算。结果为正值代表找到；为负值则代表没找到。例如：

```
public static void main(String[] args){
    int a[] = {2, 5, 7, 8, 9, 24, 67};
    Scanner scan = new Scanner(System.in);
    System.out.print("请输入要查找的数据值:");
    int value = scan.nextInt();
    int p = Arrays.binarySearch(a,value);
    System.out.println(value + "的索引位置为a["+p+"]");
}
```

【第 1 次运行】

```
请输入要查找的数据值：10
10 的索引位置为 a[-6]
```

【第 2 次运行】

```
请输入要查找的数据值：8
8 的索引位置为 a[3]
```

【第 3 次运行】

```
请输入要查找的数据值：1
1 的索引位置为 a[-1]
```

❑ static int binarySearch(Object[]a ,int fromIndex, int toIndex,Object key)：在数组 a 的指定范围的索引位置进行元素 key 的查找，如果找到，则返回搜索值在数组中的位置，否则返回"-"（插入点）。其中，插入点为大于 key 值的元素位置，相对于开始位置为-1 进行计算。以下为该方法的使用示例。

```
public static void main(String[] args){
    int a[] = {2, 5, 7, 8, 9, 24, 67};
    Scanner scan = new Scanner(System.in);
    System.out.print("请输入要查找的数据值:");
    int value = scan.nextInt();
```

```
    int p = Arrays.binarySearch(a, 0 , 2 , value);
    System.out.println(value + "的索引位置为a["+p+"]");
}
```

【运行结果】

请输入要查找的数据值：9
9 的索引位置为 a[-3]

✎ 说明：

由于 9 在数组中索引为 0~2 的范围内是不存在的，所示方法调用返回结果为-3。

4.5 综合样例

扫描，拓展学习

【例 4-10】 二分查找问题。

二分查找又称折半查找，它是一种效率较高的查找方法。折半查找法比较次数少，查找速度快，用于不经常变动而且查找频繁的有序列表。折半查找的算法思想是查找过程中采用跳跃式方式查找，即先以有序数列的中点位置为比较对象，如果要找的元素值小于该中点元素，则将待查序列缩小为左半部分，否则为右半部分。每次比较将查找区间缩小一半。

程序代码如下：

```
#01  import java.util.*;
#02  public class BinarySearchTest {
#03      public static int binarySearch(int x[], int key){
#04          int start = 0;                              //区间的左边界
#05          int end = x.length - 1;                     //区间的右边界
#06          while(start <= end){
#07              int mid =  start +(end - start)/ 2;     //求中点位置
#08              if(key < x[mid]){
#09                  end = mid - 1;                      //继续在左半区查找
#10              } else if(key > x[mid]){
#11                  start = mid + 1;                    //继续在右半区查找
#12              } else {
#13                  return mid;                         //找到，则返回位置
#14              }
#15          }
#16          return -1;                                  //没找到，则返回-1
#17      }
#18
#19      public static void main(String[] args){
#20          int a[] = new int[100];
#21          for(int k = 0; k<a.length; k++)
```

```
#22            a[k] =(int)(Math.random()*100);        //给数组初始化
#23        Arrays.sort(a);                            //排序
#24        Scanner scan = new Scanner(System.in);
#25        System.out.print("请输入要查找的数据值:");
#26        int value = scan.nextInt();
#27        int p = binarySearch(a,value);             //调用折半查找方法
#28        if(p != -1 )
#29            System.out.println("在数组中首次出现位置为a["+p+"]");
#30        else
#31            System.out.println("该数据在数组中不存在!");
#32    }
#33 }
```

【运行结果】

请输入要查找的数据值: 45
在数组中首次出现位置为 a[42]

✎ 说明:

第 3~17 行是二分查找法 binarySearch 的具体实现,该方法要求数组元素的顺序按由小到大进行排列。第 27 行调用该方法查找 value 值在数组 a 中的位置。

二分查找法也可以采用递归来描述和实现。但方法的参数要给出数组查找的范围,递归设计的二分查找法如下:

```
public static int binarySearch2(int x[], int start, int end, int key){
    int mid =(end - start)/ 2 + start;
    if(x[mid] == key) return mid;                    //找到,则返回位置
    if(start >= end)  return -1;                     //没找到,返回-1
    if(key > x[mid])
        return binarySearch2(x, mid + 1, end, key);
    else
        return binarySearch2(x, start, mid - 1, key);
}
```

相应地,调用递归方法进行二分查找的方法调用语句为:

```
int p = binarySearch2(a, 0, a.length-1, key);
```

【例 4-11】扫雷游戏的布雷编程。

在扫雷游戏中可以用二维数组来表达平面格子中的信息,每个格子有没有地雷用一个符号来标识。不妨将二维数组定义为字符串类型,用 X 字符来表示地雷。游戏中地雷的布置位置是随机的,可以用一个随机序列来表示位置值,序列数据值要求不能重复,且在一定范围内。注意到二维数组元素总数是行数和列数的乘积,可以将产生的随机数限制在此范围内,然后将产生的随机数列映射到某行和某列对应的位置值。

扫描,拓展学习

```
#01  public class Discovery {
```

```
#02      final static int rows = 10;                    //不妨将空间定为 10 行 10 列
#03      final static int cols = 10;
#04      static String position[][] = new String[rows][cols];   //位置矩阵
#05      static int mineCount;                          //地雷数量
#06
#07        //布置地雷的方法
#08      public static void setMines(int mines){
#09        mineCount = mines;
#10        int[] sequence = new int[mineCount];         //存放随机序列
#11        //以下产生 mineCount 个不重复的随机数
#12        for(int i = 0; i < mineCount; i++){
#13            int temp =(int)(Math.random()* rows * cols);
#14            for(int j = 0; j < sequence.length; j++){
#15              if(sequence[j] == temp){               //判断是否重复
#16                  temp =(int)(Math.random()* rows * cols);
#17                  j = 0;                             //从序列的头开始比较
#18              }
#19            }
#20            sequence[i] = temp;
#21            //以下把随机数映射到二维数组中行列位置
#22            int x = sequence[i] / cols;              //求出行位置
#23            int y = sequence[i] % cols;              //求出列位置
#24            position[x][y] = "X";                    //在该位置布雷
#25        }
#26      }
#27
#28      public static void main(String args[]){
#29        for(int i = 0;i<rows;i++)
#30          for(int j = 0;j<cols;j++)
#31            position[i][j]="O";                      //将数组元素均设置为 O
#32        setMines(5);                                 //设置 5 个地雷
#33        for(int i = 0;i<rows;i++){                   //输出布雷结果
#34          for(int j = 0;j<cols;j++)
#35            System.out.print(position[i][j]+ " ");
#36          System.out.println();
#37        }
#38      }
#39  }
```

【运行结果】

```
O O O O O O O O O O
O O O O O O O O O O
O O X O X O O O O O
O O O O O O O O O O
O O O O O O O O O O
O O O O O X O O O
```

```
O O O O O O O O O O
O X O O O O O O O O
O O O O O O O O O O
O O O O O O X O O O
```

✍ 说明：

　　本例的编程技巧有两点：一个技巧是用一维数组来存放不重复的随机数序列，这样产生随机数的过程中容易判断，第 15 行发现有随机数重复，则第 16 行重新产生，第 17 行让比较位置回到数组的开始元素位置。另一个技巧是第 22 行和第 23 行将一维数组记录的随机数映射到二维数组中行列位置，从而将地雷位置布置到平面的行列位置。

　　真正的扫雷游戏并不是把地雷显示出来，而是在扫雷过程中还会显示一些数字值来提醒用户周边地雷数量，以下再定义一个整型二维数组来表示每个位置周边地雷数量值，数组每个元素初值默认值为 0。在前面的 Discovery 类中增加以下代码：

```
static int dispCount[][] = new int[rows][cols];
public static void markInfoMap(){
    for(int i = 0; i < rows; i++)
        for(int j = 0; j < cols; j++)
            if(position[i][j].equals("X")){
            /* 有地雷处，周边的标记数值均增加 1 */
            int left =(j-1)>0 ?(j-1):j;          //确保周边区域位置的有效性
            int right =(j+1)<cols ?(j+1):j;
            int top =(i-1)>0 ?(i-1):i;
            int bottom =(i+1)<rows ?(i+1):i;
            for(int x = left; x <= right; x++)
                for(int y = top; y<=bottom;y++)
                    if(dispCount[y][x] != 9)
                        dispCount[y][x]++;
                    dispCount[i][j] = 9;          //地雷处给特别标记值
            }
}
```

在 main 方法中调用 markInfoMap()方法，地雷数量增至 10 个。具体代码如下：

```
public static void main(String args[]){
    for(int i=0;i<rows;i++)
        for(int j=0;j<cols;j++)
            position[i][j]="O";
    setMines(10);                              //设置 10 个地雷
    markInfoMap();                             //标记每个位置的周边地雷数
    for(int i = 0;i< rows;i++){                //输出标记结果
        for(int j = 0;j<cols;j++)
            System.out.print(dispCount[i][j]+ "  ");
        System.out.println();
    }
}
```

【运行结果】

```
0  0  0  0  0  0  0  0  0
0  0  0  0  0  1  9  1  0
0  1  1  1  0  1  1  1  0
0  1  9  2  1  0  0  1  1
1  1  2  9  1  0  0  1  9
9  1  0  1  1  1  0  0  1
2  1  2  1  1  0  0  0  0
2  9  3  9  1  0  0  0  0
2  9  3  1  2  2  2  1  0
1  1  1  0  1  9  9  1  0
```

✎ 说明：

　　markInfoMap 方法的设计思路是扫描地雷标记的 position 数组，只要遇到地雷的位置，则首先确定其周边区域的元素范围，也就是确定 left、right、top、bottom 几个变量的值，然后，将 dispCount 数组对应地雷位置的周边除地雷外所有元素值增加 1，并将该地雷位置值设置为 9，最后，dispCount 数组中值为 9 的位置均为地雷处。

习　　题

1．选择题

（1）以下代码的输出结果为（　　　）。

```
public class Test{
  static int x=5;
  public static void main(String argv[]){
     change(x);
     x++;
     System.out.println(x);
  }
  static void change(int m){
     m+=2;
  }
}
```

A．7　　　　　　　　B．6　　　　　　　　C．5　　　　　　　　D．8

（2）以下程序运行结果为（　　　）。

```
public class Q {
  public static void main(String argv[]){
     int anar[]= new int[5];
     System.out.println(anar[0]);
  }
}
```

A．出错：anar 在未初始化前被引用；　　B．null

C．0　　　　　　　　　　　　　　　　D．5

（3）以下程序运行结果为（　　　）。

```java
public class Q1 {
    public static void main(String argv[]){
       if(!f(3))
          System.out.println("3 is odd");
       else
          System.out.println("3 is even");
    }
    public static boolean f(int x){
        return  x%2==0;
    }
}
```

A．3 is odd　　　　　　　　　　　　B．3 is even

C．程序不能通过编译　　　　　　　　D．程序可编译，但不能正常运行

2．写出程序的运行结果

程序 1：

```java
class Test1 {
    public static void main(String args[]){
        int a[]=new int[6];
        for(int m=0;m<a.length;m++)
        {   a[m]=m+1;
            System.out.print(a[m]);
            if(m%3==0)
               System.out.println();
        }
    }
}
```

程序 2：

```java
class Test2{
  public static void main(String args[]){
    int[] a ={1,2,3,4};
    for(int i=0;i<4;i++)
      a[i]=a[i]+i;
    for(int b:a)
      System.out.println(b);
  }
}
```

程序 3：

```
class Test3{
    public static void main(String args[]){
        int[] a ={3,1,5,4};
        System.out.println(fun(a,3));
    }
    static int fun(int k[],int n){
        if(n>0)
            return n + fun(k,n-1);
        else
          return 0;
    }
}
```

3．编程题

（1）输入一个班的成绩写入一维数组中，求最高分、平均分，并统计各分数段的人数。其中分数段有不及格（<60）、及格（60~69）、中（70~79）、良（80~89）、优（≥90）。

（2）利用求素数的方法，找出 3~99 之间的所有姐妹素数。所谓姐妹素数，是指两个素数为相邻奇数。

（3）利用命令行参数输入一个整数 n（2~9 之间），输出含 n 行的数字三角形。以下是 n 的值为 4 的三角形。

$$1$$
$$222$$
$$33333$$
$$4444444$$

（4）利用随机函数产生 25 个随机整数给一个 5 行 5 列的二维数组赋值。

① 按行列输出该数组。

② 求其最外一圈元素之和。

③ 求主角线中最大元素的值，指出其位置。

（5）利用随机函数产生 36 个随机正整数给一个 6 行 6 列的二维数组赋值，求出所有鞍点，鞍点的条件是该元素在所在行是最大值，在所在列是最小值。

（6）编写一个方法，利用选择排序按由小到大的顺序实现一维数组的排序，并验证方法。选择排序与交换排序的不同在于，在每遍比较的过程中，不急于进行交换，先确定最小元素的位置，在每遍比完后，再将最小元素与本遍最小值该放位置的元素进行交换。

第2篇

Java 面向对象核心概念
及应用

  Java 是一门面向对象的程序设计语言，它充分体现了面向对象程序设计思想。本篇介绍了 Java 面向对象编程相关的概念，包括类与对象、继承与多态、抽象类与接口、内嵌类等问题。第5章介绍了类与对象的知识，用图示展示了类与对象的概念及关系。第6章介绍了 Java 的继承与多态中涉及的系列概念，如子类和父类构造方法之间关系、方法的覆盖和重载、访问修饰符和 final 修饰符、对象引用转换等，还对 Object 和 Class 这两个特殊的类进行了简要的介绍。第7章对常用数据类型处理类如字符串、基本数据类型包装类以及日期和时间处理相关类进行了介绍。第8章介绍了抽象类、接口及内嵌类的概念与应用，还对 Lambda 表达式的使用进行了讨论。

  本篇的核心是让读者对 Java 面向对象核心概念有一个清晰的理解，掌握面向对象编程的特点，具备基本的面向对象编程能力。

第 5 章

类 与 对 象

本章知识目标：

❑   熟悉类定义格式、类头和类体的构成。

❑   掌握对象的创建与使用，以及构造方法的特点。

❑   掌握 static 修饰符的作用，了解类成员和对象成员的使用差异。

❑   熟悉不同位置定义的变量的作用域。

❑   熟悉 this 的含义与使用形式。

❑   了解包的定义与使用。

最简单的 Java 程序也要编写类，类的成员包括属性和方法。对象也称类的实例，每个对象都是根据类创建的，对象是个性化的，每个对象有各自的属性值。

扫描，拓展学习

5.1 类 的 定 义

类定义包括类声明和类体两部分，类定义的语法格式为

```
[修饰符] class 类名 [extends 父类名] [implements 接口列表] {
    …  //类体部分
}
```

✍ 说明：

（1）类定义中带方括号的内容为可选部分。
（2）修饰符有访问控制修饰（如 public）和类型修饰（如 abstract、final）。
（3）关键字 class 引导要定义的类，类名为一个标识符，通常用大写字母开始。
（4）关键字 extends 引导该类要继承的父类。
（5）关键字 implements 引导该类所实现的接口列表。
（6）类体部分用一对大括号括起来，包括属性和方法的定义，类的属性也称域变量，反映了类的对象的特性描述，而类的方法表现为对类对象实施某个操作，往往用来获取或更改类对象的属性值，方法通常以小写字母开始。

类的成员属性的定义格式如下：

```
[修饰符] 类型 变量名;
```

类的成员方法的定义格式如下：

```
[修饰符] 返回值类型 方法名([参数定义列表])[throws 异常列表] {
    …  //方法体
}
```

📢 注意：

当一个以上的修饰符修饰类或类中的属性、方法时，这些修饰符之间以空格分开，修饰符之间的先后排列次序可任意。

【例 5-1】表示点的 Point 类。
程序代码如下：

```
#01  public class Point {
#02      private int x;                          //x 坐标
#03      private int y;                          //y 坐标
#04
#05      public void setX(int x1){
#06          x = x1;
#07      }
#08
#09      public void setY(int y1){
#10          y = y1;
```

89

```
#11        }
#12
#13    public int getX(){
#14        return x;
#15    }
#16
#17    public int getY(){
#18        return y;
#19    }
#20
#21    public String toString(){              //对象的字符串描述表示
#22        return "点: " + x + "," + y;
#23    }
#24 }
```

✍ 说明：

可以看到，类中的成员就是若干属性和若干方法，它是类的封装性的直接体现。在 Point 类中，第 2~3 行定义了 2 个属性，x、y 分别表示点的 x、y 坐标。第 5~7 行定义了 setX 方法，该方法将修改点的 x 属性值。第 9~11 行定义了 setY 方法，该方法将修改点的 y 属性值。第 13~15 行定义了 getX 方法，该方法用来获取点的 x 属性值。第 17~19 行定义了 getY 方法，该方法用来获取点的 y 属性值。第 21~23 行定义了 toString 方法，该方法用来获取对象的描述信息，它将对象的 x、y 属性拼接为一个字符串作为方法返回结果。

📢 注意：

程序中与类属性值获取和设置相关的 getX()、getY()及 setX()、setY()这两组方法，统称为 getter 和 setter 方法。在 Eclipse 等开发环境中，可以根据类定义的属性自动产生对应的 getter 方法和 setter 方法，getter 方法用于获取属性值，而 setter 方法用于设置属性值。此外，还可以选择属性自动产生 toString() 方法。

类的封装设计还包括对成员的访问控制。定义类时，通常将要给类的属性加上 private 访问修饰，表示只能在本类中访问该属性；而给类的方法加上 public 访问修饰，表示该方法对外公开。有关访问修饰的更多内容我们下章来讨论。

5.2 对象的创建与引用

扫描，拓展学习

5.2.1 创建对象和访问对象成员

定义 Java 类后，就可以使用"new+构造方法"来创建类的对象，并将创建的对象赋给某个引用变量，就可以使用"引用变量名.属性"访问对象的属性，使用"引用变量名.方法名(实参表)"访问对象的方法。同一类可以创建任意个对象，每个对象有各自的值空间，对象不同则属性值也不同。在许多场合中，对象也称为类的实例，相应地，对象的属性也叫实例变量，而对象的方法也叫实例方法，实例方法通常用来获取对象的属性或更改属性值。

创建对象同时给引用变量赋值的具体语句格式如下：

```
<类型> 引用变量名 = new <类型>([参数])
```

其中，<类型>为类的名字，new 操作实际就是调用类的构造方法创建对象。该赋值语句就是将构建的对象赋值给左边的引用变量，也就是让引用变量来代表该对象。

如果一个类未定义构造方法，则系统会提供默认的无参构造方法。例如：

```
Point p1 = new Point();
```

也可以通过变量类型定义语句先定义引用变量，后创建对象并给其赋值。例如：

```
Point p2,p3;
p2 = new Point();
p3 = p1;
```

为了演示对象的创建，不妨在例 5-1 程序中增加一个 main 方法，并添加以下代码。

```
public static void main(String args[]){
    Point p1 = new Point();                //创建一个 Point 对象
    Point p2 = new Point();                //创建另一个 Point 对象
    Point p3 = p1;
    p1.setX(5);                            //修改 p1 的 x 属性值为 5
    p1.setY(8);                            //修改 p1 的 y 属性值为 8
    p2.x = 12;                             //修改 p2 的 x 属性值为 12
    System.out.println("p1" + p1);
    System.out.println("p2" + p2);
    System.out.println("p3 的 x 属性值=" + p3.getX());
}
```

【运行结果】

```
p1 点：5,8
p2 点：12,0
p3 的 x 属性值=5
```

✎ 说明：

在 main 方法中，创建了两个 Point 对象，并通过变量 p1 和 p2 保存其引用。通过 p1 和 p2 可以访问这两个对象，有时直接称对象 p1 和对象 p2。但必须注意 p1 和 p2 只是引用变量，其作用是方便访问对象成员。程序中创建 Point 对象时，其属性没有明确赋值，那么对象属性的初始值由相应数据类型的默认值决定，这里，整型的属性赋初值 0，如图 5-1 所示。

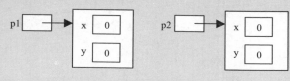

图 5-1 对象初始值

执行后续代码，将变量 p1 赋值给变量 p3，表示这两个变量引用同一个对象。接下来的 3 行，分别针对 p1 对象执行 setX 和 setY 方法修改其 x、y 属性值，修改 p2 对象的 x 属性值为 12，各对象的属性变量值变为如图 5-2 所示。最后几条语句输出对象时将调用对象的 toString() 方法。

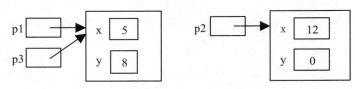

图 5-2　对象赋值变化

值得一提的是，对象和引用变量是两个独立的概念，在程序运行过程中要注意其赋值变化。引用变量可以重新赋值去代表另外一个对象，也可以将引用变量赋值为 null，表示引用变量当前值为"空引用"，不指向任何对象。

在 Java 语言中对象占用的空间是在一个称为"堆"的内存空间分配单元，而 main 方法定义的引用变量是一个局部变量，是在一个称为"栈"的空间分配单元，引用变量的存储单元实际存放的是地址。

Java 垃圾回收处理器将自动发现并清除程序中没有任何引用变量指向的对象。

扫描，拓展学习

5.2.2　对象的初始化和构造方法

在创建对象时，要给对象的属性成员分配内存空间，并进行初始化。如果定义属性成员时没有指定初值，则系统按默认规则设定初值。引用类型的成员变量的默认初值为 null。在定义属性成员时也可以指定初值，如以下代码所示：

```
public class Point {
    private int x=10;
    …
```

则创建对象时，每个 Point 对象的属性 x 的初值均按上述赋值设定为 10。

指定初值的另一种办法是通过初始化块来设置，如以下代码所示：

```
public class Point {
    private int x;
    …
    {    //初始化块
      x = 20;
    }
    …
```

初始化块是在类中直接用{…}括住的代码段，不在任何方法中。

注意:

> 在有初始化块存在的情况下，首先按属性定义的初值设置给属性赋值，然后执行初始化块代码重新赋值。更为常用的给对象设置初值的方式是通过构造方法，它是以上情况的赋初值执行完后才调用构造方法。

构造方法是给对象设置初值的规范方式，前面介绍的方式给所有对象的某属性设置同样的初值，而构造方法是根据方法参数给对象属性赋不同初值。

注意:

> 如果一个类未指定构造方法，则系统自动提供一个无参构造方法，该方法的方法体为空，形式如下:
> ```
> public Point(){ }                        //系统默认的无参构造方法
> ```

构造方法是类的一种特殊方法，定义构造方法时要注意以下几个问题。

（1）构造方法的名称必须与类名同名。

（2）构造方法没有返回类型。

（3）一个类可提供多个构造方法，这些方法的参数不同。在创建对象时，系统自动调用能满足参数匹配的构造方法为对象初始化。

以下为 Point 类的一个构造方法。

```
public Point(int x1, int y1){
    x = x1;
    y = y1;
}
```

使用该构造方法可以创建一个 Point 对象赋给变量 p4。

```
Point p4 = new  Point(20, 30);
```

则 p4 的 x、y 属性值分别为 20 和 30。

扫描，拓展学习

5.3　理解 this

this 出现在类的实例方法或构造方法中，用来代表使用该方法的对象。用 this 作前缀可访问当前对象的实例变量或成员方法。this 的用途主要包含以下几种情形。

（1）在实例变量和局部变量名称相同时，用 this 作前缀来特指访问实例变量。

（2）把当前对象的引用作为参数传递给另一个方法。

（3）在一个构造方法中调用同类的另一个构造方法，形式为：this(参数)。但要注意，用 this 调用构造方法，必须是方法体中的第一个语句。

【例 5-2】Point 类的再设计。

程序代码如下:

```
#01  public class Point {
```

```
#02     private int x, y;
#03
#04     public Point(int x, int y1){           //构造方法
#05         this.x = x;                        //在方法体内参变量隐藏了同名的实例变量
#06         this.y = y1;
#07     }
#08
#09     public Point(){                        //无参构造方法
#10         this(0,0);                         //必须是方法内第一条语句
#11     }
#12
#13     public double distance(Point p){       //求当前点与p点距离
#14         return Math.sqrt((this.x-p.x)*(x-p.x)+(y-p.y)*(y-p.y));
#15     }
#16
#17     public double distance2(Point p){
#18         return p.distance(this);           //p到当前点的距离
#19     }
#20 }
```

✎ 说明：

在构造方法中，由于参数名 x 与实例变量 x 同名，在方法内直接写 x 指的是参数，要访问实例变量必须加 this 来特指。仔细体会第 5、6、10、14、18 行中 this 的使用，思考哪些地方可省略 this。

💬 思考：

this 在构造方法内出现是指当前构造的对象，在实例方法内出现就是指调用方法的那个对象，在 main 方法中能使用 this 吗？

扫描，拓展学习

【例 5-3】银行卡类的设计。

每张银行卡均有卡号、持卡人、密码、卡内余额这些基本属性，其实每张卡还包括其所属银行的标识以及卡的类别等相关信息，在这里暂且忽略考虑其他属性。用银行卡可以进行存款和取款操作，还可设置卡的密码。

首先定义类 BankCard，确定类的属性，卡号通常为数字串，一般比较长，如果用 long 类型也可能出现数据溢出，所以采用 String 类型表示。卡内余额简单地采用 double 类型表示。

```
class BankCard {
    String user;                //持卡人
    String cardNo;              //卡号
    String password;            //密码
    double money;               //卡内余额
}
```

接下来，编写一个构造方法和 toString()方法，构建卡时可以假设初始值需要确定卡号和持卡人，所以构造方法只要 2 个参数。toString()方法是描述卡的，不妨将卡号以及持卡人和

余额亮出来。

```
public BankCard(String username,String card){
    user = username;
    cardNo = card;
    password="88888888";                       //假设初始密码为 88888888
}
public String toString(){
    return "卡号:"+ cardNo +"("+user+"),余额有:"+ money;
}
```

接下来设计其他方法，包括设置密码和存款及取款操作。设置密码就是标准的属性设置方法，通过参数更改 password 属性的值。存款操作可以通过参数提供要存入的款，在方法内将其累加到余额上。取款操作同样通过参数指定取款金额，但操作能否成功取决于卡内余额是否充足，因此，将操作的返回结果设计为布尔型。

```
public void setPassword(String pass){          //更改卡的密码
    password = pass;
}
public void saveMoney(double money){           //存款
    this.money += money;
}
public boolean withdraw(double money){         //取款
    if(this.money>money){
        this.money -= money;                   //从卡内余额扣去取走的金额
        return true;                           //取款操作成功
    }
    return false;                              //取款操作失败
}
```

接下来，在 main 方法中创建 BankCard 对象进行测试。

```
public static void main(String args[]){
    BankCard c1 = new BankCard("张三","943232342188");
    System.out.println(c1);
    c1.saveMoney(1000);
    c1.withdraw(200);
    System.out.println(c1);
}
```

【运行结果】

```
卡号:943232342188(张三),余额有:0.0
卡号:943232342188(张三),余额有:800.0
```

当然，这里仅是模拟存款和取款操作，实际银行卡的操作是用户先要通过密码认证才能进行其他操作。读者自己补充 setPassword 方法的调用代码。

扫描，拓展学习

5.4 static 修饰的作用

static 修饰用于划分类的成员，加了 static 修饰的成员为类成员；反之为对象成员。访问对象成员一定要依托一个对象，经常通过引用变量进行访问。类成员则是依托类的，一般以类名作前缀进行访问。

5.4.1 类变量

用 static 修饰的属性称为类变量或者静态变量。每个类变量在存储上只有一份，相比之下，实例变量则是每个对象均有各自独立的一份存储。

1．类变量的访问形式

类变量通常是通过类名作前缀来访问，通过对象作前缀也可以访问，在自己类中可以直接访问。以思考题中的静态变量 k 为例，可以用以下几种方式。

（1）在其定义的类中直接访问，如 k++。

（2）通过类名作前缀访问，如 A.k。

（3）通过类的一个对象作前缀访问，如 x1.k++。

【思考题】以下程序的运行结果如何？

```
public class A {
  static int  k = 3;                              //类变量
  public static void main(String[] args){
    A  x1 = new A();
    x1.k++;
    A  x2 = new A();
    x2.k = 5;
    k++;
    System.out.println("line1=" + A.k);
    System.out.println("line2=" + x1.k);
  }
}
```

🔊注意：

类变量在存储上归属类空间，不依赖任何对象，通过对象去访问类变量实质上还是访问类空间的那个变量。

2．给类变量赋初值

在加载类代码时，Java 运行系统将自动给类的静态变量分配空间，并按默认赋值原则及定义变量时的设置赋初值。静态变量也可以通过静态初始代码块赋初值，静态初始代码块与对象初始代码块的差别是在大括号前加有 static 修饰，代码如下：

```
static {
    count=100;
}
```

📢 **注意**：

静态初始化代码的执行是在 main 方法执行前完成。

【例 5-4】静态空间与对象空间的对比。

程序代码如下：

```
#01    class TalkPlace {
#02        static String talkArea = "";                    //类变量
#03    }
#04
#05    public class User {
#06        static int count = 0;                            //类变量
#07        String username;                                 //实例变量
#08        int age;                                         //实例变量
#09
#10        public User(String name, int yourage){
#11            username = name;
#12            age = yourage;
#13        }
#14
#15        /* 方法 log 通过静态变量记录调用它的次数*/
#16        void log(){
#17            count++;                                      //直接访问本类的静态变量
#18            System.out.println("you are no " + count + " user");
#19        }
#20
#21        /* 方法 speak 向讨论区发言 */
#22        void speak(String words){
#23            //访问其他类的静态变量通过类名访问
#24            TalkPlace.talkArea = TalkPlace.talkArea + username
#25                    + "说:" + words+ "\n";
#26        }
#27
#28        public static void main(String args[]){
#29            User x1 = new User("张三", 20);
#30            x1.log();
#31            x1.speak("hello");
#32            User x2 = new User("李四", 16);
#33            x2.log();
#34            x2.speak("good morning");
#35            x1.speak("bye");
```

```
#36        System.out.println("---讨论区内容如下: ");
#37        System.out.println(TalkPlace.talkArea);
#38    }
#39 }
```

【运行结果】

```
you are no 1 user
you are no 2 user
```

---讨论区内容如下:

```
张三说: hello
李四说: good morning
张三说: bye
```

✍ 说明:

　　本例包含两个类，第 1~3 行是 TalkPlace 类，其中仅定义了一个类变量 talkArea。第 5~39 行是 User 类，在 User 类中有 3 个属性，其中，username 和 age 为实例变量，其值依赖对象，实例变量在对象空间分配存储单元，每个对象有各自的存储空间。User 类的另一属性 count 为类变量，其值可以为类的所有成员共享，类变量在类空间分配单元。对象空间和类空间的存储示意图如图 5-3 所示。由于类变量是共享的，在实例方法中可以直接访问同一类的类变量，但要访问另一类的类变量必须以另一类的对象或类名作前缀才能访问。

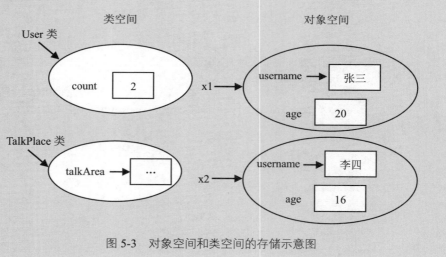

图 5-3　对象空间和类空间的存储示意图

💬 思考:

　　如果将程序中的 count 变量改为实例变量，程序输出结果如何？

5.4.2　静态方法

　　用 static 修饰符修饰的方法称为静态方法，也叫类方法。调用静态方法，一般使用类名做前缀。当然，也可以通过对象来调用，但必须清楚的是它不依赖任何对象。在 static 方法中只能处理类变量，也可以访问其他 static 方法，但绝不能访问任何归属对象空间的变量或方法。

【例 5-5】求 10~100 的所有素数。

程序代码如下：

```
#01  public class FindPrime {
#02      /* 以下方法判断一个整数 n 是否为素数 */
#03      public static boolean prime(int n){
#04          for(int k = 2; k <= Math.sqrt(n); k++){
#05              if(n % k == 0)
#06                  return false;
#07          }
#08          return true;
#09      }
#10
#11      public static void main(String args[]){
#12          for(int m = 10; m <= 100; m++){
#13              if(prime(m))
#14                  System.out.print(m + " , ");
#15          }
#16      }
#17  }
```

✎ 说明：

　　该程序将求素数的方法编写为静态方法是最好的选择，通常，数学运算函数均可考虑设计为静态方法。在 main 方法中可以直接调用 prime 方法。

💬 思考：

　　如果将 prime 方法设计为实例方法，如何在 main 方法中调用？

再来思考一下前面银行卡（BankCard）类设计中存款方法，如果将这个方法加上 static 修饰会如何呢？

```
public  static void saveMoney(double money){
    this.money += money;                              //这行编译出错
}
```

在静态方法中是不能访问 this 引用，也就是不能访问归属对象的内容。只有通过具体银行账户才能进行存款和取款，否则，你的存款要"打水漂"了。所以 saveMoney 方法不能设计为 static 方法。

💬 思考：

　　方法设计时是否含 static 修饰取决于方法是否和对象关联，要看方法的应用场景，要具体问题具体分析，不能随意设置。"遵循客观规律，实事求是"是考虑问题的基本准则。

扫描，拓展学习

5.5 变量作用域

变量的作用域也称变量的有效范围，它是指程序中的一个区域，变量在其作用域内可以访问。作用域也决定了 Java 运行系统什么时候为变量创建和释放内存。根据变量在程序中声明的位置，可以将变量分为 4 种情形。

（1）成员变量。其作用域是整个类体。成员变量定义时系统会自动赋默认初值。

（2）局部变量。也称自动变量，是在方法内定义或者在一段代码块中定义的变量。方法中局部变量的作用域从它的声明点扩展到它被定义的代码块结束。具体地说，方法体内定义的局部变量在整个方法内有效，而循环内定义的局部变量只在循环内有效。任何地方的语句块中定义的局部变量只在语句块内有效。

📢 注意：

> 局部变量在定义时系统不会赋默认初值，因此在引用变量时要保证先赋值。但对于由基本类型元素构成的数组，系统会按基本类型的默认初值原则给每个元素赋默认初值。对于元素为引用类型的数组，则每个元素的默认初值为 null。

（3）方法参数。其作用域是整个方法。

（4）异常处理参数。与方法参数的作用很相似，其作用范围是 catch 后面跟随的异常处理块。例如，以下代码段演示了对算术运算的异常检查，catch 后面的小括号中定义了异常处理参数 e，只能在该 catch 的异常处理代码块中访问。

```
try {
    int x=5/0;
}
catch(ArithmeticException e){        //异常处理参数的有效范围
    System.out.println("产生异常: "+e);
}
```

关于变量的作用域要注意以下几点。

（1）在同一作用域不能定义两个同名变量，例如，方法中不能再定义一个与参数同名的变量。方法中编写的循环、循环控制变量也不能再与方法中的局部变量同名。

（2）不同作用域定义的变量允许同名，例如，method 方法内定义的局部变量 x 与成员变量同名，在方法内它将隐藏同名的实例变量。

（3）对于嵌套的循环，其内外循环定义的循环控制变量不能同名，但并列的循环定义的循环控制变量允许同名。

【例 5-6】变量的作用域举例。

程序代码如下：

```
#01  public class Scope {
```

```
#02        int x = 1;                              //成员变量 x
#03        int y;                                  //成员变量 y
#04
#05        public void method(int a){              //方法参变量在整个方法内有效
#06            int x = 8;                          //局部变量将成员变量隐藏
#07            for(int i = 1; i < a; i++){         //外循环
#08               for(int j = 1; j < i; j++){      //内循环
#09                  y += i + j;
#10                  x++;
#11               }
#12            }
#13            for(int i = 0; i < 5; i++)
#14               x += i;
#15            System.out.println("x=" + x + ",y=" + y + ",a=" + a);
#16        }
#17
#18        public static void main(String a[]){
#19            Scope x = new Scope();              //方法内定义的局部变量 x
#20            x.method(3);
#21        }
#22    }
```

【运行结果】

```
x=19,y=3,a=3
```

✍ 说明：

　　在 method 方法内，第 6 行定义了局部变量 x，方法内访问的 x 均指此变量，但方法内访问的 y 则指对象的实例变量。第 7 行和第 8 行定义的循环为嵌套的 for 循环，嵌套的 for 循环其循环控制变量不能同名，第 7 行定义的循环控制变量 i 在外循环和内循环内均有效（第 7~12 行），第 8 行定义的循环控制变量 j 只在内循环内有效（第 8~11 行）。第 7 行定义的 for 循环和第 13 行定义的 for 循环在程序中是并列关系，其控制变量均为 i 是允许的。

【例 5-7】语句块中定义的局部变量只在语句块内有效。

```
#01   class LocalTest {
#02       int x = 0;
#03       int y = 0;
#04       {  x++;                                  //初始化代码块
#05          int y = 2;
#06          y++;
#07       }
#08       public static void main(String args[]){
#09           LocalTest t = new LocalTest();
#10           System.out.println(t.x);
#11           System.out.println(t.y);
#12       }
#13   }
```

【运行结果】

```
1
0
```

✎ 说明：

　　在初始化代码块中访问的 x 变量是成员变量，第 5 行定义了变量 y，这样第 6 行 y++就是给该块中定义的变量 y 增值，所以成员变量 y 仍然为 0。

扫描，拓展学习

5.6　使用包组织类

5.6.1　Java API 简介

　　Java 中的所有资源都是以文件方式组织，这其中主要包含大量的类文件需要组织管理。Java 采用了包来组织类，与操作系统的目录树形结构一致，但 Java 中采用了"."来分隔目录。通常将逻辑相关的类放在同一个包中。包将类的命名空间进行了有效划分，同一包中不能有两个同名的类。

　　Java 系统提供的类库也称为 Java API，它是系统提供的已实现的标准类的集合。根据功能的不同，Java 类库按其用途被划分为若干个不同的包，每个包都有若干个具有特定功能和相互关系的类（class）与接口（interface）。在 J2SE 中可以将 Java API 的包主要分为三部分："java.*"包、"javax.*"包和"org.*"包。其中，第一部分称为核心包（以 java 开头），主要子包有 applet、awt、beans、io、lang、math、net、sql、text、util 等；第二部分又称为 java 扩展包（以 javax 开头），主要子包有 swing、security、rmi 等；第三部分称为组织扩展包，主要用于 CORBA 和 XML 处理。

　　学习 Java 语言除了掌握 Java 编程的基本概念和基本思路外，也应对 Java 类库的内容体系有个基本的了解，知道什么场合使用什么类和什么方法。

　　要使用某个类必须指出类所在包的信息，这一点和访问文件需要指定文件路径一致。例如，以下代码将使用 java.util 包中 Date 类创建一个代表当前日期的日期对象，并将该对象的引用赋值给变量 x。

```
java.util.Date x = new java.util.Date();
```

　　实际上，在 java.sql 包中也包括一个 Date 类，因此，使用类必须指定包路径。

　　使用系统类均给出全程路径无疑用户会觉得麻烦，为此，Java 提供了 import 语句引入所需的类，然后在程序中直接使用类名来访问类，使用形式如下：

```
import java.util.Date;
…
Date x = new Date();
```

5.6.2　建立包

在默认情况下，系统会为每一个源文件创建一个无名包，这个源文件中定义的所有类都隶属于这个无名包，它们之间可以相互引用非私有的域或方法，但无名包中的类不能被其他包中的类所引用。因此，如果希望编写的类被其他包中的类引用，则要建立有名包。

创建包的语句用关键字 package，而且要放在源文件的第 1 行。每个包对应一条目录路径，例如，以下定义 test 包就意味着在当前目录下对应有一个 test 子目录，该包中所有类的字节码文件将存放在 test 子目录下。在文件 Point.java 中包含以下代码：

```
package test;                                      //定义包
public class Point{
    …
}
```

在 DOS 下，要编译带包的 Java 程序有以下两种方法。

（1）手动创建一个 test 子目录，将源程序文件存放到该子目录中，在该子目录的上级目录下利用以下命令编译，也就是编译时要指明源程序的目录路径。

```
javac test/Point.java
```

也可以直接在子目录中编译源程序。

假如，Point 类含 main 方法，则类执行时要加包路径。例如：

```
java test.Point
```

（2）采用带路径指示的编译命令。

格式：javac　-d destpath　Point.java

其中，destpath 为存放应用的主类文件的根目录路径，编译器将自动在 destpath 指定的目录下建一个 test 子目录，并将产生的字节码文件保存到 test 子目录下。

典型的用法是在当前目录下进行编译，则命令为：

```
javac -d . Point.java
```

编译后将源程序文件 Point.java 移动到 test 子目录中。

在 Eclipse 等 Java 开发环境中，在工程的 src 文件夹下建立的子文件夹，将自动对应 Java 程序的包路径，在各子文件夹下添加的 Java 程序在自动产生代码时将默认添加对应的包定义。系统环境会自动进行相关源程序的编译检查。

5.6.3　包的引用

在一个类中可以引用与它在同一个包中的类，也可以引用其他包中的 public 类，但这时要指定包路径，具体有以下几种方法。

（1）在引用类时使用包名作前缀，如 new java.util.Date()。

（2）用 import 语句加载需要使用的类。

在程序开头用 import 语句加载要使用的类，如 import java.util.Date;，然后在程序中可以直接通过类名创建对象，如 new Date();。

（3）用 import 语句加载整个包——用"*"代替类名位置。

它将加载包中所有的类，如 import java.util.*;。

📢 注意：

> import 语句加载整个包并不是将包中的所有类添加到程序中，而是告诉编译器使用这些类时到什么地方去查找类的代码。在某些特殊情况下，两个包中可能包含同样名称的类，例如，java.util 和 java.sql 包中均包含 Date 类，如果程序中同时引入了这两个包，则不能直接用 new Date() 创建对象，而要具体指定包路径。

【例 5-8】编写一个代表圆的类，其中包含圆心（用 Point 表示）和半径两个属性，利用本章 Point 类提供的方法，求两个圆心间的距离，编写一个静态方法判断两个圆是否外切。用两个实际圆验证程序。

程序代码如下：

```
#01  import test.Point;                    //引入 test 包中的 Point 类
#02  public class Circle {
#03     Point center;                      //复合类型
#04     double r;                          //基本类型
#05
#06     public Circle(Point p, double r){
#07         center = p;
#08         this.r = r;
#09     }
#10
#11     public static boolean isCircumscribe(Circle c1, Circle c2){
#12         return(Math.abs(c1.center.distance(c2.center)- c1.r
#13             - c2.r)< 0.00001);
#14     }
#15
#16     public String toString(){
#17         return "\"圆心是" + center + ",半径=" + r + "\"";
#18     }
#19
#20     public static void main(String args[]){
#21         Point a = new Point(10, 10);
#22         Point b = new Point(30, 20);
#23         Circle c1 = new Circle(a, 10);
#24         Circle c2 = new Circle(b, 5);
```

```
#25          if(isCircumscribe(c1, c2))
#26              System.out.println(c1 + " 和" + c2 + "的两圆相外切");
#27          else
#28              System.out.println(c1 + " 和" + c2 + "的两圆不外切");
#29      }
#30  }
```

【运行结果】

"圆心是点：10,10,半径=10.0" 和"圆心是点：30,20,半径=5.0"的两圆不外切

✍ 说明：

　　本例演示了参数和属性均含有复合类型的情形，代表圆心的属性为 Point 类型，第 11 行定义的圆的外切判定方法中的两个参数是 Circle 类型，第 20 行调用该方法时将两个圆对象作为实参传递给方法。判定两圆外切是用圆心间的距离减去两半径之和的绝对值是否小于误差值作为条件。

📢 注意：

　　如果一个程序中同时存在 package 语句、import 语句和类定义，则排列次序是 package 语句为第一条语句，接下来是 import 语句，然后是类定义。

习　　题

1. 选择题

（1）以下代码的编译运行结果为（　　　）。

```
public class Test {
  public static void main(String args []){
     int age;
     age = age + 1;
     System.out.println("The age is " + age);
  }
}
```

A. 编译通过，运行无输出　　　　　B. 编译通过，运行输出：The age is 1

C. 编译通过，但运行时出错　　　　D. 不能通过编译

（2）以下代码的输出结果为（　　　）。

```
public class Test{
  int x=5;
  public static void main(String argv[]){
     Test t=new Test();
     t.x++;
     change(t);
     System.out.println(t.x);
```

```
    }
    static void change(Test m){
        m.x+=2;
    }
}
```

A. 7   B. 6   C. 5   D. 8

（3）假设有以下代码：

```
public class Test{
    long a[] = new long[10];
    public static void main(String arg[]){
        System.out.println(a[6]);
    }
}
```

叙述正确的是（   ）。

A. 输出 null   B. 输出 0

C. 出现编译错误   D. 运行出错

（4）给出以下不完整类：

```
class Person {
    String name, department;
    int age;
    public Person(String n){ name = n; }
    public Person(String n, int a){ name = n; age = a; }
    public Person(String n, String d, int a){
        //给属性 name、age 赋值，比如，name=n;age=a;
        department = d;
    }
}
```

可取代注释部分位置内容达到注释的目标的是（   ）。

A. Person(n,a);   B. this(Person(n,a));

C. this(n,a);   D. this(name,age);

（5）假设有以下程序：

```
class Test{
    Test(int i) {
        System.out.println("Test(" +i +")");
    }
}
public class Q12 {
    static Test  t1 = new Test(1);
    Test t2 = new Test(2);
    static Test  t3 = new Test(3);
```

```
    public static void main(String[] args){
        Q12 Q = new Q12();
    }
}
```

程序的执行结果为（   ）。

A. Test(1)   B. Test(3)
   Test(2)   Test(2)
   Test(3)   Test(1)
C. Test(2)   D. Test(1)
   Test(1)   Test(3)
   Test(3)   Test(2)

2. 思考题

（1）比较类变量与实例变量、类方法与实例方法在使用上的差异。

（2）包有什么作用？如何给类指定包和在别的类中引用包中的类？

3. 写出程序的运行结果

程序 1：

```
public class Test{
    static int x1 = 4;
    int x2 = 5;
    public static void main(String a[])  {
        test obj1 = new test();
        test obj2 = new test();
        obj1.x1 = obj1.x1 + 2;
        obj1.x2 = obj1.x2 + 4;
        obj2.x2 = obj2.x2 + 1;
        x1 = x1 + 3;
        System.out.println("obj1.x1="+obj1.x1);
        System.out.println("obj1.x2="+obj1.x2);
        System.out.println("obj2.x2="+obj2.x2);
        System.out.println("test.x1="+test.x1);
    }
}
```

程序 2：

```
class Test {
   static int x=5;
   static { x+=10; }
   public static void main(String args[]){
     System.out.println("x="+x);
   }
```

```
   static { x=x-5; }
}
```

程序 3：

```
public class Ex1{
   static int m=2;
   public static void main(String args[]) {
      Ex1 obj1 = new Ex1();
      Ex1 obj2 = new Ex1();
      obj1.m = m + 1;
      System.out.println("m="+obj2.m);
   }
}
```

程序 4：

```
public class User {
   static int count = 0;
   public User(){
      count++;
      System.out.println("第"+count+"个 User 创建");
   }
    public static void main(String args[]){
      new User();
      new User();
   }
}
```

程序 5：

```
public class RangeTest {
   int count=3;
   public void m(){
      for(int count=1;count<5;count++)
         System.out.println(count);
      System.out.println("count="+ count);
   }
   public static void main(String args[]){
      new RangeTest().m();
  }
}
```

程序 6：

```
public class Node {
    int value;
   Node next;
   public static void main(String args[]){
```

```
        Node h = new Node();
        Node p = h;
        for(int k=1;k<=4;k++){
            p.value = 10-k;
            Node q = new Node();
            p.next = q;
            p = q;
        }
        p = h;
        while(p!=null){
            System.out.println(p.value);
            p = p.next;
        }
    }
}
```

4．编程题

（1）编写一个代表三角形的类。其中，3 条边为三角形的属性，并封装有求三角形的面积和周长的方法。分别针对边长为 3、4、5 和 7、8、9 的两个三角形进行测试。

（2）编写一个学生类 Student，包含的属性有学号、姓名、年龄，将所有学生存储在一个数组中，自拟数据，用数组的初始化方法给数组赋值，并实现以下操作。

① 将所有学生年龄增加 1 岁。

② 按数组中顺序显示所有学生信息。

③ 查找显示所有年龄大于 20 岁的学生名单。

（3）编写一个 Person 类，其中包括人的姓名、性别、年龄、子女等属性，并封装有获得姓名、获得年龄、增加 1 岁、获得子女、设置子女等方法，其中子女为一个 Person 数组。自拟实际数据测试该类的设计。

（4）编写一个代表日期的类，其中有代表年、月、日的 3 个属性，创建日期对象时要判断参数提供的年、月、日是否合法，不合法要进行纠正。年默认值为 2000；月的值在 1~12 之间，默认值为 1；日由一个对应 12 个月的整型数组给出合法值，特别地，对于 2 月，通常为 28 天，但闰年的 2 月最多 29 天。闰年是该年值为 400 的倍数，或者为 4 的倍数但不为 100 的倍数。将创建的日期对象输出时，年、月、日之间用"/"分隔。

（5）n 只猴子要选大王，选举方法如下：所有猴子按 1，2，…，n 编号并按照顺序围成一圈，从第 k 个猴子起，由 1 开始报数，报到 m 时，该猴子就跳出圈外，下一只猴子再次由 1 开始报数，如此循环，直到圈内剩下一只猴子时，这只猴子就是大王。

① 输入数据：猴子总数 n，起始报数的猴子编号 k，出局数字 m。

② 输出数据：猴子的出队序列和猴子大王的编号。

第6章

继承与多态

本章知识目标：

❑ 掌握继承的概念及变量的隐藏问题。

❑ 掌握多态的两种体现。

❑ 掌握各类访问控制符的作用。

❑ 理解 final 修饰符作用于类、方法及变量上的含义。

❑ 掌握 super 的含义与使用。

❑ 掌握对象引用转换的相关概念。

❑ 理解 Object 类和其常用方法的使用特点。

❑ 了解 Class 类的作用及反射机制概念。

继承和多态是面向对象的两大特性。现代软件设计强调软件重用，而面向对象的继承机制为软件重用提供了很好的支持。本章概念围绕继承和多态来展开，其中包括访问控制符和 final 修饰符的作用，以及对象引用转换问题，并介绍了继承层次中顶级类 Object 类的基本功能。

扫描，拓展学习

6.1　继　　承

继承是存在于面向对象程序中两个类之间的一种关系。被继承的类称为父类或超类，而继承父类的类称为子类。父类实际上是所有子类的公共域和公共方法的集合，而每个子类则是父类的特殊化，是对公共域和方法在功能、内涵方面的扩展和延伸。继承可使程序结构清晰，降低编码和维护的工作量。

6.1.1　Java 继承的实现

定义类时通过 extends 关键字指明其要继承的直接父类。子类对象除了可以访问子类中直接定义的成员外，也可访问父类的所有非私有成员。

不妨以代表"像素"的 Pixel 类的设计为例，可以编写以下代码：

```
import java.awt.Color;
class Pixel {
    private int x;                    //x 坐标
    private int y;                    //y 坐标
    Color c;                          //颜色
    //其他
}
```

前面已编写过 Point 类，而像素是 Point 的一种特殊情况，利用继承机制可以将 Pixel 类的定义改动如下：

```
import java.awt.Color;
class Pixel extends Point{
    Color c;                          //颜色
    //其他
}
```

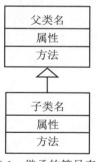

图 6-1　继承的符号表示

在 Pixel 类中只要定义颜色属性，其他属性从 Point 类继承，代码得以简化。用 UML 表示继承关系，如图 6-1 所示。

📢**注意：**

> 通过类的继承，祖先类的所有成员均将成为子类拥有的"财富"。但是能否通过子类对象直接访问这些成员则取决于访问权限设置。例如，在子类中不能通过子类对象访问父类的私有属性，但并不意味着子类对象没有拥有该属性，可能通过其他一些公开方法间接访问该属性。

6.1.2　构造方法在类继承中的作用

构造方法不能继承。由于子类对象要对继承来自父类的成员进行初始化，因此，在创建子类对象时除了执行子类的构造方法外，还需要调用父类的构造方法，具体遵循原则如下。

（1）子类可以在自己构造方法中使用关键字 super 来调用父类的构造方法，但 super 调用语句必须是子类构造方法中的第一个可执行语句。

（2）子类在自己定义构造方法中如果没有用 super 明确调用父类的构造方法，则在创建对象时，首先自动执行父类的无参构造方法，然后再执行自己定义的构造方法。

以下程序在编译时将出错，原因在于父类不含无参构造方法。

```
class Parent {
    String my;
    public Parent(String x){ my = x; }
}
public class Subclass extends Parent {   }
```

在 Parent 类中由于定义了一个有参构造方法，所以系统不会自动产生无参构造方法。如果将有参构造方法注释掉，编译将可以通过。

鉴于上述情形，一个类在设计时如果有构造方法，最好提供一个无参构造方法。因此，系统类库中的类大多提供了无参构造方法，用户编程时最好也养成此习惯。

【例 6-1】类的继承中构造方法的调用测试。

程序代码如下：

```
#01  import java.awt.Color;
#02  public class Pixel extends Point {
#03      Color c;
#04
#05      public Pixel(int x, int y, Color c){
#06          super(x, y);                      //用 super 调用父类的构造方法
#07          this.c = c;
#08      }
#09
#10      public String toString(){
#11          return super.toString()+ "颜色: " + c;   //用 super 访问父类的方法
#12      }
#13
#14      public static void main(String a[]){
#15          Pixel x = new Pixel(3, 24, Color.blue);
#16          System.out.println(x);
#17      }
#18  }
```

【运行结果】

点: 3,24 颜色: java.awt.Color[r=0,g=0,b=255]

✎ 说明：

本例中两次出现 super 关键词，super 与 this 在使用上有类似性，super 表示当前对象的直接父类对象的引用，通过 super 除了可调用父类的构造方法之外，还可以通过 super 引用访问父类的属性和方法。

📢 **注意：**

> 使用 this 查找匹配的方法时首先在本类查找，找不到时再到其父类和祖先类查找；使用 super 查找匹配方法时，首先直接到父类查找，如果不存在，则继续到其祖先类逐级往高层查找。

为了演示对父类无参构造方法的隐含调用，可以将 Pixel 的构造方法中含 super 调用的行注释，则程序运行结果将为

```
点：0,0 颜色：java.awt.Color[r=0,g=0,b=255]
```

6.2　多　　态

面向对象的多态一般体现在以下两个方面。

（1）方法的重载（overload）。也称参数多态，是指在同一个类中定义多个方法名相同，但参数形态有所区分的方法。一个类有多个构造方法称为构造方法的多态性。

（2）子类对父类方法的覆盖（override）。是因继承带来的多态，子类中可对父类定义的方法重新定义，这样，在子类中将覆盖来自父类的同形态方法。

6.2.1　方法的重载

扫描，拓展学习

方法重载就是同一类中存在多个方法名相同但参数不同的方法，参数的差异包括形式参数的个数、类型等。例如，在例 6-2 中，类 A 定义了 3 个 test 的方法，它们的参数类型不同。

1．方法调用参数匹配原则

方法调用的匹配处理原则：首先按"精确匹配"原则去查找匹配方法，如果找不到，则按"自动类型转换匹配"原则去查找能匹配的方法。

所谓"精确匹配"，就是实参和形参类型完全一致。所谓"自动类型转换匹配"，是指虽然实参和形参类型不同，但能将实参的数据按自动转换原则赋值给形参。

【例 6-2】方法调用的匹配测试。

程序代码如下：

```
#01  public class A {
#02     void test(int x){
#03        System.out.println("test(int):" + x);
#04     }
#05
#06     void test(long x){
#07        System.out.println("test(long):" + x);
#08     }
#09
#10     void test(double x){
```

```
#11              System.out.println("test(double):" + x);
#12      }
#13
#14      public static void main(String[] args){
#15          A a1 = new A();
#16          a1.test(5.0);
#17          a1.test(5);
#18      }
#19  }
```

根据方法调用的匹配原则，不难发现运行程序时将得到以下结果。

```
test(double):5.0
test(int):5
```

如果将以上 test(int x)方法注释掉，那么情况会如何呢？结果如下：

```
test(double):5.0
test(long):5
```

✍ 说明：

　　因为实参 5 默认为 int 型数据，因此，有 test(int x)方法存在时将按"精确匹配"处理，但如果无该方法存在，将按"自动类型转换匹配"优先考虑匹配 test(long x)方法。

🗣 思考：

　　（1）如果将 test(long　x)方法也注释掉，情况如何？
　　（2）以上 3 个方法中，如果只将 test(double x)方法注释掉，程序能编译通过吗？

【例 6-3】从复数方法理解多态性。

程序代码如下：

```
#01  public class Complex {
#02      private double x, y;                        //x、y 分别代表复数的实部和虚部
#03
#04      public Complex(double real, double imaginary){    //构造方法
#05          x = real;
#06          y = imaginary;
#07      }
#08
#09      public String toString(){
#10          return "(" + x + "," + y + "i" + ")";
#11      }
#12
#13      /* 方法1：将复数与另一复数 a 相加 */
#14      public Complex add(Complex a){                        //实例方法
#15          return new Complex(x + a.x, y + a.y);
#16      }
```

```
#17
#18      /* 方法2：将复数与另一个由两实数a、b构成的复数相加 */
#19      public Complex add(double a, double b){              //实例方法
#20          return new Complex(x + a, y + b);
#21      }
#22
#23      /* 方法3：将两复数a和b相加 */
#24      public static Complex add(Complex a, Complex b){    //静态方法
#25          return new Complex(a.x + b.x, a.y + b.y);
#26      }
#27
#28      public static void main(String args[]){
#29          Complex x, y, z;
#30          x = new Complex(4, 5);
#31          y = new Complex(3.4, 2.8);
#32          z = add(x, y);                      //调用方法3进行两复数相加
#33          System.out.println("result1=" + z);
#34          z = x.add(y);                       //调用方法1进行两复数相加
#35          System.out.println("result2=" + z);
#36          z = x.add(6, 8);                    //调用方法2进行两复数相加
#37          System.out.println("result3=" + z);
#38      }
#39  }
```

【运行结果】

```
result1=(7.4,7.8i)
result2=(7.4,7.8i)
result3=(10.0,13.0i)
```

✍ 说明：

　　以上有3个方法实现复数的相加运算，其中有两个为实例方法，一个是静态方法，它们的参数形态是不同的，调用方法时将根据参数形态决定匹配哪个方法。注意静态方法和实例方法的调用差异，实例方法一定要有一个对象作为前缀，静态方法则不依赖对象。第32行调用形式为add(x,y)，思考用x.add(x,y)可以吗？用Complex.add(x,y)又如何？

　　以上3个方法进行复数相加将产生一个新的复数作为方法的返回值，并不改变参与运算的两个复数对象的值，如果要改变调用方法的复数的值，则方法设计为以下形式。

```
public void add(Complex a){              //将另一复数的值加到当前复数上
    x = x + a.x;
    y = y + a.y;
}
```

请读者测试该方法的调用，思考这里用哪种设计更规范合理。

2. 参数多态中可变长参数带来的二义性问题

可变长参数可能带来参数多态的二义性。假设有以下两个 output 方法：一个方法的参数是固定参数；另一个方法的参数为可变长参数。

```
static void output(String... args){                    //可变长参数
    for(int i = 0; i < args.length; i++){
        System.out.println(args[i]);
    }
}
static void output(String test){                       //固定参数
    System.out.println("-------\n"+test);
}
```

调用带可变长参数的方法，注意下面两点。

（1）在调用方法的时候，如果既能够和固定参数的方法匹配，也能够与可变长参数的方法匹配，则选择固定参数的方法。也就是固定参数匹配优先于可变长参数。

```
output("hello");                                       //选择固定参数
output("hello", "mary");                               //选择可变长参数
```

（2）如果要调用的方法可以和两个带可变长参数的方法匹配，则编译会报错。例如，以下两个 output 方法中均含可变长参数。

```
static  void  output(String... args){ … }
static  void  output(String test,String...args ){ … }
```

则方法调用 output("hello", " mary ")不能通过编译，会出现二义性。

6.2.2　方法的覆盖

扫描，拓展学习

　　　　子类将继承父类的非私有方法，在子类中也可以对父类定义的方法重新定义，这时将产生方法覆盖。需要注意的是，子类在重新定义父类已有的方法时，应保持与父类完全相同的方法头部声明，即应与父类具有完全相同的方法名、参数列表，返回类型一般也要相同。

例如，以下类 B 定义的方法中，只有 test(int x)存在对例 6-2 中类 A 的方法覆盖。

```
class B extends A  {
    void test(int x){                                  //将覆盖父类方法
        System.out.println("in B.test(int):" + x);
    }
    void test(String x,int y){                         //不会产生方法覆盖
        System.out.println("in B.test(String,int):" + x+","+y);
    }
}
```

思考：

子类对象访问成员时优先考虑自己定义的，通过子类 B 的对象共可直接调用多少个 test 方法？

关于方法覆盖有以下问题值得注意。

（1）方法名、参数列表完全相同才会产生方法覆盖。返回类型通常也要一致，只有返回类型为引用类型时，允许子类方法的返回类型是父类方法返回类型的子类型。其他情形导致类型不一致时编译将指示错误。

（2）方法覆盖不能改变方法的静态与非静态属性。子类中不能将父类的实例方法定义为静态方法，也不能将父类的静态方法定义为实例方法。

（3）不允许子类中方法的访问修饰符比父类有更多的限制。例如，不能将父类定义用 public 修饰的方法在子类中重定义为 private 方法，但可以将父类的 private 方法重定义为 public 方法。通常将子类中方法访问修饰与父类的保持一致。

6.3　对象引用转换与访问继承成员

6.3.1　对象引用转换

扫描，拓展学习

第 2 章介绍了基本类型的数据赋值转换原则，对于对象类型在赋值处理上有哪些规定呢？从类的继承机制可发现父类与子类之间在概念上的关系。父类代表更广的概念，子类属于父类所定义的概念范畴。在具体编程中，就是允许将子类对象赋值给父类的引用变量，但反之不可。

1. 对象引用赋值转换

允许将子类对象赋值给父类引用变量，这个过程也称为向上转型。例如，"学生"是"人"的子类，我们可以将一个"学生"对象赋值给一个代表"人"的引用变量。这种向上转型的赋值也经常发生在方法调用的参数传递时，如果一个方法的形式参数定义的是父类引用类型，那么调用这个方法时，可以使用子类对象作为实际参数。当然，任何方法调用将首先考虑参数精确匹配，然后才考虑转换匹配。

【例 6-4】方法的引用类型参数匹配处理。

程序代码如下：

```
#01  public class RefTest {
#02      void test(Object obj){
#03          System.out.println("test(Object):" + obj);
#04      }
#05
#06      void test(String str){
#07          System.out.println("test(String):" + str);
```

```
#08        }
#09
#10      public static void main(String[] args){
#11          RefTest  a = new RefTest();
#12          a.test("hello");
#13      }
#14  }
```

根据方法调用的匹配原则，运行程序时将得到以下结果。

```
test(String):hello
```

如果将以上第 6～8 行的 test(String str)方法定义注释掉，则运行结果如下：

```
test(Object):hello
```

📢 注意：

> 由于 Object 类是继承层次中最高层类，所以任何对象均可匹配 Object 类型的形参。Java 类库中有不少方法的参数为 Object 类型，方法设计考虑了通用性要求。在 JDK1.5 之后甚至基本类型的数据也可以赋值给 Object 类型或相应包装类型的引用变量，它是通过将基本类型自动包装成相应类型的对象来实现转换赋值，例如，int 类型数据包装成 Integer 类型的对象。

2. 对象引用强制转换

父类引用值不能直接赋值给子类引用变量，显然，不是所有人都是学生。将父类引用赋值给子类变量时要进行强制转换，这种转换也称为向下转型。强制转换在编译时总是认可的，但运行时的情况取决于对象的值。如果父类对象引用指向的就是该子类的一个对象，则转换是成功的，如果指向的是其他子类对象或父类自己的对象，则转换会抛出异常。

以下代码中，尽管先前将一个字符串对象赋给 Object 类型的引用变量 m，但将 m 直接赋给字符串类型的变量 y 不允许，因为，编译程序只知道 m 的类型为 Object，将父类引用值赋给子类引用变量是不允许的。

```
Object m = new String("123");        //允许，父类变量引用子类对象
String y = m;                        //不允许
String y =(String)m;                 //强制转换，编译允许，且运行没问题
Integer p =(Integer)m;               //强制转换，编译允许，但运行时出错
```

扫描，拓展学习

6.3.2 访问继承的成员

在子类中除了可以定义和父类同形态的方法外，也可以定义和父类同名的属性。如果子类中定义了与父类同名的属性，在子类中将隐藏来自父类的同名属性变量。这里也是"最近优先原则"，自己类中有就不会去找父类的。如果引用变量和对象类型一致，则通过引用变量访问成员，无论属性和方法，均是优先考虑本类定义的，接下来再考虑父类继承的。

如果父类引用变量引用的是子类的对象，则访问成员该如何考虑呢？

如果是通过引用变量去访问实例方法，则访问的是子类对象的覆盖方法；如果是访问属性，则得到的是父类定义的属性值。原因在于对象执行方法时由实际对象的类型决定，而不是引用变量类型，我们称为 Java 的动态多态性。访问属性时则由引用变量的类型决定，编译程序在分析程序时是基于类型来决定访问哪个属性变量。静态成员是依赖类的，静态成员的访问是基于引用变量的类型。

【例 6-5】访问继承成员示例。

程序代码如下：

```
#01  class  User {
#02      String  id = "362198712030083" ;              //身份证号
#03      int  age = 38;                                 //年龄
#04
#05      void showId(){                                 //父类的 showId()
#06          System.out.println("父类方法,身份证号=" + id);
#07      }
#08  }
#09
#10  public class NetworkUser extends User {
#11      String id = "1518";                            //拨号上网 id
#12      int workage = 7;                               //网龄
#13
#14      void showId(){                                 //子类的 showId()
#15          System.out.println("子类方法,上网标识码=" + id );
#16      }
#17
#18      public static void main(String args[]){
#19          NetworkUser b = new NetworkUser();
#20          User a = b;                                //父类引用变量引用子类对象
#21          System.out.println("b 的 id 属性=" + b.id);    //通过子类引用访问属性
#22          System.out.println("a 的 id 属性=" + a.id);    //通过父类引用访问属性
#23          b.showId();                                //用子类引用变量访问 showId()方法
#24          a.showId();                                //用父类引用变量访问 showId()方法
#25          System.out.println("年龄=" + b.age + ",网龄=" + b.workage);
#26      }
#27  }
```

【运行结果】

```
b 的 id 属性=1518
a 的 id 属性=362198712030083
子类方法,上网标识码=1518
子类方法,上网标识码=1518
年龄=38,网龄=7
```

✍ **说明：**

> 从图 6-2 可以看出，每个 NetworkUser 对象将拥有 4 个属性，其中有两个 id 属性。一个是子类定义的；一个是父类定义的。在子类中，查找成员属性时将优先匹配本类定义的属性，如果要在子类中特别强调访问父类的 id 属性，可以在子类的实例方法中通过 super.id 来访问。

📢 **注意：**

> 细心体会隐藏和覆盖在用词上的差异，当子类与父类有相同成员时，通过子类引用访问的成员均是子类定义的。问题在于通过父类引用操作一个子类对象时就有差异了，隐藏的父类成员再现，而覆盖的成员被子类"代替"。只有实例方法存在覆盖关系，各类属性和静态方法均是隐藏关系。总之，通过父类引用访问子类对象时，只有实例方法会是子类定义的，对象属性、静态属性、静态方法均是指父类定义的。

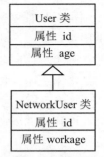

图 6-2 对象属性继承

💬 **思考：**

> 读者可将本例的属性和方法均加上 static 修饰进行测试。

6.4 几个特殊类

扫描，拓展学习

6.4.1 Object 类

Object 类是所有 Java 类的最终祖先，如果类定义时不包含关键词 extends，则编译将自动认为该类直接继承 Object 类。Object 是一个具体类，它可以创建对象。Object 类包含所有 Java 类的公共属性和方法，以下给出了几个常用方法。

（1）public boolean equals(Object obj)。该方法本意用于两个对象的"深度"比较，也就是比较两对象封装的数据是否相等；而比较运算符"=="在比较两对象变量时，只有当两个对象引用指向同一对象时才为真值。但在 Object 类中，equals 方法是采用"=="运算进行比较，其他类如果没有定义 equals 方法，则继承 Object 类的 equals 方法。因此，类设计时，需要进行对象的数据比较，一般要重写 equals 方法。

（2）public String toString()。该方法返回对象的字符串描述，在 Object 类中它被设计为返回对象名后跟一个 Hash 码。其他类通常将该方法进行重写，以提供关于对象的更有用的描述信息。

（3）public final Class getClass()。返回对象的所属类，进一步，利用 Class 类提供的 getName()方法可获取对象的类名称。

（4）protected void finalize()。该方法在 Java 垃圾回收程序删除对象前自动执行。一个对象没有任何一个引用变量指向它时，Java 垃圾回收程序将自动释放对象空间。

【例 6-6】 给 Point 类增加 equals 方法。

程序代码如下：

```
#01  public class Point {
#02      private int x, y;
#03
#04      public Point(int x, int y){
#05          this.x = x;
#06          this.y = y;
#07      }
#08
#09       public boolean equals(Point p){
#10          return(x == p.x && y == p.y);
#11      }
#12
#13      public String toString(){
#14          return "点:" + x + "," + y;
#15      }
#16
#17      public static void main(String arg[]){
#18          Point x = new Point(4, 3);
#19          System.out.println("x=" + x);
#20          System.out.println(x.equals(new Point(4, 3)));
#21      }
#22  }
```

【运行结果】

```
x=点:4,3
true
```

✎ 说明：

第 9～11 行定义了 Point 类的 equals 方法，只有当前对象的 x、y 坐标与参数中指定 Point 的 x、y 坐标均相等时方法返回 true，第 20 行给出了该方法的调用测试。

💬 思考：

① 观察有无 toString()方法时程序运行结果的变化，分析原因。② 观察有无 equals(Point p)方法时程序运行结果的变化，分析原因。③ 这里定义的 equals 方法是否形成对 Object 类中继承的 equals 方法的覆盖？

6.4.2 Class 类

Java 运行环境中提供了反射机制，这种机制允许程序中动态获取类的信息，以及动态调用对象的方法。其相关的类主要有 Class 类、Field 类、Method 类、Constructor

扫描，拓展学习

类、Array 类，它们分别代表类、类的属性、类的方法、类的构造方法以及动态创建数组。

1．获取 Class 类型的对象

Class 类封装一个对象和接口运行时的状态，当装载类时，Class 类型的对象自动创建。有以下 3 种方法可以获取 Class 的对象。

方法 1：调用 Object 类的 getClass()方法。

方法 2：调用 Class 类的 forName()方法。

方法 3：如果 T 是一个 Java 类型，那么 T.class 就代表了与该类型匹配的 Class 对象。例如，String.class 代表字符串类型，int.class 代表整数类型。

2．Class 类的常用方法

以下列举出 Class 类的几个常用方法。

（1）static Class<?> forName(String className)。返回给定串名相应的 Class 对象。若给定一个类或接口的完整路径名，那么此方法将试图定位、装载和连接该类。若成功，则返回该类对象。否则，抛出 ClassNotFoundException 异常。

（2）T newInstance()。创建类的一个实例，newInstance()方法调用默认构造器（无参数构造器）初始化新建对象。

（3）String getName()。返回 Class 对象表示的类型（类、接口、数组或基类型）的完整路径名字符串。

（4）Method[] getMethods()。返回当前 Class 对象表示的类或接口的所有公有成员方法对象的数组，包括自身定义的和从父类继承的方法。进一步，利用 Method 类提供的 invoke 方法可实现相应类的成员方法的调用。

```
Object invoke(Object obj,Object[] args)
```

其中，obj 代表调用该方法的类实例对象；args 代表存放方法参数的对象数组。

（5）Method getMethods(String name,Class … parameterType)。返回指定方法名和参数类型的方法对象。

（6）Field[] getFields()。返回当前 Class 对象表示的类或接口的所有可访问的公有域对象的数组。

【例 6-7】反射机制简单测试举例。

程序代码如下：

```
#01   import java.lang.reflect.*;
#02   class Test {
#03      public int add(int x, int y){
#04         return x + y;
#05      }
#06
#07      public int minus(int x, int y){
```

```
#08            return x - y;
#09        }
#10    }
#11
#12    public class Ex6_7 {
#13        public static void main(String[] args)throws Exception {
#14            Class<?> myclass = Class.forName("Test");
#15            System.out.println(myclass.getName());
#16            Object x = myclass.newInstance();              //获取 Test 类的一个对象
#17            Method[] m = myclass.getMethods();             //获取 Test 类的所有方法
#18            Object[] Args = new Object[] { 1, 2 };
#19            for(int i = 0; i < 2; i++)
#20                System.out.println(m[i].toString());
#21            System.out.println(m[1].invoke(x, Args));   //调用对象的第 2 个方法
#22            Method addm = myclass.getMethod("add", int.class, int.class);
#23            System.out.println(addm.invoke(x, Args));   //调用 add 方法
#24        }
#25    }
```

【运行结果】

```
Test
public int Test.add(int,int)
public int Test.minus(int,int)
-1
3
```

✎ 说明：

　　该例中程序注释的 4 步反映了用反射机制动态调用一个类的方法的过程。首先，在第 14 行利用 Class 类的 **forName** 方法由类名 Test 创建相应的 Class 类型的对象；其次，通过执行该对象的 newInstance()方法得到 Test 对象实例，并通过 getMethods()方法得到 Test 类的所有方法；最后，通过 Method 类的 invoke 方法实现对象的方法调用。该机制为 Java 方法的动态调用提供了方便，在分布式编程中应用广泛。值得一提的是，用 **getMethods** 方法定义 Method 对象由于不能确定方法参数的类型是否正确，所以编译时会给出警告，运行时是否出现异常，取决于其给定的方法参数类型是否与实际方法的参数类型一致。

6.5　访问控制修饰符

扫描，拓展学习

　　访问控制修饰符是一组限定类、域或方法是否可以被程序其他部分访问和调用的修饰符。Java 用来修饰类的访问控制符只有 public，表示类对外"开放"，类定义时也可以无访问修饰，则表示类只限于同一包中访问使用。修饰属性和方法的访问控制修饰符有 3 种：public、protected、private，还有一种是无修饰符的默认情况。外界能访问某个类的成员的条件：首先要能访问类；其次还要能访问类的成员。

1．公共访问控制修饰符 public

访问控制修饰符 public 可以用于两个地方。首先，作为类的修饰符，将类声明为公共类，表明它可以被所有的其他类所访问，否则该类只限在同一包的类中访问。其次，可以作为类的成员的访问控制修饰符，表明在其他类中可以无限制地访问该成员。

要真正做到类成员可以在任何地方访问，在进行类设计时必须同时满足两点：一是类被定义为 public；二是类的成员被定义为 public。

2．默认访问控制修饰符

默认的访问控制是指在属性或方法定义前没有给出访问控制符情形，在这种情况下，该属性或方法只能在同一个包的类中访问，而不可以在其他包的类中访问。

3．私有访问控制修饰符 private

访问控制修饰符 private 用来声明类的私有成员，它提供了最高的保护级别。用 private 修饰的域或方法只能在该类自身中访问，而不能在任何其他类（包括该类的子类）中访问。

通常，出于系统设计的安全性考虑，将类的成员属性定义为 private 形式保护起来，而将类的成员方法定义为 public 形式对外公开，这是类封装特性的一种体现。

【例 6-8】测试对私有成员的访问。

程序代码如下：

```
#01  class Myclass {
#02      private int a;                                //私有变量
#03
#04      void set(int k){
#05          a = k;
#06      }
#07
#08      void display(){
#09          System.out.println(a);
#10      }
#11  }
#12
#13  public class Ex6_8{
#14      public static void main(String arg[]){
#15          Myclass my = new Myclass();
#16          my.set(4);
#17          my.display();
#18          my.a = 5;
#19      }
#20  }
```

以上程序在编译时将产生以下访问违例的错误指示。

```
d:\>javac Ex6_8.java
Ex6_8.java:18: a has private access in Myclass
```

```
      my.a=5;
        ^
1 error
```

✍ 说明：

　　　由于私有成员 a 只限于在本类访问，所以，在另一个类中不能直接对其进行访问，第 18 行将报错，但第 16、17 行通过非私有成员方法 set 和 display 间接访问 a 是允许的。

4. 保护访问控制修饰符 protected

访问控制修饰符 protected 修饰的成员可以被以下 3 种类所引用。

（1）该类本身。

（2）与它在同一个包中的其他类。

（3）在其他包中的该类的子类。

【例 6-9】测试包的访问控制的一个简单程序。

文件 1：PackageData.java（该文件存放在 sub 子目录下）

```
#01  package sub;
#02  public class PackageData {
#03      protected static int number = 1;
#04  }
```

文件 2：Mytest.java

```
#01  import sub.*;
#02  public class Mytest {
#03      public static void main(String args[]){
#04          System.out.println("result=" + PackageData.number);
#05      }
#06  }
```

程序编译将显示以下错误。

```
Mytest.java:4: number has protected access in sub.PackageData
    System.out.println("result="+PackageData.number);
                                            ^
1 error
```

如果将程序 Mytest.java 的类头部做以下修改再测试。

```
public class Mytest extends PackageData
```

则程序编译通过，运行结果如下：

```
result=1
```

✍ 说明：

　　　本例中定义的一个静态属性 number 的访问控制修饰符定义为 protected，在其他包中只有子类才能访问该属性。

📖 练习：

> 要检查其他访问控制修饰效果，可以修改访问控制修饰符分别进行测试。

各类访问控制修饰符的访问权限可以归纳为表 6-1。

表 6-1　各类访问控制修饰符的访问权限

控 制 等 级	同 一 类 中	同 一 包 中	不同包的子类中	其　　他
private	可直接访问			
默认	可直接访问	可直接访问		
protected	可直接访问	可直接访问	可直接访问	
public	可直接访问	可直接访问	可直接访问	可直接访问

📢 注意：

> 表 6-1 中访问限制是指的修饰符为 public 的情况下，对成员变量的访问限制。如果类的修饰符默认，则只限于在本包中的类才能访问。可以想象，Java API 所提供的类均是 public 修饰；否则，在其他包中不能访问其任何成员。即便是 public 成员，如果类的修饰不是 public 也限制了其访问。

扫描，拓展学习

6.6　final 修饰符的使用

1．final 作为类修饰符

被 final 修饰符所修饰的类称为最终类。最终类的特点是不允许继承。Java API 中不少类定义为 final 类，这些类通常用来完成某种标准功能，如 Math 类、String 类、Integer 类等。

2．用 final 修饰方法

用 final 修饰符修饰的方法是功能和内部语句不能被更改的最终方法，在子类中不能再对父类的 final 方法重新定义。所有已被 private 修饰符限定为私有的方法，以及所有包含在 final 类中的方法，都被默认为是 final 的。

3．用 final 定义常量

final 标记的变量也就是常量。例如，"final double PI=3.14159;"。

常量可以在定义时赋值，也可以先定义后赋值，但只能赋值一次。与普通属性变量不同的是，系统不会给常量赋默认初值，因此，要保证引用常量前给其赋初值。

需要注意的是，如果将引用类型的变量标记为 final，那么该变量只能固定指向一个对象，不能修改，但可以改变对象的内容，因为只有引用本身是 final。例如，以下程序中将 t 定义为常量，不能再对 t 重新赋值，但可以更改 t 所指对象的内容，例如，更改对象的 weight 属性值。

【例 6-10】常量赋值测试。

程序代码如下：

```
#01   public class AssignTest {
#02       public static int totalNumber = 5;
#03       public final int id;              //定义对象的常量属性
#04       public int weight;
#05
#06       public void m(){
#07           id++;                          //实例方法中不能给常量赋值
#08       }
#09
#10       public AssignTest(final int weight){
#11           id = totalNumber++;            //由于常量 id 未赋过值,允许在构造方法中给其赋值
#12           weight++;                      //不允许,不能更改定义为常量的参数
#13           this.weight = weight;
#14       }
#15
#16       public static void main(String args[]){
#17           final AssignTest t = new AssignTest(5);
#18           t.weight = t.weight + 2;                        //允许
#19           t.id++;                                         //不允许
#20           t = new AssignTest(4);                          //不允许
#21       }
#22   }
```

✍ 说明:

> 即使是未赋过值的常量 id,在实例方法中也不能给其赋值,所以第 7 行 id++不允许,因为实例方法可多次调用。但构造方法中可以给未初始化的常量赋值,如第 11 行情形,因为构造方法只在创建对象时执行一次。

📢 注意:

> 对于属性常量,要注意是否加有 static 修饰,两者性质是不同的。带有 static 修饰的常量是属于类的常量,只能在定义时或者在静态初始化代码块中给其赋值。

【例 6-11】综合样例。

以下程序中含有 3 个类,父类为 Person 类,其中有 name、age、id 等属性,定义了无参和有参的两个构造方法,还有 3 个体现参数多态的 work 方法及 getAge 方法。Teacher 类和 Student 类为继承 Person 类的两个子类,其中设计了有参的构造方法,定义了 id 属性和若干 work 方法。在 main 方法中,分别创建父类和子类对象给 Person 类型的变量赋值,调用 work 方法等进行测试。

扫描,拓展学习

```
#01   public class Person{
#02       String name;                                      //姓名
#03       int age;                                          //年龄
#04       String id="111111111111111111";                   //身份证号
#05
```

```
#06        public Person(){ }                      //无参构造方法
#07
#08       public Person(String name,String id,int age){
#09           this.name = name;
#10           this.id = id;
#11           this.age = age;
#12       }
#13
#14       public Person(String name, int age){
#15           this.name = name;
#16           this.age = age;
#17       }
#18
#19       public int getAge(){
#20           return age;
#21       }
#22
#23       void work(){                             //无参 work 方法
#24           System.out.println(name + "正在工作..");
#25       }
#26
#27       void work(double x ){                    //一个实数参数的 work 方法
#28           System.out.println(name + "工作了 "+x+"小时");
#29       }
#30
#31       void work(String position){           //一个字符串参数的 work 方法
#32           System.out.println(name + "正在" + position + "工作..");
#33       }
#34
#35       public static void main(String a[]){
#36           Person p[]= { new Student("张三","20180402",21),
#37                    new Person("小明","360111303040446245",30),
#38                    new Teacher("李军","0912",41)};
#39           p[0].work();                           //调用 Student 类的 work 方法
#40           p[1].work("南区");                     //调用 Person 类的 work(String)方法
#41           p[2].work("Java 语言");                //调用 Techer 类的 work(String)方法
#42           p[2].work(2);                          //调用 Person 类的 work(int)方法
#43           for(int k=0;k<p.length;k++)
#44               System.out.println(p[k].name+"标识码为"+p[k].id);
#45           for(int k=0;k<p.length;k++)
#46               System.out.println(p[k].name+"年龄为"+ p[k].getAge());
#47       }
#48   }
#49
#50   /*  Student 类的设计 */
#51   class Student extends Person {
```

```
#52        String id = "2017054512";                //学号
#53
#54     public Student(String name,String id,int age){
#55          super(name,age);
#56          this.id = id;
#57      }
#58
#59     void work(){
#60          System.out.println(name + "正在学习..");
#61      }
#62  }
#63
#64   /*  Teacher 类的设计 */
#65  class Teacher extends Person {
#66      String id = "0832";                     //工作证号
#67
#68      public  Teacher(String name,String id,int age){
#69          super(name,age);
#70          this.id = id;
#71      }
#72
#73     void work(){
#74          System.out.println(name + "正在上课..");
#75      }
#76
#77     void work(String kcname){
#78          System.out.println(name + "正在上"+ kcname +"课.");
#79      }
#80  }
```

【运行结果】

张三正在学习..
小明正在南区工作..
李军正在上 Java 语言课.
李军工作了 2.0 小时
张三标识码为 111111111111111111
小明标识码为 360111303040446245
李军标识码为 111111111111111111
张三年龄为 21
小明年龄为 30
李军年龄为 41

✍ 说明：

　　在 Person 类中定义了 3 个属性和 3 个构造方法，一个 getAge()方法以及 3 个 work 方法，还有就是 main 方法。Student 类继承 Person 类，提供了一个构造方法和一个无参的 work 方法。Teacher 类继承

Person 类，提供了一个构造方法和两个 work 方法。第 36～38 行创建了不同的对象给 Person 数组的元素赋值，从第 39～42 行的若干 work 方法调用可以看到调用实例方法是由对象确定，先在对象所属类中查找方法，如果没有匹配的方法再去父类中查找。第 43～44 行输出 Person 数组元素的 id 属性均是来自 Person 类，也就是属性的访问取决于引用变量的类型。第 45～46 行调用实例方法 getAge()均是自 Person 类继承的方法。

思考：

给各个类补充 toString()方法，再检查输出对象时的调用结果。设法体现出 id 属性隐藏带来的对象描述变化问题。

习　　题

1. 选择题

（1）为了使下面的程序能通过编译，最少要做的修改是（　　　）。

```
#01  final class A {
#02      int x;
#03      void mA(){ x=x+1; }
#04  }
#05  class B extends A {
#06      final A a=new A();
#07      final void mB(){
#08          a.x=20;
#09          System.out.println("hello");
#10      }
#11  }
```

A．第 1 行去掉 final   B．第 6 行去掉 final

C．删除第 8 行   D．第 1 行和第 6 行去掉 final

（2）考虑以下类：

```
public class Sub extends Base {
    public Sub(int k){ }
    public Sub(int m,int n){
        super(m,n);
        …
    }
}
```

假设 Base 类与 Sub 类在同一包中，则在 Base 类中必须存在的构造方法是（　　　）。

A．Base()   B．Base(int k){ }

C．Base(int m,int k){ }   D．Base(int i,int j,int k){ }

（3）考虑以下类：

```
class Parent {
    String one, two;
    public Parent(String a, String b){
        one = a;
        two = b;
    }
    public void print(){ System.out.println(one); }
}
public class Child extends Parent {
    public Child(String a, String b){
        super(a,b);
    }
    public void print(){
        System.out.println(one + " to " + two);
    }
    public static void main(String arg[]){
        Parent p = new Parent("south", "north");
        Parent t = new Child("east", "west");
        p.print();
        t.print();
    }
}
```

程序调试结果为（　　　）。

A．在编译时出错

B．south
　　east

C．south to north
　　east to west

D．south to north
　　east

E．south
　　east to west

（4）以下程序调试结果为（　　　）。

```
public class Test {
        int m = 5;
        public  void some(int x){
            m = x;
        }
        public static void main(String args[]){
            new Demo().some(7);
        }
}
class Demo extends Test {
        int m = 8;
```

```
    public  void some(int x){
        super.some(x);
        System.out.println(m);
    }
}
```

A．5   B．8   C．7   D．无任何输出   E．编译错误

（5）类 Test1 定义如下：

```
#01  public  class  Test1{
#02      public  float  aMethod (float  a, float  b){    }
#03
#04  }
```

下面方法中插入行 3 处为不合法的是（   ）。

A．public float aMethod(float a, float b, float c){ }

B．public float aMethod(float c, float d){ }

C．public int aMethod(int a, int b){ }

D．private float aMethod(int a, int b, int c){ }

（6）设有以下代码：

```
class Base{ }
public class MyCast extends Base{
    static boolean b1 = false;
    static int i = -1;
    static double d = 10.1;
    public static void main(String argv[]){
        MyCast m = new MyCast();
        Base b = new Base();
        //Here
    }
}
```

则在 //Here 处插入（   ）代码将不出现编译和运行错误。

A．b=m;   B．m=b;   C．d =i;   D．b1 =i;

（7）设有以下代码：

```
public class Parent {
    int change(){…}
}
class Child extends Parent {  }
```

下面方法中可被加入 Child 类中的是（   ）。

A．public int change(){ }   B．int chang(int i){ }

C．private int change(){ }   D．abstract int chang(){ }

（8）有以下代码段：

```
public class Base{
  int w, x, y ,z;
  public Base(int a,int b){
    x = a; y = b;
  }
  public Base(int a, int b, int c, int d){
    …//assignment x=a, y=b
    w = d;
    z = c;
  }
}
```

在注释"assignment x=a, y=b"前的正确语句可以是（   ）。

A．Base(a,b);   B．x=a, y=b;

C．x=a; y=b;   D．this(a,b);

（9）给出下面的类：

```
public class Sample{
    long length;
    public Sample(long x){ length = x; }
    public static void main(String arg[]){
        Sample s1, s2, s3;
        s1 = new Sample(21L);
        s2 = new Sample(21L);
        s3 = s2;
        long m = 21L;
    }
}
```

下面表达式中返回 true 的是（   ）。

A．s1 == s2   B．s2 == s3   C．m == s1   D．s1.equals(m)

2．思考题

（1）方法的重载与方法的覆盖分别代表什么含义？

（2）Java 类的继承有何特点？

3．写出程序的运行结果

程序 1：

```
class Parent {
    protected static int count=0;
    public Parent(){count++; }
}
public class Child extends Parent{
```

```
    public Child(){ count++; }
    public static void main(String args[]){
        Child  x = new Child();
        System.out.println("count="+x.count);
    }
}
```

程序 2：

```
public class A {
    protected void test(float x){
        System.out.println("test(float):" + x);
    }
    protected void test(Object obj){
        System.out.println("test(Object):" + obj );
    }
    protected void test(String str ){
        System.out.println("test(String):" + str);
    }
    public static void main(String[] args){
        A a1 = new A();
        a1.test("hello");
        a1.test(5);
    }
}
```

程序 3：

```
class ExSuper {
    public void func(String p, String s){
        System.out.println(p);
    }
}
public class Example extends ExSuper {
    public void func(String p, String s){
        System.out.println(p + " : " + s);
    }
    static public void main(String arg[]){
        ExSuper e1 = new ExSuper();
        e1.func("hello1", "hi1");
        exSuper e2 = new example();
        e2.func("hello2", "hi2");
    }
}
```

程序 4：

```
class Tree{ }
class Pine extends Tree{ }
```

```
class Oak extends Tree{ }
public class Forest {
    public static void main(String[]args){
        Tree tree = new Pine();
        if(tree instanceof Pine)
            System.out.println("Pine");
        if(tree instanceof Tree)
            System.out.println("Tree");
        if(tree instanceof Oak)
            System.out.println("Oak");
        else
            System.out.println("Oops");
    }
}
```

程序 5：

```
public class IsEqual {
    int x;
    public IsEqual(int x1) { x = x1;  }
    public static void main(String a[]) {
        IsEqual m1 = new IsEqual(4);
        IsEqual m2 = new IsEqual(4);
        IsEqual m3 = m2;
        m3.x=6;
        System.out.println("m1=m2 is "+(m1==m2));
        System.out.println("m2=m3 is "+(m2==m3));
        System.out.println("m1.x==m2.x is "+(m1.x==m2.x));
        System.out.println("m1.equals(m2)="+m1.equals(m2));
    }
}
```

4. 编程题

（1）给 Point 类添加以下几个求两点间距离的多态方法，并进行调用测试。

```
public double distance(Point p)                    //求点到 p 点之间距离
public double distance(int x,int y)                //求点到（x,y）点之间距离
public static double distance(Point x,Point y)     //求 x,y 两点间距离
```

（2）定义一个 Person 类，含姓名、性别、年龄等字段；继承 Person 类设计 Teacher 类，增加职称、部门等字段；继承 Person 类设计 Student 类，增加学号、班级等字段。定义各类的构造方法和 toString()方法，并分别创建对象进行测试。

（3）改进例 5-8 的 Circle 类，提供若干求面积的方法，形态分别如下：

```
public double area()                    //求当前圆的面积
public static double area(double r)     //求半径为 r 的圆的面积
public static double area(Circle c)     //求参数指定圆的面积
```

第7章

常用数据类型处理类

本章知识目标：

❑ 掌握 String 类和 StringBuffer 类处理字符串的使用差异。

❑ 了解各种基本数据类型包装类的常用方法的使用。

❑ 了解 Date、Calendar 和 Clock 等日期和时间类的使用。

❑ 了解枚举类型的使用。

本章内容涉及了编程中常用的数据类型相关类。Java 将字符串看作对象，提供了 String 和 StringBuffer 两个类来分别处理不变字符串和可变字符串。对于基本类型数据的分析处理，Java 提供了各种数据类型包装类。针对日期和时间，Java 提供了 Date、Calendar 和 Clock 等类。

7.1 字符串的处理

字符串是字符的序列，在某种程度上类似字符的数组，实际上，在有些语言中（如 C 语言）就是用字符数组表示字符串，在 Java 中则是用类的对象来表示。Java 中使用 String 类和 StringBuffer 类来封装字符串。String 类给出了不变字符串的操作，StringBuffer 类则用于可变字符串的处理。换句话说，String 类创建的字符串是不会改变的，而 StringBuffer 类创建的字符串可以被修改。

String 类主要用于对字符串内容的检索、比较等操作，但要记住操作的结果通常是得到一个新字符串，但不会改变源串的内容。

7.1.1 String 类

扫描，拓展学习

1. 创建字符串

字符串的常用构造方法有以下几种。

（1）public String()：创建一个空的字符串。

（2）public String(String s)：用已有字符串创建新的串。

（3）public String(StringBuffer buf)：用 StringBuffer 对象的内容初始化串对象。

（4）public String(char value[])：用已有字符数组初始化串对象。

在构造方法中使用最多的是第 2 个，用另一个串作为参数创建一个新串对象。例如：

```
String s = new String("ABC");
```

这里要注意，字符串常量在 Java 中也是以对象形式存储，Java 编译时将自动为每个字符串常量创建一个对象，因此，将字符串常量传递给构造方法时，将自动将常量对应的对象传递给方法参数。当然，也可以直接给 String 变量赋值。例如：

```
String s = "ABC";
```

字符数组要转化为字符串可以利用第 3 个构造方法。例如：

```
char[] helloArray = {'h', 'e', 'l', 'l', 'o'};
String helloString = new String(helloArray);
```

利用字符串对象的 length()方法可获得字符串中字符个数。例如，字符串 "good morning\\你好\n" 的长度为 16。

利用字符串对象的 toCharArray()方法可获得字符串对应的字符数组。

2. 字符串的连接

利用 "+" 运算符可以实现字符串的拼接，还可以将字符串与任何一个对象或基本数据类型的数据进行拼接。例如：

```
String s = "Hello!";
s = s + " Mary "+4;                    //s 的结果为 Hello! Mary 4
```

读者也许会想，String 对象封装的数据不是不能改变吗？这里怎么能够修改 s 的值，这里要注意 String 类型的引用变量只代表对字符串的一个引用，更改 s 的值实际上只将其指向另外一个字符串对象。字符串拼接后将创建另一个串对象，而变量 s 指向这个新的串对象。

Java 还提供了另一个方法 concat(String str)专用于字符串的连接。以下代码将创建一个新串 "4+3=7" 赋给 s，而内容为 "4+3=" 的那个串对象，不再有引用变量指向它，该串对象将自动由垃圾收集程序删除。

```
String s = "4+3=";
s = s.concat("7");                     //新串为 4+3=7
```

String 类还有一个静态方法 format(String format, Object... args)，其返回结果是根据字符串格式描述和参数内容生成格式化后的字符串，具体格式描述和转换效果可参见第 2 章介绍的 System.out.printf()方法。

3. 比较两个字符串

字符串的比较如表 7-1 所示。其中，compareTo 方法返回值为一个整数，而其他两个方法返回值为布尔值。

表 7-1 两个字符串的比较方法

方　　法	功能（当前串与参数内容比较）
boolean equals(Object Obj)	如果相等，则返回 true；否则返回 false
boolean equalsIgnoreCase(String Str)	不计较字母的大小写判断两串是否相等
int compareTo(String Str)	当前串大，则返回值>0；当前串小，则返回值<0；两串相等，则返回值=0

字符串的比较有一个重要的概念需要注意，例如：

```
String s1 = "Hello!World";
String s2 = "Hello!World";
boolean b1 = s1.equals(s2);
boolean b2 =(s1==s2);
```

s1.equals(s2)是比较两个字符串的对象值是否相等，显然结果为 true；而 s1==s2 是比较两个字符串对象引用是否相等，这里的结果仍为 true，为何？

由于 Java 编译器在对待字符串常量的存储时有一个优化处理策略，相同字符串常量只存储一份，也就是 s1 和 s2 指向的是同一个字符串，如图 7-1 所示。因此，s1==s2 的结果为 true。

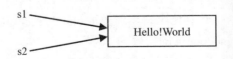

图 7-1 相同串常量的存储分配

不妨对程序适当修改，其中一个采用构造函数创建，情况又是怎么样呢？

```
String s1 = "Hello!World";
String s2 = new String("Hello!World");
boolean b1 = s1.equals(s2);
boolean b2 =(s1==s2);
```

这时 b1 是 true，b2 却为 false。因为 new String("Hello!World")将导致运行时创建一个新字符串对象，如图 7-2 所示。

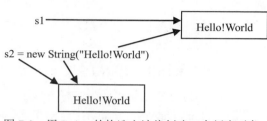

图 7-2　用 String 的构造方法将创建一个新串对象

【例 7-1】设有中英文单词对照表，输入中文单词，显示相应英文单词；输入英文单词，显示相应中文单词。如果没找到，显示"无此单词"。

程序代码如下：

```
#01  public class Ex7_1 {
#02    public static void main(String args[]){
#03        String[][] x = {{"good","好"}, {"bad","坏"}, {"work","工作"}};
#04        int k;
#05        String in = args[0];
#06        if((k = find_e(x, in))!= -1)
#07          System.out.println(x[k][1]);
#08        else if((k = find_c(x, in))!= -1)
#09            System.out.println(x[k][0]);
#10        else
#11            System.out.println("无此单词");
#12    }
#13
#14    /* 根据英文找中文，找到则返回所在行位置，未找到则返回-1 */
#15    static int find_e(String[][] x, String y){
#16        for(int k = 0; k < x.length; k++)
#17            if(x[k][0].equals(y))
#18                return k;
#19        return -1;
#20    }
#21
#22    /* 根据中文找英文，找到则返回所在行位置，未找到则返回-1 */
#23    static int find_c(String[][] x, String y){
#24        for(int k = 0; k < x.length; k++)
#25            if(x[k][1].equals(y))
#26                return k;
#27        return -1;
#28    }
#29  }
```

✍ **说明：**

本例用字符串类型的二维数组来存放中英文单词的对应表。对中英文单词的查找分别用两个方法实现，一个是根据英文单词查找中文单词；另一个是根据中文单词查找英文单词。对于任意输入的一个单词只要分别按中文和英文查找一遍即可，如果均为–1，则输出"无此单词"。

💬 **思考：**

将以上的两个查找方法用一个方法代替，方法的返回结果是找到的单词，或者返回 null 表示未找到。如何改写方法设计和调用代码？

4．字符串的内容提取与替换

字符串的内容提取与替换方法如下。

❑　char charAt(int index)：返回指定位置的字符，首个字符位置是 0。

❑　String substring(int begin, int end)：返回从 begin 位置开始到 end-1 结束的子字符串。因此，子字符串的长度是 end-begin。

❑　String substring(int begin)：返回从 begin 位置开始到串末尾的子字符串。

❑　String trim()：将当前字符串去除前导空格和尾部空格后的结果作为返回的串。

❑　String toUpperCase()：结果是将串的所有字符全部换成大写字母表示。

❑　String toLowerCase()：结果是将串的所有字符全部换成小写字母表示。

❑　String replace(char ch1,char ch2)：将字符串中所有 ch1 字符换为 ch2。

❑　String replaceAll(String regex,String replacement)：将字符串中所有与正则表达式 regex 匹配的子字符串用新的串 replacement 替换。

注意正则表达式的一些特殊符号，正则表达式的符号"+"用于匹配前面的子表达式一次以上连续出现，例如，字符串 s="壹万零零零叁"，则 s.replaceALL("零+","零")的结果为"壹万零叁"，3 个零被一个零替换。

【例 7-2】从命令行参数获取一个字符串，统计其中有多少个数字字符，多少个英文字母。

程序代码如下：

```
#01  public class Ex7_2 {
#02      public static void main(String args[]){
#03          String a = args[0];
#04          int n = 0, c = 0;                //n 为数字字符个数，c 为字母字符个数
#05          for(int k = 0; k < a.length(); k++){
#06              char x = a.charAt(k);        //取串中位置为 k 的字符
#07              if((x >= 'a' && x <= 'z')||(x >= 'A' && x <= 'Z'))
#08                  c++;
#09              if(x >= '0' && x <= '9')
#10                  n++;
#11          }
#12          System.out.println("数字字符" + n + "个" + ",字母字符" + c + "个");
#13      }
#14  }
```

5．字符串中字符或子字符串的查找

表 7-2 列出的方法用来在字符串中查找某字符或子字符串的出现位置，如果未找到，则方法返回值为-1。indexOf 方法按自左向右的次序查找字符串，lastIndexOf 方法按自右向左的次序查找字符串，还可通过方法中的第 2 个参数 start 规定查找的开始位置。

表 7-2　字符串中查找字符或子字符串

方　　法	功能（返回参数在串中的位置）
int indexOf(int ch)	ch 的首次出现位置
int indexOf(int ch, int start)	ch 的首次出现位置≥start
int indexOf(String str)	str 的首次出现位置
int indexOf(String str, int start)	str 的首次出现位置≥start
int lastIndexOf(int ch)	ch 的最后出现位置
int lastIndexOf(int ch, int start)	ch 的最后出现位置≤start
int lastIndexOf(String str)	str 的最后出现位置
int lastIndexOf(String str, int start)	str 的最后出现位置≤start

📢 注意：

字符串中第一个字符的位置是 0。

观察思考以下程序的运行结果。

```
class Test{
    public static void main(String args[]){
        String s = "Java 是面向对象的语言，JavaScript 是脚本语言";
        int k = -1;
        do {
            k = s.indexOf('是', k + 1);
            System.out.print(k + "\t");
        } while(k != -1);
    }
}
```

【运行结果】

```
4       23      -1
```

将上面程序的 main 方法内代码替换为以下程序段，再观察结果情况。

```
String s = "Java 是面向对象的语言，JavaScript 是脚本语言";
String sub = "语言";
for(int i = s.length(); i != -1;){
    i = s.lastIndexOf(sub, i - 1);
    System.out.print(i + "\t");
}
```

【运行结果】

```
26      10      -1
```

另外，String 类还有两个方法可用来判断参数串是否为字符串的特殊子字符串。

（1）boolean startsWith(String prefix)：判断参数串是否为当前串的前缀。

（2）boolean endsWith(String postfix)：判断参数串是否为当前串的后缀。

例如，以下代码布尔变量 x 的赋值结果将为 true，而 y 的赋值结果将为 false。

```
String s = "hello,world";
boolean x = s.startsWith("he");
boolean y = s.endsWith("or");
```

【例 7-3】 从一个代表带有路径的文件名中分离出文件名。

程序代码如下：

```
#01  public class Ex7_3 {
#02      /* 以下方法获取文件名，文件名是最后一个分隔符\后面的子串 */
#03      public static String pickFile(String fullpath){
#04          int pos = fullpath.lastIndexOf('\\');
#05          if(pos == -1)
#06              return fullpath;
#07          return fullpath.substring(pos + 1);
#08      }
#09
#10      public static void main(String ags[]){
#11          String filename = pickFile("d:\\java\\example\\test.java");
#12          System.out.println("filename=" + filename);
#13      }
#14  }
```

【运行结果】

```
filename=test.java
```

✍ 说明：

　　字符串的查找和子字符串提取在实际应用中经常遇到，读者要仔细体会查找与提取的配合，查找时经常出现要查找的目标在字符串中出现多次。事实上，本例中字符 "\" 就出现了 3 次，但这里只对离文件名近的出现位置感兴趣，所以选用 lastIndexOf 方法进行查找。

💬 思考：

　　编程统计一个字符串中某个子字符串出现的次数。

　　一个有趣的问题是找出一个字符串中所有英文单词的个数。也许读者会认为把空格作为单词分隔符，统计空格数即可，显然，这种办法是不准确的。首先，别的符号也可作为单词的分隔符；其次，两个单词之间也可能不止一个空格。从单词的定义出发查找是可行的办法，单词是以字母开头后跟若干字母的串，遇到一个非字母字符即为一个单词的结束。

在 Java 中提供了一个类 StringTokenizer 专门分析一个字符串中的单词，以下程序演示了该类的用法。

```
import java.util.StringTokenizer;
public class WordAnalyse {
    public static void main(String[] args){
        StringTokenizer st = new StringTokenizer("hello every body");
        while(st.hasMoreTokens()){                    //判断是否有后续单词
            System.out.println(st.nextToken());       //取下一个单词
        }
    }
}
```

【运行结果】

```
hello
every
body
```

需要提醒的是，创建 StringTokenizer 对象时，如果未使用带分隔符的构造方法，则默认以空格作为单词间的分隔符。

在 String 类中也提供了一个方法 split 用来根据指定分隔符分离字符串。这个方法非常有用，它的返回结果是一个字符串数组，数组的每个元素就是分离好的子字符串。

格式：public String[] split(String regex)

例如，对于字符串 str="boo:and:foo"，str.split(":")的结果为{"boo", "and", "foo"}，而str.split("o")的结果为{ "b", "", ":and:f" }。

◀))注意：

　　参数串代表一个正则表达式的匹配模式，分隔符如果是 "+" "*" 等符号时，要进行转义处理，例如，分隔符为 "+"，要写成 "\\+" 的正则式。例如，对于字符串 x = "1+2+4+5+8"，x.split("\\+")的结果为{"1", "2", "4", "5", "8" }。

以下代码从命令行参数获取由若干整数组成的加法表达式，计算表达式的结果。

```
class Caculate {
    public static void main(String args[]){
        String a[] = args[0].split("\\+");
        int sum = 0;
        for(int k=0;k<a.length;k++){
            sum += Integer.parseInt(a[k]);
        }
        System.out.println(args[0]+ "="+sum);
    }
}
```

【运行结果】

执行命令：java Caculate 8+12+24+5+6+29

```
8+12+24+5+6+29=84
```

扫描，拓展学习

7.1.2 StringBuffer 类

前面介绍的 String 类不能改变串对象中的内容，只能通过建立一个新串来实现串的变化，而创建对象过多不但浪费内存，而且效率也低。要动态改变字符串，通常用 StringBuffer 类。StringBuffer 类可实现串内容的添加、修改、删除。

1. 创建 StringBuffer 对象

StringBuffer 类的构造方法如下。

❑ public StringBuffer()：创建一个空的 StringBuffer 对象。

❑ public StringBuffer(int length)：创建一个长度为 length 的 StringBuffer 对象。

❑ public StringBuffer(String str)：用参数字符串初始化 StringBuffer 对象。

2. StringBuffer 类的常用方法

StringBuffer 类的方法较多，表 7-3 列出了几个常用方法。

表 7-3　StringBuffer 类的常用方法

方　　法	功　　能
StringBuffer append(Object obj)	将某个对象的串描述添加到 StringBuffer 尾部
StringBuffer insert(int position, Object obj)	将某个对象的串描述插入 StringBuffer 中的某个位置
StringBuffer setCharAt(int position, char ch)	用新字符替换指定位置的字符
StringBuffer deleteCharAt(int position)	删除指定位置的字符
StringBuffer delete(int start, int end)	删除指定范围(start~end-1)位置的字符
StringBuffer replace(int start, int end, String str)	将参数指定范围的一个子字符串用新串替换
char charAt(int n)	得到参数 n 指定位置的字符
String substring(int start, int end)	获取参数指定范围的子字符串
int length()	StringBuffer 串的长度（字符数）

思考以下代码段对应的运行结果。

```
StringBuffer str1 = new StringBuffer();
str1.append("Hello,mary!");
str1.insert(6,30);
System.out.println(str1.toString());
```

【运行结果】

```
Hello,30mary!
```

✎ 说明：

> insert(6,30)将 30 添加到 StringBuffer 中并不是匹配 insert(int position, Object obj)方法，而是执行了以下方法。
>
> ```
> StringBuffer insert(int offset, int i)
> ```

StringBuffer 类为各种基本类型均提供了相应的方法将其数据添加到 StringBuffer 对象中，只是限于篇幅在表 7-3 中未将这些方法逐一列出。StringBuffer 类没有直接定义 equals 方法，所以它将继承 Object 类的 equals 方法。

【例 7-4】将一个字符串反转。

程序代码如下：

```
#01  public class Ex7_4 {
#02      public static void main(String[] args){
#03          String s = "Dot saw I was Tod";
#04          int len = s.length();
#05          StringBuffer dest = new StringBuffer(len);
#06          for(int i =(len - 1); i >= 0; i--){        //从后往前处理
#07              dest.append(s.charAt(i));
#08          }
#09          System.out.println(dest.toString());
#10      }
#11  }
```

【运行结果】

```
doT saw I was toD
```

✎ 说明：

> 第 6 行循环变量 i 的取值从串的末尾往前进行处理，第 7 行取串的第 i 个位置的字符添加到 StringBuffer 中，循环结束后，StringBuffer 中的内容就是原来字符串的反转情形。实际上，在 StringBuffer 中有一个 reverse()方法实现字符串的反转。本例只是演示字符串处理的一些方法的应用。

仅用 String 类也可以实现对字符串的反转功能，代码如下：

```
String s = "Dot saw I was Tod";
String res = "";
for(int k=s.length()-1;k>=0;k--)
    res = res + s.charAt(k);
System.out.println(res);
```

📢 注意：

> 循环中将 res 变量所指串对象的值与获取的字符拼接产生新的字符串，将新的字符串对象赋给 res。这里，每个创建的字符串对象均要占用内存空间，为 Java 的垃圾回收也带来了负担，从效率上比用 StringBuffer 类的拼接方法要差。

【例 7-5】输入一个百亿以内的正整数，把它转换为人民币金额大写表示。

例如，35201 转换为"叁万伍仟贰佰零壹"，30201 转换为"叁万零贰佰零壹"，30001 转换为"叁万零壹"，31000 转换为"叁万壹仟"，120023201 转换为"壹亿贰仟零贰万叁仟贰佰零壹"，120020001 转换为"壹亿贰仟贰万零壹"，100000001 转换为"壹亿零壹"。

可以看到，在万后满千位，则不加零，否则要补零，但不要出现类似"零零"的情况。在亿后满千万位，则不加零，否则要补零，但整个"万档"没有数字时，"万"字省去。

程序代码如下：

```
#01  public class Ex7_5{
#02    public static void main(String args[]){
#03      /* 将所有数字对应的中文名称符号按顺序存放到一个数组中 */
#04      String big[]={"零","壹","贰","叁","肆","伍","陆","柒","捌","玖"};
#05      /* 以下将数据位对应权值的中文名称存放到数组 unit 中 */
#06      String unit[] = {"","拾","佰","仟","万","拾","佰","仟","亿","拾"};
#07      StringBuffer data = new StringBuffer();          //存放转换拼接后的串
#08      String s = args[0];                              //从命令行参数获取数据
#09      int sLength = s.length();
#10      long n = Long.parseLong(s);                      //分析出实际的数据值
#11      /* 第1步，以下逐位将数字替换为中文大写符号 */
#12      for(int i = 0; i < sLength; i ++){
#13        if(s.charAt(i)=='0'){                          //数据位为 0 的处理
#14          data.append("零");
#15          if(unit[sLength-i-1].equals("万")&& n>=10000)
#16            data.append("万");                         //如果数据达到万档，则添加"万"字
#17          if(unit[sLength-i-1].equals("亿")&& n>=100000000)
#18            data.append("亿");                         //如果数据达到亿档，则添加"亿"字
#19        }
#20        else  //从左向右进行数据处理，相应位权的名称则从右向左获取
#21          data.append(big[s.charAt(i)-'0']+ unit[sLength-i-1]);
#22      }
#23      /*  第2步，以下对称谓中的特殊情况进行处理 */
#24      String r = data.toString();                      //r 存放最后处理的结果
#25      r = r.replaceAll("零+","零");                    //多个零用一个零代替
#26      if(r.charAt(r.length()-1)=='零')
#27        r = r.substring(0,r.length()-1);               //去掉最后的零
#28      r = r.replaceAll("零万","万");                   //替换掉"零万"的称谓
#29      r = r.replaceAll("零亿","亿");                   //替换掉"零亿"的称谓
#30      r = r.replaceAll("亿万","亿");                   //整个"万档"没数字时，"万"字省去
#31      System.out.println(r);
#32    }
#33  }
```

✍ 说明：

程序中引入两个数组，分别存放数字的中文符号名称和数据位权值的中文名称，对数据的转换处理

分两步进行，第 12~22 行按日常习惯从高到低的方式读数据进行处理，对应字符串是按从左向右获取数据字符内容，而数据位的权值在 unit 数组中则是按高权值的名称排列在后进行排列的，两者正好反向而行，所以采用 unit[sLength-i-1])来获取对应数据位的权名称，处理转换结果拼接到 StringBuffer 类型的 data 对象中。第 24~30 行是将数据中特殊称谓进行处理，这里采用 String 类的 replaceAll 方法进行替换处理。

7.2　基本数据类型包装类

扫描，拓展学习

每个 Java 基本类型均有相应的类型包装类。例如，Integer 类包装 int 值，Float 类包装 float 值。表 7-4 列出了基本数据类型和相应包装类。

表 7-4　基本数据类型和相应包装类

基本数据类型	数据类型包装类	基本数据类型	数据类型包装类
boolean	Boolean	long	Long
char	Character	int	Integer
double	Double	short	Short
float	Float	byte	Byte

使用包装类要注意以下几点。

（1）数值类型的包装类均提供了以相应基本类型的数据作为参数的构造方法，同时也提供了以字符串类型作为参数的构造方法，但如果字符串中数据不能代表相应数据类型则会抛出 NumberFormatException 异常。例如，Integer 类的构造方法如下。

❑　public Integer(int value)：根据整数值创建 Integer 对象。

❑　public Integer(String s)：根据数字字符串创建 Integer 对象。

（2）每个包装类均提供有 xxxValue()方法用来从包装对象中抽取相应的数据，例如，Boolean 类的 booleanValue()方法、Character 类的 charValue()方法、Integer 类的 intValue()方法、Double 类的 doubleValue()方法等。例如：

```
Integer x = new Integer(23);
int v = x.intValue();                                          //v 的结果为 23
```

（3）包装类提供了各种 static 方法，例如，Character 类常用静态方法如下。

❑　static boolean isDigit(char ch)：判断一个字符是否为数字。

❑　static boolean isLetter(char ch)：判断某字符是否为字母。

❑　static boolean isLowerCase(char ch)：判断某字符是否为小写字母。

❑　static boolean isUpperCase(char ch)：判断某字符是否为大写字母。

❑　static char toLowerCase(char ch)：返回 ch 的小写形式。

❑　static char toUpperCase(char ch)：返回 ch 的大写形式。

除 Character 类外的所有包装类均提供有 valueOf(String s)的静态方法，它将得到一个相应类型的对象。例如，Long.valueOf("23")构造返回一个包装了数据值 23 的 Long 对象。

Integer 类的 toString(int i, int radix)方法返回一个整数的某种进制表示形式，例如，Integer.toString(12,8)的结果为 14；方法 toString(int i)返回十进制表示形式；方法 toBinaryString(int i)返回整数的二进制串表示形式。

在数值型包装类中还有一组静态方法 parseXXX(String s)用于将数值串分析转换为对应的数值数据，它们是 Byte.parseByte()、Short.parseShort()、Integer.parseInt()、Long.parseLong()、Float.parseFloat()、Double.parseDouble()，这些方法以字符串作为参数，返回相应的基本类型数据，如果数据格式不对，则会抛出 NumberFormatException 异常。

扫描，拓展学习

7.3　BigInteger 类

看一道全国程序设计竞赛试题，这道题如果用长整数来表示数据将发生数据溢出。

【例 7-6】所谓回文数就是左右对称的数字，如 585,5885,123321...，当然，单个的数字也可以算作是对称的。

小明发现了一种生成回文数的方法。例如，取数字 19，把它与自己的翻转数相加：

```
19 + 91 = 110
```

如果不是回文数，就再进行这个过程：

```
110 + 011 = 121
```

这次是回文数了。

200 以内的数字中，绝大多数都可以在 30 步以内变成回文数，只有一个数字很特殊，就算迭代了 1000 次，它还是顽固地拒绝回文！找出该顽固数字。

按照上面文字描述的思路，编写以下程序代码。

```
#01  public class  ReverseNumber {
#02    public static void main(String args[]){
#03      for(int n=1;n<=200;n++){                    //检查 200 以内的数
#04        StringBuffer b = new StringBuffer(String.valueOf(n));
#05        boolean f = false;
#06        for(int k=0;k<1000;k++){                  //最多迭代处理 1000 次
#07          long x1 = Long.parseLong(b.toString());
#08          long x2 = Long.parseLong(b.reverse().toString());
#09          b = new StringBuffer(String.valueOf(x1+x2));
#10          if(b.toString().equals(b.reverse().toString())){
#11             f = true;
#12             break;
#13          }
#14        }
#15        if(!f)
```

```
#16                    System.out.println("这个顽固数字是:"+n);
#17            }
#18        }
#19  }
```

【运行结果】

```
Exception in thread "main" java.lang.NumberFormatException: For input
 string: "3866188523452841415-"
        at java.lang.NumberFormatException.forInputString(NumberForma
tException.java:65)
        at java.lang.Long.parseLong(Long.java:589)
        at java.lang.Long.parseLong(Long.java:631)
        at Reverse.main(ReverseNumber.java:7)
```

运行程序时出现了异常，是由于最后迭代形成的数据太长，用长整数表示会出现溢出，需要引入能表示更大范围数据的处理对象，Java 提供了 BigInteger 类用来表示大整数。BigInteger 类提供了 add 方法实现两个大整数的相加。BigInteger 类是在 java.math 包中，首先要通过 import 语句引入该类，然后将第 7~9 行代码替换为以下代码。

```
BigInteger x1 = new BigInteger(b.toString());   //由数字串创建 BigInteger 对象
BigInteger x1 = new BigInteger(b.reverse().toString());
b = new StringBuffer(String.valueOf(x1.add(x2)));
```

重新编译运行程序，可以看到以下输出结果。

这个顽固数字是: 196

除了 add 方法外，BigInteger 还提供以下一些常用方法。

❑ BigInteger subtract(BigInteger val)：求当前大整数与参数指定的大整数之差。

❑ BigInteger multiply(BigInteger val)：求当前大整数与参数指定的大整数之积。

❑ BigInteger divide(BigInteger val)：求当前大整数与参数指定的大整数之商。

❑ BigInteger remainder(BigInteger val)：求当前大整数与参数指定的大整数的余数。

❑ int compareTo(BigInteger val)：求当前大整数与参数指定大整数的比较结果，返回值 1、-1 或 0，分别表示当前大整数大于、小于或等于参数指定的大整数。

❑ BigInteger abs()：返回当前大整数的绝对值。

❑ BigInteger pow(int n)：返回当前大整数的 n 次幂。

❑ boolean isProbablePrime(int certainty)：按指定的确定性概率判断大整数是否为素数，若是则返回 true；否则返回 false。

在 BigInteger 类中还定义了一些常量。

❑ BigInteger.ZERO：代表数值 0 的常量对象。

❑ BigInteger.ONE：代表数值 1 的常量对象。

下面代码演示了 BigInteger 类的典型应用。

【例 7-7】计算 1!+2!+3!+…+40!之和。

程序代码如下：

```
#01    import java.math.*;
#02    class BigIntgerDemo {
#03        public static void main(String args[]){
#04            BigInteger sum = BigInteger.ZERO ,
#05                k = BigInteger.ONE,
#06                fac = BigInteger.ONE,
#07                n = new BigInteger("40");        //构造方法的参数为数字串
#08            while(k.compareTo(n)<=0){
#09                sum = sum.add(fac);              //类似 sum+=fac
#10                k = k.add(BigInteger.ONE);       //类似 k++
#11                fac = fac.multiply(k);           //类似 fac*=k
#12            }
#13            System.out.println(sum);
#14        }
#15    }
```

【运行结果】

83685033433031550619324264114405589250442094 0313

✎ **说明：**

第 4~7 行定义了 4 个 BigInteger 类型的变量，并分别赋了初值。由于表示的不是普通的整数，所以 **BigInteger** 构造方法的参数限制为数字字符串。大整数的运算操作均是采用基于对象的方法调用来完成基本类型的那些相似运算。

扫描，拓展学习

7.4　日期和时间

java.util 包中提供了两个类 Date 和 Calendar 用来封装日期和时间有关的信息。Java 8 在 java.time 包中也提供了若干处理日期和时间的类。

7.4.1　Date 类和 SimpleDateFormat 类

1. Date 类

在 Java 中日期是用代表毫微秒一个长整数进行存储表示，也就是日期时间相对格林威治（GMT）时间 1970 年 1 月 1 日零点整过去的毫秒数。日期的构造方法有以下几种。

❑　Date()：创建一个代表当前时间的日期对象。

❑　Date(long date)：根据毫秒值创建日期对象。

执行日期对象的 toString()方法将按星期、月、日、小时、分、秒、年的默认顺序输出相关信息，例如，Fri Mar 27 06:34:48 CST 2015。

将当前日期与某个日期比较可使用以下方法。

int compareTo(Date anotherDate)：结果为 0 代表相等；为负数则代表日期对象比参数代表的日期要早；为正数则代表日期对象比参数代表的日期要晚。

另外，用 getTime()方法可得到日期对象对应的毫秒值。

2. SimpleDateFormat 类

Java 语言中用 SimpleDateFormat 类来对日期进行格式化描述，其构造方法如下。

public SimpleDateFormat(String format)：参数串定义格式化日期的格式

通过 SimpleDateFormat 类的实例方法 format(Date date)方法可将指定的日期对象按当前格式转换为字符串。表 7-5 给出了日期的常用格式描述符含义。

表 7-5　日期的常用格式描述符含义

格 式 符	表 示 含 义	格 式 符	表 示 含 义
yyyy	年	HH	24 小时制（0~23）
MM	月	mm	分
dd	日	ss	秒
E	星期几	S	毫秒
a	上下午标识	z	表示时区

【例 7-8】格式化日期。

程序代码如下：

```
#01   import java.text.SimpleDateFormat;
#02   import java.util.Date;
#03   public class FormatDate {
#04     public static void main(String args[]){
#05       Date d = new Date();
#06       System.out.println(d);              //按 toString()方法描述输出日期
#07       SimpleDateFormat df1 = new SimpleDateFormat("y-M-d h:m:s a E");
#08       System.out.println(df1.format(d));
#09       SimpleDateFormat df2 = new SimpleDateFormat("yy-MM-dd hh:mm:ss a E");
#10       System.out.println(df2.format(d));
#11       SimpleDateFormat df3 = new SimpleDateFormat("yyyy-MMM-ddd");
#12       System.out.println(df3.format(d));
#13     }
#14   }
```

【运行结果】

```
Mon Nov 12 09:54:01 CST 2018
2018-11-12 9:54:1 上午 星期一
18-11-12 09:54:01 上午 星期一
2018-十一月-012
```

✍ 说明：

> 可以发现，在格式日期数据时，如果对应的格式描述符给出的宽度不足，则会对数据进行裁剪，当格式描述符给出的宽度有剩余时，则会在数据前面补 0。但也可以发现，y-M-d h:m:s 是按实际数据宽度来产生格式化串。

7.4.2　Calendar 类

Calendar 类主要用于日期与年、月、日等整数值的转换，Calendar 是一个抽象类，不能直接创建对象，但可以使用静态方法 getInstance() 获得代表当前日期的日历对象。

```
Calendar rightNow = Calendar.getInstance();
```

通过该对象可以调用以下方法将日历翻到指定的一个时间。

❑ void set(int year, int month, int date)。

❑ void set(int year, int month, int date, int hour, int minute)。

❑ void set(int year, int month, int date, int hour, int minute, int second)。

要从日历中获取有关年份、月份、星期、小时等的信息，可以通过 int get(int field) 方法得到。其中，参数 field 的值由 Calendar 类的静态常量决定，例如，YEAR 代表年；MONTH 代表月；DAY_OF_WEEK 代表星期几；HOUR 代表小时；MINUTE 代表分；SECOND 代表秒等。例如：

```
rightNow.get(Calendar.MONTH)
```

如果返回值为 0，则代表当前日历是一月份；如果返回值为 1，则代表二月份，依次类推。将当前日期拼接为串可用以下代码。

```
String mydate = rightNow.get(Calendar.YEAR)+ "-"+(rightNow.get(Calendar.MONTH)
    + 1)+ "-" + rightNow.get(Calendar.DATE);
```

通过以下方法获取日历对象的其他时间表示形式。

❑ long getTimeInMillis()：返回当前日历对应的毫秒值。

❑ Date getTime()：返回当前日历对应的日期对象。

【例 7-9】日期的使用示例。

程序代码如下：

```
#01  import java.util.*;
#02  public class CalendarDemo{
#03      public static void main(String[] args){
#04          Calendar rightNow = Calendar.getInstance();
#05          System.out.println("现在是"+ rightNow.get(Calendar.YEAR)+"年"
#06              +(rightNow.get(Calendar.MONTH)+ 1)
#07              + "月" + rightNow.get(Calendar.DATE)+"日");
```

```
#08          System.out.println("具体时间是:"+rightNow.getTime());
#09          long time1 = rightNow.getTimeInMillis();
#10          rightNow.set(2012,10,1); //日历翻到 2012 年 10 月 1 日
#11          long time2 = rightNow.getTimeInMillis();
#12          long days = Math.abs(time1-time2)/(1000*60*60*24);
#13          System.out.println("现在和 2012 年 10 月 1 日相隔"+days+"天");
#14    }
#15  }
```

【运行结果】

```
现在是 2018 年 11 月 2 日
具体时间是 Fri Nov 02 06:44:40 CST 2018
现在和 2012 年 10 月 1 日相隔 2192 天
```

7.4.3　Java 8 新增的日期和时间类

Java 8 在 java.time 包中提供了系列类来处理日期和时间，Clock 是用来代表时钟的类，对当前时区敏感的，可用于替代 System.currentTimeMillis()方法来获取当前的毫秒时间。当前时刻用 Instance 对象来表示。用 Clock 对象的 instant()方法可得到 Instance 的实例，由 Instance 实例可进一步得到 Date 对象。

此外，Java 8 还提供了专门的日期和时间类。利用相应类的静态方法 now()方法可得到代表当前日期以及时间的对象。

❑　LocalDate：不包含具体时间的日期，如 2018-01-14。

❑　LocalTime：代表的是不含日期的时间。用其对象的 getHour()、getMinute()和getSecond()方法可分别得到小时、分钟和秒的时间信息。

❑　LocalDateTime：包含日期及时间，不过没有偏移信息或者时区。

❑　ZonedDateTime：包含时区的完整日期时间，偏移量是以 UTC/格林威治时间为基准。

LocalDate 提供了一些静态方法，now()方法可以得到代表当前日期的 LocalDate 对象，of(int year, int month, int day)方法则是根据参数来创建某个特定的日期对象。通过 LocalDate 对象的实例方法可以用来提取年、月、日等日期属性信息。例如，利用 getYear()方法可得到日期的年份，getMonthValue()方法可得到日期的月份，getDayOfMonth()可得到月的第几天等。用 isBefore()、isAfter()、equals()方法可比较两个日期。例如，如果当前日期对象比参数给定的日期要早，isBefore()方法会返回 true。

【例 7-10】 Java 8 的日期时间类的使用示例。

程序代码如下：

```
#01  import java.time.*;
#02  import java.util.Date;
#03  public class Java8Date{
#04     public static void main(String[] args){
```

```
#05            Clock clock = Clock.systemDefaultZone();
#06            Instant instant = clock.instant();              //代表的是时间戳
#07            Date legacyDate = Date.from(instant);
#08            System.out.println(legacyDate);
#09            LocalDate today = LocalDate.now();               //当前日期
#10            LocalDate day1 = LocalDate.of(2017, 2, 24);      //指定日期
#11            System.out.println(today);
#12            System.out.println("当前年是"+today.getYear());   //输出年
#13            System.out.println(today.isAfter(day1));         //日期在参数日期之后否
#14            LocalTime t = LocalTime.now();                   //当前时间
#15            System.out.println("当前时间是"+t);
#16            LocalDateTime t2 = LocalDateTime.now();          //当前日期时间
#17            System.out.println("当前日期时间是"+t2);
#18            ZonedDateTime t3 = ZonedDateTime.now();          //格林威治日期时间
#19            System.out.println("格林威治日期时间是"+t3);
#20      }
#21  }
```

【运行结果】

```
Mon Oct 29 19:42:04 CST 2018
2018-10-29
当前年是 2018
true
当前时间是 19:42:04.847
当前日期时间是 2018-10-29T19:42:04.857
格林威治日期时间是 2018-10-29T19:42:04.867+08:00[Asia/Shanghai]
```

✎ 说明：

　　第 5~8 行展示 Clock 和 Instant 等类的使用，第 9~13 行展示 LocalDate 类的使用，第 14~19 行展示 LocalTime、LocalDateTime、ZonedDateTime 类的差异性。

扫描，拓展学习

7.5　Java 枚举类型

　　枚举类型是用来描述某种数据在固定的几个常量中取值的情形。例如，一周 7 天（星期一~星期日），一年四季（春、夏、秋、冬）等，Java 语言是从 Java 5 版本后将枚举类型新增进来。

7.5.1　枚举类型的定义

　　枚举类型的定义用 enum 关键词，它和 class、interface 的地位一样，使用 enum 定义的枚举类默认继承 Enum 类，以下为简单示例。

```
public enum Weekday {
    MON,TUS,WED,THU,FRI,SAT,SUN;                    //1 周 7 天全部列出
}
class Test{
    public static void main(String[] args){
        Weekday  x = Weekday.MON;                   //访问枚举成员
        System.out.println(x);                      //输出时将调用 toString()方法
    }
}
```

【运行结果】

```
MON
```

可以看出，默认的 toString()方法返回的就是枚举数据对应的名字。定义枚举类型要注意以下几点。

（1）多个枚举变量直接用逗号隔开。

（2）枚举类定义的成员实际自动添加了 public static final 修饰，也就是常量。

（3）枚举常量通常为大写，若涉及多个单词来描述，则单词之间用下划线 "_" 隔开。

【例 7-11】利用枚举类型描述 13 张扑克牌的点值。

由于数字不能作为标识符，所以，在描述 13 张扑克牌的点值符号中以下划线开头。本例通过数组元素排序前后的对比来演示枚举类型的排列顺序。程序代码如下：

```
#01  import java.util.*;
#02  public enum CardValue {
#03      _A, _2, _3 ,_4 ,_5, _6, _7 ,_8 ,_9, _10, _J ,_Q, _K ;
#04
#05      public static void main(String[] args){
#06          CardValue  x[] ={CardValue._A,CardValue._7,CardValue._K,
#07                  CardValue._8,CardValue._5,CardValue._Q};
#08          System.out.println(Arrays.toString(x));      //排序前输出
#09          Arrays.sort(x);                              //数组排序
#10          System.out.println(Arrays.toString(x));      //排序后输出
#11      }
#12  }
```

【运行结果】

```
[_A, _7, _K, _8, _5, _Q]
[_A, _5, _7, _8, _Q, _K]
```

使用枚举类的好处之一是可以在 switch 语句中直接使用枚举常量。枚举类内也可以定义属性和方法，以下枚举类中有两个静态方法。

```
public enum Season{
    SPRING,SUMMER,FALL,WINTER;                          //一年四季
    public static String description(Season s){         //静态方法
```

```
        switch(s) {
          case SPRING:  return "天气潮湿!";
          case SUMMER:  return "天气炎热!";
          case FALL:    return "天气干燥!";
          case WINTER:  return "天气寒冷!";
        }
        return null;                    //此行是为了编译通过,case 外情形也要有返回值
    }
    public static void main(String[] args){
        Season s = Season.SPRING;
        System.out.println(Season.description(s));
    }
}
```

◀))注意：

　　switch(s)表达式中已经知晓这是枚举类型的数据，因此，在 case 表达式中直接写入枚举值，无须加入枚举类作为限定。

7.5.2 Enum 类的常用方法

　　Enum 是抽象类，其中定义了一些实例方法，例如，values()方法返回包括所有枚举变量的数组。例如，针对 Weekday 枚举类型，可以得到以下结果。

```
Weekday[] all = Weekday.values();
System.out.println(java.util.Arrays.toString(all));
```

【运行结果】

```
[MON, TUS, WED, THU, FRI, SAT, SUN]
```

Enum 类的其他常用方法如下。

- ❑ int compareTo(E o)：比较当前枚举与指定对象的顺序，返回次序相减结果。
- ❑ boolean equals(Object other)：当前对象等于参数时，返回 true。枚举类型对象之间的比较也可不用 equals 方法，直接使用 "==" 来进行比较。
- ❑ Class<?> getDeclaringClass()：返回枚举对象相对应的 Class 对象。
- ❑ String name()：返回枚举对象的名称。
- ❑ int ordinal()：返回当前枚举对象的序数（第 1 个常量序数为零）。
- ❑ String toString()：返回枚举对象的描述。
- ❑ static T valueOf(Class<T> enumType, String name)：返回指定枚举类型中指定名称的枚举常量。

以下代码给出了上面方法的调用演示。

```
Weekday x = Weekday.MON;
System.out.println(x.compareTo(Weekday.SUN));        //结果为-6
```

```
System.out.println(x.getDeclaringClass().getName());    //结果为 Weekday
System.out.println(x.name());                           //结果为 MON
System.out.println(x.ordinal());                        //结果为 0
Weekday  y = Enum.valueOf(Weekday.class,"FRI");
System.out.println(y);                                  //结果为 FRI
```

此外，valueOf 方法的另一种形态是通过具体枚举类来调用，只需指定一个参数。例如：

```
Weekday  y2 = Weekday.valueOf("SAT");
System.out.println(y2);                                 //结果为 SAT
```

在枚举类中还可以定义构造方法，构造方法只能是私有的。例如：

```
public enum Season{
    SPRING("春天"),SUMMER("夏天"), FALL("秋天"), WINTER("冬天");
    private final String name;                          //属性
    private Season(String name){                        //构造方法
        this.name = name;
    }
    public String getName(){                            //实例方法
        return name;
    }
}
```

上面代码中，类体的第 1 行给出枚举常量时，默认是调用了构造方法，这里调用了含 1 个参数的构造方法，该构造方法会将参数给属性 name 赋值。通过枚举常量对象可以进一步访问其 name 属性值。

7.5.3　枚举类实现接口

枚举类中可以有抽象方法，枚举常量成员均要给出抽象方法的具体实现。以下代码中在定义 Operator 的 4 个枚举常量时均通过匿名内嵌类的方式给出了 eval 方法的具体实现。

```
public enum Operator {
    ADD {                                               //匿名内嵌类
        public double eval(double x, double y){
            return x + y;
        }
    }
    SUBTRACT {
        public double eval(double x, double y){
            return x - y;
        }
    }
    MULTIPLY {
        public double eval(double x, double y){
            return x * y;
```

```
            }
        }
        DIVIDE {
            public double eval(double x, double y){
                return x / y;
            }
        };
        /* 以下抽象方法由不同的枚举常量提供不同的实现 */
        public abstract double eval(double x, double y);
        public static void main(String args[]){
            System.out.println(Operator.ADD.eval(5, 2));
            System.out.println(Operator.SUBTRACT.eval(5, 2));
            System.out.println(Operator.MULTIPLY.eval(5, 2));
            System.out.println(Operator.DIVIDE.eval(5, 2));
        }
    }
```

【运行结果】

```
7.0
3.0
10.0
2.5
```

类似地，枚举类也可以通过 implements 子句实现多个接口，它必须在其枚举常量的定义中给出接口的每个方法的具体实现。

习　　题

1．选择题

（1）关于以下程序段，正确的说法是（　　　）。

```
#1  String  s1 = "abc"+"def"
#2  String  s2 = new  String(s1)
#3  if(s1 == s2)
#4  System.out.println("= = succeeded");
#5  if(s1.equals(s2))
#6  System.out.println(".equals()succeeded");
```

A．第 4 行与第 6 行都将执行　　　　　　　B．第 4 行执行，第 6 行不执行
C．第 6 行执行，第 4 行不执行　　　　　　C．第 4 行、第 6 行都不执行
（2）有以下程序：

```
public class Ish{
    public static void main(String[] args){
```

```
        String s = "call me ishmae";
        System.out.println(s.charAt(s.length()-1));
    }
}
```

则输出结果为（   ）。

A．a   B．e   C．c   D．"

（3）运行以下程序的结果为（   ）。

```
public class Short {
    public static void main(String args[]) {
        StringBuffer s = new StringBuffer("Hello");
        if((s.length()>=5)&&(s.append(" there").equals("false")))
            ;   //do nothing
        System.out.println("value is " + s);
    }
}
```

A．输出：value is Hello   B．输出：value is Hello there

C．在第 4 行或第 5 行出现编译错误   D．无输出

E．空指针异常

2．写出程序的运行结果

程序 1：

```
public class WantChange{
    static void pass(String x){
        x = x + " hello";
        System.out.println(x);
    }
    public static void main(String args[]){
        String my = "good morning";
        pass(my);
        System.out.println(my);
    }
}
```

程序 2：

```
public class Test2{
    public static void main(String args[]){
        String a[]={"good","bad","student","teacher","hello"};
        String s1,s2;
        s1=s2=a[0];
        for(int k=1;k<a.length;k++){
            if(a[k].compareTo(s1)>0)s1=a[k];
            if(a[k].compareTo(s2)<0)s2=a[k];
```

```
    }
    System.out.println(s1+"\t"+s2);
  }
}
```

程序 3：

```
public class Test3{
  public static void main(String args[]){
    String s = "good afternoon students";
    char a[]=s.toCharArray();
    int x1=0,x2=0;
    for(int k=0;k<a.length;k++){
      if(a[k]=='o')x1++;
      if(a[k]=='t')x2++;
    }
    System.out.println(x1+"\t"+x2);
  }
}
```

程序 4：

```
public class Foo {
  public static void main(String [] args){
    StringBuffer a = new StringBuffer("A");
    StringBuffer b = new StringBuffer("B");
    operate(a,b);
    System.out.println(a + "," +b);
  }
  static void operate(StringBuffer x, StringBuffer y){
    x.append(y);
    y = x;
  }
}
```

程序 5：

```
public class Test{
  public static void main(String args[]){
    String s1="abc";
    String s2="Abc";
    System.out.println(s1=s2);
    System.out.println(s1==s2);
  }
}
```

3．编程题

（1）从命令行参数中得到一个字符串，统计该字符串中字母 a 的出现次数。

（2）从键盘输入若干行文字，最后输入的一行为 end 代表结束标记。

① 统计该段文字中英文字母的个数。

② 将其中的所有单词 the 全部改为 a，输出结果。

（3）用字符串存储一个英文句子"Java is an Object Oriented programming language"，分离出其中的单词输出，计算这些单词的平均字母数。

（4）利用随机函数产生 20 个 10~90 之间的不重复整数，将这些数拼接在一个字符串中，用逗号隔开，每产生一个新数，要保证在该串中不存在。最后将串中的整数分离存放到一个数组中，将数组的内容按由小到大输出。

（5）设有一个由 10 个英文单词构成的字符串数组，要求：

① 统计以字母 w 开头的单词数。

② 统计单词中含"or"字符串的单词数。

③ 统计长度为 3 的单词数。

（6）编程求任意长度的一个数字字符串的各位数字之和。

（7）编写一个程序实现扑克牌的洗牌算法。将 52 张牌（不包括大、小王）按东、南、西、北分发。每张牌用一个对象代表，其属性包括牌的花色、名称。其中，花色用一个字符表示，S 代表黑桃，D 代表方块，H 代表红桃，C 代表梅花。通过枚举类型定义扑克牌的名称和排列顺序。例如，黑桃 A 的花色为 S，名称为_A；红桃 2 的花色为 H，名称为_2。

第 8 章

抽象类、接口及内嵌类

本章知识目标：

- ❑ 掌握抽象类和抽象方法的定义形式与应用特点。
- ❑ 熟悉接口定义中成员的构成特点。
- ❑ 掌握接口实现的具体要求。
- ❑ 了解内嵌类的定义和使用特点。
- ❑ 了解 Lambda 表达式的使用。

在现实世界中，人们通常从抽象思维的角度来刻画事物的一些公共特性，具有这些特性的实体则可以将这些特性具体化。在面向对象程序设计中通过继承机制来描述这种关系。Java 提供了抽象类和接口来体现抽象概念。

扫描，拓展学习

8.1　抽象类和抽象方法

8.1.1　抽象类的定义

抽象类代表着一种优化了的概念组织方式，抽象类用来描述事物的一般状态和行为，然后在其子类中再去实现这些状态和行为，以适应对象的多样性。

抽象类用 abstract 修饰符修饰，具体定义形式如下：

```
abstract class 类名称 {
    成员变量定义;
    方法(){...}                              //定义具体方法
    abstract 方法();                         //定义抽象方法
}
```

✎ 说明：

　　（1）在抽象类中可以包含具体方法和抽象方法。抽象方法的定义与具体方法不同，抽象方法在方法头后直接跟分号，而具体方法含有以大括号框住的方法体。

　　（2）抽象类表示的是一个抽象概念，不能被实例化为对象。

不难想象，abstract 和 final 不可以同时修饰一个类，而 abstract 和 private 则不可以同时修饰一个方法。

Java 类库中很多类设计为抽象类，例如，Java 中 Number 类是一个抽象类，它只表示"数字"这一抽象概念，只有其子类 Integer 和 Float 等才能创建具体对象；GUI 编程中的 Component 也是一个抽象类，它定义所有图形部件的公共特性，但不具体实现，在其子类中提供具体实现。

8.1.2　抽象类的应用

【例 8-1】定义一个代表"形状"的抽象类，其中包括求形状面积的抽象方法。继承该抽象类定义三角形、矩形、圆形。分别创建一个三角形、矩形、圆形，并存入一个数组中，访问数组元素将各类图形的面积输出。

程序代码如下：

```
#01  abstract class Shape {                      //定义抽象类
#02      abstract public double area();          //抽象方法
#03  }
#04
#05  class Triangle extends Shape {              //定义三角形
#06      private double a, b, c;
#07
```

```
#08        public Triangle(double a, double b, double c) {
#09            this.a = a;
#10            this.b = b;
#11            this.c = c;
#12        }
#13
#14        public double area() {
#15            double p = (a + b + c) / 2;
#16            return Math.sqrt(p * (p - a) * (p - b) * (p - c));
#17        }
#18    }
#19
#20    class Rectangle extends Shape {                    //定义矩形
#21        private double width, height;
#22
#23        public Rectangle(double j, double k) {
#24            width = j;
#25            height = k;
#26        }
#27
#28        public double area() {
#29            return width * height;
#30        }
#31    }
#32
#33    class Circle extends Shape {                       //定义圆
#34        private double r;
#35
#36        public Circle(double r) {
#37            this.r = r;
#38        }
#39
#40        public double area() {
#41            return Math.PI * r * r;
#42        }
#43    }
#44
#45    public class Ex8_1 {
#46        public static void main(String args[]) {
#47            Shape s[] = new Shape[3];                   //定义 Shape 类型的数组
#48            s[0] = new Triangle(25, 41, 50);
#49            s[1] = new Rectangle(15, 20);
#50            s[2] = new Circle(47);
#51            for (int k = 0; k < s.length; k++)
#52                System.out.println(s[k].area());
#53        }
#54    }
```

✍ 说明：

> 在抽象类 Shape 中定义的抽象方法 area 在各具体子类中均要具体实现。在类 Test 中创建一个 Shape 类型的数组，将所有通过子类创建的对象存放到该数组中，即用父类变量存放子类对象的引用，在 for 循环中访问数组元素，实际上是通过父类引用去访问具体的子类对象的方法。这种现象称为运行时多态性。

对 Shape 这个抽象类的设计，还可以有更多的想象。例如，在 Shape 类中加入一个实例方法 getArea()，该方法调用 area() 方法求面积。

```
abstract class Shape {
    public double getArea(){ return area(); }      //实例方法
    abstract public double area();                 //抽象方法
}
```

也许有读者觉得奇怪，Shape 类中的 area() 方法是抽象方法，如何能求面积呢?事实上，实际调用 getArea() 方法是通过一个继承 Shape 这个抽象类的具体类来进行的，在具体类中会给出 area() 方法的具体实现。

再如，在 Shape 类还可以增加一个静态方法，求任意形状的面积。

```
public static double area (Shape x) {
    return x.area();
}
```

上面方法通过参数传递一个具体形状。例如，以下求半径为 42 的圆的面积。

```
double mj = Shape.area(new Circle(42));
```

上面的实例方法和静态方法使用时取决于具体形状对象，是动态多态性的很好体现。

💬 思考：

> 抽象类用于表达事物的共性，而具体类则是表达事物的个性，从这里可以理解马克思主义哲学中的普遍性和特殊性之间的关系，我们思考问题要善于运用抽象思维，同时又要做到具体问题具体分析。"抽象腾空起，落实到具体"，这句话或许有助于你理解其内涵。抽象技术的运用是编写通用程序的出发点。

8.2　接　　口

扫描，拓展学习

Java 中不支持多重继承，而是通过接口实现比多重继承更强的功能，Java 通过接口使处于不同层次，甚至互不相关的类可以具有相同的行为。

8.2.1　接口的定义

接口由常量和抽象方法等组成，由关键字 interface 引导接口定义，具体语法如下：

```
[public] interface 接口名 [extends 父接口名列表 ] {
   [public] [static] [final] 域类型 域名 = 常量值;
   [public] [abstract]  返回值 方法名(参数列表) [throw 异常列表];
    …  // default 方法和 static 方法
}
```

有关接口定义要注意以下几点。

❏ 声明接口可给出访问控制修饰符，用 public 修饰的是公共接口。

❏ 接口具有继承性，一个接口可以继承多个父接口，父接口间用逗号分隔。

❏ 接口中所有属性的修饰默认是 public static final，也就是均为常量。

❏ 接口中所有方法的修饰默认是 public abstract。

❏ 在 JDK1.8 中允许接口有 default 方法和 static 方法。default 方法是在定义方法头上添加了 default 关键字，这两类方法均给出方法的具体实现，用于扩展接口功能。例如，在 Java8 中，Comparator 接口提供了很多默认方法或静态方法，例如，default 方法 reversed()用来提供反向顺序的比较器，而在以前版本中仅含 compare(T obj1, T obj2) 一个方法。default 方法将由实现接口的类继承，而静态方法需要通过接口名调用。

在 Java 8 之前，接口中的方法均为抽象方法，接口一旦发布之后就不便改变，接口内如果再增加一个方法，就会破坏所有实现接口的对象。默认方法和静态方法就是为解决接口的扩展性问题，让接口在发布之后仍能被逐步演化。

例如，以下 Vehicle 接口通过定义 start()和 stop()两个方法给出了交通工具的行为规范。接口中还加入了 default 方法和 static 方法。

```
interface Vehicle {
    void  start();                              //启动行为
    void  stop();                               //停止行为
    default void print(){                       //default 方法
        System.out.println("我属于交通工具。");
    }
    static void warning() {                     //static 方法
        System.out.println("按喇叭提醒!!!");
    }
}
```

接口是抽象类的一种，不能直接用于创建对象。接口的作用在于规定一些功能框架，具体功能的实现则由遵守该接口约束的具体类去完成。

💬 思考：

通过接口名能访问接口中定义的常量吗？能否通过接口名访问方法？接口中有私有成员吗？

8.2.2 接口的实现

接口定义了一套行为规范，一个类实现这个接口就要遵守接口中定义的规范，也就是要实现接口中定义的所有方法。换句话说，在类中要用具体方法覆盖掉接口中定义的抽象方法。

有关接口的实现，要注意以下几个问题。

（1）一个类可以实现多个接口。在类的声明部分用 implements 关键字声明该类将要实现哪些接口，接口间用逗号分隔。

（2）接口的抽象方法的访问控制修饰符默认为 public，在实现时要在方法头中显式地加上 public 修饰，这一点容易被忽视。

（3）如果实现某接口的类没有将接口的所有抽象方法具体实现，则编译将指示该类只能为抽象类，而抽象类是不能创建对象的。

接口的多重实现机制在很大程度上弥补了 Java 类单重继承的局限性，不但一个类可以实现多个接口，而且多个无关的类也可以实现同一个接口。

【例 8-2】接口应用举例。

程序代码如下：

```
#01  interface Copyable {                        //定义 Copyable 接口
#02      Object copy();
#03  }
#04
#05  class Book implements Copyable {            //Book 类实现 Copyable 接口
#06      String book_name;                       //书名
#07      String book_id;                         //书号
#08
#09      public Book(String name, String id) {
#10          book_name = name;
#11          book_id = id;
#12      }
#13
#14      public String toString() {
#15          return super.toString()+",书名:" + book_name + ",书号=" + book_id;
#16      }
#17
#18      public Object copy() {                   //覆盖接口中定义的抽象方法
#19          return new Book(book_name, book_id);
#20      }
#21
#22      public static void main(String[] args) {
#23          Book x = new Book("Java 程序设计", "ISBN8359012");
#24          System.out.println(x);
#25          System.out.println(x.copy());
#26          Book y = (Book) x.copy();            //赋值要用强制转换
#27          System.out.println(y);
#28      }
#29  }
```

【运行结果】

```
Book@15db9742，书名：Java 程序设计，书号=ISBN8359012
Book@6d06d69c，书名：Java 程序设计，书号=ISBN8359012
Book@7852e922，书名：Java 程序设计，书号=ISBN8359012
```

✎ 说明：

> 　　本例定义了一个 Copyable 接口，其中包含 copy 方法，在 Book 类中实现该方法，它将生成一个书名和书号相同的 Book 对象作为返回对象。第 18 行定义的 copy()方法是要注意的地方，首先该方法必须使用 public 修饰符，因为接口中定义的 copy()方法默认是含有 public 修饰的，覆盖的方法不能将访问修饰范围放宽，不能限制。其次，程序中 Book 类的 copy 方法的返回类型为 Object，所以第 26 行将方法执行的返回结果赋给 Book 引用变量要进行强制转换。实际上，Book 类的 copy 方法也可将返回类型定义为 Book 类型，同样不违背接口实现，因为 Book 是 Object 类的子类，那样的话，将 copy 方法结果赋给 Book 引用变量就不需要强制转换。

　　由于一个类可以继承某个父类同时实现多个接口，因此，也会带来多重继承上的二义性问题。例如，以下代码中 Test 类继承了 Parent 类的同时实现了 Frob 接口。不难注意到，在接口和父类中均有变量 v，这时通过 Test 类的一个对象直接访问 v 就存在二义性问题，编译将指示错误。因此，程序中通过 super.v 和 Frob.v 来具体指定是哪个 v。事实上，这两个 v 不但数值不同，而且性质不同，接口中定义的是常量，而类中定义的是属性变量。

```
interface Frob {                            //接口 Frob 定义
    float v = 2.0f;
}

class Parent {                              //Parent 类定义
    int v = 3;
}

class Test extends Parent implements Frob { //继承 Parent 类并实现 Frob 接口
    public static void main(String[] args) {
        new Test().printV();
    }

    void printV() {
        System.out.println((super.v + Frob.v) / 2);
    }
}
```

扫描，拓展学习

8.3　内　嵌　类

　　内嵌类是指嵌套在一个类中的类，因此，有时也称为嵌套类（NestedClass）或内部类

（InnerClass），而包含内嵌类的那个类称为外层类（OuterClass）。内嵌类与外层类存在逻辑上的所属关系，内嵌类的使用要依托外层类，这一点与包的限制类似。内嵌类一般用来实现一些没有通用意义的功能逻辑。与类的其他成员一样，内嵌类也分带 static 修饰的静态内嵌类和不带 static 修饰的成员类。

8.3.1　成员类

内嵌类与外层类的其他成员处于同级位置，所以也称为成员类。在外层类中的成员属性或方法定义中可创建内嵌类的对象，并通过对象引用访问内嵌类的成员。

使用内嵌类有以下特点。

（1）内嵌类的定义可以使用访问控制符 public、protected、private 修饰。

（2）在内嵌类中可以访问外层类的成员，但如果外层类的成员与内嵌类的成员存在同名，则按最近优先原则处理。

（3）在内嵌类中，this 指内嵌类的对象，要访问外层类的当前对象须加上外层类名作前缀。例如，以下内嵌类中用 OuterOne.this 代表访问外层类的 this 对象。

【例 8-3】内嵌类可访问外层类的成员。

程序代码如下：

```
#01  public class OuterOne {
#02      private int x = 3;
#03      private int y = 4;
#04
#05      public void outerMethod() {
#06          InnerOne ino = new InnerOne();
#07          ino.innerMethod();
#08      }
#09
#10      public class InnerOne {                              //内嵌类
#11          private int z = 5;
#12          int x = 6;
#13
#14          public void innerMethod() {
#15              System.out.println("y is " + y);
#16              System.out.println("z is " + z);
#17              System.out.println("x =" + x);
#18              System.out.println("this.x=" + this.x);
#19              System.out.println("OuterOne.this.x=" + OuterOne.this.x);
#20          }
#21      }                                                    //内嵌类结束
#22
#23      public static void main(String arg[]) {
#24          OuterOne my = new OuterOne();
```

```
#25          my.outerMethod();
#26      }
#27  }
```

【运行结果】

```
y is 4
z is 5
x =6
this.x=6
OuterOne.this.x=3
```

📢 **注意：**

（1）程序中所有定义的类均将产生相应的字节码文件，以上程序中的内嵌类经过编译后产生的字节码文件名为 **OuterOne$InnerOne.class**。内嵌类的命名除了不能与自己的外层类同名外，不必担心与其他类名的冲突，因为其真实的名字加上了外层类名作为前缀。

（2）不能在 **main** 等静态方法中直接创建内嵌类的对象，在外界要创建内嵌类的对象必须先创建外层类对象，然后通过外层类对象去创建内嵌类对象。例如：

```
public static void main(String arg[]) {
  OuterOne.InnerOne i = new OuterOne().new InnerOne();
  i.innerMethod();
}
```

💬 **思考：**

通常编写的类，两个类之间是并列关系，但现在内嵌类已放置到外层类里面，是来享受特殊待遇的，好处就是可以访问其外层类的其他成员；坏处就是受外层类约束，外界想要访问内嵌类要先通过外层类。

8.3.2　静态内嵌类

内嵌类可定义为静态的，静态内嵌类不需要通过外层类的对象来访问，静态内嵌类不能访问外层类的非静态成员。

【例 8-4】 静态内嵌类举例。

程序代码如下：

```
#01  public class Outertwo {
#02      private static int x = 3;
#03
#04      public static class Innertwo {                //静态内嵌类
#05          public static void m1() {                 //静态方法
#06              System.out.println("x is " + x);
#07          }
#08
#09          public void m2() {                        //实例方法
```

```
#10                 System.out.println("x = " + x);
#11             }
#12        }                                         //内嵌类结束
#13
#14    public static void main(String arg[]) {
#15        Outertwo.Innertwo.m1();                   //静态方法直接访问
#16        new Outertwo.Innertwo().m2();             //通过对象访问内嵌类的实例方法
#17    }
#18 }
```

✍ 说明：

  本程序在静态内嵌类 Innertwo 中定义了两个方法，方法 m1()为静态方法，在外部要调用该方法直接通过类名访问，例如：

```
Outertwo.Innertwo.m1();
```

  而方法 m2()为实例方法，必须通过创建内嵌类的对象来访问，但是由于这里内嵌类是静态类，所以可以通过外层类名直接访问内嵌类的构造方法，例如：

```
new Outertwo.Innertwo().m2();
```

  当然，现在 main 方法本身是在 Outertwo 类中的，所以，也可以省略 Outertwo 前缀，程序中第 15 行和第 16 行也可以简写为以下形式。

```
Innertwo.m1();
new Innertwo().m2();
```

8.3.3 方法中的内嵌类与匿名内嵌类

1. 方法中的内嵌类

  内嵌类也可以在某个方法中定义，这种内嵌类也称局部内嵌类（local class）。方法内定义的内嵌类中可以访问包含它的那个方法中定义的最终变量或实际上的最终变量（编译能检测到变量值只赋值过一次）。另外，方法中内嵌类要遵循先定义后使用的原则。

  【例 8-5】方法中的内嵌类。

  程序代码如下：

```
#01 public class InOut {
#02    public void amethod(final int x) {
#03        class Bicycle {                      //定义方法中内嵌类
#04            public void sayHello() {
#05                System.out.println("hello!" + x);
#06            }
#07        }
#08        new Bicycle().sayHello();            //创建内嵌类对象并访问其成员
#09    }
```

```
#10
#11      public static void main(String args[]) {
#12          new InOut().amethod(23);
#13      }
#14  }
```

✍ 说明：

　　第 3~7 行定义的内嵌类在外部类的 amethod 方法内，第 8 行创建内嵌类对象并执行其 sayHello()方法，在 sayHello 方法内可以访问变量 x 的值。

2. 匿名内嵌类

Java 允许创建对象的同时定义类的实现，但是未规定类名，Java 将其定为匿名内嵌类。

【例 8-6】匿名内嵌类的使用。

程序代码如下：

```
#01  interface sample {
#02      void testMethod();
#03  }
#04
#05  public class AnonymousInner {
#06      void OuterMethod() {
#07          new sample() {                   //定义一个实现 sample 接口的匿名内嵌类
#08              public void testMethod() { //实现接口定义的方法
#09                  System.out.println("just test");
#10              }
#11          }.testMethod();                  //调用内嵌类中定义的方法
#12      }
#13
#14      public static void main(String arg[]) {
#15          AnonymousInner my = new AnonymousInner();
#16          my.OuterMethod();
#17      }
#18  }
```

✍ 说明：

　　上面程序中，第 7 行由接口直接创建对象似乎是不可能的，但要注意后面跟着的大括号代码中给出了接口的具体实现。实际上这里的意思是创建一个实现 sample 接口的匿名内嵌类对象。这种基于接口实现的匿名派生类定义应用形式不仅限于接口，对于抽象类也是可以。第 11 行基于创建的内嵌类对象调用其 testMethod()方法，也就是执行第 8~10 行定义的 testMethod()方法。

🔊 注意：

　　在程序编译时，匿名内嵌类同样会产生一个对应的字节码文件，其特点是以编号命名。例如，上面匿名内嵌类的字节码文件为 AnonymousInner$1.class，如果有更多的匿名内嵌类将按递增序号命名。

扫描，拓展学习

【例 8-7】接口和内嵌类的综合样例。

模拟游戏（Game）中有多桌（Desk）的场景，描述娱乐场所中某桌在玩何类游戏。

程序代码如下：

```
#01  interface canPlay {                        //定义 canPlay 接口
#02      void play();
#03  }
#04
#05  public class Game {                         //外部类
#06      String name;                            //游戏名称
#07      public Game(String game_name) {
#08          name = game_name;
#09      }
#10
#11      public void begin(String name) {
#12          new Desk(name).play();              //创建内嵌类对象并调用 play() 方法
#13      }
#14
#15      class Desk implements canPlay {         //内嵌类
#16          String name;                        //桌的名称
#17          public Desk(String desk_name){
#18              name = desk_name;
#19          }
#20          public void play() {
#21              System.out.println(name + "正在玩:" + Game.this.name);
#22          }
#23      }
#24
#25      public static void main(String args[]) {
#26          Game x = new Game("Chess");
#27          x.begin("3 号桌");
#28          Game y = new Game("Poker");
#29          y.begin("5 号桌");
#30      }
#31  }
```

【运行结果】

```
3 号桌正在玩：Chess
5 号桌正在玩：Poker
```

✎ 说明：

　　程序定义了一个接口 canPlay 用于描述可以"玩"的行为，其中有一个 play()方法，Game 类的内嵌类 Desk 实现了 canPlay 接口，在其 play()方法中输出某桌正在玩什么游戏的信息。特别注意，在 Game 类中属性 name 用于描述游戏的名称，而在内嵌类 Desk 中也有属性 name，它用于标识桌的名称，思考在内嵌类中如何访问这两个 name 属性。

8.4　Lambda 表达式

扫描，拓展学习

8.4.1　何谓 Lambda(λ)表达式

Lambda 表达式是 Java 8 的新特性。λ 表达式针对的目标类型是函数接口（functional interface），如果一个接口只有一个显式声明的抽象方法，那么它符合函数接口。一般用 @FunctionalInterface 注解标注出来（也可以不标）。例如：

```
@FunctionalInterface
interface A{
    public int add(int a, int b);
}
```

Java API 中符合函数接口的例子不少。例如：

```
public interface Runnable { void run(); }           //多线程程序要实现的接口
public interface ActionListener { void actionPerformed(ActionEvent e); }
        //图形界面中动作事件监听者要实现的接口
```

Lambda 表达式本质上是匿名方法。它由 3 部分组成：参数列表、箭头（->），以及一个表达式或语句块。以往要创建一个符合接口 A 的对象，可编写一个匿名内嵌类，在匿名内嵌实现 add 方法。不妨假设 add 方法的具体实现如下。

```
public int add(int x, int y) {
    return x + y;
}
```

如果用 Lambda 表达式来表示，则可以写成：

```
(int x, int y) -> { return x + y; }
```

可以看出，它包括一个参数列表和一个 Lambda 体，两者之间用箭头符号"->"分隔。
甚至，参数类型也可以省略，编译器会根据使用该表达式的上下文推断参数类型。

```
(x, y) ->{ return x + y; }
```

特别地，如果语句块中仅仅是一条返回语句，则可以直接写出表达式。

```
(x, y) -> x + y;
```

Lambda 表达式没有方法名，应用时会根据上下文的类型信息联想到方法名。例如：

```
public class B {
    public static void main(String[] args){
        A a = (x,y)-> x + y ;          //由 A 类型联想到 Lambda 表达式是 add 方法的实现
        System.out.println(a.add(5,3));          //由对象引用 a 调用 add 方法
    }
}
```

从上面代码可以看到，赋值号右边的 Lambda 表达式不仅给出了方法 add 的具体实现，而且自动创建了一个实现函数式接口的对象并赋值给引用变量 a。

再来回顾一下采用匿名内嵌类的方法实现及调用形式。

```
public static void main(String[] args){
    A a = new A(){                          //实现 A 接口的匿名内嵌类
            public int add(int x, int y) {
               return x + y;
            }
       };
    System.out.println(a.add(5,3));
}
```

显然，Lambda 表达式的表示在形式上比内嵌类的实现简化了许多。

关于 Lambda 表达式的表示，还有以下几点值得注意。

（1）对于无参方法，左边的小括号代表没有参数。对于没有返回结果的 void 方法，不能省略右边的大括号。例如，Runnable 接口的 run()方法，Lambda 表达式表示如下。

```
() -> { … }
```

（2）如果只有一个参数的方法（比如 ActionListener 接口），则参数列表的括号可省略。

```
e -> { … }
```

在 Lambda 表达式中与泛型相关的情形很多，根据泛型参数可推导出 Lambda 表达式的参数类型，例如，以下代码编译器可以推导出 s1 和 s2 的类型是 String。

```
Comparator<String> c = (s1, s2) -> s1.compareToIgnoreCase(s2);
```

8.4.2　Java 8 的常用函数式接口

扫描，拓展学习

近年来，函数式编程又开始流行，Lambda 表达式为 Java 函数式编程提供了一种便捷的表达形式。Java 8 在 java.util.function 包中定义了以下常用函数式接口。

❑　Predicate<T>——其中 test 方法接收 T 类型对象并返回 boolean。

❑　Consumer<T>——其中 accept 方法接收 T 类型对象，不返回值。

❑　Function<T, R>——其中 apply 方法接收 T 类型对象，返回 R 类型对象。

❑　Supplier<T>——其中 get 方法没有任何输入，返回 T 类型。

❑　BinaryOperator<T>——其中 apply 方法接收两个 T 类型对象，返回 T 类型对象，对于"reduce"操作很有用。

❑　UnaryOperator<T>——其中 apply 方法接收一个 T 类型对象，返回 T 类型对象。

【例 8-8】Function 和 Predicate 两个函数接口的应用。

程序代码如下：

```
#01    import java.util.function.*;
#02    public class TestFun {
#03        public static void main(String args[]) {
#04            Function<String, String> f = (x)-> {
#05                return x.substring(0, 1).toUpperCase() + x.substring(1);
#06            };                                    //定义函数将串的首字母变大写
#07            System.out.println(f.apply("java")); //调用 f 对象的 apply 方法
#08            Predicate<Integer> pre = (x) -> {
#09                for (int k = 2; k < x - 1; k++)
#10                    if (x % k == 0)
#11                        return false;
#12                return true;
#13            };                                    //定义判断整数是否为素数的函数
#14            System.out.println(pre.test(17));    //调用 pre 对象的 test 方法
#15        }
#16    }
```

【运行结果】

```
Java
true
```

✍ 说明：

　　第 4~6 行通过 Lambda 表达式给出了 Function<T, R>接口中 apply 方法的具体实现，方法结果是将参数传递的串的首字符变成大写。第 8~13 行给出了 Predicate<T>接口的 test 方法的具体实现，判断整数参数 x 是否为素数。

【例 8-9】 使用 Predicate 类型的函数参数。

程序代码如下：

```
#01    import java.util.function.*;
#02    public class TestPre {
#03        public static void filter(String s[], Predicate<String> condition) {
#04            for (String  name : s)               //遍历处理数组元素
#05                if (condition.test(name))
#06                    System.out.print(name + "\t");
#07            System.out.println();
#08        }
#09
#10        public static void main(String args[]) {
#11            String[] languages = { "Java", "basic", "fortran" };
#12            System.out.print("Languages which starts with J: ");
#13            filter(languages, (str) -> str.startsWith("J"));
#14            System.out.print("Languages which ends with c: ");
#15            filter(languages, (str) -> str.endsWith("c"));
#16            System.out.print("Print all languages: ");
```

```
#17            filter(languages, (str) -> true);
#18        }
#19    }
```

【运行结果】

```
Languages which starts with J: Java
Languages which ends with c: basic
Print all languages: Java        basic    fortran
```

✍ 说明:

　　第 5 行调用了来自 filter 方法的第 2 个参数所提供的 Predicate 类型对象的 test 方法，第 13 行、第 15 行和第 17 行在调用 filter 方法时，通过其第 2 个参数分别给出了方法 test 的 3 种具体实现，也就是参数本身是一个函数，所以，我们称 Predicate 等接口为函数式接口。

8.4.3　方法引用

扫描，拓展学习

　　Lambda 表达式也可是某个类的具体方法引用（Method reference）。操作符:: 将方法名称与其所属类型名称间分开，如果类型的实例方法是针对泛型的，则要在::分隔符前提供泛型参数类型。典型方法引用举例见表 8-1。

表 8-1　典型方法引用举例

方法引用举例	描　　述
Integer::parseInt	静态方法引用，等价于 x->Integer.parseInt(x)
System.out::print	实例方法引用，等价于 x->System.out.print(x)
Integer::new	Integer 类构造方法引用
super::toString	引用某个对象的父类方法
String[]::new	构造 String 类型的数组

　　例如，下面代码中的方法引用（String::toUpperCase）有一个 String 参数（由赋值号左边函数类型的泛型参数可知），这个参数会被 String 类的 toUpperCase 方法使用，它将全部字符变为大写，所以程序的输出结果为"JAVA"。

```
import java.util.function.*;
public class RefTest{
    public static void main(String args[]) {
        Function<String,String> f = String::toUpperCase;
        System.out.println(f.apply("java"));
    }
}
```

💬 思考:

　　假设要根据数字串创建整数（Integer）对象，上面程序的函数应如何书写？

习　题

1. 选择题

（1）以下程序的调试结果为（　　）。

```java
public class Outer{
    public String name = "Outer";
    public static void main(String argv[]){
        Inner i = new Inner();
        i.showName();
    }
    private class Inner{
        String name = new String("Inner");
        void showName(){
            System.out.println(name);
        }
    }
}
```

A. 输出结果 Outer

B. 输出结果 Inner

C. 编译错误，因 Inner 类定义为私有访问

D. 在创建 Inner 类实例的行出现编译错误

（2）假设有类定义如下：

```java
class InOut{
    String s = new String("Between");
    public void amethod(final int iArgs){
        int iam = 5;
        iam++;
        class Bicycle{
            public void sayHello(){
                //Here
            }
        }
    }
    public void another(){
        int iOther;
    }
}
```

以下可以安排在//Here 处的语句有（　　）。

A. System.out.println(s);　　　　　　　　B. System.out.println(iOther);

C. System.out.println(iam);　　　　　　　D. System.out.println(iArgs);

（3）有关抽象类，以下说法正确的是（　　　）。

A．不能派生子类　　　　　　　　　B．不能对该类实例化

C．所有方法均为抽象方法　　　　　D．类定义包含 abstract 关键字

（4）假设有以下代码：

```
interface IFace{}
class CFace implements IFace{}
class Base{}
public class ObRef extends Base{
    public static void main(String argv[]){
        ObRef obj = new ObRef();
        Base b = new Base();
        Object obj1 = new Object();
        IFace obj2 = new CFace();
        //Here
    }
}
```

则在//Here 处插入（　　　）代码将不出现编译和运行错误。

A．obj1=obj2;　　　B．b=obj;　　　C．obj=b;　　　D．obj1=b;

2．写出程序的运行结果

程序 1：

```
public final class Test4 {
  class Inner {
    void test() {
      if (Test4.this.flag)
          sample();
      else
        System.out.println("inner test");
    }
  }
  private boolean flag = false;
  public void sample() {
    System.out.println("Sample");
  }
  public Test4() {
    flag = true;
    (new Inner()).test();
  }
  public static void main(String args []) {
    new Test4();
  }
}
```

程序 2：

```
interface A {
```

```
    float v = 2.0f;
    void init();
}
class B{
    int v = 3;
    void output(){
        System.out.println(v);
    }
}
class Test extends B implements A {
    public void init() {
        System.out.println("do init");
    }
    public static void main(String[] args) {
        Test x=new Test();
        x.init();
        x.output();
        x.printV();
    }
    void printV() {
        System.out.println(super.v + A.v);
    }
}
```

3．编程题

（1）定义抽象类-水果，其中包括 weight 属性和 getWeight()方法，继承水果类基础上设计苹果、桃子、橘子 3 个具体类，创建若干水果对象存放在一个水果类型的数组中，输出数组中所有水果的类型、重量。**提示**：利用对象的 getClass().getName()方法可获取对象的所属类的名称。

（2）定义 StartStop 接口，含有 start()和 stop()两个方法。分别创建"会议"和"汽车"两个类实现 StartStop 接口，利用接口 StartStop 定义一个数组，创建了一个"会议"和一个"汽车"对象赋值给数组，通过数组元素访问对象的 start 和 stop 方法。

（3）定义一个接口 Measurable，它有一个方法 double getMeasure()，该方法以某种方式测量对象，Empolyee 类有名字（name）和工资（salary）两个属性，假设让 Empolyee 类实现 Measurable 接口，提供一个方法 double average(Measurable[]objects)，该方法计算测量对象的平均值，使用它来计算一组 empolyee 的平均工资。

（4）输入一段英文句子，将每个单词的首字母转换为大写字母。例如，"I am very glad to see you"的转换结果为"I Am Very Glad To See You"。要求利用函数式接口来解题。

（5）编写一个抽象类 Animal（动物），其中含有 name 属性（给动物的昵称名）和描述动物叫声的 cry()抽象方法，其返回结果为一个字符串，继承 Animal 编写 Dog（狗）和 Cat（猫）两个具体类，创建具体对象并输出动物的描述及叫声。

第 3 篇

Java 语言高级特性

本篇内容主要围绕 Java 语言的一些高级特性进行展开。其内容包括：异常处理、多线程、流式输入/输出处理、Java 图形绘制、图形界面编程、Java 收集 API、网络编程、数据库编程等。这些内容展示了 Java 语言的应用特性。其中，第 9 章介绍的异常处理，体现了 Java 的防错编程问题；第 10 章介绍了 Java 实现图形绘制的方法；第 12 章介绍的流式输入输出处理展示了 Java 实现数据读写的方式；第 13 章介绍的多线程体现了 Java 对多任务的支持能力；第 14 章介绍的 Java 收集 API 提供系列数据结构支持工具以实现对数据集的存储和访问处理，并讨论 Java 8 新增的 Stream 应用；第 16 章介绍了 Java 网络通信编程 API 的使用；第 17 章介绍了 Java 对数据库的操作访问方法。图形界面编程内容考虑到内容多，分两章进行介绍；第 11 章介绍了 AWT 基本图形部件及事件处理；第 15 章展示了 Swing 包提供的图形部件的使用。

本篇的内容充分体现了 Java 语言强大的支持功能，为读者提高编程能力提供了一个可扩展的空间。读者综合应用相关知识即可编写出功能强大的 Java 应用。

第9章

异常处理

本章知识目标：

- ❏ 了解异常继承层次及常见的系统异常。
- ❏ 了解用户定义异常的设计。
- ❏ 掌握异常处理 try...catch...finally 的使用。
- ❏ 掌握 throw 语句和方法头的 throws 子句的概念差异。

防错程序设计一直是软件设计中的重要组成内容，一个好的软件应该能够处理各种错误的情况，而不是在用户使用的过程中冒出各种错误。Java 的异常处理机制为提高 Java 软件的健壮性提供了良好的支持。

扫描，拓展学习

9.1 异常的概述

9.1.1 什么是异常

异常是指程序运行时出现的非正常情况。可能导致程序发生非正常情况的原因有很多，如数组下标越界、算术运算被 0 除、空指针访问、试图访问不存在的文件等。

【例 9-1】测试异常。

程序代码如下：

```
#01  public class TestException {
#02     public static void main(String args[]) {
#03        int x = Integer.parseInt(args[0]);
#04        int y = Integer.parseInt(args[1]);
#05        System.out.println(x + "+" + y + "=" + (x + y));
#06     }
#07  }
```

该程序在编译时无错误，在运行时可能使用不当产生各种问题。

（1）正常运行示例。

输入运行命令：java TestException　23　45

输出结果：23+45=68

（2）错误运行现象 1，忘记输入命令行参数，例如：

```
java TestException
```

则在控制台将显示数组访问越界的错误信息：

```
Exception in thread "main" java.lang.ArrayIndexOutOfBoundsException: 0
     at TestException.main(TestException.java:3)
```

（3）错误运行现象 2，输入的命令行参数不是整数，例如：

```
java TestException  3  3.4
```

则在控制台将显示数字格式错误的异常信息：

```
Exception in thread "main" java.lang.NumberFormatException: For input string:
"3.4" at java.lang.NumberFormatException.forInputString(NumberFormat
Exception.java:48) at java.lang.Integer.parseInt(Integer.java:435)
at java.lang.Integer.parseInt(Integer.java:476)
```

可以看出，如果程序运行时出现异常，Java 虚拟机将在控制台上输出有关异常的信息，指明异常种类和出错的位置。显然，这样的错误信息交给软件使用者是不合适的，用户无疑会抱怨软件怎么经常出错。一个好的程序应能够将错误消化在程序的代码中，也就是在程序中处理各种错误，假如异常未在程序中消化，Java 虚拟机将最终接收到这个异常，它将在控制台显示异常信息。为了应对第一种错误运行现象，有两个方法。

处理方法 1：用传统的防错处理方法检测命令行参数是否达到 2 个，未达到则给出提示。

```java
public class TestException {
    public static void main(String args[]) {
        if (args.length < 2) {
            System.out.println("usage: java TestException int int");
        } else {
            int x = Integer.parseInt(args[0]);
            int y = Integer.parseInt(args[1]);
            System.out.println(x + "+" + y + "=" + (x + y));
        }
    }
}
```

运行时，当命令行参数少于 2 个时，则输出"usage: java TestException int int"。

以上处理方法是传统程序设计中进行防错程序设计的典型做法，通过 if 语句的判断将错误排除在外，但现在只是防止用户输入的参数个数不足，如果要防止输入参数不是整数的情形，则编程难度增加很多。

处理方法 2：利用异常机制，以下为具体代码。

```java
public class TestException {
    public static void main(String args[]) {
        try {
            int x = Integer.parseInt(args[0]);
            int y = Integer.parseInt(args[1]);
            System.out.println(x + "+" + y + "=" + (x + y));
        } catch (ArrayIndexOutOfBoundsException e) {
            System.out.println("usage: java TestException int int");
        }
    }
}
```

异常处理的特点是对可能出现异常的程序段，用 try 进行尝试，如果出现异常，则相应的 catch 语句将捕获该异常，对该异常进行消化处理。异常发生时程序流程将发生变化，try 块中异常发生处之后的代码将不再执行，转而执行匹配异常的 catch 块中的代码。

可以看到，以上两种处理方法执行的效果是一样的，但执行的机制不同。传统防错误处理方法中众多的 if 语句会让程序变得复杂化，常常导致程序员进入"防不胜防"的境地。异常处理是让错误出现，然后针对出现的错误寻求补救处理措施。针对各种错误情形，异常处理的一个 try 后面可以跟多个 catch 来进行相应的异常捕获处理。

9.1.2　异常的类层次

　　Java 的异常类是处理运行时错误的特殊类，每一种异常类对应一种特定的运行错误。所有的 Java 异常类都是系统类库中的 Exception 类的子类，其继承结构如图 9-1 所示。

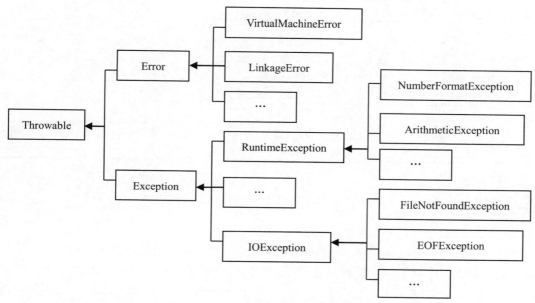

图 9-1　Java 异常类继承层次示意图

　　Throwable 类为该处理层次中的最高层，其中定义了一个异常描述串，以及可获取该描述的 getMessage()方法，还有输出异常信息的 printStackTrace()方法。

　　Error 类是 JVM 系统内部错误，程序中不能对其进行编程处理。

　　Exception 类是指程序代码中要处理的异常，这类异常的发生可能与程序运行时的数据有关（如算术例外、空指针访问），也可能与外界条件有关（如文件找不到）。除 RuntimeException 的子类异常外，其他的异常（如 IOException）均会被编译程序检测到，编译器会强制要求程序中对异常进行处理或者在方法头声明异常。

9.1.3　系统定义的异常

　　Exception 类有若干子类，每一个子类代表一种特定的运行时错误，这些子类有的是系统事先定义好并包含在 Java 类库中的，称为系统定义的异常，见表 9-1。

表 9-1　常见系统异常及说明

系统定义的异常	异常的解释
ClassNotFoundException	未找到要装载的类
ClassCastException	类型转换错误
ArrayIndexOutOfBoundsException	数组访问索引越界
StringIndexOutOfBoundsException	字符串访问索引越界
FileNotFoundException	文件找不到
IOException	输入/输出错误
NullPointerException	空指针访问
ArithmeticException	算术运算错误，如除数为 0
NumberFormatException	数字格式错误
InterruptedException	中断异常，线程在进行暂停处理时（如睡眠）被调度打断将引发该异常

扫描，拓展学习

9.2　异常的处理结构

进行异常处理必须使用 try 程序块，将可能产生异常的代码放在 try 块中，当 JVM 执行过程中发现了异常将会立即停止执行后续代码，然后检查开始查找异常处理器，对 try 后面的 catch 块按次序进行匹配检查，一旦找到一个匹配者，则执行 catch 块中的代码，不再检查后面的 catch 块。如果 try 块中没有异常发生，程序执行过程中将忽略后面的 catch 块。

以下为语句格式。

```
try {
    语句块;
}
catch (异常类名1  参变量名) {语句块;}
catch (异常类名2  参变量名) {语句块;}
finally {语句块;}
```

✎ 说明：

（1）try 语句块用来启动 Java 的异常处理机制。一个 try 可以引导多个 catch 块。

（2）异常发生后，try 块中的剩余语句将不再执行。

（3）异常对象是依靠以 catch 语句为标志的异常处理语句块来捕捉和处理的。catch 部分的语句块中的代码执行的条件：首先在 try 块中发生了异常；其次异常的类型与 catch 要捕捉的一致，在此情况下，运行系统会将异常对象传递给 catch 中的参变量，在 catch 块中可以通过该对象获取异常的具体信息。

（4）在该结构中，可以无 finally 部分，但如果存在，则无论异常发生否，finally 部分的语句均要执行。即便是 try 块或 catch 块中含有退出方法的语句 return，也不能阻止 finally 代码块的执行，在进行方法返回前要先执行 finally 块。除非执行中遇到 System.exit(0)时将停止程序运行，这种情形不会执行 finally 块。

多异常处理是通过在一个 try 块后面定义若干个 catch 块来实现的，每个 catch 块用来接受和处理一种特定的异常对象。每个 catch 块均有一个异常类名作为参数。一个异常对象能否被一个 catch 语句块所接受，主要看该异常对象与 catch 块的异常参数的匹配情况。产生出的异常要被"消化"处理后才算了结。如果没有任何 catch 能匹配所发生的异常，则 try...catch..finally 异常处理程序之后的代码将不再继续执行，异常将传递给方法调用者去处理。

【例 9-2】根据命令行输入的元素位置值查找数组元素的值。

程序代码如下：

```
#01  public class Ex9_2 {
#02      public static void main(String args[]) {
#03          int arr[] = { 100, 200, 300, 400, 500, 600 };
#04          try {
#05              int p = Integer.parseInt(args[0]);
#06              System.out.println("元素值为: " + arr[p]);
#07          } catch (ArrayIndexOutOfBoundsException a) {
#08              System.out.println("数组下标出界");
#09          } catch (NumberFormatException n) {
#10              System.out.println("请输入一个整数");
#11          } finally {
#12              System.out.println("运行结束");
#13          }
#14      }
#15  }
```

程序运行时，要从命令行输入一个参数，这时根据用户的输入存在各种情况如下。

（1）如果输入的数值是 0～5 之间的整数，将输出显示相应数组元素的值。

（2）如果输入的数据不是整数，则在执行 Integer.parseInt(args[0])时产生 NumberFormatException 异常，程序中捕获到该异常后，提示用户"请输入一个整数"。

（3）两种情形将出现 ArrayIndexOutOfBoundsException 异常，一种是用户未输入命令行参数；另一种是用户输入序号超出数组范围。程序中捕获到该类异常后，显示"数组下标出界"。

（4）无论异常是否发生，程序最后要执行第 12 行 finally 块的内容。

同一个 try 对应有多个 catch 块，还要注意 catch 块的排列次序，以下的排列将不能通过编译，原因在于 Exception 是 ArithmeticException 的父类，父类包含子类范畴，如果发生算术异常，第一个 catch 已经可以捕获，所以，第二个 catch 将无意义。

```
try {
    int x=4/0;
    System.out.println("come here? ");              //该行在程序运行时不可达
```

```
} catch (Exception e) {
    System.out.println("异常! "+e.toString());
} catch (ArithmeticException e) {
    System.out.println("算术运算异常! "+e.toString());
}
```

如果将两个 catch 颠倒，则编译就可以通过，但运行发生 ArithmeticException 异常时，在遇到一个成功匹配的 catch，执行相应的 catch 块后，后面的 catch 将不再进行匹配检查。

扫描，拓展学习

9.3　自定义异常

在某些应用中，编程人员也可以根据程序的特殊逻辑在用户程序里自己创建用户自定义的异常类和异常对象，主要用来处理用户程序中特定的逻辑运行错误。

9.3.1　自定义异常类设计

创建用户自定义异常一般是通过继承 Exception 来实现，在自定义异常类中一般包括异常标识、构造方法和 toString()方法。

【例 9-3】一个简单的自定义异常类。

程序代码如下：

```
#01  class MyException extends Exception {
#02      String id;                              //异常标识
#03
#04      public MyException(String str) {
#05          id = str;
#06      }
#07
#08      public String toString() {
#09          return  "异常:" + id;
#10      }
#11  }
```

✍ 说明：

　　构造方法的作用是给异常标识赋值，toString()方法在需要输出异常的描述时使用。在已定义异常类的基础上也可以通过继承编写新异常类。

9.3.2　自定义异常的抛出

前面看到的异常例子均是系统定义的异常，所有系统定义的运行异常都可以由系统在运行程序过程中自动抛出。而用户设计的异常，则要在程序中通过 throw 语句抛出。异常本质上是对象，因此 throw 关键字后面跟的是 new 运算符来创建一个异常对象。

```
public class TestException {
    public static void main(String args[]) {
        try {
            throw new MyException("一个测试异常");
        } catch (MyException e) {
            System.out.println(e);
        }
    }
}
```

✎ 说明：

　　在 try 块中通过 throw 语句抛出创建的异常对象，在 catch 块中将捕获类型正好匹配的异常，在对应的处理代码中输出异常对象。

9.4　方法的异常声明

扫描，拓展学习

　　如果某一方法中有异常抛出，则有两种选择：一是在方法内对异常进行捕获处理；二是在方法中不处理异常，将异常处理交给外部调用程序，通常在方法头使用 throws 子句列出该方法可能产生哪些异常。例如，以下 main 方法将获取一个输入字符并显示。

```
public static void main(String a[]) {
    try {
        char c = (char) System.in.read();
        System.out.println("你输入的字符是: " + c);
    } catch (java.io.IOException e) { }
}
```

　　对于 I/O 异常，如果在该方法中省去异常处理，则编译将检测到未处理 I/O 异常而提示错误，但如果在 main 方法头加上 throws 子句则是允许的，如下所示。

```
public static void main(String a[]) throws java.io.IOException {
    char c = (char) System.in.read();
    System.out.println("你输入的字符是: " + c);
}
```

　　初学者要注意，throw 语句和 throws 子句的差异性，一个是抛出异常；另一个是声明方法将产生某个异常。在一个实际方法中它们的位置如下。

```
修饰符    返回类型    方法名(参数列表)    throws 异常类名列表 {
    ...
    throw new 异常类名();
    ...
}
```

◁)) 注意：

在编写类继承代码中，子类在覆盖父类带 throws 子句的方法时，子类的方法声明的 throws 子句抛出的异常不能超出父类方法的异常范围。换句话说，子类方法抛出的异常可以是父类方法中抛出异常的子类，子类方法也可以不抛出异常，但不能出现父类对应方法的 throws 子句中没有的异常类型。如果父类方法没有异常声明，则子类覆盖方法也不能出现异常声明。

【例 9-4】设计一个方法计算一元二次方程的根，并测试方法。

程序代码如下：

```
#01  class FindRoot {
#02    static double[] root(double a, double b, double c)
#03          throws IllegalArgumentException {
#04      double x[] = new double[2];
#05      if (a == 0) {
#06        throw new IllegalArgumentException("a 不能为零.");
#07      } else {
#08          double disc = b * b - 4 * a * c;
#09          if (disc < 0)
#10            throw new IllegalArgumentException("b*b-4ac ≤ 0");
#11          x[0] = (-b + Math.sqrt(disc)) / (2 * a);
#12          x[1] = (-b - Math.sqrt(disc)) / (2 * a);
#13          return x;
#14      }
#15    }
#16
#17    public static void main(String args[]) {
#18      try {
#19          double x[] = root(2.0, 5, 3);
#20          System.out.println("方程根为: " + x[0] + ", " + x[1]);
#21      } catch (Exception e) {
#22          System.out.println(e);
#23      }
#24    }
#25  }
```

【运行结果】

方程的根为：-1.0，-1.5

✍ 说明：

本例抛出异常利用了系统的一个异常类 IllegalArgumentException。方法声明了异常并不代表该方法肯定产生异常，也就是异常是有条件发生的。不妨修改程序，将 root 方法调用的第一个参数改为 0，再编译运行程序，则结果为

java.lang.IllegalArgumentException: a 不能为零.

习　　题

1. 选择题

（1）假设有下面代码：

```
class E1 extends Exception { }
class E2 extends E1 { }
class TestParent {
   public void fun(boolean f) throws E1 { }
}
public class Test extends TestParent {
    //---X-
}
```

以下方法可以放在---X-位置，而且编译通过的是（　　　　）。

A．public void fun(boolean f) throws E1 { }

B．public void fun(boolean f) { }

C．public void fun(boolean f) throws E2 { }

D．public void fun(boolean f) throws E1,E2 { }

E．public void fun(boolean f) throws Exception { }

（2）以下程序段执行时输入：java Test

则输出结果为（　　　　）。

```
class Test {
   public static void main(String args[]) {
       System.out.println(args[0]);
   }
}
```

A．无任何输出　　　　　　　　　　　B．产生数组访问越界异常

C．输出 0　　　　　　　　　　　　　D．输出 Test

（3）假设有以下代码：

```
try {
    tryThis();
    return;
} catch (IOException x1) {
    System.out.println("exception 1");
    return;
} catch (Exception x2) {
    System.out.println("exception 2");
    return;
```

```
} finally {
    System.out.println("finally");
}
```

如果 tryThis() 抛出 NumberFormatException，则输出结果为（　　　）。

A．无输出

B．"exception 1"，后跟 "finally"

C．"exception 2"，后跟 "finally"

D．"exception 1"

E．"exception 2"

（4）假设有以下代码段：

```
#01  String s = null;
#02  if (s != null & s.length() > 0)
#03    System.out.println("s != null & s.length() > 0");
#04  if (s != null && s.length() > 0)
#05    System.out.println("s != null & s.length() > 0");
#06  if (s != null || s.length() > 0)
#07    System.out.println("s != null & s.length() > 0");
#08  if (s != null | s.length() > 0)
#09    System.out.println("s != null | s.length() > 0");
```

将抛出空指针异常的行是（　　　）。

A．2、4   B．6、8   C．2、4、6、8   D．2、6、8

（5）检查下面的代码：

```
class E1 extends Exception{ }
class E2 extends E1{ }
public class Example{
    public static void f(boolean flag) throws E1,E2{
        if(flag)  {
            throw new E1();
        } else  {
            throw new E2();
        }
    }
    public static void main(String[] args)  {
        try{
            f(true);
        } catch(E2 e2)  {
            System.out.println("Caught E2");
        }catch(E1 e1)  {
            System.out.println("Caught E1");
        }
    }
}
```

对上面的程序进行编译、运行，下面的叙述正确的是（　　　）。

A. 由于 main 方法中没有声明抛出异常 E1、E2，所以编译会失败

B. 由于针对 E2 的 catch 块是无法执行到的，所以编译会失败

C. 编译成功，输出为

Caught El

Caught E2

D. 编译成功，输出为

Caught E1

2. 思考题

（1）语句 throw 和方法头的 throws 子句在概念上有何差异？

（2）什么样的异常编译要求一定要捕获？

（3）在异常处理代码中，一个 try 块可以跟若干个 catch 块，每个 catch 块能处理几种异常？多异常的捕捉在次序上有讲究吗？

3. 写出程序的运行结果

程序 1：

```
public class Ex2{
    public static void main(String args[]){
        String str = null;
        try {
            if (str.length() == 0) {
                System.out.print("The");
            }
            System.out.print(" Cow");
        } catch (Exception e) {
            System.out.print(" and");
            System.exit(0);
        } finally {
            System.out.print(" Chicken");
        }
        System.out.println(" show");
    }
}
```

程序 2：

```
public class A {
  static int some() {
    try {
        System.out.println("try");
        return 1;
```

```
    }
    finally {
        System.out.println("finally");
    }
  }
  public static void main(String args[]) {
      System.out.println(some());
  }
}
```

程序 3：

```
public class Unchecked {
    public static void main(String[] args) {
        try {
            method();
        } catch (Exception e) { System.out.println("e");}
    }
    static void method(){
        try {
            wrench();
            System.out.println("a");
        } catch (ArithmeticException e) {
            System.out.println("b");
        } finally {
            System.out.println("c");
        }
        System.out.println("d");
    }
    static void wrench() {
        throw new NullPointerException();
    }
}
```

4．编程题

（1）从键盘输入一个十六进制数，将其转化为十进制输出。如果输入的不是一个有效的十六进制数数字，则抛出异常。

（2）编写一个程序计算两复数之和，输入表达式为(2,3i)+(4,5i)，则结果为(6,8i)，如果输入错误，则通过异常处理提示错误。**注意**，两个复数之间的分隔符是"+"，可编写一个方法将带括号形式的复数字符串转化为实际的复数对象。用取子字符串的方法提取数据，一个复数内 x、y 部分的分隔符是逗号。

（3）编写一个方法计算两个正整数的最大公约数，如果方法参数为负整数值，则方法将产生 IllegalArgumentException 异常，编程验证方法的设计。

第 10 章

Java 绘图

本章知识目标：

- ❑ 掌握 AWT 图形绘制的常用方法。
- ❑ 掌握 Java 图形部件的字体和颜色的设置方法。
- ❑ 了解 Java 2D 图形绘制的方法。
- ❑ 了解 Java 如何实现图像的绘制。

在 Java 产生的初期，Java 的图形绘制主要是针对 Java Applet，现在 Applet 已经退出历史舞台，但是在 Java 应用程序中仍然可用图形绘制来实现应用的画面要求，尤其是 Java 2D 绘制可实现更为美观的图形绘制效果。

10.1 Java 的图形绘制

扫描，拓展学习

10.1.1 Java 图形坐标与部件的绘图

Java 可以在任何图形部件上绘制图形。Java 的图形坐标是以像素为单位的，是相对图形部件来决定坐标的，图形部件的左上角为坐标原点，向右和向下延伸坐标值递增，横方向为 x 坐标，纵方向为 y 坐标。图 10-1 中矩形左上角与右下角坐标分别为（20，20）和（50，40）。

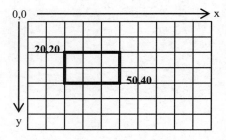

图 10-1　Java 的图形坐标系

在图形部件上进行图形绘制时，可以通过以下 3 个方法编程。

（1）paint()方法

顾名思义，paint()方法是"绘画"，它带有一个 Graphics 类型的参数。利用该参数提供的方法可在部件上实现各类图形的绘制。

（2）update()方法

顾名思义，update()方法是"更新"，也就是画面要重画时将执行该方法。该方法也带有一个 Graphics 类型的参数。默认的 update()方法是先清除画面，然后调用 paint()方法。如果希望重绘时不清除画面，可以重写该方法，让其直接执行 paint()方法。

（3）repaint()方法

repaint()方法通常用无参调用形式，它将对整个部件重画，该方法执行时会自动调用 update()方法。该方法还允许以下带参数的形式来更新部件的部分区域。

```
repaint(int x, int y, int width, int height)
```

其中，x、y 用来指定需要重绘区域的左上角坐标，而后两个参数指重绘区域的宽度和高度。

总的来说，图形绘制的方法调用次序是

```
repaint()→update(g)→paint(g)
```

编写绘制内容一般在 paint()方法中实现，要进行重绘则执行 repaint()方法。事实上，当窗体发生变化（移动，缩放）时，系统会自动调用 repaint()方法对各个部件进行重绘。

10.1.2 各类图形的绘制方法

前面已经知道，图形绘图可通过重写 paint()方法来实现，方法参数为 Graphics 类型，

Graphics 是描述图形绘制的抽象类。在创建一个图形部件时，均会有一个相应的 Graphics 属性，不妨将其想象为"画笔"，在"画笔"对象中封装了与图形绘制相关的状态信息（如字体、颜色等属性），并提供了相关属性的获取和设置方法，以及各类图形元素的绘制方法。

以下为常用图形元素的绘制方法。

❑ drawLine(int x1, int y1, int x2, int y2)：绘制直线，4 个参数分别是直线的起点和终点的 x、y 坐标。

❑ drawRect(int x, int y, int width, int height)：绘制矩形，x、y 为矩形的左上角坐标，后两个参数分别给出矩形的宽度和高度。

❑ drawOval(int x, int y, int width, int height)：绘制椭圆，绘制的椭圆刚好装在一个矩形区域内，前两个参数给出区域的左上角坐标，后两个参数为其高度和宽度。圆是椭圆的一种特殊情况，Java 没有专门提供画圆的方法。

❑ drawArc(int x, int y, int width, int height, int startAngle, int arcAngle)：绘制圆弧。弧为椭圆的一部分，后面两个参数分别指定弧的起始点的角度和弧度。

❑ drawPolygon(int[] xPoints, int[] yPoints, int nPoints)：绘制多边形，前面两个参数数组分别给出多边形按顺序排列的各顶点的 x、y 坐标，最后一个参数给出坐标点数量。

❑ drawRoundRect(int x, int y, int width, int height, int arcWidth, int arcHeight)：绘制圆角矩形，后两个参数反映圆角的宽度和高度。

❑ drawString(String str,int x,int y)：在 x、y 位置绘制字符串 str。

❑ fillOval(int x, int y, int width, int height)：绘制填充椭圆。

❑ fillRect(int x, int y, int width, int height)：绘制填充矩形。

❑ fillRoundRect(int x, int y, int width, int height, int arcWidth, int arcHeight)：绘制填充圆角矩形。

❑ fillArc(int x, int y, int width, int height, int startAngle, int arcAngle)：绘制填充扇形。

❑ clearRect(int x, int y, int width, int height)：以背景色填充矩形区域，可以达到清除该矩形区域的效果。

【例 10-1】绘制一个微笑的人脸。

程序代码如下：

```
#01  import java.awt.*;
#02  public class SmilePeople extends Canvas {
#03      public void paint(Graphics g) {
#04          g.drawString("永远微笑 !!", 50, 30);
#05          g.drawOval(60, 60, 200, 200);
#06          g.fillOval(90, 120, 50, 20);
#07          g.fillOval(190, 120, 50, 20);
#08          g.drawLine(165, 125, 165, 175);
#09          g.drawLine(165, 175, 150, 160);
#10          g.drawArc(110, 130, 95, 95, 0, -180);
```

```
#11        }
#12     public static void main(String args[]){
#13        Frame x = new Frame();
#14        x.add(new SmilePeople());        //画布加入窗体中
#15        x.setSize(300,300);
#16        x.setVisible(true);
#17     }
#18 }
```

✍ 说明：

> 该程序是利用一个画布（Canvas）对象来绘制图形，将画布加入窗体中。

该程序的运行结果如图 10-2 所示。

图 10-2　微笑的人脸

10.1.3　显示文字

扫描，拓展学习

在例 10-2 中是使用默认的字体绘制字符串，要使用其他字体，可借助 Java 提供的 Font 类，它可以定义字体的大小和样式。字体使用有以下要点。

（1）创建 Font 类的对象。例如，以下代码定义字体为宋体，大小为 12 号，粗体。

```
Font myFont = new Font("宋体", Font.BOLD, 12);
```

其中，第 1 个参数为字体名，最后一个参数为字体的大小。第 2 个参数为代表字体风格的常量，Font 类中定义了 3 个常量：Font.PLAIN、Font.ITALIC、Font.BOLD，分别表示普通、斜体和粗体，如果要同时兼有几种风格可以通过 "+" 连接。例如：

```
new Font("TimesRoman", Font.BOLD+ Font.ITALIC, 28);
```

（2）给图形对象或 GUI 部件设置字体。
① 利用 Graphics 类的 setFont()方法确定使用定义的字体

```
g.setFont(myFont);
```

画笔设置新字体后，后续语句中执行 g.drawString 方法将按新的字体绘制文字。

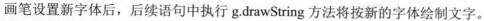练习：

> 例 10-1 程序中 "永远微笑" 几个字太小，读者可以尝试修改程序用一个较大的字体绘制。

② 给某个 GUI 部件设定字体可以使用该部件的 setFont 方法。例如：

```
Button btn = new Button("确定");
btn.setFont(myFont);                              //设置按钮的字体
```

（3）使用 getFont()方法返回当前的 Graphics 对象或 GUI 部件使用的字体。

（4）用 FontMetrics 类获得关于字体的更多信息。

为使图形界面美观，常常需要确定文本在图形界面中占用的空间信息，如文本的宽度、高度等，使用 FontMetrics 类可获得所用字体的这方面信息。

FontMetrics 类定义的几个常用方法介绍如下。

❑　int stringWidth(String str)：返回给定字符串所占的宽度。

❑　int getHeight()：获得字体的高度。

❑　int charWidth(char ch)：返回给定字符的宽度。

程序中先要用 Component 中提供的 getFontMetrics(Font)方法得到一个 FontMetrics 对象引用，然后调用 FontMetrics 对象的方法得到绘制内容所占的宽度和高度信息。

【例 10-2】在窗体的中央显示 "欢迎您！"。

程序代码如下：

```
#01   import java.awt.*;
#02   public class FontDemo extends Canvas{
#03      public void paint(Graphics g) {
#04          String str = "欢迎您！";
#05          Font f = new Font("黑体" , Font.PLAIN , 24);
#06          g.setFont(f);
#07          FontMetrics fm = getFontMetrics(f);
#08          int x = (getWidth()-fm.stringWidth(str))/2;
#09          int y = getHeight()/2;
#10          g.drawString(str,x,y);
#11      }
#12      public static void main(String args[]){
#13          Frame x = new Frame();
#14          x.add(new FontDemo());                      //画布加入窗体中
#15          x.setSize(300,150);
#16          x.setVisible(true);
#17      }
#18   }
```

程序的运行结果如图 10-3 所示。

图 10-3　在窗体的正中央显示文字

✎ 说明：

在窗体中加入画布，使它填满整个窗体。要让文字显示在画布的正中央，首先要知道画布的宽度和高度，在所有图形部件的父类 Component 中有以下方法。

❑　getHeight()：返回部件的高度。

❑　getWidth()：返回部件的宽度。

另外，Component 类中还有一个方法 getSize()返回一个 Dimension 类型的对象，利用该对象的 height 和 width 属性，也可以得到部件的高度和宽度。

扫描，拓展学习

10.1.4　颜色控制

1．Color 类的构造方法

使用 Applet 绘制字符串和图形时，画笔的颜色可以通过 Color 类的对象来实现，用户可以直接使用 Color 类定义好的颜色常量，也可以通过调配红、绿、蓝三色的比例创建自己的 Color 对象。Color 类提供了以下 3 种构造方法。

（1）public Color(int Red, int Green, int Blue)：每个参数的取值范围是 0~255。

（2）public Color(float Red, float Green, float Blue)：每个参数的取值范围是 0.0~1.0。

（3）public Color(int RGB)：类似 HTML 网页中用数值设置颜色，数值中包含 3 种颜色的成分大小信息，如果将数值转化为二进制表示，前 8 位代表红色，中间 8 位代表绿色，最后 8 位代表蓝色。每种颜色最大取值是 oxff（即十进制的 255）。通常用十六进制提供数据比较直观。

2．颜色常量

Java 在 Color 类中还定义了以下一些颜色常量（括号中为相应的 RGB 值），见表 10-1。

表 10-1　Color 类中定义的颜色常量

常　量　名	RGB 值	常　量　名	RGB 值
black	0,0,0	cyan	0,255,255
blue	0,0,255	darkGray	64,64,64
gray	128,128,128	green	0,255,0
lightGray	192,192,192	magenta	255,0,255
orange	255,200,0	pink	255,175,175
red	255,0,0	white	255,255,255
yellow	255,255,0		

要设置绘图画笔颜色，使用 setColor(Color c)方法。例如：

```
setColor(Color.blue);                                    //将画笔定为蓝色
```

要知道画笔的当前绘图颜色，可调用 getColor()方法。

在所有图形部件的祖先类 Component 中定义了 setBackground()方法和 setForeground()方法分别用来设置组件的背景色与前景色，同时定义了 getBackground()方法和 getForeground()方法来分别获取 GUI 对象的背景色及前景色。

【例 10-3】用随机定义的颜色填充小方块。

程序代码如下：

```
#01   import java.awt.*;
#02   public class Colors extends Canvas {
#03      public void paint(Graphics g) {
#04          int red, green, blue;
#05          for (int i = 10; i < 200; i += 40) {
#06              red = (int) (Math.random() * 256);
#07              green = (int) (Math.random() * 256);
#08              blue = (int) (Math.random() * 256);
#09              g.setColor(new Color(red, green, blue));
#10              g.fillRect(i, 20, 30, 30);
#11          }
#12      }
#13
#14     public static void main(String args[]){
#15        Frame x = new Frame();
#16        x.add(new Colors());
#17        x.setSize(250,100);
#18        x.setVisible(true);
#19     }
#20   }
```

程序运行结果如图 10-4 所示。

📢 **注意：**

> 这里利用随机函数得到颜色值，由于每种颜色成分的取值范围是
> 0～255，所以乘的系数是 256。

图 10-4   随机选择颜色绘图

3. 关于 Java 绘图模式

AWT 提供了以下两种绘图模式。

（1）覆盖模式。将绘制的图形像素覆盖屏幕上绘制位置的已有像素信息。默认的绘图模式为覆盖模式。

（2）异或模式。将绘制的图形像素与屏幕上绘制位置的像素信息进行异或运算，以运算结果作为显示结果。异或模式由 Graphics 类的 setXORMode()方法来设置，格式如下：

```
setXORMode(Color c)
```

其中，参数 c 用于指定 XOR 颜色。

进行异或绘图时，如果区域内无颜色，应按画笔颜色绘出图形；如果区域内已存在画笔颜色或指定的 XOR 颜色，则异或操作结果是在这两个颜色间进行相互更替；如果区域内为其他颜色，则按该颜色和画笔颜色进行异或操作后得到的颜色绘图。

在异或模式下，重复绘制相同图形将起到擦除图形的效果。

【例 10-4】利用异或绘图绘制一个随机跳动的蓝色小方框。

程序代码如下：

```
#01    import java.awt.*;
#02    public class BeatRect extends Frame {
#03        int x = 35, y = 35, size = 30;              //方框的位置和大小
#04
#05        public void init() {
#06            Graphics g = getGraphics();
#07            g.setXORMode(getBackground());          //异或绘图模式
#08            g.setColor(Color.blue);
#09            for (;;) {
#10                g.fillRect(x, y, size, size);        //擦除旧位置方框
#11                x = 40 + (int) (Math.random() * 100);
#12                y = 40 + (int) (Math.random() * 60);
#13                g.fillRect(x, y, size, size);        //绘制新位置方框
#14                try {
#15                    Thread.sleep(1000);              //延时 1s
#16                } catch (InterruptedException e) { }
#17            }
#18        }
#19
#20        public void paint(Graphics g) {
#21            g.setColor(Color.blue);
#22            g.fillRect(x, y, size, size);            //绘制最初位置的方框
#23        }
#24
#25        public static void main(String args[]) {
#26            BeatRect f = new BeatRect();
#27            f.setSize(300, 200);
#28            f.setVisible(true);
#29            f.init();
#30        }
#31    }
```

✎ 说明：

窗体绘制过程中会自动调用第 20 行的 paint()方法绘制最初的蓝色小方框，第 29 行执行 init()方法。第 6 行开始通过 getGraphics()方法得到窗体部件的画笔，然后，设置异或绘图模式及画笔颜色。第 9 行~

第 17 行的循环让小方框每隔 1 秒跳动 1 次，第 10 行擦除先前绘制的小方框，第 13 行在新的位置绘制小方框。第 14 行~第 16 行利用 Thread 类的 sleep 方法实现延时。

扫描，拓展学习

10.2 Java 2D 图形绘制

在图形绘制上，Java 还提供了 Graphics2D 类，它是 Graphics 的子类，Graphics2D 在其父类功能的基础上做了新的扩展，为二维图形的几何形状控制、坐标变换、颜色管理及文本布置等提供了丰富的功能。Java 2D 提供了丰富的属性，用于指定颜色、线宽、填充图案、透明度和其他特性。

1. Graphics2D 的图形对象

所有 Graphics2D 图形均在 java.awt.geom 包中定义。程序中常用以下 import 语句。

```
import java.awt.geom.*;
```

以下为 Graphics2D 的常用图形对象，其中有不少采用静态内嵌类的设计形式。

（1）线段

用 Line2D.Float 或 Line2D.Double 创建。接收 4 个参数，为两个端点的坐标。例如：

```
Line2D.Float line = new Line2D.Float(60,12,80,40)
```

（2）矩形

用 Rectangle2D.Float 或 Rectangle2D.Double 创建。4 个参数分别代表左上角的 x、y 坐标，宽度、高度。例如：

```
Rectangle2D.Double jx = new Rectangle2D.Double(20,60,50,50);
```

（3）椭圆

用 Ellipse2D.Float 或 Ellipse2D.Double 创建，例如，以下创建一个椭圆，外切矩形左上角为（113,20），宽度为 30，高度为 40。例如：

```
Ellipse2D.Float ty = new Ellipse2D.Float(113,20,30,40);
```

（4）弧

用 Arc2D.Float 或 Arc2D.Double 创建，以 Arc2D.Double 为例，典型构造方法如下：

```
Arc2D.Double(double x, double y, double w, double h, double start, double extent,
int type);
```

它接收 7 个参数，前面 4 个参数对应圆弧所属椭圆的信息，后面 3 个参数分别是弧的起始角度、弧环绕的角度、闭合方式。弧的闭合方式取值在 3 个常量中选择：Arc2D.OPEN（不闭合）、Arc2D.CHORD（使用线段连接弧的两端点）、Arc2D.PIE（将弧的端点与椭圆中心连接起来，就像扇形）。例如：

```
Arc2D.Double h = new Arc2D.Double(113,20,30,40, 45, 90, Arc2D.OPEN);
```

（5）多边形

多边形是通过从一个顶点移动到另一个顶点来创建的，多边形可以由直线、二次曲线和贝塞尔曲线构成。

创建多边形需要用到 GeneralPath 对象，如下所示。

```
GeneralPath polly = new GeneralPath();
```

GeneralPath 提供了很多方法定义多边形的轨迹，以下为常用的几个方法。

❑ void moveTo(double x,double y)：将指定点加入路径。

❑ void lineTo(double x,double y)：将指定点加入路径，当前点到指定点用直线连接。

❑ void closePath()：将多边形的终点与始点闭合。

【例 10-5】绘制一个封闭的多边形。

程序代码如下：

```
#01   import java.awt.*;
#02   import java.awt.geom.*;
#03   public class  G2dTest extends Canvas {
#04       public void paint(Graphics g) {
#05           Graphics2D  g2d = (Graphics2D)g;
#06           int  xPoints[] = {20,20,40,110,100};      //多边形经历的点的 x、y 坐标
#07           int  yPoints[] = {20,70,90,100,40};
#08           GeneralPath  polygon = new GeneralPath();
#09           polygon.moveTo(xPoints[0], yPoints[0]); //多边形的起点
#10           for(int index = 1; index < xPoints.length; index++)
#11               polygon.lineTo(xPoints[index], yPoints[index]); //直线连接后续点
#12           polygon.closePath();                               //最后闭合
#13           g2d.draw(polygon);                                 //绘制多边形
#14       }
#15
#16       public static void main(String args[]){
#17           Frame x = new Frame();
#18           x.add(new G2dTest());
#19           x.setSize(300,300);
#20           x.setVisible(true);
#21       }
#22   }
```

程序运行结果如图 10-5 所示。

2．指定填充图案

用 setPaint（Paint）方法指定填充方式，可以使用单色、渐变填充、纹理或自己设计的图案来填充对象区域，以下几个类均实现了 Paint 接口。

❑ Color：单色填充。

图 10-5　多边形

❑　GradientPaint：渐变填充。

❑　TexturePaint：纹理填充。

以渐变填充为例，其常用的构造方法有以下两种。

（1）GradientPaint(x1, y1, color1, x2, y2, color2)

功能：从坐标点(x1,y1)到(x2,y2)作渐变填充，开始点的颜色为 color1，终点颜色为color2。

（2）GradientPaint(x1, y1, color1, x2, y2, color2，boolean cyclic)

功能：最后一个参数如果为 true，则支持周期渐变。周期渐变的前后两个点通常设置比较近，在填充范围重复应用渐变可以形成花纹效果。

3．设置画笔线条风格

在 Java 2D 中，通过 setStroke()方法并用 BasicStroke 对象作为参数，可设置绘制图形线条的宽度和连接形状。BasicStroke 的几种典型构造方法如下。

❑　BasicStroke(float width)。

❑　BasicStroke(float width, int cap, int join)。

❑　BasicStroke(float width, int cap, int join, float miterlimit, float[] dash, float dash_phase)。

以上参数中，width 表示线宽；cap 决定线条端点的修饰样式，取值在 3 个常量中选择：CAP_BUTT（无端点）、CAP_ROUND（圆形端点）、CAP_SQUARE（方形端点），其影响效果如图 10-6 所示；join 代表线条的连接点的样式，取值在 3 个常量中选择：JOIN_MITER（尖角）、JOIN_ ROUND（圆角）、JOIN_BEVEL（扁平角），其影响效果如图 10-7 所示。最后一个构造方法可设定虚线方式。

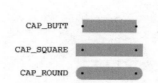

图 10-6　cap 参数影响端点效果

图 10-7　join 参数影响连接点的效果

4．绘制图形

无论绘制什么图形对象，都使用相同的 Graphics2D 方法。

❑　void fill(Shape s)：绘制一个填充的图形。

❑　void draw(Shape s)：绘制图形的边框。

【例 10-6】利用 Graphics2D 绘制填充矩形。

程序代码如下：

```
#01  import java.awt.*;
#02  import java.awt.geom.*;
#03  public class  FillRect extends Canvas {
```

```
#04     public void paint(Graphics g) {
#05         Graphics2D g2d = (Graphics2D) g;
#06         Rectangle2D r = new Rectangle2D.Double(25, 20, 150, 50);
#07         GradientPaint p = new GradientPaint(25, 20, Color.yellow,
#08             300, 90,Color.green);
#09         g2d.setPaint(p);                            //设置渐变填充
#10         g2d.fill(r);                                //填充图形
#11         g2d.setPaint(Color.blue);                   //设置蓝色填充
#12         g2d.setStroke(new BasicStroke(5, BasicStroke.CAP_BUTT,
#13             BasicStroke.JOIN_ROUND));               //设置边宽、线条连接方式
#14         g2d.draw(r);                                //绘制图形边框
#15     }
#16     public static void main(String args[]){
#17         Frame x = new Frame();
#18         x.add(new FillRect());
#19         x.setSize(220,140);
#20         x.setVisible(true);
#21     }
#22 }
```

程序绘制效果如图 10-8（a）所示。

✍ 说明：

　　矩形的填充使用了渐变填充方式，边框的绘制采用了线宽为 5 的蓝色线条，拐角处用圆角连接。如果第 7 行创建渐变填充对象时使用以下周期渐变的构造方法。

```
GradientPaint(25,20,Color.yellow,30,25,Color.green,true);
```

　　则绘制效果如图 10-8（b）所示。

（a）非周期渐变填充　　　　　　　　　　　　（b）周期渐变填充

图 10-8　矩形的填充和形状

【例 10-7】绘制数学函数 y=sin(x)的曲线（其中，x 的取值为 0~360）。

程序代码如下：

```
#01 import java.awt.*;
#02 import java.awt.geom.*;
#03 public class SinCurve extends Canvas {
#04     public void paint(Graphics g) {
#05         Graphics2D g2d = (Graphics2D) g;
```

```
#06                int offx = 40;                              //坐标轴原点的 x
#07                int offy = 80;                              //坐标轴原点的 y
#08                /* 以下绘制 x、y 坐标轴 */
#09                g2d.setPaint(Color.blue);
#10                g2d.setStroke(new BasicStroke(2));          //设置 2 个像素的线条宽度
#11                g2d.draw(new Line2D.Float(offx, offy - 60, offx, offy + 60));
#12                g2d.draw(new Line2D.Float(offx - 5, offy - 57, offx, offy - 60));
#13                g2d.draw(new Line2D.Float(offx + 5, offy - 57, offx, offy - 60));
#14                g2d.draw(new Line2D.Float(offx, offy, offx + 380, offy));
#15                g2d.draw(new Line2D.Float(offx + 376, offy - 5, offx + 380, offy));
#16                g2d.draw(new Line2D.Float(offx + 376, offy + 5, offx + 380, offy));
#17                g2d.drawString("x", offx + 385, offy);
#18                g2d.drawString("y", offx, offy - 66);
#19                /* 以下利用多边形绘制方法描绘曲线 */
#20                GeneralPath polly = new GeneralPath();
#21                polly.moveTo(offx, offy);
#22                for (int jd = 0; jd <= 360; jd++) {
#23                    float x = jd;
#24                    float y = (float) (50 * Math.sin(jd * Math.PI / 180.));
#25                    polly.lineTo(offx + x, offy - y);
#26                }
#27                g2d.setPaint(Color.red);
#28                g2d.draw(polly);                            //绘制 sin 曲线
#29        }
#30    public static void main(String args[]){
#31        Frame x = new Frame();
#32        x.add(new SinCurve());
#33        x.setSize(500,220);
#34        x.setVisible(true);
#35    }
#36 }
```

✍ 说明：

　　由于绘图坐标与数学上的坐标走向上不一致，数学上的坐标允许负值，且 y 轴是向上增值，所以，程序中在计算坐标值上做了一些处理。首先，用 **offx**、**offy** 作为坐标原点位置，计算 y 坐标值时是利用原点的 **offy** 减去函数的 y 值；其次，sin(x)的函数值最大为 1，所以要在图形坐标上表示函数曲线必须将函数值放大，这里乘了 50 作为放大倍数。这里将函数曲线的路径表示为多边形所经历的点，通过绘制多边形来绘制曲线。第 8~18 行完成坐标轴的绘制与标注，第 20~28 行完成函数曲线的绘制。

程序绘制结果如图 10-9 所示。

5．图形绘制的坐标变换

利用 AffineTransform 类可实现图形绘制的各类坐标变换，包括平移、

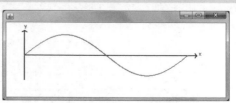

图 10-9　用 Java 2D 绘制函数曲线

缩放、旋转等，具体步骤如下。

（1）创建 AffineTransform 对象

```
AffineTransform trans = new AffineTransform();
```

（2）设置变换形式

AffineTransform 提供了以下方法实现 3 种最常用的图形变换操作。

❑ translate(double a,double b)：将图形坐标偏移到 a、b 处，绘制图形时，按新原点确定坐标位置。

❑ scale(double a,double b)：将图形在 x 轴方向缩放 a 倍，y 轴方向缩放 b 倍。

❑ rotate(double angle,double x,double y)：将图形按（x,y）为轴中心旋转 angle 个弧度。

（3）将 Graphics2D "画笔" 对象设置为采用该变换

例如：g2d.setTransform(trans);   //g2d 为 Graphics2D 对象

（4）在新的变换坐标系绘制图形

【例 10-8】利用坐标变换绘制如图 10-10 所示的图案。

（a）利用坐标变换绘制图案　　　　　　　　　（b）更换椭圆位置的图案

图 10-10

程序代码如下：

```
#01   import java.awt.*;
#02   import java.awt.geom.*;
#03   public class TransformDemo extends Canvas {
#04     public void paint(Graphics g) {
#05       g.setColor(Color.green);
#06       Graphics2D g2d = (Graphics2D)g;
#07       Ellipse2D.Double t = new Ellipse2D.Double(40,40,30,70);
#08       AffineTransform trans= new AffineTransform();
#09       for (int k=0; k<36; k=k+1) {
#10         trans.rotate(Math.PI/18,110,110);
#11         g2d.setTransform(trans);
#12         g2d.draw(t);
#13       }
```

```
#14    }
#15    public static void main(String args[]){
#16        Frame x = new Frame();
#17        x.add(new TransformDemo());
#18        x.setSize(250,250);
#19        x.setVisible(true);
#20    }
#21 }
```

图 10-10（a）为本程序的绘制效果。更换椭圆位置或坐标旋转中心点位置将得到新的图案，如果将绘制的椭圆的左上角参数改成（110,110），则绘制的图案将变为图 10-10（b）所示。

10.3 绘 制 图 像

扫描，拓展学习

在 Java 图形部件内还可以绘制图像，图像包括来自图片文件的图像，可以是本地的图片（给出图片路径），也可以是来自网络的图片（要给出 URL 地址），还可以是在内存创建的可绘制图片的双缓冲区中通过图形绘制产生的图片。

1. 图像的获取

利用图形部件的 getToolKit()方法可得到 Toolkit 对象，Toolkit 类提供了以下实例方法可得到图片文件对应的 Image 对象。

```
public Image getImage(String filepath)：参数 filepath 为文件路径标识
```

2. 图像绘制

在 Java 中可以利用 Graphics 类的 drawImage 方法绘制图像。

❑ void drawImage(Image img,int x,int y, ImageObserver observer)。

在指定的坐标位置绘制图像，坐标规定图像的左上角位置，最后一个参数 ImageObserver 表示观察者。为什么图像绘制要有观察者？原因在于图像装载有一个过程，观察者将接收图像构造过程中取得的图像信息（如图像的尺寸缩放、转换等信息）。一般用图形部件自己作为观察者，所以经常用 this 作为该位置的参数。

❑ void drawImage(Image img,int x, int y,int width,int height, ImageObserver observer)。

参数 width 和 height 为图像绘制的宽度与高度，可以实现图像显示的放大或缩小。

【例 10-9】图片自动播放程序设计。

程序代码如下：

```
#01  import java.awt.*;
#02  public class ShowAnimator extends Frame {
#03      Image[] imgs;                        //保存图片序列的 Image 数组
#04      int totalImages = 5;                 //图片序列中的图片总数 5
#05      int currentImage = 0;                //当前时刻应该显示图片序号
```

```
#06
#07    public ShowAnimator() {
#08        imgs = new Image[totalImages];
#09        Toolkit toolkit = getToolkit();
#10        for (int i=0; i<totalImages; i++)                      //获取所有图像文件
#11            imgs[i] = toolkit.getImage("image" + i + ".gif");
#12    }
#13
#14    public void paint(Graphics g) {
#15      while (true) {
#16        g.drawImage(imgs[currentImage],20,40,this);           //绘制当前序号图片
#17        currentImage = ++currentImage % totalImages;          //计算下一个图片序号
#18        try {
#19            Thread.sleep(500);                                 //延时半秒
#20        } catch (InterruptedException e) { }
#21      }
#22    }
#23
#24    public static void main(String args[]) {
#25        Frame f = new ShowAnimator();
#26        f.setSize(300,300);
#27        f.setVisible(true);
#28    }
#29 }
```

程序运行结果如图 10-11 所示。

✍ 说明：

> 为了控制图像的循环显示，本程序中利用数组存放图像对象，从第 11 行可以看出，图像文件的名称按 image0.gif，image1.gif，...的规律安排。在 paint()方法中通过一个无限循环实现图片的不断更换绘制，第 16 行绘制当前序号的图片，第 17 行算出下一个要显示的图片序号，程序中利用了求余处理，让最后一张图片的下一张图片是第 1 张。第 18~20 行利用多线程实现延时处理，从而实现每隔半秒更换一张图片。

图 10-11　循环播放图片

3. 利用双缓冲区绘图

对于来自网络上的图像，drawImage 方法绘制图像时是边下载边绘制，所以画面有爬行现象，为了提高显示效果，可以开辟一个内存缓冲区，将图像先绘制在该区域，然后，再将缓冲区的图像绘制到实际窗体画面中。

第 1 步，使用 createImage 方法建立图形缓冲区，结果是一个 Image 对象。

```
public Image createImage(int width, int height)
```

在所有图形部件的祖先类 Component 类中就定义了 createImage 方法，所以，任何图形部

件均可用 createImage 方法建立图形缓冲区。

第 2 步，使用 Image 类的 getGraphics() 方法可以得到其"画笔"对象。然后使用"画笔"可以在该图形区域绘图，包括绘制来自网络的图片。

第 3 步，利用 DrawMatch 对象的"画笔"的 drawImage 方法将 Image 对象绘制到画布上。

双缓冲技术在图形绘制中非常重要，利用该技术可改进图形绘制的显示效果。

【例 10-10】绘制随机产生的若干火柴。

程序代码如下：

```
#01    import java.awt.*;
#02    public class DrawMatch extends Canvas {
#03        Image img;                                //火柴图像
#04        int sx = 10, sy = 10;                     //第 1 根火柴左上角位置
#05        int w = 4;                                //火柴宽度
#06
#07        public void init() {
#08            img = createImage(6, 30);             //创建图形缓冲区
#09            Graphics g = img.getGraphics();       //得到其对应画笔
#10            g.setColor(Color.orange);
#11            g.fillRect(0, 0, 6, 25);              //绘制火柴杆
#12            g.setColor(Color.red);
#13            g.fillRect(0, 25, 6, 5);              //绘制火柴头
#14        }
#15
#16        public void paint(Graphics g) {
#17            int x = 5 + (int) (Math.random() * 15);              //随机决定火柴数量
#18            for(int k = 0; k < x; k++)
#19                g.drawImage(img, sx + k * 2 * w, sy, this);  //绘制火柴
#20        }
#21
#22        public static void main(String args[]){
#23            Frame x = new Frame();
#24            DrawMatch mycanvas = new DrawMatch();
#25            x.add(mycanvas);
#26            x.setSize(300,300);
#27            x.setVisible(true);
#28            mycanvas.init();                      //窗体确定后再调用画布的 init()方法
#29            mycanvas.repaint();
#30        }
#31    }
```

程序运行结果中火柴数量随机变化，如图 10-12 所示。

✎ 说明：

在 init() 方法中第 8 行用 createImage(6,30) 方法在内存创建一个宽为 6 像素、高为 30 像素的图形区

域作为 Image 对象。第 9 行通过该 Image 对象的 getGraphics 方法可以取得其 Graphics 对象，利用该 Graphics 对象在图形区域绘制 2 个分别为橘色和红色的填充矩形，模拟 1 根火柴。调用 init()方法要在窗体大小和可见设置好后再调用，提前调用则执行 createImage 方法会出现异常，因为画布的真实图形场景还没有确定好。在 paint 方法中，随机产生火柴数量，利用循环将所有火柴逐个绘制。第 19 行利用 Graphics 对象的 drawImage 方法将火柴图像绘制在画布的相应位置。

【例 10-11】绘制饼图。

饼图和直方图是数据统计分析中常见的分析图，例如，分析一个班成绩，统计在优秀、良好、中等、及格和不及格各个成绩档的人数分布，可以通过绘制饼图来表示。

以下程序根据随机产生的 5 个数据值来绘制饼图。绘制效果如图 10-13 所示。

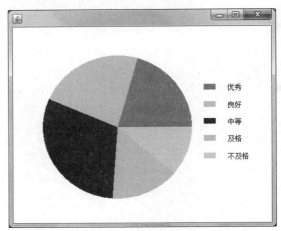

图 10-12   绘制若干火柴   图 10-13   绘制饼图

程序代码如下：

```
#01    import java.awt.*;
#02    import java.awt.geom.*;
#03    public class PieChart extends Canvas {
#04        public void paint(Graphics g) {
#05            Graphics2D g2d = (Graphics2D)g;
#06            double startAngle = 0;
#07            Color color[] = {Color.red,Color.green,Color.blue,
#08                Color.pink,Color.orange};
#09            double data[] = new double[5];                 //假设数据仅 5 个
#10            String des[] = {"优秀","良好","中等","及格","不及格"};
#11            double total = 0.0;
#12            for (int i = 0; i < data.length; i++) {
#13                data[i] = 5 + Math.random() * 10;          //随机产生数据
#14                total += data[i];
#15            }
```

```
#16            for (int i = 0; i < data.length; i++) {
#17                double arcAngle = data[i]/total * 360;
#18                g2d.setColor(color[i]);
#19                Arc2D.Double arc = new Arc2D.Double(50,50, 250,
#20                    250,startAngle+arcAngle, -arcAngle, Arc2D.PIE);
#21                g2d.fill(arc);                      //绘制填充扇区
#22                g.fillRect(320,100 + i * 30, 20,10);    //绘制标注颜色的小矩形
#23                g.setColor(Color.black);
#24                g.drawString(des[i],360,110 + i * 30);    //绘制描述文字
#25                startAngle += arcAngle;
#26            }
#27        }
#28
#29        public static void main(String args[]){
#30            Frame x = new Frame();
#31            x.add(new PieChart());
#32            x.setSize(400,400);
#33            x.setVisible(true);
#34        }
#35    }
```

✍ 说明：

　　饼图就是将数据集根据其各个数据所占比重在 360° 范围的一圈进行一个角度的划分，第 17 行是饼图绘制的要点，根据数据值计算其角度值。第 16~26 行的循环完成各个数据项对应的扇区和标注颜色的小矩形以及描述文字的绘制。从第 7~10 行可以看出，本例固定为 5 个数据项，如果数据项是变化的，则颜色也可以利用随机函数来产生。读者可以进一步思考将绘制饼图的程序编写成一个方法，利用方法调用来绘制饼图。

习　　题

1．选择题

（1）paint()方法是用（　　）类型的参数。

A．Graphics　　　　　B．Graphics2D　　　　　C．Color　　　　　D．String

（2）以下（　　）描述了部件重绘的次序。

A．直接调用 paint 方法

B．调用 update 方法，后者调用 paint 方法

C．调用 repaint 方法，它再调用 update 方法，后者再调用 paint 方法

D．调用 repaint 方法，它直接调用 paint 方法

（3）关于以下代码所画图形的说明，正确的是（　　）。

```
g.setColor(Color.black);
```

```
g.drawLine(10,10,10,50);
g.setColor(Color.red);
g.drawRect(100,100,150,150);
```

A．一条 40 像素长的垂直红线，一个边长为 150 像素的红色四方形

B．一条 40 像素长的垂直黑线，一个边长为 150 像素的红色四方形

C．一条 50 像素长的垂直黑线，一个边长为 150 像素的红色四方形

D．一条 50 像素长的垂直红线，一个边长为 150 像素的红色四方形

2．编程题

（1）利用随机函数产生 10 个 1 位数给数组赋值，根据数组中元素值绘制一个条形图。

（2）在一块画布中绘制可变大小的杨辉三角形。

```
        1
        1       1
        1       2       1
        1       3       3       1
```

注：行数由命令行参数提供，范围是 3~8 的一个值。

（3）绘制一个长为 70、高为 50 的矩形，在不清除原有图形的情况下，利用 Java 2D 图形的坐标旋转变换得到新矩形，每次旋转的步长为 10°，最后旋转到 360° 为止。假设矩形左上角坐标为（150,170），旋转变换的坐标中心点为（150,150）的位置。

（4）国际象棋的棋盘是黑白相间，在窗体加入的画布中绘制一个国际象棋棋盘。

第 11 章

图形用户界面编程基础

本章知识目标：

❑ 理解委托事件处理机制、相关角色及相互关系。
❑ 理解事件接口与相应适配器类的关系与使用差异。
❑ 掌握 Frame、Panel 等容器的使用。
❑ 熟悉 Java 常用的布局策略。
❑ 掌握按钮和两种文本部件的使用及事件处理。
❑ 了解鼠标和键盘事件的处理。

现代软件操作界面大多设计为图形用户界面 GUI（Graphics User Interface）形式。设计和实现图形用户界面的工作主要有两个：一是应用的外观设计，即创建组成图形界面的各部件，指定它们的属性和位置关系；二是与用户的交互处理，包括定义图形用户界面的事件及事件的响应处理。

扫描，拓展学习

11.1 图形用户界面核心概念

11.1.1 引例

【例 11-1】统计按钮单击次数。

该应用将显示一个窗体，内部包括两个 GUI 部件：一个是按钮；另一个是标签，标签显示按钮的单击次数。每单击一次按钮，标签显示值增加 1。如图 11-1 所示为程序运行结果。

图 11-1 统计按钮单击次数

程序代码如下：

```
#01  import java.awt.*;
#02  import java.awt.event.*;
#03  public class CountFrame extends Frame implements ActionListener{
#04      Label r;                          //显示结果的标签
#05      int value=0;                      //计数值
#06      public CountFrame(){
#07          super("统计按钮单击次数");      //调用父类的构造方法定义窗体的标题
#08          r = new Label("…结果…");
#09          Button btn = new Button("计数");
#10          setLayout(new FlowLayout());  //指定按流式布局排列部件
#11          add(btn);
#12          add(r);
#13          btn.addActionListener(this);  //注册动作事件监听者
#14      }
#15
#16      public void actionPerformed(ActionEvent e) {
#17          value++;                      //统计单击次数
#18          r.setText(" "+value);         //将结果显示在标签处
#19      }
#20
#21      public static void main(String args[]) {
#22          Frame x = new CountFrame();
#23          x.setSize(400,100);           //设置窗体的大小为宽 400 像素，高 100 像素
#24          x.setVisible(true);           //让窗体可见
#25      }
#26  }
```

✎ 说明：

　　第 3 行声明了该类继承 Frame 类并实现 ActionListener 接口。第 8、9 行分别创建了标签和按钮对象，并通过第 11、12 行的 add 方法将它们加入窗体中，从而实现界面的布局。第 13 行注册按钮的动作事件监听者。第 16~19 行的 actionPerformed 方法将在按钮单击发生动作事件时自动调用执行，为了在该方法

内能访问标签，在第 4 行将标签定义为属性变量。第 18 行将结果转化为字符串并用标签对象的 setText 方法写入到标签处。

从此例可以看出，图形用户界面编程的大致构成，首先是外观设计，本例的外观由一个窗体容器和两个 GUI 部件构成，这里的核心内容包括如何创建窗体，如何通过容器的 add 方法将部件加入容器中，以及如何通过布局管理来确定部件在容器内的排列方式。其次，为了实现与用户的交互，必须进行事件处理设计，本例中对按钮单击事件感兴趣，所以通过按钮对象的 addActionListener 方法为其注册一个事件监听者。事件监听者的职责是在事件发生时进行相关的处理，具体就是执行 actionPerformed 方法。换句话说，要把发生事件时需做的事情安排在该方法中。

11.1.2　图形界面的外观设计

1．窗体容器

创建窗体依靠 Frame 类实现，Frame 类的常用构造方法为 Frame(String title)，其中参数 title 指定窗体标题，新创建的 Frame 是不可见的，使用 setVisible(true)方法或 show()方法让窗体可见。另外，要用 setSize(width,height)方法为窗体设置大小，也可以用 pack()方法让布局管理器根据部件的大小来调整确定窗体的尺寸。还可用 setResizable(false)方法让窗体的大小固定，也就是不让用户用鼠标调整窗体大小。

2．加入交互部件

例 11-1 中，用到了标签、按钮等 GUI 部件。请注意程序中变量的定义与创建对象给变量赋值的实际含义。第 4 行 Label r 语句是定义一个代表标签类型的变量 r，该变量在未赋值前不能代表一个具体的标签，第 8 行的 r = new Label("…结果…")，表示用 r 来引用新创建的标签对象。第 11 行和第 12 行的 add 方法是将指定的 GUI 部件加入容器中，GUI 部件在容器中是如何排列则取决于布局选择。

11.1.3　事件处理

例 11-1 中，用户单击"计数"按钮的动作将触发 ActionEvent 事件，事件的处理就是统计按钮的单击次数，并用标签显示结果。从总体上看，事件处理包括以下 3 个部分。

❑　事件源：发生事件的 GUI 部件。
❑　事件：用户对事件源进行操作触发事件。
❑　事件监听者：负责对事件的处理。

1．事件处理流程

如图 11-2 所示给出了动作事件处理的各方关系，不妨结合例 11-1 代码进行介绍。

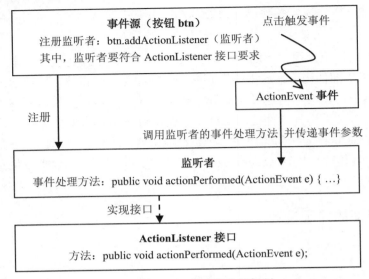

图 11-2　Java 的事件处理机制

（1）给事件源对象注册监听者

　　Java 的事件处理机制称为委托事件处理，给事件源对象注册监听者就是发生事件时委托监听者处理事件。事件监听者是在事件发生时要对事件进行处理的对象。AWT 定义了各种类型的事件，每一种事件有相应的事件监听者接口，在接口中描述了处理相应事件应实现的基本行为。若事件类名为 XxxEvent，则事件监听接口的命名为 XxxListener，给部件注册监听者的方法为 addXxxListener(XxxListener a)。例如，按钮动作事件 ActionEvent 的监听者接口为 ActionListener，给按钮注册监听者的方法为 addActionListener(ActionListener a)。

　　原则上，任何实现了 ActionListener 接口的对象，均可以作为按钮的动作事件的监听者，但要注意选择监听者应当考虑在事件处理方法中能方便地访问相关对象。本例将事件处理时要访问的标签和计数值定义为 CountFrame 类的成员变量，如果事件处理方法为类的成员方法就可方便访问这些成员变量。由于内嵌类也可方便访问外层类的成员，因此也常用内嵌类或匿名内嵌类的对象作为监听者。

　　以下代码将例 11-1 中的事件监听者改用内嵌类对象实现。

```
public class CountFrame extends Frame {
  …                                        //实例变量定义
  public CountFrame(){
    …                                      //控件创建与布局处理
    btn.addActionListener(new Process());  //用内嵌类对象作为监听者
  }
  class Process implements ActionListener { //实现 ActionListener 接口的内嵌类
    public void actionPerformed(ActionEvent e) {
      …                                    //方法体内容同例 11-1
    }
```

```
    }
    …
}                                                        //main 方法
```

思考：

> 将程序改用匿名内嵌类的对象作为监听者，则程序应做哪些改动？

（2）给监听者编写事件处理代码

事件监听者的职责是实现事件的处理，监听者若要实现 ActionListener 接口则必须实现接口中定义的所有方法，在 ActionListener 接口中只定义了一个方法，那就是用来完成事件处理的 actionPerformed()方法。该方法有一个 ActionEvent 类型的参数，在方法体中可通过该参数得到事件源对象。在方法体中编写具体的事件处理代码。

（3）发生事件时调用监听者的方法进行相关处理

事件源通过注册监听者的动作实现了委托登记，发生事件时就能根据登记去调用监听者的相应方法。以按钮事件源为例，在发生事件时，调用监听者对象的 actionPerformed()方法，从而完成事件的处理。不难看出，接口在 Java 的事件处理中起到了关键的约束作用，它决定了事件监听者在事件发生的时候必定有相应的事件处理方法可供调用。

思考：

> 结合本例我们再来反思一下实例变量和类变量的差异性。本例的 count 属性为实例变量，如果改成类变量可以吗？给 count 属性增加 static 修饰后，如果只有一个应用程序在运行，则不能发现差异性，单击按钮计数器计数增值正常。但如果你激活两个这样的应用（方法是开辟两个 DOS 窗口来执行或者在 Eclipse 环境中让应用程序执行 2 次），则可以看到两个窗口，分别单击窗口中的按钮，你会发现计数值相互影响，这是因为类变量是共享的，而实例变量才是和对象相关的。

2．事件监听者接口及其方法

图形界面的每个可能产生事件的部件统称为事件源，不同事件源上发生的事件种类不同，与之相关的事件处理接口也不同。Java 的所有事件类都定义在 java.awt.event 包中，该包中还定义了 11 个监听者接口，每个接口内部都包含了若干处理相关事件的抽象方法，见表 11-1。

表 11-1　AWT 事件接口及处理方法

描 述 信 息	接 口 名 称	方法（事件）
单击按钮、单击菜单项、文本框按 Enter 键等动作	ActionListener	actionPerformed(ActionEvent)
选择了可选项的项目	ItemListener	itemStateChanged(ItemEvent)
文本部件内容改变	TextListener	textValueChanged(TextEvent)
移动了滚动条等部件	AdjustmentListener	adjustmentVlaueChanged (AdjustmentEvent)
鼠标移动	MouseMotionListener	mouseDragged(MouseEvent) mouseMoved(MouseEvent)

续表

描 述 信 息	接 口 名 称	方法（事件）
鼠标单击等	MouseListener	mousePressed(MouseEvent) mouseReleased(MouseEvent) mouseEntered(MouseEvent) mouseExited(MouseEvent) mouseClicked(MouseEvent)
键盘输入	KeyListener	keyPressed(KeyEvent) keyReleased(KeyEvent) keyTyped(KeyEvent)
部件收到或失去焦点	FocusListener	focusGained(FocusEvent) focusLost(FocusEvent)
部件移动、缩放、显示/隐藏等	ComponentListener	componentMoved(ComponentEvent) componentHidden(ComponentEvent) componentResized(ComponentEvent) componentShown(ComponentEvent)
窗口事件	WindowListener	windowClosing(WindowEvent) windowOpened(WindowEvent) windowIconified(WindowEvent) windowDeiconified (WindowEvent) windowClosed(WindowEvent) windowActivated(WindowEvent) windowDeactivated(WindowEvent)
容器增加/删除部件	ContainerListener	containerAdded(ContainerEvent) containerRemoved(ContainerEvent)

扫描，拓展学习

3．在事件处理代码中区分事件源

一个事件源可以注册多个监听者，一个监听者也可以监视多个事件源。在事件处理代码中如何区分事件源呢？不同类型的事件提供了不同的方法来区分事件源对象。例如，ActionEvent 类中提供了以下两个方法。

❑ getSource()：用来获取事件源的对象引用。该方法从父类 EventObject 继承而来，其余各类事件对象也可用 getSource()方法得到事件源的对象引用。

❑ getActionCommand()：用来获取按钮事件对象的命令名，按钮对象的命令名默认就是按钮的标签名称，但两者也可以设置不同名称。

按钮对象提供了以下方法分别用来设置和获取按钮的标签与命令名。

❑ String getLabel()：返回按钮的标签内容。

❑ void setLabel(String label)：设置按钮的标签。

❑ void setActionCommand(String command)：设置按钮的命令名。

❑　String getActionCommand()：返回按钮的命令名。

【例 11-2】以下程序有两个按钮，单击按钮 b1 画圆，单击按钮 b2 画矩形。

为了演示多面板的应用，本例中采用了两块面板，一个是控制面板，上面安排两个按钮；另一个是用来绘制图形的面板，这两块面板用边界布局进行布置，绘图面板安排在中央，控制面板安排在边上。由于在控制面板中要访问绘图面板进行绘图，所以在创建控制面板时，将绘图面板通过控制面板的构造方法参数传递给它，这是 Java 对象间实现关联访问的常用方法。

程序代码如下：

```
#01   import java.awt.*;
#02   import java.awt.event.*;
#03   public class TwoButton extends Panel implements ActionListener {
#04       Button b1, b2;
#05       Panel draw;
#06
#07       public TwoButton(Panel draw) {              //在控制面板中要引用绘图面板
#08           this.draw = draw;
#09           b1 = new Button("circle");
#10           b2 = new Button("rectangle");
#11           add(b1);
#12           add(b2);
#13           b1.addActionListener(this);
#14           b2.addActionListener(this);
#15       }
#16
#17       /* 根据用户单击按钮绘制图形 */
#18       public void actionPerformed(ActionEvent e) {
#19           Graphics g = draw.getGraphics();        //得到绘图面板的画笔对象
#20           g.setColor(draw.getBackground());
#21           g.fillRect(0, 0, draw.getWidth(), draw.getHeight());
#22           g.setColor(Color.blue);
#23           if (e.getActionCommand().equals("circle"))
#24               g.drawOval(20, 20, 50, 50);
#25           else
#26               g.drawRect(20, 20, 40, 60);
#27       }
#28
#29       public static void main(String args[]) {
#30           Frame f = new Frame("two Button event Test");
#31           Panel draw = new Panel();               //创建绘图面板
#32           TwoButton two = new TwoButton(draw);    //创建控制面板
#33           f.setLayout(new BorderLayout());        //采用边界布局
#34           f.add("North", two);                    //控制面板放在南边
#35           f.add("Center", draw);                  //绘图面板安排在中央
```

```
#36            f.setSize(300, 300);
#37            f.setVisible(true);
#38    }
#39  }
```

程序运行演示如图 11-3 和图 11-4 所示。

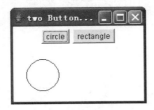

图 11-3　单击 circle 按钮绘制圆

图 11-4　单击 rectangle 按钮绘制矩形

✏ 说明：

　　本例中使用了 getActionCommand()方法获取事件源对象的命令名，通过字符串比较来识别事件源，如果是采用 getSource()方法获取事件源对象，则进行比较的是对象，第 23 行代码改为 if (e.getSource() ==b1) {...}。

📢 注意：

　　第 19 行用 getGraphics()得到绘图面板的 Graphics 对象，用该对象实现各类图形元素的绘制。在每次绘制中要设法"清空"整个面板，本例的处理方法是在第 20 行获得面板的背景色，第 21 行用背景色画面板一样大的填充矩形来"清空"整个面板。

💬 思考：

　　假如将程序改用 paint()方法实现图形绘制，程序应做哪些改动？

4．使用事件适配器类

从表 11-1 可以看出，不少事件的监听者接口中定义了多个方法，而程序员往往只关心其中的一两个方法，为了符合接口的实现要求，却必须将其他方法写出来并为其提供空的方法体。为此，Java 中为那些具有多个方法的监听者接口提供了事件适配器类，这个类通常命名为 XxxAdapter，在该类中以空方法体实现了相应接口的所有方法，因此，可通过继承适配器类来编写监听者类，好处是在类中只需给出关心的方法。例如，窗体的监听者接口中有 7 个方法，每个方法对应有 WindowEvent 类中的一个具体事件，它们是 WINDOW_ACTIVATED（窗口被进入激活状态时）、WINDOW_DEACTIVATED（窗口离开激活状态时）、WINDOW_OPENED（窗口被打开时）、WINDOW_CLOSED（窗口已被关闭时）、WINDOW_CLOSING（窗口将要关闭时）、WINDOW_ICONIFIED（窗口从正常变为最小化）、WINDOW_DEICONIFIED（窗口从最小化变为正常）。由于 WindowAdapter 类中已经将这 7 个方法均给出了具体实现，读者将省去重写众多方法的辛苦。Frame 构建的窗体在单击关闭窗体图标时默认是关不掉窗体，我们可通过重写 windowClosing 方法来进行处理。

值得一提的是，类似于动作事件中的 getSource()方法可得到事件源对象，在 WindowEvent 类中也有以下方法用于获取引发 WindowEvent 事件的具体窗口对象。

```
public Window getWindow();
```

以下结合窗体关闭为例介绍窗体事件适配器类的使用。

【例 11-3】处理窗体的关闭。

关闭窗体通常可考虑如下几种操作方式。

（1）在窗体中安排一个"关闭"按钮，单击按钮关闭窗体。

（2）响应 WINDOW_CLOSING 事件，单击窗体的"关闭"图标将引发该事件。

（3）使用菜单命令实现关闭，响应菜单的动作事件。

无论使用哪种均要调用窗体对象的 dispose()方法来实现窗体的关闭。

程序代码如下：

```
#01    import java.awt.*;
#02    import java.awt.event.*;
#03    public class MyFrame extends Frame implements ActionListener {
#04        public MyFrame() {
#05            super("测试窗体关闭");
#06            Button btn = new Button("关闭");
#07            setLayout(new FlowLayout());
#08            add(btn);
#09            btn.addActionListener(this);
#10            addWindowListener(new closeWin());
#11            setSize(300, 200);
#12            setVisible(true);
#13        }
#14
#15        public void actionPerformed(ActionEvent e) {
#16            if (e.getActionCommand().equals("关闭")) {
#17                dispose();                                      //关闭窗体
#18            }
#19        }
#20
#21        public static void main(String args[]) {
#22            new MyFrame();
#23        }
#24    }
#25
#26    class closeWin extends WindowAdapter {
#27        public void windowClosing(WindowEvent e) {
#28            Window w = e.getWindow();
#29            w.dispose();
#30        }
#31    }
```

✍ 说明：

（1）本程序对监听者的编程用到了两种方式，处理"关闭"按钮事件的监听者是通过实现接口的方式，而在处理窗体的"关闭"按钮事件的监听者则采用继承 WindowAdapter 的方式。

（2）在 closeWin 类的 windowClosing 方法中，第 28 行通过 WindowEvent 对象的 getWindow() 得到要处理的窗体对象，也可以采用 getSource() 方法得到事件源对象，但必须用以下形式的强制转换将其转换为 Frame 或 Window 对象。

```
Frame frm = (Frame)(e.getSource());
```

（3）closeWin 类没有设计为内嵌类，如果将其改为 MyFrame 的内嵌类，则可省略第 28 行获取窗体对象的代码，第 29 行就可像第 17 行那样直接写 dispose() 方法。

扫描，拓展学习

11.2 容器与布局管理

由于 Java 图形界面要考虑平台的适应性，因此，容器内元素的排列通常不采用通过坐标点确定部件位置的方式，而是采用特定的布局方式来安排部件。容器的布局设计是通过设置布局管理器来实现的，java.awt 包中共定义了 5 种布局管理器，与之对应的有 5 种布局策略。通过 setLayout() 方法可设置容器的布局方式。具体格式如下。

```
public void setLayout(LayoutManager mgr)
```

如不进行设定，则各种容器采用默认的布局管理器，窗体容器默认采用 BorderLayout 布局，而面板容器默认采用 FlowLayout 布局。

11.2.1 FlowLayout（流式布局）

流式布局方式将部件按照加入的先后顺序从左到右排放，放不下再换至下一行，同时按照参数要求安排部件间的纵横间隔和对齐方式，其构造方法如下。

- ❑ public FlowLayout()：居中对齐方式，部件纵横间隔 5 个像素。
- ❑ public FlowLayout(int align, int hgap, int vgap)：3 个参数分别指定对齐方式，纵横间距。
- ❑ public FlowLayout(int align)：参数规定每行部件的对齐方式，部件纵横间距默认 5 个像素。其中，FlowLayout 提供了以下代表对齐方式的常量：FlowLayout.LEFT（居左）、FlowLayout.CENTER（居中）、FlowLayout.RIGHT（居右）。

在创建了布局方式后可通过方法 add（部件名）将部件加入容器中。

【例 11-4】将大小不断递增的 9 个按钮放入窗体中。

程序代码如下：

```
#01  import java.awt.*;
#02  public class FlowLayoutExample extends Frame {
```

```
#03    public FlowLayoutExample() {
#04        setLayout(new FlowLayout(FlowLayout.LEFT, 10, 10));
#05        String spaces = "";  //用来使按钮的大小变化
#06        for (int i = 1; i <= 9; i++) {
#07            add(new Button("B #" + i + spaces));
#08            spaces += " ";
#09        }
#10    }
#11
#12    public static void main(String args[]) {
#13        FlowLayoutExample x = new FlowLayoutExample();
#14        x.setSize(200, 100);
#15        x.setVisible(true);
#16    }
#17 }
```

程序运行结果如图 11-5 所示。

初始运行由于窗体空间太小，所以，窗体中还有些部件没显示出来。用鼠标将窗体拉大一些，可以发现控件的大小不会改变，但窗体内部件的位置关系会发生变动，如图 11-6 所示。

图 11-5　演示 FlowLayout 布局

图 11-6　改变窗体大小部件重新排列

◀)) 注意：

> 使用 FlowLayout 布局的一个重要特点是布局管理器不会改变控件的大小。

11.2.2　BorderLayout（边缘或方位布局）

边缘或方位布局方式将容器内部空间分为东（East）、南（South）、西（West）、北（North）、中（Center）5 个区域，如图 11-7 所示。5 个区域的尺寸充满容器的整个空间，运行时，每个区域的实际尺寸由区域的内容确定。构造方法如下。

❑　public BorderLayout()：各部件之间的纵横间距为 0。

❑　public BorderLayout(int hgap, int vgap)：2 个参数分别指定纵横间距。

加入部件的 add 方法有以下 2 种形态。

❑　add(方位,部件)。

❑　add(部件,方位)。

其中，"方位"可以是方位字符串和方位常量，用于指明部件安排在哪个区域。方位常量有 BorderLayout.CENTER、BorderLayout.NORTH 等，而方位字符串必须是首字母为大写的小写单词形式（如 Center）。如果某个区域没有分配部件，则其他部件将按图中区域扩展的方向占据该区域。可以看出，北、南方向部件只能水平扩展，东、西方向部件只能垂直扩展，而中央部件则可向水平、垂直两方向扩展。当容器在水平方向上变宽或变窄时，东和西两处的部件不会变化。当容器在垂直方向伸展变化时，南和北两处的部件不会变化。

当容器中仅有一个部件时，如果部件加入在北方，则它仅占用北区，其他地方为空白，但如果是加入中央，则该部件将占满整个容器。

将以下代码替换例 11-3 构造方法中内容，将标识为 North、East、South、West、Center 的按钮加入同名的方位。

```
Sting[] borders = {"North", "East", "South", "West", "Center"};
setLayout(new BorderLayout(10, 10));
for (int i = 0; i < 5; i++) {
    add(borders[i], new Button(borders[i]));
}
```

如图 11-8 所示为程序运行结果。

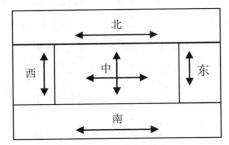

图 11-7　边缘布局管理策略

图 11-8　演示 BorderLayout 布局

BorderLayout 布局的特点是部件的尺寸被布局管理器强行控制，即与其所在区域的尺寸相同。如果某个区域无部件，则其他区域将按缩放规则自动占用其位置。

【例 11-5】实现一个简单的图像浏览器，部署"上一张""下一张"两个按钮，单击按钮可前后翻阅图片。

程序代码如下：

```
#01  import java.awt.*;
#02  import java.awt.event.*;
#03  public class ShowAnimator extends Frame implements ActionListener {
#04      Image[] m_Images;                       //保存图片序列的 Image 数组
#05      int totalImages = 18;                   //图片序列中的图片总数 18
#06      int pos = 0;                            //当前显示图片的序号
#07      Button b1, b2;
#08
#09      public ShowAnimator() {
#10          m_Images = new Image[totalImages];
#11          Toolkit  t = getToolkit();
```

```
#12              for (int i = 0; i < totalImages; i++)
#13                  m_Images[i] = t.getImage("images\\image" + i + ".gif");
#14              b1 = new Button("上一张");
#15              b2 = new Button("下一张");
#16              setLayout(new BorderLayout());
#17              Panel operate = new Panel();
#18              operate.setLayout(new FlowLayout(FlowLayout.CENTER));
#19              operate.add(b1);
#20              operate.add(b2);
#21              add("South", operate);                        //操作控制面板安排在底部
#22              b1.addActionListener(this);
#23              b2.addActionListener(this);
#24          }
#25
#26      public void paint(Graphics g) {
#27          g.drawImage(m_Images[pos], 10, 10, this);   //显示当前图片
#28      }
#29
#30      public void actionPerformed(ActionEvent e) {
#31          if (e.getSource() == b1)                        //区分事件源
#32          {
#33              if (pos > 0)
#34                  --pos;                                   //上一张
#35          } else
#36              pos = ++pos % totalImages;                   //下一张
#37          repaint();
#38      }
#39
#40      public static void main(String a[]) {
#41          Frame m= new ShowAnimator();
#42          m.setSize(200,200);
#43          m.setVisible(true);
#44      }
#45  }
```

✍ 说明：

在界面设计中引入一个面板来安排翻动图片的两个按钮，并通过 BorderLayout 布局将面板安排在底部，这种嵌套布局设计在图形界面布局设计中经常出现。将所有图片安排在一个 Image 类型的数组 m_Images 中，引入一个整型变量 pos 代表当前绘制的图片在数组中的位置。单击"上一张"按钮时，执行第 33 行的 if 语句，如果不是第 1 张，就可以将 pos 值减 1。单击"下一张"按钮时，执行第 36 行的代码，将 pos 值加 1，后面再用 totalImages 求余，目的是将最后一张的下一张又重回到第 1 张。第 37 行的 repaint() 方法很关键，它将导致第 26 行的 paint 方法的调用，从而实现图片的绘制。

🐝 思考：

加入"第一张""最后一张"等按钮，如何实现？为了让同一程序在应用中能浏览任意张图片，可以通过命令行参数传递图片数量值，应如何修改该程序？

11.2.3　GridLayout（网格布局）

网格布局方式将把容器的空间分为若干行乘若干列的网格区域，部件按从左向右，从上到下的次序被加到各单元格中，部件的大小将调整为与单元格大小相同。其构造方法如下。

- ❑ public GridLayout()：所有部件在一行中。
- ❑ public GridLayout(int rows,int cols)：通过参数指定布局的行和列数。
- ❑ public GridLayout(int rows,int cols,int hgaps,int vgaps)：通过参数指定划分的行列数及部件间的水平和垂直间距。

设定布局后，可通过方法 add（部件名）将部件加入容器中。

将以下代码替换例 11-4 构造方法中内容。

```
setLayout(new GridLayout(3, 3, 10, 10));
for(int i = 1; i <= 9; i++)
        add(new Button("Button #" + i));
```

程序运行结果如图 11-9 所示。

✍ 说明：

　　该布局的特点是部件整齐排列，行列位置关系固定。如果调整容器的大小，部件的大小也将发生变化。

图 11-9　3 行 3 列的布局，行列间距均为 10

扫描，拓展学习

【例 11-6】在九宫格里面轮流画圈或叉，哪一方先在水平、垂直或对角线上有连续 3 个子则胜出。

　　程序代码如下：

```
#01   import java.awt.*;
#02   import java.awt.event.*;
#03   import javax.swing.*;
#04   public class ThreeChess  extends Frame implements ActionListener{
#05       Button button[][] = new Button[3][3];
#06       String whoseTurn = "O";                 //O 玩家先玩，所以开始时设置为"O"
#07
#08       public ThreeChess() {
#09         setLayout(new GridLayout(3, 3));
#10         for (int i = 0; i < 3; i++)
#11           for (int j = 0; j < 3; j++) {
#12               button[i][j] = new Button();
#13               button[i][j].setLabel("");       //按钮上标签初始为空
#14               add(button[i][j]);
#15               button[i][j].addActionListener(this);
```

```
#16              }
#17          setSize(300, 300);
#18          setVisible(true);
#19      }
#20
#21      public void actionPerformed(ActionEvent e) {
#22          Button b = (Button) e.getSource();                //获得单击按钮
#23          if (b.getLabel().equals("")) {
#24              b.setLabel(whoseTurn);
#25              if (isWin(whoseTurn)) {                        //判断是否取胜
#26                  JOptionPane.showMessageDialog(null, whoseTurn+" win!");
#27                  System.exit(0);
#28              } else if (isFull()) {                         //判断是否下满格子
#29                  JOptionPane.showMessageDialog(null, "game is over!");
#30                  System.exit(0);
#31              } else                                         //轮替进行转换
#32                  whoseTurn = (whoseTurn.equals("O")) ? "X" : "O";
#33          }
#34      }
#35
#36      /*----判断是否9个格子已经满了--*/
#37      public boolean isFull() {
#38          for (int i = 0; i < 3; i++)
#39              for (int j = 0; j < 3; j++)
#40                  if (!button[i][j].getLabel().equals(""))
#41                      return false;
#42          return true;
#43      }
#44
#45      /*--游戏判断输赢----*/
#46      public boolean isWin(String s) {
#47          String three = s + s + s;
#48          for (int i=0;i<3;i++)                              //3 条横线
#49              if ((button[i][0].getLabel()+button[i][1].getLabel()
#50                  +button[i][2].getLabel()).equals(three))
#51                  return true;
#52          for (int i=0;i<3;i++)                              //3 条竖线
#53              if ((button[0][i].getLabel()+button[1][i].getLabel()
#54                  + button[2][i].getLabel()).equals(three))
#55                  return true;
#56          if ((button[0][0].getLabel()+button[1][1].getLabel()
#57              +button[2][2].getLabel()).equals(three))        //正对角线
#58              return true;
#59          if ((button[2][0].getLabel()+button[1][1].getLabel()
#60              +button[0][2].getLabel()).equals(three))        //反对角线
```

```
#61            return true;
#62        return false;
#63      }
#64
#65    public static void main(String[] args) {
#66        new ThreeChess();
#67      }
#68  }
```

程序运行结果如图 11-10 所示。

✍ 说明：

> 　　用二维数组存放的 9 个按钮来表示九宫格的 9 个格子，通过按钮上
> 的标签来标识所下的子是哪方，第 2 行定义的实例变量 whoseTurn 用来
> 标识对弈双方。

图 11-10　3 子棋游戏

💬 思考：

> 　　本应用全是由人操作来代表对弈双方，如果将对弈一方改为由计算机承担操作，则要给计算机设计
> 策略，请读者思考如何改写程序？

11.2.4　CardLayout（卡片式布局）

　　卡片式布局方式将部件叠成卡片的形式，每加入一个部件则占用一块卡片，最初显示第
一块卡片，以后通过卡片的翻动显示其他卡片。构造方法如下。

- ❏　public CardLayout()：显示部件将占满整个容器，不留边界。
- ❏　public CardLayout(int hgap,int vgap)：容器边界分别留出水平和垂直间隔，部件占
  中央。

　　加入容器用 add(字符串,部件对象)，其中，字符串用来标识卡片名称，要显示指定名称的
卡片可通过调用卡片式布局对象的 show(容器,字符串)来选择。也可以根据部件加入容器的顺
序，按以下方法来翻动卡片。

- ❏　first(容器)：显示第一块卡片。
- ❏　last(容器)：显示最后一块卡片。
- ❏　next(容器)：显示下一块卡片。

扫描，拓展学习

　　【例 11-7】利用随机函数产生 20~50 根火柴，由人与计算机轮流拿，每次拿
的数量不超过 3 根，拿到最后一根为胜者。

　　　这个程序可以设想由多个画面组成：第一个画面中包括显示剩余火柴数量，
一个输入框输入想拿火柴数量，一个提示标签显示计算机拿的数量或人拿的数
量；第二个画面显示谁是胜者，并安排一个"重新开始"按钮。

　　为了实现多个画面的切换，可以选用卡片式布局，在每个画面中需要部署多个部件，可

通过面板容器来装载，面板作为一种常用的容器，在嵌套布局中被大量采用。可以将两块卡片分别用面板来表示。第一个画面包含 3 行显示内容，可以采用 GridLayout 布局，但是输入框的高度最好不随容器变化，所以宜采用 FlowLayout 布局，布局设想如图 11-11 所示；第 2 块卡片则在本轮游戏结束显示"谁是胜者"，并提供了"重新开始"按钮，如图 11-12 所示。

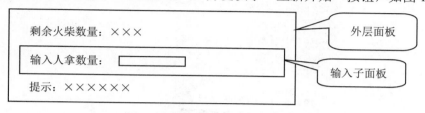

图 11-11　第 1 块卡片的布局设计

图 11-12　第 2 块卡片采用 BorderLayout 布局

接下来的一个问题是算法，人拿火柴由人决定，只是要检查在 1~3 根之内即可。而计算机拿火柴则要考虑先选择能赢的拿法，如果处于不利情形，则采取随机拿法。也许读者会注意到当剩余火柴为 4 的倍数时，谁拿就谁不利。因此，计算机的拿法就是优先考虑拿完后使剩余火柴为 4 的倍数。那么拿的数量只要将火柴数除 4 取余即可，结果为 0 则随机拿。

在以下程序中将人拿和计算机拿的验证处理分别用方法来实现，最后结束处理也安排在一个方法中，这样代码更清晰，也有利于代码复用。

程序代码如下：

```
#01    import java.awt.*;
#02    import java.awt.event.*;
#03    public class Match extends Frame implements ActionListener {
#04        Label remainMatch, whoWin, hint;
#05        Button again;                             //游戏结束，重新开始
#06        TextField yourTake;
#07        int whoTurn = 1;                          //轮谁拿，1-人，2-计算机
#08        int amount;                               //存放剩余火柴数量
#09
#10        public Match() {
#11            remainMatch = new Label();
#12            amount = 20 + (int) (Math.random() * 31);    //初始火柴数量
#13            remainMatch.setText(" 总火柴数量: " + amount);
#14            setLayout(new CardLayout());                 //总体采用卡片式布局
#15            Panel firstcard = new Panel();
#16            firstcard.setLayout(new GridLayout(3, 1));   //首块卡用网格布局
```

```
#17         firstcard.add(remainMatch);        //第1块卡的第1行显示剩余火柴数量
#18         Panel input = new Panel();          //火柴输入面板
#19         input.setLayout(new FlowLayout());
#20         input.add(new Label(" 人拿火柴数量："));
#21         yourTake = new TextField(20);
#22         input.add(yourTake);
#23         firstcard.add(input);               //第1块卡的第2行放火柴输入面板
#24         hint = new Label(" ");
#25         firstcard.add(hint);                //第1块卡的第3行显示提示信息
#26         add("c1", firstcard);
#27         Panel secondcard = new Panel();
#28         whoWin = new Label(" 谁是胜者 ");
#29         again = new Button(" 重新开始 ");
#30         secondcard.setLayout(new BorderLayout());
#31         secondcard.add("Center", whoWin);   //第2块卡的中央显示谁胜
#32         secondcard.add("South", again);     //第2块卡底部放置重新开始按钮
#33         add("c2", secondcard);
#34         yourTake.addActionListener(this);
#35         again.addActionListener(this);
#36     }
#37
#38     /* 事件源有两个，一个是用户输入火柴数量，在文本框按回车；
#39        另一个是按了"重新开始"按钮。    */
#40     public void actionPerformed(ActionEvent e) {
#41         if (e.getSource() == again) {        //重新开始
#42             amount = 20 + (int) (Math.random() * 31);
#43             remainMatch.setText("总火柴数量： " + amount);
#44             hint.setText("");
#45             yourTake.setText("");
#46             CardLayout lay = (CardLayout) this.getLayout();
#47             lay.show(this, "c1");            //切换到第1块卡片
#48         } else if (e.getSource() == yourTake) {
#49             manTake();                       //人拿火柴的处理
#50         }
#51     }
#52
#53     /* 处理人拿火柴的情形 */
#54     private void manTake()
#55         int y = Integer.parseInt(yourTake.getText());
#56         if (y > 3 || y < 1 || y>amount) {
#57             hint.setText("注意：你限拿火柴数量内1~3根 ");
#58             yourTake.setText("");
#59         } else {
#60             amount = amount - y;
#61             remainMatch.setText(" 剩余火柴数量： " + amount);
#62             if (amount == 0)
```

```
#63                 displayresult();
#64             else {
#65                 whoTurn = 2;                              //接下来轮到计算机
#66                 computerTake();
#67             }
#68         }
#69     }
#70
#71     /* 轮到计算机拿时调用 */
#72     private void computerTake() {
#73         int x;
#74         if (amount % 4 == 0)
#75             x = Math.int((int)(1 + Math.random() * 3),amount);   //随机拿
#76         else
#77             x = amount % 4;                           //拿 4 的余数
#78         hint.setText(" 计算机拿 " + x);
#79         amount = amount - x;
#80         if (amount == 0)
#81             displayresult();
#82         else {
#83             whoTurn = 1;                              //接下来轮到人拿
#84             remainMatch.setText(" 剩余火柴数量: " + amount);
#85             yourTake.setText("");
#86         }
#87     }
#88
#89     /* 在本轮游戏结束时调用 */
#90     private void displayresult() {
#91         CardLayout lay = (CardLayout) this.getLayout();
#92         lay.show(this, "c2");                         //显示第 2 块卡的画面
#93         if (whoTurn == 1)
#94             whoWin.setText("you win ! ");
#95         else
#96             whoWin.setText("Computer win !");
#97     }
#98
#99     public static void main(String args[]) {
#100        Frame x = new Match();
#101        x.setSize(400, 320);
#102        x.setVisible(true);
#103    }
#104 }
```

✎ 说明:

　　为了使应用清晰化, 本例将人拿火柴的处理、计算机拿火柴的处理, 以及显示胜利者的处理均编写成方法调用形式。注意: 人拿火柴与计算机拿火柴的处理差异, 人输入火柴是通过事件触发来处理, 而

计算机拿火柴是由程序计算。每次人拿后，马上轮到计算机拿，所以，每次人拿完后的剩余火柴不用显示，而直接显示计算机拿后的剩余火柴数。

扫描，拓展学习

11.2.5　GridBagLayout（网格块布局）

GridBagLayout 布局是使用最为复杂、功能最强大的一种，它是在 GridLayout 的基础上发展而来，该布局也是将整个容器分成若干行、列组成的单元，但各行可以有不同的高度，每栏也可以有不同的宽度，一个部件可以占用一个，也可以占用多个单元格。

可以看出，GridBagLayout 在布置部件时需要许多信息来描述一个部件要放的位置、大小、伸缩性等，为此，在该布局中的部件加入时，要指定一个约束对象（GridBagConstraints），其中封装了与位置、大小等有关的约束数据。具体命令格式为 add(部件,约束对象)。

约束对象常用的几个属性包括以下几种。

❑ 规定位置属性：一般通过 gridx、gridy 规定部件占用单元格的位置，最左上角为 0，0。也可以用方向位置参数控制部件的位置，类似于 BorderLayout 布局，这里的方向位置参数包括 CENTER、EAST、NORTH、NORTHEAST、SOUTH、SOUTHWEST、WEST。

❑ gridheight，gridwidth：部件占用单元格的个数。在规定部件的位置和高、宽时，也可以用两个常量：如果 gridwidth 值为 RELATIVE，则表示该部件相对前一个部件占下一个位置；如果 gridwidth 值为 REMAINDER，则表示部件本栏占用所有剩余的单元格，这里的剩余是指该行所有部件部署完后多余的单元格数量。还要注意，如果是在一行的最后一个单元格的 gridwidth 使用了 REMAINDER，则下一行要将 gridwidth 值改为 1；否则，下一行的第一个部件将占满整行。

❑ rowHeights，columnWidth：指定行高、栏宽；默认情况下行和宽的大小分别由最高和最宽的部件决定。

❑ weightx，weighty：控制单元格的行和宽的伸展，在一行和一列中最多只能有一个部件指定伸展参数，伸展可保证窗体大小变化时部件的大小也做相应的调整。

❑ 填充（fill）属性规定部件填充网格的方式：常量有 BOTH、HORIZONTAL、VERTICAL、NONE，其中 BOTH 代表水平和垂直两个方向伸展，也就是占满两个方向剩余的所有单元格，而 NONE 代表部件不伸展，保持原来大小。

【例 11-8】简单电子邮件发送界面的实现。

构建图 11-13 所示界面。标签的大小保持不变（占 1 个单元格）；文本框（初始占 2 栏单元格）在横的方向根据窗体的大小伸展变化；输入邮件内容的文本域（占 3 栏单元格）在横、竖两个方向伸展变化，填满整个容器。

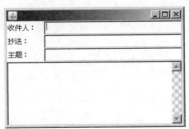

图 11-13　GridBagLayout 布局

程序代码如下：

```
#01   import java.awt.*;
#02   public class MailFrame extends Frame {
#03       public static void main(String a[]) {
#04           new MailFrame();
#05       }
#06
#07       public MailFrame() {
#08           Label receiveLabel = new Label("收件人：");
#09           Label ccLabel = new Label("抄送：");
#10           Label subjectLabel = new Label("主题：");
#11           TextField receiveField = new TextField();        //收件人
#12           TextField ccField = new TextField();             //抄送
#13           TextField subjectField = new TextField();        //主题
#14           TextArea mailArea = new TextArea(8, 40);         //输入邮件文字区域
#15           setLayout(new GridBagLayout());
#16           GridBagConstraints gridBag = new GridBagConstraints();
#17           gridBag.fill = GridBagConstraints.HORIZONTAL;    //用水平填充方式
#18           gridBag.weightx = 0;                             //行长不变
#19           gridBag.weighty = 0;                             //列高不变
#20           addToBag(receiveLabel, gridBag, 0, 0, 1, 1);     //收信人标签
#21           addToBag(ccLabel, gridBag, 0, 1, 1, 1);          //抄送人标签
#22           addToBag(subjectLabel, gridBag, 0, 2, 1, 1);     //主题标签位置
#23           gridBag.weightx = 100;                           //行自适应缩放
#24           gridBag.weighty = 0;                             //列高不变
#25           addToBag(receiveField, gridBag, 1, 0, 2, 1);
#26           addToBag(ccField, gridBag, 1, 1, 2, 1);
#27           addToBag(subjectField, gridBag, 1, 2, 2, 1);
#28           gridBag.fill = GridBagConstraints.BOTH;          //采用全填充方式布局
#29           gridBag.weightx = 100;                           //行自适应缩放
#30           gridBag.weighty = 100;                           //列自适应缩放
#31           addToBag(mailArea, gridBag, 0, 4, 3, 1);         //占 3 栏 1 行
#32           setSize(300, 300);
#33           setVisible(true);
#34       }
#35
#36       /* 将一个部件按指定大小加入 GridBagLayout 布局的指定位置。*/
#37       void addToBag(Component c, GridBagConstraints gbc, int x, int y, int w,
#38               int h) {
#39           gbc.gridx = x;
#40           gbc.gridy = y;
#41           gbc.gridheight = h;
#42           gbc.gridwidth = w;
#43           add(c, gbc);                                     //按指定约束加入部件
#44       }
#45   }
```

扫描，拓展学习

11.2.6 BoxLayout（盒式布局）

BoxLayout 布局是 Swing 中引入的一种布局管理器。能够允许将控件按照 x 轴（从左到右）或者 y 轴（从上到下）方向来摆放，而且沿着主轴能够设置不同尺寸。如果要调整这些控件之间的空间，需要使用 Box 容器提供的透明组件来填充控件之间间隔。

1．BoxLayout 的基本使用

BoxLayout 构造方法为 BoxLayout(Container target,int axis)。

其中，参数 target 表示当前管理的容器；axis 是指哪个轴，它有两个值，BoxLayout.X_AXIS 代表水平方向排列，BoxLayout.Y_AXIS 代表垂直方向排列。

【例 11-9】BoxLayout 布局演示。

```
#01  import javax.swing.*;
#02  import java.awt.*;
#03  public class BoxLayoutDemo {
#04      public static void main(String[] args) {
#05          JFrame f = new JFrame("BoxLayout");      //Swing 窗体
#06          Container c = f.getContentPane();        //取得 JFrame 的内容面板
#07          BoxLayout box = new BoxLayout(c, BoxLayout.X_AXIS);
#08          c.setLayout(box);
#09          JButton btnA = new JButton("A");         //Swing 按钮
#10          JButton btnB = new JButton("B");
#11          JButton btnC = new JButton("C");
#12          c.add(btnA);
#13          c.add(btnB);
#14          c.add(btnC);
#15          f.setSize(180,100);
#16          f.setVisible(true);
#17      }
#18  }
```

✎ 说明：

> BoxLayout 主要用于 Swing 界面的布局，所以，本例的窗体和按钮部件均为 Swing 部件。该布局也可用于 AWT 部件的布局，但效果上有一定的差异，读者不妨自己进行测试。特别值得一提的是，当用于 AWT 部件时，后面的间隔控制和对齐控制将无效。

程序运行结果如图 11-14 所示。

2．部件之间的间隔控制

Box 容器提供了 4 种透明的组件，分别是RegidArea、Strut、Glue、Filler。Box 容器分别提供了不同的方法来创建这些组件。这 4 个组件的特点如下。

图 11-14 BoxLayout 布局水平方向

- ❑ RegidArea：可以定义水平和垂直两个方向的间隔。例如：

```
c.add(Box.createRigidArea(new Dimension(15, 15)));
```

- ❑ Strut：只能定义一个方向的尺寸，Box.createHorizontalStrut(int width)创建一个不可见的、指定宽度的组件。Box.createVerticalStrut(int width)创建一个不可见的、指定高度的组件。如果在程序的第 12 行后面插入以下行：

```
c.add(Box.createHorizontalStrut(10));          //加入宽度固定为 10 的组件
```

则程序运行结果如图 11-15 所示。缩放改变窗体大小，A 与 B 之间的间隔不变。

- ❑ Glue：会尽可能地占据两个控件之间的多余空间，从而将其间隔的控件挤到两边。横向和纵向的 Glue 分别用 Box.createHorizontalGlue()和 Box.createVerticalGlue()创建。如果第 13 行后加入以下代码添加 Glue 间隔组件，则效果如图 11-16 所示。

```
c.add(Box.createHorizontalGlue());
```

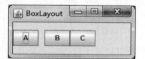

图 11-15　按钮 A 后加入 Strut 水平间隔　　　　图 11-16　在按钮 B 之后加入 Glue 组件的效果

- ❑ Filler：是 Box 的内部类，它与 RegidArea 相似，都可以指定水平或者垂直的尺寸，但是它可以设置最小、最大和优先尺寸。Filter 的构造方法如下。

```
Box.Filter(Dimension min,Dimension pref,Dimension max)
```

其中，min 表示最小的显示区域大小；pref 表示最佳的显示区域大小；max 表示最大的显示区域大小。当窗口被拖动时，组件间的距离不会超出最小值和最大值。

例如：c.add(new Box.Filter(new Dimension(100,100), new Dimension(200,200), new Dimension (300,300)));。

3. 部件的对齐控制

通常情况下，组件按默认对齐方式排列。根据需要也可以改变组件的对齐方式。在组件上通过调用组件的 setAlignmentX 和 setAlignmentY 方法进行设置。其中，setAlignmentX 的参数包括左对齐、居中对齐和右对齐，而 setAlignmentY 的参数包括顶部对齐和底部对齐，均通过 Component 类的常量来指定。

例如，以下代码将按钮 A 的顶端与按钮 B 的底部对齐，而按钮 C 没设置，所以上下居中，如图 11-17 所示。

```
btnA.setAlignmentY(Component.TOP_ALIGNMENT);          //顶部对齐
btnB.setAlignmentY(Component.BOTTOM_ALIGNMENT);       //底部对齐
```

如果将程序中第 7 行改为 BoxLayout.Y_AXIS 垂直排列，并通过以下代码设置按钮 A 的最右边界与按钮 B 和按钮 C 的最左边界在同一条垂直线上，则布局效果如图 11-18 所示。

```
btnA.setAlignmentX(Component.RIGHT_ALIGNMENT);
btnB.setAlignmentX(Component.LEFT_ALIGNMENT);
btnC.setAlignmentX(Component.LEFT_ALIGNMENT);
```

图 11-17　垂直对齐设置

图 11-18　水平对齐设置

📢 注意：

> Swing 部件的 setAlignmentX()方法只有在布局是 BoxLayout.Y_AXIS 才有效，而 setAlignmentY()方法在布局为 BoxLayout.X_AXIS 才有效。一般地，所有垂直方向排列的部件均采用相同的 X 对齐设置，所有自左向右水平排列的部件均采用相同的 Y 对齐设置。

Swing 提供有 Box 类型的容器，通过 Box 类 createHorizontalBox()方法可创建行型的盒式布局容器，所有加入元素排列在一行中。通过 Box 类 createVerticalBox()方法可创建列型的盒式布局容器，所有加入元素排列在一列中。Box 容器就是按 BoxLayout 排列部件。

【例 11-10】Box 容器的使用举例。

程序代码如下：

```
#01  import java.awt.*;
#02  import javax.swing.*;
#03  public class ContactFrame extends Frame{
#04      public ContactFrame()  {
#05          Box baseBox,box1,box2;
#06          baseBox = Box.createHorizontalBox();              //行型 Box
#07          box1 = Box.createVerticalBox();                   //列型 Box
#08          box2 = Box.createVerticalBox();                   //列型 Box
#09          box1.add(new Label("姓名:"));
#10          box1.add(Box.createVerticalStrut(10));
#11          box1.add(new Label("电话:"));
#12          box1.add(Box.createVerticalStrut(10));
#13          box1.add(new Label("单位:"));
#14          box2.add(new TextField());
#15          box2.add(new TextField());
#16          box2.add(new TextField());
#17          baseBox.add(box1);
#18          baseBox.add(box2);
#19          add("Center",baseBox );
#20          add("South", new Button("新增"));
#21      }
```

```
#22
#23    public static void main(String[] args) {
#24        Frame x = new ContactFrame();
#25        x.setSize(200,150);
#26        x.setVisible(true);
#27    }
#28 }
```

程序运行结果如图 11-19 所示。

✎ 说明：

> 在窗体的中央部位添加了一个行型 Box，这个行型 Box 中又添
> 加了两个列型 Box。

图 11-19　嵌套 Box 容器的使用

11.3　常用 GUI 部件

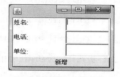

扫描，拓展学习

11.3.1　GUI 部件概述

AWT 部件层次关系见图 11-20，Component 类处于 GUI 部件类层次的顶层，它是一个抽象类，其直接子类有 Container（容器）和其他 8 个基本部件。Container 的子类中又分为有边框的 Window 子类和无边框的 Panel 子类，Frame 和 Applet 分别是 Window 与 Panel 的子类。

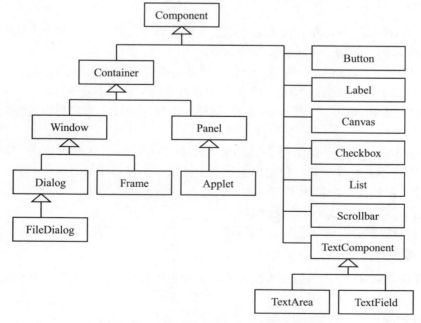

图 11-20　AWT 包中各种部件的类继承层次

Component 类定义了所有 GUI 部件普遍适用的方法，以下为若干常用方法。

- ❑ void add(PopupMenu popup)：给部件加入弹出菜单。
- ❑ Color getBackground()：获取部件的背景色。
- ❑ Font getFont()：获取部件的显示字体。
- ❑ Graphics getGraphics()：获取部件的画笔（Graphics 对象）。
- ❑ void repaint(int x,int y,int width,int height)：部件的指定区域重新绘图。
- ❑ void setBackground(Color c)：设置部件的背景。
- ❑ void setEnabled(boolean b)：是否让部件功能有效，在无效情况下部件将变为灰色。
- ❑ void setFont(Font f)：设置部件的显示字体。
- ❑ void setSize(int width,int height)：设置部件的大小。
- ❑ void setVisible(boolean b)：设置部件是否可见。
- ❑ void setForeground(Color c)：设置部件的前景色。
- ❑ void requestFocus()：让部件得到焦点。
- ❑ Toolkit getToolkit()：取得部件的工具集（Toolkit），利用 Toolkit 的 beep()方法可让计算机发出鸣叫声。利用 Toolkit 的 getImage 方法可获取 Image 类型的图像。
- ❑ FontMetrics getFontMetrics(Font font)：取得某字体对应的 FontMetrics 对象。

11.3.2 文本框与文本域

1．文本框

文本框（TextField）也称单行文本输入框，只能编辑一行数据，其构造方法有以下 4 种。

- ❑ TextField()：构造一个单行文本输入框。
- ❑ TextField(int columns)：构造一个指定长度的单行文本输入框。
- ❑ TextField(String text)：构造一个指定初始内容的单行文本输入框。
- ❑ TextField(String text, int columns)：构造一个指定长度、指定初始内容的单行文本输入框。

在某种情况下，用户可能希望自己的输入不被别人看到，这时可以用 TextField 类中 setEchoChar 方法设置回显字符，使用户的输入全部以某个特殊字符显示在屏幕上。例如，以下设置密码输入框的回显字符为"*"。

```
TextField pass = new TextField(8);
pass.setEchoChar('*');
```

2．文本域

文本域（TextArea）也称多行文本输入框，其特点可以编辑多行文字，其构造方法有以下 4 种。

- ❑ TextArea()：构造一个文本域。
- ❑ TextArea(int rows, int columns)：构造一个指定行数和列数的文本域。

❑　TextArea(String text)：构造一个显示指定文字的文本域。

❑　TextArea(String text, int rows, int columns)：按指定行数、列数和默认值构造文本域。

例如：TextArea t1 = new TextArea(10, 45);。

3．文本部件的常用方法

（1）数据的写入与读取

文本框与文本域均是 TextComponent 类的子类，在这个父类中定义了对文本输入部件的公共方法。其中最常用的是数据的写入与读取。

❑　String getText()：获取输入框中的数据。

❑　void setText(String text)：往输入框写入数据。

❑　boolean isEditable()：判断输入框是否可编辑。非编辑状态下，不能通过键盘操作输入数据。

（2）指定和获取文本区域中"选定状态"文本。

文本输入部件中的文本可以进行选定操作，以下方法用于指定和获取文本区域中"选定状态"文本。

❑　void select(int start,int end)：选定由开始和结束位置指定的文本。

❑　void selectAll()：选定所有文本。

❑　void setSelectionStart(int start)：设置选定开始位置。

❑　void setSelectionEnd(int end)：设置选定结束位置。

❑　int getSelectionStart()：获取选定开始位置。

❑　int getSelectionEnd()：获取选定结束位置。

❑　String getSelectedText()：获取选定的文本数据。

（3）屏蔽回显

屏蔽回显只适用于文本框，以下为相关方法。

❑　void setEchoChar(char c)：设置回显字符。

❑　char getEchoChar()：获取屏蔽回显字符。

（4）添加数据

以下方法只限于文本域，可以在已有内容的基础上添加新数据，具体方法如下。

❑　void append(String s)：将字符串添加到文本域的末尾。

❑　void insert(String s,int pos)：将字符串插入文本域的指定位置。

4．文本部件的事件响应

（1）在文本框中按 Enter 键时，将引发动作事件，事件的注册及处理程序的编写方法与按钮的动作事件相同。

（2）当用户对文本输入部件进行数据更改操作（添加、修改、删除）将引发 TextEvent 事件，为了响应该事件，可以通过 addTextListener()方法注册监听者，在 TextListener 接口中定义了以下方法来处理事件。

```
public void textValueChanged(TextEvent e)
```

【例 11-11】在图形界面中，安排一个文本框和文本域。将文本框输入的字符同时显示在文本域中，也即同步显示。文本框按 Enter 键将文本框中内容清空。

程序代码如下：

```
#01   import java.awt.*;
#02   import java.awt.event.*;
#03   public class TextIn extends Frame implements TextListener,ActionListener{
#04      TextField tf;
#05      TextArea ta;
#06      String pre = "";                     //记录文本域的先前内容
#07
#08      public TextIn() {
#09          tf = new TextField(20);
#10          ta = new TextArea(8, 20);
#11          add("South",tf);
#12          add("Center",ta);
#13          tf.addTextListener(this);        //文本框有内容变化触发文本改变事件
#14          tf.addActionListener(this);      //在文本框按 Enter 键后将触发动作事件
#15      }
#16
#17      public void textValueChanged(TextEvent e) {
#18          String s = tf.getText();
#19          ta.setText(pre + s);             //更新文本域内容
#20      }
#21
#22      public void actionPerformed(ActionEvent e) {
#23          tf.setText("");                  //清空文本框
#24          ta.append("\n");                 //添加一个换行符
#25          pre = ta.getText();              //更新 pre 变量,记下文本域前面各行内容
#26      }
#27
#28      public static void main(String args[]) {
#29          Frame m = new TextIn();
#30          m.setSize(300, 300);
#31          m.setVisible(true);
#32      }
#33   }
```

✎ 说明：

引入变量 pre 记下文本域中前面行输入的内容，在文本框中输入字符时通过文本事件执行 textValueChanged 方法，第 18、19 行将 pre 记录的内容与文本框的内容拼接写入文本域。在文本框中按回车键时通过动作事件执行 actionPerformed 方法，第 23~25 行将清空文本框，给文本域添加一个回车符，并将文本域的当前内容记录到 pre 变量中。

11.4　鼠标和键盘事件

扫描，拓展学习

11.4.1　鼠标事件

1．鼠标事件

鼠标事件共有 7 种情形，用 MouseEvent 类的静态整型常量标志，分别是 MOUSE_DRAGGED、MOUSE_ENTERED、MOUSE_EXITED、MOUSE_MOVED、MOUSE_PRESSED、MOUSE_RELEASED 、 MOUSE_CLICKED 。 鼠 标 事 件 的 处 理 通 过 MouseListener 和 MouseMotionListener 两个接口来描述，MouseListener 负责接收和处理鼠标的 press（按下）、release（释放）、click（单击）、enter（移入）和 exit（移出）动作触发的事件；MouseMotionListener 负责接收和处理鼠标的 move（移动）和 drag（拖动）动作触发的事件。具体事件处理方法见前面的表 11-1。具体应用中对哪种情形关心，就在相应的事件处理方法中编写代码。以下为 MouseEvent 类的主要方法。

（1）public int getX()：返回发生鼠标事件的 x 坐标。

（2）public int getY()：返回发生鼠标事件的 y 坐标。

（3）public Point getPoint()：返回 Point 对象，即鼠标事件发生的坐标点。

（4）public int getClickCount()：返回鼠标单击事件的连击次数。

也许读者会想，先前学过，在按钮上单击鼠标将触发动作事件（ActionEvent）；而按照现在所学，在按钮上单击鼠标也会触发鼠标事件（MouseEvent）。

2．高级语义事件和低级语义事件

在图形界面上进行各类鼠标操作均会导致鼠标事件，它具有更广泛的发生性，将这类事件称为低级语义事件，例如，在按钮上单击、移动、拖动鼠标均会导致鼠标事件。按钮上的动作事件，则局限于在按钮上单击鼠标才会发生，称为高级语义事件。程序中要关注处理相应事件，必须注册监听者。如果程序对同一操作引发的两类事件均关注，则低级语义事件将先于高级语义事件进行处理。

常见的低级语义事件有以下几种。

❏　组件事件（ComponentEvent）：组件尺寸的变化、移动。

❏　容器事件（ContainerEvent）：容器中组件的增加、删除。

❏　窗口事件（WindowEvent）：关闭窗口、图标化。

❏　焦点事件（FocusEvent）：焦点的获得和丢失。

❏　键盘事件（KeyEvent）：键按下、释放。

❏　鼠标事件（MouseEvent）：鼠标单击、移动等。

高级语义事件依赖于触发相应事件的图形部件，如文本框中按 Enter 键会触发 ActionEvent

事件；单击按钮会触发 ActionEvent 事件；滑动滚动条会触发 AdjustmentEvent 事件；选中项目列表的某一项就会触发 ItemEvent 事件等。

【例 11-12】围棋对弈界面设计。

【分析】在窗体中要同时安排棋盘和下棋过程中的若干操作按钮，棋盘用一个 Canvas 部件绘制，下棋过程控制按钮则部署在一个面板上。棋盘上的棋子信息通过一个二维数组记录，数组元素为 1 表示黑棋，2 表示白棋，0 表示无棋子。为了方便下棋定位操作，在棋盘上绘制一个红色小方框代表位置的小游标，鼠标移动时小游标也跟随着移动。小游标移动时要擦除先前的绘制，所以，小游标采用异或方式绘制，擦除只要将其按相同颜色重绘 1 次即可。可以利用鼠标移动事件处理小游标的移动处理，利用鼠标单击事件处理新下子的绘制处理。另外，棋盘及棋子信息利用 paint()方法实现绘制。程序中引入 cx、cy 两个变量代表游标位置。引入变量 player 表示当前轮到黑白谁来下子。为了实现棋盘位置和大小方便调整，引入实例变量 sx、sy 记录棋盘左上角的位置信息，并引入实例变量 w 代表棋盘格子宽度。读者自己体会程序中小方框和棋子绘制的参数计算处理，绘制的棋子宽度比格子宽度略小。

程序代码如下：

```
#01  import java.awt.*;
#02  import java.awt.event.*;
#03  public class chessGame extends Frame {
#04      chessBoard b = new chessBoard();
#05
#06      public chessGame() {
#07          setBackground(Color.lightGray);
#08          setLayout(new BorderLayout());
#09          add("Center", b);
#10          Panel p = new Panel();
#11          Button pass = new Button("放弃一手");
#12          Button color = new Button("变棋盘背景");
#13          Button fail = new Button("认输");
#14          Button back = new Button("悔棋");
#15          p.setLayout(new GridLayout(8, 1, 10, 10));
#16          p.add(new Label());              //为界面美观插入一个空标签
#17          p.add(pass);
#18          p.add(color);
#19          p.add(fail);
#20          p.add(back);
#21          add("East", p);
#22          setSize(500, 450);
#23          setVisible(true);
#24      }
#25
#26      public static void main(String[] args) {
#27          new chessGame();
```

```
#28        }
#29    }
#30
#31    class chessBoard extends Canvas {
#32        int chess[][] = new int[19][19];        //存放棋盘子的状态
#33        int sx = 20, sy = 20;                    //棋盘左上角坐标位置
#34        int w = 20;                              //棋盘每个格子宽度
#35        int cx = 5;                              //下棋位置游标的初值，对应棋盘格子位置
#36        int cy = 5;
#37        int player = 1;                          //1 表示轮黑下子，0 表示轮白下子
#38
#39        public chessBoard() {
#40            this.addMouseMotionListener(new MouseMotionAdapter() {
#41                public void mouseMoved(MouseEvent e) {
#42                    Graphics g = getGraphics();
#43                    g.setXORMode(chessBoard.this.getBackground());
#44                    g.setColor(Color.red);
#45                    g.fillRect(sx+cx*w - w / 4, sy+cy*w - w / 4, w / 2, w / 2);
#46                    cx = (int) (e.getX()-sx+w/2)/ w;
#47                    cy = (int) (e.getY()-sy+w/2)/ w;
#48                    g.fillRect(sx+cx*w - w / 4, sy+cy*w - w / 4, w / 2, w / 2);
#49                }
#50            });
#51            this.addMouseListener(new MouseAdapter() {
#52                public void mouseClicked(MouseEvent e) {  //鼠标单击表示下子
#53                    Graphics g = getGraphics();
#54                    if (chess[cx][cy] == 0) {             //是否已有棋子
#55                        if (player == 1) {
#56                            g.setColor(Color.black);       //黑棋
#57                            chess[cx][cy] = 1;
#58                        } else {
#59                            g.setColor(Color.white);       //白棋
#60                            chess[cx][cy] = 2;
#61                        }
#62                        g.fillOval(sx+cx*w-w/2+1, sy+cy*w-w/2 +1, w-2, w-2);
#63                        player = (player + 1) % 2;         //黑白方轮流下子
#64                        g.setXORMode(chessBoard.this.getBackground());
#65                        g.setColor(Color.red);             //用异或模式绘制小游标
#66                        g.fillRect(sx+cx*w-w/4, sy+cy*w-w/4, w/2, w/2);
#67                    }
#68                }
#69            });
#70        }
#71
#72        public void paint(Graphics g) {
#73            for (int k = 0; k < 19; k++)                  //绘制棋盘
```

```
#74               g.drawLine(sx, sy + k * w, sx + w * 18, sy + k * w);
#75       for (int k = 0; k < 19; k++)
#76               g.drawLine(sx + k * w, sy, sx + k * w, sy + w * 18);
#77       for (int i = 0; i < chess.length; i++)        //绘制棋盘上所有棋子
#78           for (int j = 0; j < chess[0].length; j++) {
#79               if (chess[i][j] == 1) {
#80                   g.setColor(Color.black);
#81                   g.fillOval(sx + i * w - w/2 + 1, sx + j * w - w/2 + 1,
#82                       w - 2, w - 2);
#83               } else if (chess[i][j] == 2) {
#84                   g.setColor(Color.white);
#85                   g.fillOval(sx + i * w - w/2 + 1, sx + j * w - w/2 + 1,
#86                       w - 2, w - 2);
#87               }
#88           }
#89       g.setXORMode(this.getBackground());          //用异或模式绘制小游标
#90       g.setColor(Color.red);
#91       g.fillRect(sx+cx*w - w / 4, sy+cy*w - w / 4, w / 2, w / 2);
#92   }
#93 }
```

程序运行结果如图 11-21 所示。

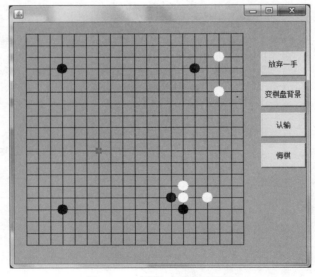

图 11-21   围棋对弈界面设计

💬 思考：

　　程序第 41~51 行，处理鼠标移动事件，解决鼠标位置跟踪问题，第 52~70 行，处理鼠标单击事件，解决在当前游标位置下一颗棋子的显示和记录问题。在这两段程序中均是通过 getGraphics()方法获取画笔进行图形绘制，而不是调用 repaint()方法实现绘制，其好处是避免画面闪烁。

扫描，拓展学习

11.4.2　弹出式菜单

弹出式菜单是在 GUI 部件上右击时，在鼠标位置弹出一个菜单供用户选择操作。

1. 弹出式菜单的编程要点

（1）创建弹出式菜单对象，例如，PopupMenu popup = new PopupMenu("Color")。

（2）创建若干菜单项并通过执行弹出式菜单的 add 方法将它们加入弹出式菜单；为了执行菜单的功能，还需要给每个菜单项注册动作事件监听者，并编写相应的处理程序。

（3）通过执行部件的 add 方法将弹出式菜单附着在某个组件或容器上，这样，在该部件上右击将显示弹出式菜单。

（4）在该组件或容器注册鼠标事件监听者（MouseListener）。

（5）重载 processMouseEvent(MouseEvent e)方法判断是否触发弹出式菜单，如果是右击，则调用弹出式菜单的 show()，把它自身显示在用户鼠标单击的位置。

【例 11-13】一个画图程序，可以通过弹出式菜单选择画笔颜色，通过鼠标拖动画线。

程序代码如下：

```
#01  import java.awt.*;
#02  import java.awt.event.*;
#03  public class MenuScribble extends Canvas implements ActionListener {
#04    int lastx, lasty;                         //上次鼠标单击位置
#05    Color color = Color.black;                //画笔颜色
#06    PopupMenu popup;
#07
#08    public MenuScribble() {
#09      popup = new PopupMenu("Color");          //创建弹出式菜单
#10      String labels[]={"Clear", "Red", "Green", "Blue", "Black"};
#11      for(int i = 0; i < labels.length; i++) {
#12        MenuItem mi = new MenuItem(labels[i]); //创建菜单项
#13        mi.addActionListener(this);            //给菜单项注册动作监听者
#14        popup.add(mi);                         //将菜单项加入弹出式菜单中
#15      }
#16      this.add(popup);                         //将弹出式菜单附在画布上
#17      this.addMouseListener(new MouseAdapter() {
#18        public void mousePressed(MouseEvent e) {
#19          lastx = e.getX();                    //鼠标按下，记住坐标位置
#20          lasty = e.getY();
#21        }
#22      });
#23      this.addMouseMotionListener(new MouseMotionAdapter() {
#24        public void mouseDragged(MouseEvent e) {
```

```
#25              //鼠标拖动，在前后两点间画线
#26              Graphics g = getGraphics();            //获取当前部件的 Graphics 对象
#27              int x = e.getX(), y = e.getY();
#28              g.setColor(color);
#29              g.drawLine(lastx, lasty, x, y);
#30              lastx = x; lasty = y;
#31          }
#32        });
#33      }
#34
#35      public void processMouseEvent(MouseEvent e)  {
#36        if (e.isPopupTrigger())                      //检测是否触发弹出式菜单
#37          popup.show(this, e.getX(), e.getY());      //显示弹出式菜单
#38        else   super.processMouseEvent(e);
#39      }
#40
#41      public void actionPerformed(ActionEvent e)  {         //具体菜单功能实现
#42        String name =((MenuItem)e.getSource()).getLabel();
#43        if (name.equals("Clear")) {                  //清除画面
#44            Graphics g = this.getGraphics();
#45            g.setColor(this.getBackground());
#46            g.fillRect(0, 0, this.getSize().width,this.getSize().height);
#47        }
#48        else if (name.equals("Red"))   color = Color.red;
#49        else if (name.equals("Green")) color = Color.green;
#50        else if (name.equals("Blue"))  color = Color.blue;
#51        else if (name.equals("Black")) color = color.black;
#52      }
#53
#54      public static void main(String[] args) {
#55          Frame x = new  Frame();
#56          x.add(new MenuScribble());
#57          x.setSize(200,150);
#58          x.setVisible(true);
#59      }
#60  }
```

如图 11-22 所示为程序运行演示。

✍ 说明：

本程序涉及众多的鼠标事件，一方面，通过鼠标按下拖动可以在画布上画图，按下鼠标时记下当前出发点，拖动鼠标过程中将前一个点与当前点之间绘制成直线。另一方面，右击将显示弹出式菜单，可以通过弹出式菜单更改画笔颜色或清除画面。

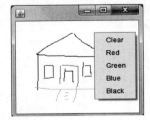

图 11-22　弹出式菜单的使用

2. 深入理解事件处理模型

上例中用到了事件处理的更复杂思想，见图 11-23。

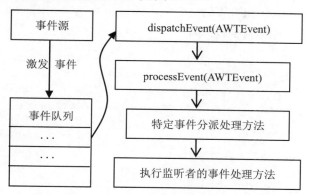

图 11-23　Java 的事件处理过程

由事件源激发产生的事件首先送到事件队列中，此时它在系统的事件分派程序的监控，当"轮"到该事件时，将执行事件源组件的 dispatchEvent 方法，将事件作为参数传递给该方法，dispatchEvent 方法将调用 processEvent 方法处理事件，它首先将执行特定事件的分派处理方法，如 processKeyEvent（键盘事件）、processMouseEvent（鼠标事件）、processMouseMotionEvent（鼠标动作事件）、processFocusEvent（焦点事件）等。这些方法将检查事件源组件针对该类型事件注册了哪些监听者，并将事件分派到这些监听者对象，执行监听者提供的事件处理方法。

在例 11-13 中，弹出式菜单的显示处理用到了以上事件处理过程的思路。尤其是负责鼠标事件分派的 processMouseEvent 方法，它在所有 GUI 部件的父类 Component 中定义了，在该程序中为了实现"个性化"处理，重写了 processMouseEvent 方法，主要目的是要"过滤"鼠标右击事件，通过鼠标事件对象的 isPopupTrigger()方法检测是否发生鼠标右击事件。如果发生了右击，显示弹出式菜单，否则执行 super.processMouseEvent(e)对其他鼠标事件（如左击等）做进一步处理。值得注意的是，调用父类对象的 processMouseEvent(e)方法处理其他鼠标事件很有必要，否则不会再对诸如鼠标按下的事件做进一步分派处理（当然也就无法正确绘图）。对 processMouseEvent 方法的调用不影响鼠标动作事件的处理，鼠标动作事件的处理是由另一个方法 processMouseMotionEvent(MouseEvent e)分派。

11.4.3　键盘事件

键盘事件包含 3 个，分别对应 KeyEvent 类的几个同名的静态整型常量 KEY_PRESSED、KEY_RELEASED、KEY_TYPED。相应地，与 KeyEvent 事件相对应的监听者接口是 KeyListener，其中包括 3 个键盘事件对应的抽象方法。

❑ public void keyPressed(KeyEvent e)：某个键按下时执行。
❑ public void keyReleased(KeyEvent e)：某键被释放时执行。

扫描，拓展学习

❑　public void keyTyped(KeyEvent e)：KeyTyped 包含 keyPressed 和 KeyReleased 两个动
作，按键被敲击。

【例 11-14】可变色小方框的移动及变色。通过键盘的方向键也可控制小方框的移动，
通过字母键 B、G 等键可更改小方框的颜色。

程序代码如下：

```
#01  import java.awt.*;
#02  import java.awt.event.*;
#03  public class KeyboardDemo extends Frame implements KeyListener{
#04      static final int SQUARE_SIZE = 20;          //小方框的边长
#05      Color squareColor;                          //小方框颜色
#06      int squareTop, squareLeft;                  //小方框的左上角坐标
#07
#08      public KeyboardDemo() {
#09          squareTop = 100;                        //初始小方框位置
#10          squareLeft = 100;
#11          squareColor = Color.red;                //初始颜色设置为红色
#12          addKeyListener(this);                   //注册键盘事件监听
#13          repaint();
#14      }
#15
#16      public void paint(Graphics g) {
#17          g.setColor(squareColor);
#18          g.fillRect(squareLeft, squareTop, SQUARE_SIZE, SQUARE_SIZE);
#19      }
#20
#21      /* 用键盘控制小方块颜色的改变 */
#22      public void keyTyped(KeyEvent evt) {
#23          char ch = evt.getKeyChar();             //获取输入字符
#24          if (ch == 'B' || ch == 'b') {
#25              squareColor = Color.blue;
#26              repaint();
#27          } else if (ch == 'G' || ch == 'g') {
#28              squareColor = Color.green;
#29              repaint();
#30          }
#31      }
#32
#33      /* 用键盘控制小方块的移动 */
#34      public void keyPressed(KeyEvent evt) {
#35          int key = evt.getKeyCode();             //获取按键的编码
#36          if (key == KeyEvent.VK_LEFT) {          //按键为左箭头
#37              squareLeft -= 8;
#38              if (squareLeft < 3)
#39                  squareLeft = 3;
```

```
#40              repaint();
#41          } else if (key == KeyEvent.VK_RIGHT) {        //按键为右箭头
#42              squareLeft += 8;
#43              if (squareLeft > getWidth() - 3 - SQUARE_SIZE)
#44                  squareLeft = getWidth() - 3 - SQUARE_SIZE;
#45              repaint();
#46          } else if (key == KeyEvent.VK_UP) {           //按键为向上箭头
#47              squareTop -= 8;
#48              if (squareTop < 23)
#49                  squareTop = 23;
#50              repaint();
#51          } else if (key == KeyEvent.VK_DOWN) {         //按键为向下箭头
#52              squareTop += 8;
#53              if (squareTop > getHeight() - 3 - SQUARE_SIZE)
#54                  squareTop = getHeight() - 3 - SQUARE_SIZE;
#55              repaint();
#56          }
#57      }
#58
#59      public void keyReleased(KeyEvent evt) {  }
#60
#61      public static void main(String args[]) {
#62          Frame x = new KeyboardDemo();
#63          x.setSize(300, 300);
#64          x.setVisible(true);
#65      }
#66  }
```

如图 11-24 所示为程序运行状况。

✍ 说明：

　　为了处理键盘事件，需要给窗体注册 keyListener，在监听者中根据需要对 3 个事件处理方法进行编程。这里，将按输入字符更改小方框颜色的处理放在第 22~31 行定义的 KeyTyped 方法中，通过 KeyEvent 事件对象的 getKeyChar() 获取输入字符；而将方向键的处理代码安排在第 34~57 行定义的 KeyPressed 方法中，以保证按下方向键即可移动小方框，通过 getKeyCode() 获取按键编码，KeyEvent 中定义了特殊按键对应的常量可用于按键的判定。

图 11-24　用键盘控制小方框移动和变色

🔊 注意：

　　可以将本程序的 KeyTyped 代码放到 KeyPressed 中，程序运行结果一样，但不能将 KeyPressed 代码放到 KeyTyped 中，这是因为在各种控制键按下时，不产生 KeyTyped 事件。所以，对控制键的编程用 KeyPressed 或 KeyReleased 方法。而字符键按下则 3 个方法均会执行，可选择一个方法进行处理。

习　　题

1．选择题

（1）在 AWT 中部件注册事件监听者的方法是（　　）。

A．调用应用的 addXXXListener()方法　　　B．调用事件的 addXXXListener()方法

C．调用部件的 addXXXListener()方法　　　D．调用监听者的 addXXXListener()方法

（2）以下叙述正确的有（　　）。

A．如果一个部件注册多个监听者，事件只会被最后一个监听者处理

B．如果一个部件注册多个监听者，事件将被所有监听者处理

C．一个部件注册多个监听者将导致编译出错

D．可以将一个部件已注册的监听者移去

（3）Frame 的默认布局管理器是（　　）。

A．FlowLayout　　　　　　　　　　　B．BorderLayout

C．GridLayout　　　　　　　　　　　D．CardLayout

（4）下列（　　）方法可以改变按钮的颜色。

A．setColor　　　　　　　　　　　　B．setBackground

C．getBackground　　　　　　　　　D．setForeground

（5）新创建的 Frame 是不可见的，使用（　　）方法可使其可见。

A．setSize(300,200)　　　　　　　　B．setVisible(true)

C．dispose()　　　　　　　　　　　　D．repaint()

2．编程题

（1）编写窗体应用，在窗体中安排一个按钮，用按钮控制窗体背景随机改变。

（2）编写窗体应用程序，实现人民币与欧元的换算，在两个文本框中分别输入人民币值和汇率，单击"转换"按钮在结果标签中显示欧元值，单击窗体的关闭图标可实现窗体的关闭。

（3）编写窗体应用程序，统计一个文本域输入文本的行数、单词数和字符数。可在图形界面中安排一个按钮、一个文本域和一个标签，单击按钮开始统计，在标签中显示结果。

（4）设有一批英文单词存放在一个数组中，编制一个图形界面程序浏览单词。在界面中安排一个标签显示单词，另有"上一个""下一个"两个按钮实现单词的前后翻动。

（5）编写数字的英文单词显示程序，窗体中安排一个文本框和一个标签，从文本框输入一个数字（0~9），按 Enter 键，将其对应的英文单词（如 zero、one、two 等）显示在标签中。进一步，扩展数据的范围（如 0~100），如何修改程序实现翻译？

（6）利用鼠标事件实现一个拉橡皮筋方式绘制直线的程序。鼠标按下开始算始点，拖动

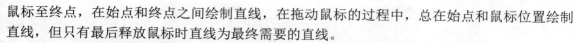

鼠标至终点，在始点和终点之间绘制直线，在拖动鼠标的过程中，总在始点和鼠标位置绘制直线，但只有最后释放鼠标时直线为最终需要的直线。

（7）改进本章例题介绍的人对机拿火柴游戏，将剩余火柴数量绘制出来。

（8）编写一个窗体应用，其中包含一块画布和一个按钮，在画布中绘制一个填充圆，将画布安排在窗体的中央，按钮放置在下面，单击按钮画布上绘制的填充圆的颜色随机变化。

（9）编写窗体应用实现复数的加减法运算。安排两个文本框用来输入两个复数，提供加法和减法两个按钮，一个显示计算结果的标签。复数的输入格式假设为 x+yi 形式。

第 12 章 ●

文件操作与输入/输出流

本章知识目标：

❏ 了解用 File 类获取文件属性，管理文件和目录。

❏ 熟悉输入流与输出流，字节流与字符流，过滤流的概念。

❏ 了解面向字节输入/输出流和面向字符输入/输出流的继承层次，重点掌握用相关流实现对文件的数据读/写访问处理。

❏ 了解转换流（InputStreamReader、OutputStreamWriter）的使用。

❏ 理解对象串行化与 Serializable 接口关系，掌握对象输入流（ObjectInputStream）和对象输出流（ObjectOutputStream）的使用。

❏ 掌握随机访问文件的使用。

文件是计算机数据处理中常用的数据持久存储形式。Java 通过 File 类支持文件和目录的管理操作，提供了丰富的流对象来实现数据传输和数据读写访问处理。本章的重点主要针对文件的读写访问处理。

扫描，拓展学习

12.1 输入/输出基本概念

输入/输出是程序与用户之间沟通的桥梁，输入功能可以使程序从外界获取数据；输出功能则可以将程序运算结果等信息传递给外界。Java 的输入/输出是以流的方式来进行处理的。

1．I/O 设备与文件

计算机外部设备分为两类：存储设备与输入/输出设备。存储设备包括硬盘、软盘、光盘等，在这类设备中，数据以文件的形式进行组织。输入/输出设备分为输入设备和输出设备，输入设备有键盘、鼠标、扫描仪等，输出设备有显示器、打印机、绘图仪等。在操作系统中将输入/输出设备也看作一类特殊文件，从数据操作的角度，文件内容可以看作是字节的序列。根据数据的组织方式，文件可以分为文本文件和二进制文件，文本文件存放的是 ASCII 码（或其他编码）表示的字符，而二进制文件则是具有特定结构的字节数据。

2．流的概念

Java 的输入/输出是以流的方式来处理的，流是输入/输出操作中流动的数据系列。流系列中的数据有未经加工的原始二进制数据，也有经过特定包装过滤处理的格式数据。流式输入、输出的特点是数据的获取和发送均沿数据序列顺序进行，如图 12-1 所示。

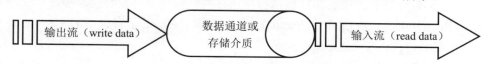

图 12-1 流的顺序访问特性

从图 12-1 可以看出，输出流是向存储介质或数据通道中写入数据，而输入流是从存储介质或数据通道中读取数据。流具有以下几点特性。

（1）先进先出：最先用输出流写入存储介质的数据最先被输入流读取到。

（2）顺序存取：写入和读取流数据均按顺序逐个字节进行，不能随机访问中间的数据。

（3）只读或只写：每个流只能是输入流或输出流的一种，不能同时具备两个功能，在一个数据传输通道中，如果既要写入数据，又要读取数据，则要分别提供两个流。

在 Java 的输入/输出类库中，提供各种不同的流类以满足不同性质的输入/输出需要。总的来说，Java API 提供了两套流来处理输入/输出，一套是面向字节的流，数据的处理是以字节为基本单位；另一套是面向字符的流，用于字符数据的处理，这里需要特别注意的是，为满足字符的国际化表示要求，Java 的字符编码是采用 16 位表示一个字符的 Unicode 码，而普通的文本文件中采用的是 8 位的 ASCII 码。

Java 提供了专门用于输入/输出功能的包 java.io，其中包括 5 个非常重要的类，InputStream、OutputStream、Reader、Writer 和 File。其他与输入/输出有关的类均是这 5 个类基础上的扩展。

针对一些频繁的设备交互，Java 系统定义了以下 3 个可以直接使用的流对象。

❑ 标准输入（System.in）：InputStream 类型，通常代表键盘输入。

❑ 标准输出（System.out）：PrintStream 类型，通常写往显示器。

❑ 标准错误输出（System.err）：PrintStream 类型，通常写往显示器。

在 Java 中使用字节流和字符流的步骤基本相同，以输出流为例，首先创建一个与数据源相关的流对象；其次利用流对象的方法往流写入数据；最后执行 close()方法关闭流。

扫描，拓展学习

12.2　文件与目录操作

输入/输出中最常见的是对磁盘文件的访问，Java 提供了 File 类，通过该类的方法可获得文件的信息以及进行文件的复制、删除、重命名等管理操作，目录管理也由 File 对象实现。

1．创建 File 对象

File 类的构造方法有多种形态。

（1）File(String path)

path 指定文件路径及文件名，它可以是绝对路径，也可以是相对路径。绝对路径的格式为盘符：/目录路径/文件名；相对路径是指程序运行的当前盘及当前目录路径。

例如：File myFile = new File("etc/motd"); //指当前路径的 etc 子目录下的文件 motd

（2）File(String path,String name)

两个参数分别提供路径和文件名。

例如：myFile = new File("/etc","motd");

（3）File(File dir,String name)

利用已存在的 File 对象的路径定义新文件的路径，第 2 个参数为文件名。

值得一提的是，不同平台下路径分隔符可能不一样，如果应用程序要考虑跨平台的情形，可以使用 System.dirSep 这个静态属性来给出分隔符。

读取文件内容，需要用到 FileInputStream。可根据文件名创建 FileInputStream 对象，也可根据 File 对象创建 FileInputStream 对象。如下所示：

```
File  myFile = new File("/etc/motd");
FileInputSteam  in = new FileInputStream(myFile);
```

2．获取文件或目录属性

借助 File 对象，可以获取文件和相关目录的属性信息，以下为常用的方法。

❑ String getName()：返回文件名。

❑ String getPath()：返回文件或目录路径。

❑ String getAbsolutePath()：返回绝对路径。

❑　String getParent()：获取文件所在目录的父目录。

❑　boolean exists()：文件是否存在。

❑　boolean canWrite()：文件是否可写。

❑　boolean canRead()：文件是否可读。

❑　boolean isFile()：是否为一个正确定义的文件。

❑　boolean isDirectory()：是否为目录。

❑　long lastModified()：求文件的最后修改日期。

❑　long length()：求文件长度。

3. 文件或目录操作

借助 File 对象，可实现对文件和目录的增、删、改、查，以下为常用的方法。

❑　boolean mkdir()：创建当前目录的子目录。

❑　String[] list()：列出目录中的文件。

❑　File[] listFiles()：得到目录下的文件列表。

❑　boolean renameTo(File newFile)：将文件改名为新文件名。

❑　boolean delete()：删除文件。

❑　boolean equals(File f)：比较两个文件或目录是否相等。

【例 12-1】显示若干文件的基本信息，文件名通过命令行参数提供。

程序代码如下：

```
#01   import java.io.File;
#02   class Fileinfo{
#03       public static void main(String args[]) {
#04           for (int i=0;i<args.length;i++)
#05               info(new File(args[i]));                  //调用方法输出指定文件信息
#06       }
#07
#08       public static void info (File f) {
#09           System.out.println("Name: "+f.getName());
#10           System.out.println("Path: "+f.getPath());
#11           System.out.println("Absolute Path: "+f.getAbsolutePath());
#12           if (f.exists()) {
#13             System.out.println("File is Readable : "+f.canRead());
#14             System.out.println("File is Writeable: "+f.canWrite());
#15             System.out.println("File is " + f.length()+" bytes.");
#16           } else {
#17             System.out.println("File does not exist.");
#18           }
#19       }
#20   }
```

✎ 说明：

第 8~19 行定义了 info 方法显示指定文件的信息，第 4~5 行通过循环并调用 info 方法将所有命令行参数指定文件的信息显示出来。

【运行结果】

```
C:\java>java Fileinfo images\x.gif
Name: x.gif
Path: images\x.gif
Absolute Path: C:\java\images\x.gif
File does not exist.
```

12.3　面向字节的输入/输出流

扫描，拓展学习

12.3.1　面向字节的输入流

1．类 InputStream 介绍

面向字节的输入流类都是类 InputStream 的子类，如图 12-2 所示，类 InputStream 是一个抽象类，定义了以下方法。

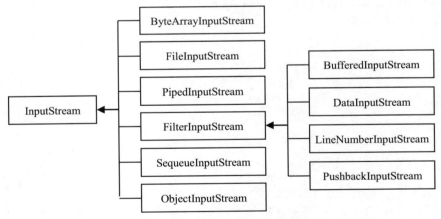

图 12-2　面向字节输入流类的继承层次

❏ public int read()：读一个字节，返回读到字节的 int 表示方式，读到流的未尾时返回-1。

❏ public int read(byte b[])：读多个字节到字节数组，返回结果为读到的实际字节个数，当输入流中无数据可读时返回-1。

❏ public int read(byte[] b, int off, int count)：从输入流读 count 个字节到字节数组，数据从数组的 off 处开始存放，当输入流中无数据可读时返回-1。

❏ public long skip(long n)：指针跳过 n 个字节，定位输入位置指针的方法。

- ❑ public void mark()：在当前位置指针处做一标记。
- ❑ public void reset()：将位置指针返回标记处。
- ❑ public void close()：关闭流。

数据的读取通常是按照顺序逐个字节进行访问，在某些特殊情况下，要重复处理某个字节可通过 mark() 加标记，以后用 reset() 返回该标记处再处理。

2. 类 InputStream 的子类的使用

类 InputStream 的主要子类及功能如表 12-1 所示，其中，过滤输入流类 FilterInputStream 是一个抽象类，没有提供实质的过滤功能，其子类中定义了具体的过滤功能，如表 12-2 所示。

表 12-1　类 InputStream 的主要子类及功能

类　名	构造方法的主要参数	功　能　描　述
ByteArrayInputStream	字节数组	以程序中的一个字节数组作为输入源，通常用于对字节数组中的数据进行转换
FileInputStream	类 File 的对象或字符串表示的文件名	以文件作为数据源，用于实现对磁盘文件中数据的读取
PipedInputStream	PipedOutputStream 的对象	与另一输出管道相连，读取写入输出管道中的数据，用于程序中线程间通信
FilterInputStream	InputStream 的对象	用于装饰另一输入流以提供对输入数据的附加处理功能，子类见表 12-2
SequeueInputStream	一系列 InputStream 的对象	将两个其他流首尾相接，合并为一个完整的输入流
ObjectInputStream	InputStream 的对象	用于从输入流读取串行化对象。可实现轻量级对象持久性

表 12-2　类 FilterInputStream 的常见子类及功能

类　名	功　能　描　述
BufferedInputStream	为所装饰的输入流提供缓冲区的功能，以提高输入数据的效率
DataInputStream	为所装饰的输入流提供数据转换的功能，可从数据源读取各种基本类型的数据
LineNumberInputStream	为文本文件输入流附加行号
PushbackInputStream	提供回压数据的功能，可以多次读取同样数据

以下结合数据操作访问单位的特点介绍若干流的使用。

1. 以字节为单位读取数据

以文件访问操作为例，可利用文件输入流（FileInputStream）的方法从文件读取数据。注意，读到文件结尾时 read 方法返回-1，编程时可以利用该特点来组织循环，从文件的第一个字节一直读到最后一个字节。

【例 12-2】在屏幕上显示文件内容。

程序代码如下：

```
#01   import java.io.*;
#02   public class DisplayFile {
#03      public static void main(String args[]) {
#04         try {
#05            FileInputStream infile = new FileInputStream(args[0]);
#06            int byteRead = infile.read();
#07            while (byteRead!=-1) {                //判断是否读到文件的末尾
#08               System.out.print((char)byteRead);  //将字节转化为字符显示
#09               byteRead = infile.read();
#10            }
#11         }
#12         catch(ArrayIndexOutOfBoundsException e) {
#13            System.out.println("要一个文件名作为命令行参数!"); }
#14         catch(FileNotFoundException e) {
#15            System.out.println("文件不存在!"); }
#16         catch(IOException e) { }
#17      }
#18   }
```

✎ 说明：

从命令行参数获取要显示文件的文件名，利用 FileInputStream 的构造方法建立对文件进行操作的输入流，利用循环从文件逐个字节读取数据，将读到的数据转化为字符在屏幕上显示。运行程序不难发现，本程序可查看文本文件的内容，但要注意汉字字符对应的位置会显示乱码符号，因为 read()方法是逐个字节进行读取处理，西文字符只需存储一个字节的编码，而汉字字符需要存储两个字节的编码数据，这两个字节分开读取逐个解析就会形成乱码。如果输入的文件是二进制文件（如 Java 程序的 class 文件等）时看到的也是乱码，因为那些文件中的数据不是字符，强制转换为字符是没有意义的。

2．以数据类型为单位读取数据

类 DataInputStream 实现了 DataInput 接口，DataInput 接口规定了基本类型数据的读取方法。如 readByte()、readBoolean()、readShort()、readChar()、readInt()、readLong()、readFloat()、readDouble()以及按 UTF-8 编码读取字符串的 readUTF()。

扫描，拓展学习

12.3.2　面向字节的输出流

面向字节的输出流都是类 OutputStream 的后代类，见图 12-3。类 OutputStream 是一个抽象类，含一套所有输出流均需要的方法。

❑　public void write(int b)：将参数 b 的低字节写入输出流。

❑　public void write(byte b[])：将字节数组全部写入输出流。

❑　public void write(byte b[], int off, int count)：将字节数组从 off 处开始的 count 个字节数据写入输出流。

❑　public void flush()：强制将缓冲区数据写入输出流对应的外设。

❑　public void close()：关闭输出流。

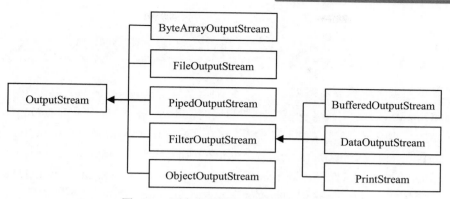

图 12-3　面向字节输出流类的继承层次

其中，PrintStream 提供了常用的 print()、println()、printf()等方法。

1. 以字节为单位的数据写入

【例 12-3】将一个大文件分拆为若干小文件。
程序代码如下：

```
#01  import java.io.*;
#02  public class BigToSmall {
#03      public static void main(String args[]) {
#04          FileInputStream infile;               //从大文件读
#05          FileOutputStream outfile;             //往小文件写
#06          int number = 0;                       //用于统计小文件数量
#07          final int size = Integer.parseInt(args[1]);        //小文件大小
#08          byte[] b = new byte[size];            //创建一个字节数组存放读取的数据
#09          try {
#10              infile = new FileInputStream(args[0]);          //大文件名
#11              while (true) {
#12                  int byteRead = infile.read(b);      //从文件读数据给字节数组
#13                  if (byteRead == -1)             //在文件尾，无数据可读
#14                      break;                      //退出循环
#15                  outfile = new FileOutputStream("file"+number); //创建小文件
#16                  number++;
#17                  outfile.write(b,0,byteRead);        //将读到的数据写入小文件
#18                  outfile.close();
#19              }
#20          }
#21          catch(IOException e) { }
#22      }
#23  }
```

✍ 说明：

　　运行程序需要输入两个参数，一个是要分拆的大文件名；另一个是小文件的大小。分拆的小文件命名为 file0、file1、file2…

◀》注意：

第 17 行将数据写入文件用 write(b,0,byteRead)是保证将当前读到的数据写入文件，不能直接写 write(b)，因为最后一次循环读到的文件数据通常不足字节数组的大小。

2. 以数据类型为单位写入数据

类 DataOutputStream 实现各种基本类型数据的输出处理，它实现了 DataOutput 接口，在该接口中定义了基本类型数据的输出方法。如 writeByte(int)、writeBytes(String)、writeBoolean(boolean)、writeChars(String)、writeInt(int)、writeLong(long)、writeFloat(float)、writeDouble(double)、writeUTF(String)等。其中，writeBytes、writeChars、writeUTF 这 3 个方法均是以字符串作为参数，但它们的数据写入结果不同，writeBytes 是按字节写入数据，它会丢弃掉字符的高 8 位，所以，不适合处理汉字。writeChars 是按字符写入数据。writeUTF 是按 UTF-8 字符编码写入数据。

以下结合一个文件写入的例子演示基本类型数据的读/写访问处理。

【例 12-4】找出 10~100 之间的所有姐妹素数，写入文件中。所谓姐妹素数，是指相邻两个奇数均为素数。

程序代码如下：

```
#01  import java.io.*;
#02  public class FindSisterPrime {
#03      /* 判断一个数是否为素数，是返回true；否则返回false */
#04      public static boolean isPrime(int n) {
#05          for (int k=2;k<=Math.sqrt(n);k++) {
#06            if (n%k==0)
#07              return false;
#08          }
#09          return true;
#10      }
#11
#12      public static void main(String[] args) {
#13          try {
#14            FileOutputStream file = new  FileOutputStream("x.dat");
#15            DataOutputStream out=new  DataOutputStream(file);
#16            for (int n=11;n<100;n+=2) {
#17              if (isPrime(n) && isPrime(n+2)) {   //两个相邻奇数是否为素数
#18                out.writeInt(n);                  //将素数写入文件
#19                out.writeInt(n+2);
#20              }
#21            }
#22            out.close();
#23          } catch (IOException e) { };
#24      }
#25  }
```

✍ **说明：**

第 14 行创建一个 FileOutputStream 文件输出流，如果对应名称的文件不存在，系统会自动新建文件。第 15 行对 FileOutputStream 进行包装，创建了一个 DataOutputStream 流，利用该流可以给文件写入各种基本类型的数据。第 18、19 行利用 DataOutputStream 的 writeInt 方法将找到的素数写入文件。

当读者想看文件的内容时，用记事本查看文件将显示乱码，原因在于该文件中的数据不是文本格式的数据，要读取其中的数据需要以输入流的方式访问文件，用 DataInputStream 的 readInt 方法读取对应数据，以下为程序代码。

```java
import java.io.*;
public class OutSisterPrime {
  public static void main(String[] args) {
    try {
      FileInputStream file = new FileInputStream("x.dat");
      DataInputStream in = new  DataInputStream(file);
      while(true)  {
        int n1 = in.readInt();                        //从文件读取整数
        int n2 = in.readInt();
        System.out.println(n1+","+n2);                //输出相邻的 2 个素数
      }
    } catch (EOFException e) { }
    catch (IOException e) { }
  }
}
```

📢 **注意：**

本程序在处理文件访问中利用了异常处理机制，在 **try** 块中用无限循环来读取访问文件，如果遇到文件结束将抛出 EOFException 异常。

从上面例子可以看出，各种过滤流实际上是对数据进行特殊的包装处理，在读/写字节的基础上提供更高级的功能，从而更方便地访问数据。

12.4　对象串行化

扫描，拓展学习

对象输入流 ObjectInputStream 和对象输出流 ObjectOutputStream 将 Java 流系统扩充到能输入/输出对象，它们提供的 writeObject()和 readObject()方法实现了对象的串行化（Serialized）和反串行化（Deserialized）。将对象写入文件中可实现对象的存储。

值得注意的是，为了实现用户自定义对象的串行化，相应的类必须实现 Serializable 接口，否则，不能以对象形式正确写入文件。Serializable 接口中没有定义任何方法。以下例子中介绍的 Date 和 String 对象之所以能写入文件，实际上均实现了 Serializable 接口。

【例 12-5】系统对象的串行化处理。

程序 1：将系统对象写入文件

```
#01   import java.io.*;
#02   import java.util.Date;
#03   public class WriteDate {
#04      public static void main(String args[]) {
#05         try {
#06            ObjectOutputStream out = new ObjectOutputStream(
#07               new FileOutputStream("storedate.dat"));
#08            out.writeObject(new Date());              //写入日期对象
#09            out.writeObject("hello world");           //写入字符串对象
#10            System.out.println("写入完毕");
#11         } catch (IOException e) {  }
#12      }
#13   }
```

程序 2：读取文件中的对象并显示出来。

```
#01   import java.io.*;
#02   import java.util.Date;
#03   public class ReadDate {
#04      public static void main(String args[]) {
#05         try {
#06            ObjectInputStream in = new ObjectInputStream(
#07               new FileInputStream("storedate.dat"));
#08            Date current = (Date) in.readObject();
#09            System.out.println("日期: " + current);
#10            String str = (String) in.readObject();
#11            System.out.println("字符串:" + str);
#12         }
#13         catch (IOException e) {}
#14         catch (ClassNotFoundException e) {  }
#15      }
#16   }
```

🔊 **注意**：

　　程序 1 的第 8 行和第 9 行用对象输出流的 writeObject 方法分别写入了日期和字符串对象到文件中。程序 2 的第 8 行和第 10 行调用对象输入流的 readObject()方法读取文件中存储的对象，如果输入源数据不符合对象规范时将产生 ClassNotFoundException 异常，无对象可读时将产生 IOException 异常。

【**例 12-6**】利用对象串行化将各种图形元素以对象形式存储，从而实现图形的保存。

简单起见，这里以直线和圆为例，创建 Line 和 Circle 两个类分别表示直线与圆，为了能方便地访问各种图形元素，定义一个抽象父类 Graph，其中提供了一个 draw()方法用来绘制相应图形。

程序 1：图形对象的串行化设计。

```
#01   import java.awt.Graphics;
#02   abstract class Graph implements Serializable {      //抽象类
#03      public abstract void draw(Graphics g);           //定义draw方法
```

```
#04    }
#05
#06   class Line extends Graph {
#07       int x1,y1;
#08       int x2,y2;
#09
#10       public void draw(Graphics g){           //实现直线绘制的 draw 方法
#11           g.drawLine(x1,y1,x2,y2);
#12       }
#13
#14       public Line(int x1,int y1,int x2,int y2) {
#15           this.x1 = x1;
#16           this.y1 = y1;
#17           this.x2 = x2;
#18           this.y2 = y2;
#19       }
#20   }
#21
#22   class Circle extends Graph {
#23       int x,y;
#24       int r;
#25
#26       public void draw(Graphics g) {           //实现圆绘制的 draw 方法
#27           g.drawOval(x,y,r,r);
#28       }
#29
#30       public Circle(int x,int y,int r) {
#31           this.x = x;
#32           this.y = y;
#33           this.r = r;
#34       }
#35   }
```

程序 2：测试将图形对象串行化写入文件。

```
#01   import java.io.*;
#02   public class WriteGraph {
#03       public static void main(String a[]) {
#04       /* 以下程序分别创建一条直线和一个圆写入文件中。*/
#05       Line k1=new Line(60,90,140,90);
#06       Line k3=new Line(100,50,100,140);
#07       Circle k2=new Circle(60,50,80);
#08       try {
#09         FileOutputStream fout = new FileOutputStream("storedate.dat");
#10         ObjectOutputStream out = new ObjectOutputStream(fout);
#11         out.writeObject(k1);                    //写入直线
#12         out.writeObject(k2);                    //写入圆
```

```
#13              out.writeObject(k3);                    //写入直线
#14         } catch (IOException e) { }
#15     }
#16 }
```

程序 3：从文件读取串行化对象并绘图。

```
#01 import java.awt.*;
#02 import java.io.*;
#03 public class DisplayGraph extends Frame{
#04     public static void main(String a[]) {
#05         new DisplayGraph();
#06     }
#07
#08     public DisplayGraph() {
#09         super("读对象文件显示图形");
#10         setSize(300,300);
#11         setVisible(true);
#12         Graphics g = getGraphics();              //得到窗体的 Graphics 对象
#13         try {
#14             FileInputStream fin = new FileInputStream("storedate.dat");
#15             ObjectInputStream in = new ObjectInputStream(fin);
#16             for (;;) {
#17                 Graph me =(Graph)in.readObject();  //读取对象
#18                 me.draw(g);                         //调用相应对象的方法绘图
#19             }
#20         }
#21         catch (IOException e) { }
#22         catch (ClassNotFoundException e){ }
#23     }
#24 }
```

程序运行结果如图 12-4 所示。

✍ 说明：

　　程序 3 中第 16~19 行循环读出图形对象并调用其 draw()方法进行绘图。最后将因为无对象可读时产生 IOException 异常而结束应用。

图 12-4　从文件读对象绘图

12.5　面向字符的输入/输出流

扫描，拓展学习

12.5.1　面向字符的输入流

　　面向字符的输入流类都是类 Reader 的后代，如图 12-5 所示。

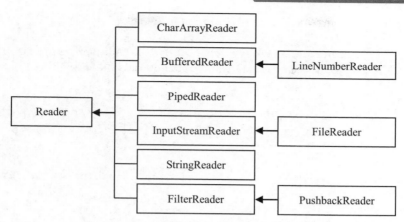

图 12-5　面向字符输入流类的继承层次

类 Reader 是一个抽象类，提供的方法与 InputStream 类似，只是将基于 byte 的参数改为基于 char。以下列出几个常用的方法。

❑ public int read()：从流中读一个字符，返回字符的整数编码，如果读至流的末尾，则返回−1。

❑ public int read(char[] b, int off, int len)：从输入流读指定长度的数据到字符数组，数据从字节数组的 off 处开始存放；如果输入流无数据可读则返回−1。

❑ public int read(char b[])：等价于 read(buf,0,buf.length)形式。

❑ public long skip(long n)：指针跳过 n 个字符，定位输入位置指针的方法。

类 Reader 的主要子类及功能如表 12-3 所示。

表 12-3　类 Reader 的主要子类及功能

类　　名	构造方法的主要参数	功 能 描 述
CharArrayReader	字符数组 char[]	用于对字符数组中的数据进行转换
BufferedReader	类 Reader 的对象	为输入提供缓冲的功能，提高效率
LineNumberReader	类 Reader 的对象	为输入数据附加行号
InputStreamReader	InputStream 的对象	将面向字节的输入流转换为字符输入流
FileReader	File 对象或字符串表示的文件名	文件作为输入源
PipedReader	PipedWriter 的对象	与另一输出管道相连，读取另一管道写入的字符
StringReader	字符串	以字符串作为输入源，用于对字符串中的数据进行转换

【例 12-7】从一个文本文件中读取数据加上行号后显示。

程序代码如下：

```
#01  import java.io.*;
#02  public class AddLineNo {
```

```
#03      public static void main(String[] args) {
#04        try {
#05          FileReader file= new FileReader("AddLineNo.java");
#06          LineNumberReader  in=new LineNumberReader(file);
#07          boolean eof = false;
#08          while (!eof) {
#09            String  x= in.readLine();              //从输入流读 1 行文本
#10            if (x == null)                         //是否读至文件尾
#11                eof = true;
#12            else
#13                System.out.println(in.getLineNumber()+": "+x);
#14          }
#15        } catch (IOException e) { };
#16      }
#17  }
```

✍ 说明：

第 9 行利用 LineNumberReader 的 readLine()方法从文本文件中逐行读取数据，注意 readLine()方法在遇到文件末尾时将返回 null，因此，第 10 行据此判别是否读至文件尾。第 13 行通过 getLineNumber()方法得到行号与该行文本拼接后输出，显示结果是给每行加上了行号。

💬 思考：

程序中引入了一个逻辑变量 eof 控制循环，如果不引入逻辑变量，用 break 结束循环应如何改写程序？

扫描，拓展学习

12.5.2   面向字符的输出流

面向字符的输出流类都是类 Writer 的后代，如图 12-6 所示。

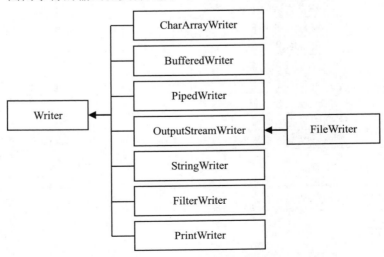

图 12-6   面向字符输出流类的继承层次

类 Writer 是一个抽象类，提供的方法与 OutputStream 类似，只是将基于 byte 的参数改为基于 char，以下列出常用的几个方法。

❑　public void write(int c)：往字符输出流写入一个字符，它是将整数的低 16 位对应的数据写入流中，高 16 位将忽略。

❑　public void write(char[] cbuf)：将一个字符数组写入到流中。

❑　public void write(String str)：将一个字符串写入到流中。

类 Write 的常见子类的简要介绍见表 12-4。

表 12-4　类 Writer 的主要子类及功能

类　　　名	构造方法的主要参数	功　能　描　述
CharArrayWriter	字符数组 char[]	用于对字符数组中的数据进行转换
BufferedWriter	类 Writer 的对象	为输出提供缓冲的功能，提高效率
OutputStreamWriter	OutputStream 的对象	将面向字节的输出流转换为字符输出流
FileWriter	文件对象或字符串表示的文件名	文件作为输出源
PipedWriter	PipedReader 的对象	与另一输出管道相连，写入数据给另一管道供其读取
StringWriter	字符串	以程序中的一字符串作为输出源，用于对字符数组中的数据进行转换
FilterWriter	Writer 的对象	装饰另一输出流以提供附加的功能
PrintWriter	Writer 的对象或 OutputStream 的对象	为所装饰的输出流提供打印输出，与类 PrintStream 只有细微差别

以下结合实例介绍 FileWriter 类的使用，该类的直接父类是 OutputStreamWriter，后者又继承 Writer 类。FileWriter 的常用构造方法有以下几种。

❑　FileWriter(File file)：根据 File 对象构造一个 FileWriter 对象。

❑　FileWriter(String fileName)：根据字符串文件名构造一个 FileWriter 对象。

为支持附加写入，可以使用以下带两个参数的构造方法，其中，第 1 个参数为字符串表示的文件名或 File 对象，第 2 个参数用于指示是否可以往文件中添加数据。

❑　FileWriter(String fileName, boolean append)。

❑　FileWriter(File file, boolean append)。

【例 12-8】用 FileWriter 流将 ASCII 英文字符集字符写入文件。

程序代码如下：

```
#01   import java.io.*;
#02   public class CharWrite {
#03     public static void main(String args[]) {
#04       try {
#05         FileWriter fw = new FileWriter("charset.txt ");
#06         for (int i=32;i<126;i++)
```

```
#07            fw.write(i);
#08          fw.close();
#09       }catch (IOException e) { }
#10     }
#11  }
```

运行程序后，使用 DOS 的 type charset.txt 命令查看结果如下。

```
!"#$%&'()*+,-./0123456789:;<=>?@ABCDEFGHIJKLMNOPQRSTUVWXYZ[\]^_`abcdefghijk
lmnopqrstuvwxyz{|}
```

✎ **说明：**

　　FileWriter 类的构造方法、write 方法及 close()方法可能产生 I/O 异常，必须进行异常捕获处理，执行 FileWriter 的构造方法时，如果文件不存在，将自动创建文件。

📢 **注意：**

　　前面介绍的 Writer 类的 3 个方法均可实现汉字的写入。例如：

```
char x[]={'高','高','兴','兴'};
fw.write(x);
fw.write("\nhello 你好");
fw.write('好');
```

【例 12-9】 将一个文本文件中的内容简易加密写入另一个文件中。

```
#01  import java.io.*;
#02  public class  Ex12_9 {
#03     public static void main(String[] args) {
#04        try {
#05           FileReader file1 = new FileReader("Ex12_9.java");
#06           FileWriter  file2 = new FileWriter("another.txt");
#07           boolean eof = false;
#08           while (!eof) {
#09              int x= file1.read();          //从文件读一个字符
#10              if (x == -1 )                 //是否读至文件尾
#11                 eof = true;
#12              else {
#13                 file2.write(x ^ 'A');      //字符加密写入另一个文件
#14              }
#15           }
#16           file2.close();
#17        } catch (IOException e) { };
#18     }
#19  }
```

　　程序运行后，用记事本打开 another.txt 文件，结果会发现乱码。注意，这里采用的加密方法是对文本中的每个字符和字母 A 进行异或运算。如果将程序中第 5 行和第 6 行所操作的文件名进行修改，把刚产生的 another.txt 作为要读取的文件，而要写入的文件改成 another2.txt，重新编译运行程序后，不难发现 another2.txt 文件内容和原始的 Ex12_9.java 文件内容完全一致。

思考：

> 不难发现，同样的程序既可用于加密，又可用于解密。为了避免反复修改程序，可将程序中的文件名改为由两个命令行参数提供。甚至用于加密的字符 A 也改用第 3 个命令参数来提供，这样可以做到更保密。请读者修改并测试程序。

本例以一种简单的加密方式对文件进行加密，在实际应用中经常对用户的密码进行加密处理，有很多加密算法与工具可供选择。

12.6　转　换　流

扫描，拓展学习

转换流 InputStreamReader 和 OutputStreamWriter 完成字符与字符编码字节的转换，在字节流和字符流间架起了一道桥梁。类 FileReader 和 FileWriter 分别是两个转换流的子类，用于实现对文本文件的读/写访问。

1. 转换输入流（InputStreamReader）

从前面介绍可发现，InputStreamReader 是 Reader 的子类。一个 InputStreamReader 对象接受一个字节输入流作为源，产生相应的 UTF-16 字符。类 InputStreamReader 的常用构造方法有以下几种。

- ❑ public InputStreamReader(InputStream in)：创建转换输入流，按默认字符集的编码从输入流读取数据。
- ❑ public InputStreamReader(InputStream in,Charset c)：创建转换输入流，按指定字符集的编码从输入流读取数据。
- ❑ public InputStreamReader(InputStream in,String enc)throws UnsupportedEncodingException：创建转换输入流，按名称所指字符集的编码从输入流读取数据。

Java 字符处理要特别关注汉字字符的编码问题。支持汉字的编码字符集有 GB2312、GBK、UTF-8、UTF-16。其中，GBK 是 GB2312 的扩展，它们均是双字节编码，UTF-16 采用定长的双字节，而 UTF-8 采用变长字节表示不同字符。

以下代码建立的转换输入流将按 UTF-8 编码从文件读取数据并输出显示。

```java
InputStreamReader isr = null;
try {
    isr = new InputStreamReader(new FileInputStream("x.txt"),"utf-8");
    int ch;
    while ((ch = isr.read()) != -1) {
        System.out.print((char) ch);
    }
} catch (UnsupportedEncodingException e | FileNotFoundException e) { }
catch (IOException e1) { }
```

如果用 InputStreamReader 强行将任意的字节流转换为字符流是没有意义的，在实际应用中要根据流数据的特点来决定是否需要进行转换。例如，标准输入（键盘）提供的数据是字节形式的，实际上，想从键盘输入的数据是字符系列，因此，转换成字符流更符合应用的特点。因此，使用 InputStreamReader 将字节流转化为字符流，为了能一次性地从键盘输入一行字符串，再用 BufferedReader 对字符流进行包装处理，如图 12-7 所示。进而可以用 BufferedReader 的 readLine()方法读取一行字符串。

```
BufferedReader in = new BufferedReader(new InputStreamReader(System.in));
String x = in.readLine();
```

图 12-7　将字节流转换为字符流

2．转换输出流（OutputStreamWriter）

类 OutputStreamWriter 是 Writer 的子类。一个 OutputStreamWriter 对象将 UTF-16 字符转换为指定的字符编码形式写入字节输出流。类 OutputStreamWriter 的常用构造方法如下。

❑ public OutputStreamWriter(OutputStream out)：创建转换输出流，按默认字符集的编码往输出流写入数据。

❑ public OutputStreamWriter(OutputStream out,Charset c)：创建转换输出流，按指定字符集的编码往输出流写入数据。

❑ public OutputStreamWriter(OutputStream out,String enc) throws UnsupportedEncoding-Exception：创建转换输出流，按名称所指字符集的编码往输出流写入数据。

以下代码将采用 GBK 编码往文件中写入字符串数据。

```
OutputStreamWriter osw = null;
try {
    osw = new OutputStreamWriter(new FileOutputStream("x2.txt"),"GBK");
    osw.write("hello,大家好");
    osw.close();
} catch (UnsupportedEncodingException | FileNotFoundException e) { }
catch (IOException e) { }
```

扫描，拓展学习

12.7　文件的随机访问

前面介绍的文件访问均是顺序访问，对同一文件操作只限于读操作或写操作，不能同时进行，而且只能按记录顺序逐个读或逐个写。RandomAccessFile 类提供了对流进行随机读/写的能力。该类实现了 DataInput 和 DataOutput 接口，因此，可使用两接口中定义的所有方法实现数据的读/写操作。为支持流的随机读/写访问，该类还添加定义了以下方法。

（1）long getFilePointer()：返回当前指针。

（2）void seek(long pos)：将文件指针定位到一个绝对地址。地址是相对于文件头的偏移量。地址 0 表示文件的开头。

（3）long length()：返回文件的长度。

（4）void setLength(long newLength)：设置文件的长度，在删除记录时可以采用，如果文件的长度大于设定值，则按设定值设定新长度，删除文件多余部分。文件长度小于设定值，则对文件扩展，扩充部分内容不定。

RandomAccessFile 类的构造方法如下。

❑ public RandomAccessFile(String name,String mode)。

❑ public RandomAccessFile(File file,String mode)。

其中，第 1 个参数指定要打开的文件，第 2 个参数决定了访问文件的权限，'r'表示只读，'rw'表示可进行读和写两种访问。创建 RandomAccessFile 对象时，如果文件存在则打开文件；如果不存在将创建一个文件。

【例 12-10】应用系统用户访问统计。

程序代码如下：

```
#01  import java.io.*;
#02  public class Count {
#03     public static void main(String args[]) {
#04         long count;                          //用来表示访问计数值
#05         try {
#06             RandomAccessFile fio;
#07             fio = new RandomAccessFile("count.txt", "rw");
#08             if (fio.length() == 0)           //新建文件的长度为 0
#09                 count = 1L;                   //第 1 次访问
#10             else {
#11                 fio.seek(0);                 //定位到文件首字节
#12                 count = fio.readLong();      //读原来保存的计数值
#13                 count = count + 1L;          //计数增 1
#14             }
#15             fio.seek(0);
#16             fio.writeLong(count);            //写入新计数值
#17             fio.close();
#18         }
#19         catch (FileNotFoundException e) {  }
#20         catch (IOException e) {}
#21     }
#22  }
```

✍ 说明：

　　　利用随机文件存储访问计数值，将计数值写入文件的开始位置。注意，进行读/写操作前要关注文件指针的定位。

💬 思考：

　　如何利用文件顺序访问方式实现计数问题？

【例 12-11】模拟应用日志处理，将键盘输入数据写入文件尾部。

程序代码如下：

```
#01  import java.io.*;
#02  public class raTest {
#03      public static void main(String args[]) throws IOException {
#04          BufferedReader in = new BufferedReader(
#05                  new InputStreamReader(System.in));
#06          String s = in.readLine();
#07          RandomAccessFile myRAFile = new RandomAccessFile("java.log", "rw");
#08          myRAFile.seek(myRAFile.length());         //将指针定到文件尾
#09          myRAFile.writeBytes(s + "\n");            //写入数据
#10          myRAFile.close();
#11      }
#12  }
```

✍ 说明：

　　　由于每次运行写入的数据在文件末尾，所以文件内容不断增多。将字符串按字符的字节表示写入文件中，符合文本数据格式，可以用记事本打开 java.log 文件查看内容。

　　实际上，类似应用更适合采用文件顺序访问方式来设计，用支持追加写入的方式建立 FileWriter 流对象来访问文件。

```
FileWriter fw = new FileWriter("java.log", true);
```

　　如此，新写入的数据自动添加在文件已有内容的后面。

习　　题

1. 选择题

（1）RandomAccessFile 文件的构造方法正确使用的是（　　　）。

A. RandomAccessFile("data", "r");　　　　B. RandomAccessFile("r", "data");

C. RandomAccessFile("data", "read");　　　D. RandomAccessFile("read", "data");

（2）使用（　　）类可创建目录。

A. File　　　　　　　　　　　　　　　B. DataOutput

C．Directory
D．FileDescriptor

E．FileOutputStream

（3）以下（　　　）是 FileOutputStream 构造方法的合法形式。

A．FileOutputStream(FileDescriptor fd)
B．FileOutputStream(String n, boolean a)

C．FileOutputStream(boolean a)
D．FileOutputStream()

E．FileOutputStream(File f)

（4）以下语句能编译通过的有（　　　）。

A．File f = new File("/","autoexec.bat");

B．DataInputStream d = new DataInputStream(System.in);

C．OutputStreamWriter o = new OutputStreamWriter(System.out);

D．RandomAccessFile r = new RandomAccessFile("OutFile");

2．思考题

（1）面向字节的输入/输出流与面向字符的输入/输出流有何差异？

（2）标准输入 System.in 属于哪种类型的流？如果要从键盘获取一个字符串应做何处理？

（3）在 DataInput 和 DataOutput 接口中定义了哪些方法？

（4）InputStream、OutputStream、Reader、Writer 在功能上有何差异？

（5）RandomAccessFile 和其他输入/输出类有何差异？它实现了哪些接口？

3．编程题

（1）从键盘输入一行字符，分别统计其中数字字符、空格以及其他字符的数量。

（2）编程将例 12-3 分拆的小文件合并为大文件。

（3）从键盘上输入一个文本文件的名字，在屏幕上显示这个文件的内容。

（4）统计一个文本文件中单词的个数。

（5）利用随机函数产生 20 个整数，按由小到大的顺序排序后写入文件中，然后从文件中读取整数并输出显示。分别用顺序文件和随机文件的读/写形式进行编程测试。

（6）编写一个 Student 类用来描述学生对象，创建若干学生，将其写入文件，然后读出对象，验证显示相应的数据。

（7）从键盘输入某文件夹的路径信息，列出该文件夹下的所有文件。

（8）将一个文本文件的内容加上行号后写入另外一个文件，行号假设占用两位，如果行号不足两位，则前面补 0，行号和内容之间空 2 个空格。

第 13 章

多 线 程

本章知识目标：

❑ 掌握线程的概念、Java 线程调度思想、优先级及线程的状态转换关系。

❑ 了解 Thread 类的常用方法。

❑ 掌握继承 Thread 类和实现 Runnable 接口两种编写线程的方法。

❑ 熟悉线程资源的同步处理方法。

实际应用中经常需要同时处理多项任务。例如，服务器要同时处理与多个客户的通信，为了让这些任务并发执行，可以在服务器方为每个客户建立一个通信线程，各个通信线程独立地工作。通常计算机只有一个 CPU，为了实现多线程的并发执行要求，实际上是采用让各个线程轮流执行的方式，由于每个线程在一次执行中占用时间片很短，各个线程通过调度程序的调度在间隔很短的时间后就可获得一次运行机会，其效果是有多个线程在并发执行。Java 在系统级和语言级均提供了对多线程的支持。

13.1　Java 线程的概念

扫描，拓展学习

13.1.1　多进程与多线程

1．多进程

大多数操作系统允许创建多个进程。当一个程序因等待网络访问或用户输入而被阻塞时，另一个程序还可以运行，这样就增加了资源利用率。但是，进程切换要占用较多的处理器时间和内存资源，也就是多进程开销大。而且进程间的通信也不方便，大多数操作系统不允许进程访问其他进程的内存空间。

2．多线程

多线程则是指在单个程序中可以同时运行多个不同的线程，执行不同的任务。因为线程只能在单个进程的作用域内活动，所以创建线程比创建进程要廉价得多，同一类线程共享代码和数据空间，每个线程有独立的运行栈，线程切换的开销小。因此多线程编程在现代软件设计中被大量采用。

13.1.2　线程的状态

Java 语言使用 Thread 类及其子类的对象来表示线程，新建的线程在它的一个完整的生命周期中通常要经历以下的 5 种状态（见图 13-1）：① 新建状态；② 就绪状态；③ 运行状态；④ 阻塞状态；⑤ 终止状态。

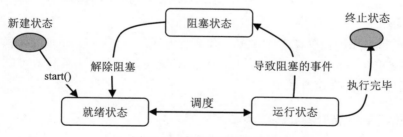

图 13-1　线程的生命周期

首先，一个线程通过对象创建方式建立，线程对象通过调用 start()方法进入"就绪状态"，一个处于"就绪状态"下的线程将有机会等待调度程序安排 CPU 时间片进入"运行状态"。

在运行状态的线程根据情况有以下 3 种可能的走向。

❑　时间片执行时间用完它将重新回到"就绪状态"，等待新的调度运行机会。

❑　线程的 run 方法代码执行完毕将进入到"终止状态"。

❑ 线程可能因某些事件的发生或者等待某个资源而进入"阻塞状态"。阻塞条件解除后线程将进入"就绪状态"。

13.1.3 线程调度与优先级

Java 提供一个线程调度器来负责线程调度，采用抢占式调度策略，在程序中可以给每个线程分配一个线程优先级，优先级高的线程优先获得调度。对于优先级相同的线程，根据在等待队列的排列顺序按"先到先服务"原则调度，每个线程安排一个时间片，执行完时间片将轮到下一个线程。

下面几种情况下，当前线程会放弃 CPU。

（1）当前时间片用完。

（2）线程在执行时调用了 yield()或 sleep()方法主动放弃。

（3）进行 I/O 访问，等待用户输入，导致线程阻塞；或者为等候一个条件变量，线程调用 wait()方法。

（4）有高优先级的线程参与调度。

线程的优先级用数字来表示，范围从 1~10。主线程的默认优先级为 5，其他线程的优先级与创建它的父线程的优先机相同。为了方便，Thread 类提供了以下几个常量来表示。

❑ Thread.MIN_PRIORITY=1。
❑ Thread.MAX_PRIORITY=10。
❑ Thread.NORM_PRIORITY=5。

扫描，拓展学习

13.2 Java 多线程编程方法

用 Java 编写多线程代码有两种方式：第 1 种方式是直接继承 Java 的线程类 Thread；第 2 种方式是实现 Runnable 接口。无论采用哪种方式均需要在程序中编写 run()方法，线程在运行时要完成的任务需要在该方法中实现。

13.2.1 Thread 类简介

Thread 类综合了 Java 程序中一个线程需要拥有的属性和方法，它的构造方法为

```
public Thread (ThreadGroup group, Runnable target, String name)
```

其中，group 指明该线程所属的线程组；target 为实际执行线程体的目标对象，它必须实现接口 Runnable；name 为线程名。以下构造方法为缺少某些参数的情形。

❑ public Thread()。
❑ public Thread(Runnable target)。

- ❑ public Thread(Runnable target,String name)。
- ❑ public Thread(String name)。
- ❑ public Thread(ThreadGroup group,Runnable target)。
- ❑ public Thread(ThreadGroup group,String name)。

线程组是为了方便访问一组线程而引入的，例如，通过执行线程组的 interrupt()方法，可以中断该组所有线程的执行，但如果当前线程无权修改线程组时将产生异常。实际应用中较少用到线程组。

表 13-1 为 Thread 类的主要方法简介。

表 13-1　Thread 类的主要方法及功能说明

方　法	功　能
currentThread()	返回当前运行的 Thread 对象
start()	启动线程
run()	由调度程序调用，当 run()方法返回时，该线程停止
sleep(int n)	使线程睡眠 nms，nms 后，线程可以再次运行
setPriority(int p)	设置线程优先级
getPriority()	返回线程优先级
yield()	将 CPU 控制权主动移交到下一个可运行线程
setName(String name)	赋予线程一个名字
getName()	取得代表线程名字的字符串
stop()	停止线程的执行

13.2.2　继承 Thread 类实现多线程

Thread 类封装了线程的行为，继承 Thread 类须重写 run()方法来实现线程的任务。注意，程序中不要直接调用此方法，而是调用线程对象的 start()方法启动线程，让其进入可调度状态，线程获得调度时将自动执行 run()方法。

【例 13-1】直接继承 Thread 类实现多线程。

程序代码如下：

```
#01  import java.util.*;
#02  class TimePrinter extends Thread {
#03     int pauseTime;                        //中间休息时间
#04     String name;                          //名称标识
#05
#06     public TimePrinter(int x, String n) {
#07         pauseTime = x;
#08         name = n;
#09     }
```

```
#10
#11     public void run() {
#12         while (true) {
#13             try {
#14                 System.out.println(name + ": "
#15                     + Calendar.getInstance().getTime());
#16                 Thread.sleep(pauseTime);             //让线程睡眠一段时间
#17             } catch (InterruptedException e) { }
#18         }
#19     }
#20
#21     public static void main(String args[]) {
#22         TimePrinter tp1 = new TimePrinter(1000, "Fast");
#23         tp1.start();
#24         TimePrinter tp2 = new TimePrinter(3000, "Slow");
#25         tp2.start();
#26     }
#27 }
```

运行程序，可看到两个线程按两个不同的时间间隔显示当前时间，睡眠时间长的线程运行机会自然少，结果如下。

```
Fast:  Tue Nov 26 14:41:48 CST 2013
Slow:  Tue Nov 26 14:41:48 CST 2013
Fast:  Tue Nov 26 14:41:49 CST 2013
Fast:  Tue Nov 26 14:41:50 CST 2013
Slow:  Tue Nov 26 14:41:51 CST 2013
Fast:  Tue Nov 26 14:41:51 CST 2013
...
```

📢 注意：

> 如果包括主线程，实际上有 3 个线程在运行，主线程从 main() 方法开始执行，启动完两个新线程后首先停止。其他两个线程的 run 方法被设计为无限循环，必须靠按 Ctrl+C 组合键强行结束整个程序的运行。

13.2.3 实现 Runnable 接口编写多线程

由于 Java 的单重继承限制，有些类必须继承其他某个类同时又要实现线程的特性。这时可通过实现 Runnable 接口的方式来满足这两方面的要求。Runnable 接口只有一个方法 run()，它就是线程运行时要执行的方法，只要将具体代码写入其中即可。

使用 Thread 类的构造函数 public Thread(Runnable target) 可以将一个 Runnable 接口对象传递给线程，线程在调度执行其 run 方法时将自动调用 Runnable 接口对象的 run 方法。

Thread 类本身实现了 Runnable 接口，从其 run 方法的设计可看出线程调度时会自动执行 Runnable 接口对象的 run 方法。以下为 Thread 类的关键代码：

```
public class Thread implements Runnable {
    private Runnable target;
    public Thread() {…}
    public Thread(Runnable target) {…}
    public void run() {
        if (target!=null)
            target.run();              //执行实现 Runnable 接口的 target 对象的 run()方法
    }
    …
}
```

将例 13-1 改用 Runnable 接口的方式实现，利用 Thread 类的带 Runnable 接口参数的构造方法创建线程，线程调度运行时，通过执行线程的 run 方法，将转而调用 TimePrinter 对象的 run 方法。不妨让 main 方法所在的主线程也循环执行，具体程序代码变动如下。

```
class TimePrinter implements Runnable {
    …  //省略代码同例 13-1 的第 3~19 行
    public static void main(String args[]) {
        Thread tp1 = new Thread(new TimePrinter(1000, "Fast"));
        tp1.start();
        Thread tp2 = new Thread(new TimePrinter(3000, "Slow"));
        tp2.start();
        for (int k = 0; k<100; k++) {
            System.out.println("主线程循环: k =" +k);
            try { Thread.sleep(500);
            } catch(InterruptedException e) {   }
        }
    }
}
```

运行程序，读者会发现有 3 个线程在轮流执行，其中，main 方法所在的线程，由于设置的线程睡眠时间更短，因此，得到调度运行的机会更多。

【例 13-2】利用多线程实现模拟运转的钟表。

绘制一个代表当前时刻的圆形钟表，在钟表上写上部分数字，标上刻度，绘制 3 根直线分别代表时针、分针和秒针。我们将钟表绘制在一块画布上，为了避免绘制效果中出现闪烁，先将钟表绘制成内存图像，然后使用一次性将图像绘制出来的办法，也就是双缓冲区技术。防闪烁的另一招是对 update()方法进行改写，让其直接调用 paint()方法。为方便对比，我们安排另一个标签来显示文字时钟信息。

扫描，拓展学习

程序代码如下：

```
#01  import java.awt.*;
#02  import java.time.*;
#03   /* 以下自定义标签用来显示文字时钟 */
#04  class MyLabel extends Label implements  Runnable {
```

```
#05      public void run() {
#06        for (;;) {
#07            this.setText(LocalTime.now().toString());     //显示文字时间
#08            try {
#09              Thread.sleep(1000);
#10            } catch (InterruptedException e) {  }
#11          }
#12      }
#13   }
#14
#15  public class ClockDisplay extends Canvas implements Runnable{
#16      LocalTime  now = LocalTime.now();                   //当前时间
#17      int hour = now.getHour();
#18      int min = now.getMinute();
#19      int sec = now.getSecond();
#20      Image img;                                          //存放内存图像
#21
#22      public static void main(String args[]){
#23          Frame f = new Frame("美丽的钟表");
#24          f.setSize(400,400);
#25          f.setResizable(false);
#26          ClockDisplay  clock = new ClockDisplay();
#27          f.add("Center",clock);
#28          MyLabel t = new MyLabel();
#29          f.add("South",clock);
#30          f.setVisible(true);
#31          new Thread(clock).start();                      //创建并启动线程显示图形钟表
#32          new Thread(t).start();                          //创建并启动线程显示文字时钟
#33      }
#34
#35      public void paint(Graphics g){
#36          g.drawImage(img,5,5,this);                      //将内存区域图像绘制出来
#37      }
#38
#39      public void update(Graphics g){
#40          paint(g);
#41      }
#42
#43      public void run() {
#44          while (true) {
#45              now = LocalTime.now();
#46              hour = now.getHour();
#47              min = now.getMinute();
#48              sec = now.getSecond();
#49              generateImage();                            //在内存绘制钟表图像
#50              repaint();                                  //将图像绘制到画布上
```

```
#51                try {
#52                    Thread.sleep(1000);
#53                } catch (InterruptedException ex) {  }
#54            }
#55        }
#56        ... //绘制时钟的其他方法见后面介绍
#57    }
```

ClockDisplay 类中的其他方法介绍如下。

（1）以下为在内存绘制时钟图像的方法。

```
#01    public  void  generateImage(){
#02        img = createImage(350,350);                    //创建内存图像区域
#03        double x,y;
#04        Graphics2D g = (Graphics2D)img.getGraphics();
#05        //以下打开反锯齿开关
#06        g.setRenderingHint(RenderingHints.KEY_ANTIALIASING,
#07            RenderingHints.VALUE_ANTIALIAS_ON);        //为了让表盘的圆线条平滑
#08        //以下绘制表盘
#09        g.setPaint(new GradientPaint(5,40,Color.gray,15,50,Color.green,true));
#10        g.setStroke(new BasicStroke(3));
#11        g.drawOval(75, 40, 250, 250);
#12        //以下绘制 60 个圆点
#13        g.setColor(Color.gray);
#14        for(int i = 0;i < 60;i++) {
#15            double angle = i * 2 * Math.PI / 60;
#16            x = 115 * Math.cos(angle);
#17            y = 115 * Math.sin(angle);
#18            if(i==0||i==15||i==30||i==45)            //画 3,6,9,12 四个大圆点
#19            {
#20                g.fillOval((int)(x-5+200),(int)(y-5+165),10,10);
#21            }
#22            else                                    //绘制其他小圆点
#23            {
#24                g.fillOval((int)(x-2.5+200),(int)(y-2.5+165),5,5);
#25            }
#26        }
#27        //以下绘制 3,6,9,12 四个数字
#28    g.setFont(new Font("宋体",Font.BOLD,15));
#29    g.drawString("3", 300, 171);
#30    g.drawString("6", 195, 273);
#31    g.drawString("9", 91, 171);
#32    g.drawString("12", 190, 68);
#33        //以下绘制时针、分针、秒针
#34    drawHourPointer(hour%12*3600+min*60+sec,g);        //画时针
#35    drawMinutePointer(min*60+sec,g);                   //画分针
```

```
#36        drawSecondPointer(sec,g);                    //画秒针
#37    }
```

（2）以下为绘制时针的方法。

```
#01    public void drawHourPointer(int second,Graphics2D g){
#02      //second 表示当前时间的时、分、秒的合计，相对 00:00:00 走了多少秒
#03        double x,y,angle;
#04        angle = second * Math.PI/21600;
#05        x = 200 + 60 * Math.sin(angle);
#06        y = 165 - 60 * Math.cos(angle);
#07        g.setStroke(new BasicStroke(5));              //时针线条宽度为 5
#08        g.setPaint(Color.blue);
#09        g.drawLine(200, 165, (int)x, (int)y);
#10    }
```

（3）以下为绘制分针的方法。

```
#01    public void drawMinutePointer(int second,Graphics2D g){
#02      //second 表示当前时间的分和秒的合计，针相对 00:00 走了多少秒
#03        double x,y,angle;
#04        angle = second*Math.PI/1800;
#05        x = 200 + 80 * Math.sin(angle);
#06        y = 165 - 80 * Math.cos(angle);
#07        g.setStroke(new BasicStroke(3));              //分针线条宽度为 3
#08        g.setPaint(Color.blue);
#09        g.drawLine(200, 165, (int)x, (int)y);
#10    }
```

（4）以下为绘制秒针的方法。

```
#01    public void drawSecondPointer(int second,Graphics2D g){
#02      //second 表示当前时间的秒，相对 0 秒走了多少秒
#03        double x,y,x1,y1,angle;
#04        angle = second * Math.PI/30;                  //1 圈 60s，角度转弧度
#05        x = 200 + 95 * Math.sin(angle);
#06        y = 165 - 95 * Math.cos(angle);
#07        x1 = 200 + 20 * Math.sin(angle + Math.PI);
#08        y1 = 165 - 20 * Math.cos(angle + Math.PI);
#09        g.setStroke(new BasicStroke(2));              //秒针线条宽度为 2
#10        g.setPaint(Color.red);
#11        g.drawLine((int)x1, (int)y1, (int)x, (int)y);
#12    }
```

✍ 说明：

　　运行程序可看到两个时钟显示，一个是图形钟表；另一个是窗体中左下角的文字时钟。注意整个钟表的圆心位置是(200,165)，半径是 125，所以，圆对应外切矩形的左上角坐标是(75,40)，钟表内的圆点

构成的圆圈与外切圆相差 10 个像素，所以是第 58 行和 59 行的系数为 115，第 62 行绘制的大圆点半径为 5 像素，第 64 行绘制的小圆点半径为 2.5 像素。注意时、分、秒针在绘制时的角度计算办法。秒针最简单，1 圈 360°，被 60s 瓜分，每秒行进要划过 6°，所以秒针的角度变弧度的计算是：second*6*Math.PI/180，也就是秒针计算部分第 3 行的结果。分针的位置除了体现分的值外，还要体现秒的值，所以是分加上秒联合考虑来计算一圈所在位置，1 圈有 60min，所以分针角度转弧度计算在秒针计算基础上再除 60，也就是除上 1800。同样，时针显示时角度计算则要考虑时、分、秒 3 方面的信息，其角度转弧度计算在分针计算的基础上再除 12（1 圈 12h），也就是除上 12*1800=21600 的值，如图 13-2 所示。

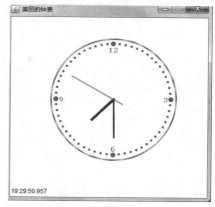

图 13-2 绘制时钟

【例 13-3】中奖电话号码的滚动随机选取程序。

扫描，拓展学习

有一组号码，让其滚动显示，随机选某个位置的号码作为中奖号码。本应用让窗体实现 Runnable 接口，通过多线程的运作方式实现号码的滚动显示。在窗体中通过文本域显示滚动号码，通过一个按钮控制选号过程的开始和停止，线程的停止是通过一个标记变量 flag 来控制。

程序代码如下：

```
#01    import java.awt.*;
#02    import java.awt.event.*;
#03    public class Winning extends Frame implements Runnable {
#04        String phoneNumber[] = { "15031204532", "13014156678", "13870953214",
#05            "13943123322","18114156528" };        //用数组存放一组号码
#06        TextArea disp = new TextArea(4, 50);       //用来显示滚动号码
#07        int pos = 0;                               //记录滚动到的索引位置
#08        boolean flag;                              //控制线程停止的标记变量
#09        Button onoff;                              //启动、停止按钮
#10
#11        public static void main(String[] args) {
#12            new Winning();
#13        }
#14
#15        public Winning() {
#16            add("Center", disp);
#17            onoff = new Button("begin");
#18            add("South", onoff);
#19            onoff.addActionListener(new ActionListener() {
#20                public void actionPerformed(ActionEvent e) {
#21                    if (e.getActionCommand().equals("begin")) {
#22                        flag = true;
```

```
#23                        onoff.setLabel("end");              //更改按钮标签
#24                        (new Thread(Winning.this)).start(); //启动线程
#25                     } else {
#26                        flag = false;                        //设置线程停止标记
#27                        onoff.setLabel("begin");
#28                     }
#29                  }
#30              });
#31          setSize(200, 100);
#32          setVisible(true);
#33      }
#34
#35      public void run() {
#36          while (flag) {
#37              int n = phoneNumber.length;
#38              pos = (int) (Math.random() * n);              //随机选位置
#39              String message = phoneNumber[pos];
#41              disp.setText(message);                        //显示中奖号码
#42          }
#43      }
#44  }
```

📖 说明：

第 3 行定义了 Winning 类头，表明了该类继承 Frame 并实现了 Runnable 接口。第 24 行创建线程时将 Winning 窗体自身对象作为实参，并启动线程，线程调度运行时将执行其 run()方法。在 run 方法中循环进行的条件是逻辑变量 flag 的值为 true，线程运行过程中，我们通过单击控制按钮可以让标记变量的值置为 false，从而结束线程的运行。

程序运行结果随机滚动变化，如图 13-3 所示。由于电话号码的滚动变化速度很快，而每次显示的号码又是随机产生的，因此，可以较好地实现号码中奖的随机性。

图 13-3　滚动选号程序中奖结果

扫描，拓展学习

13.3　线程资源的同步处理

13.3.1　临界资源问题

多个线程共享的数据称为临界资源，由于是线程调度程序负责线程的调度，所以程序员无法精确控制多线程的交替次序，如果没有特殊控制，多线程对临界资源的访问将导致数据的不一致性。

以堆栈操作为例，涉及进栈和出栈两个操作。

程序代码如下：

```
#01  public class Stack {
#02      int idx = 0;
#03      char[] data = new char[10];
#04
#05      public void push(char c) {
#06          synchronized (this) {          //执行以下一段代码锁定对象
#07              data[idx] = c;              //存入数据
#08              idx++;                      //改变栈顶指针
#09          }
#10      }
#11
#12      public synchronized char pop() {    //执行该方法时锁定对象
#13          idx--;
#14          return data[idx];
#15      }
#16  }
```

可以想象，线程在执行方法的过程中均可能因为调度问题而中断执行，如果一个线程在执行 push 方法时将数据存入了堆栈（也即执行完第 7 行），但未给栈顶指针增值，这时中断执行，另一个线程则执行出栈操作，首先将栈指针减 1，这样读到的数据显然不是栈顶数据。为避免此种情况发生，可以采用 synchronized 给调用方法的对象加锁，保证一个方法处理的对象资源不会因其他方法的执行而改变。synchronized 关键字的使用方法有以下两种。

（1）用在对象前面限制一段代码的执行，表示执行该段代码必须取得对象锁。

（2）在方法前面，表示该方法为同步方法，执行该方法必须取得对象锁。

被加锁的对象要在 synchronized 限制代码执行完毕才会释放对象锁，在此之前，其他线程访问正被加锁的对象时将处于资源等待状态。对象同步代码的执行过程如图 13-4 所示。

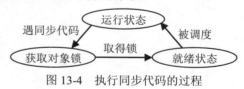

图 13-4　执行同步代码的过程

13.3.2　wait()和 notify()方法

这两个方法配套使用，wait() 使得线程进入阻塞状态，执行这两个方法时将释放相应对象占用的锁，从而可使因对象资源锁定而处于等待的线程即可得到运行机会。wait 方法有两种形式，一种允许指定以 ms 为单位的一段时间作为参数；另一种没有参数。前者当对应的 notify() 被调用或者超出指定时间时线程重新进入可执行状态，后者则必须由对应的 notify() 将线程唤醒。因调用 wait() 方法而阻塞的线程将被加入一个特殊的对象等待队列中，直到调用该 wait()方法的对象在其他的线程中调用 notify()方法或 notifyAll()方法，这种等待才能解除。这里要注意，notify()方法是从等待队列中随机选择一个线程唤醒，而 notifyAll() 方法则将使等待队列中的全部线程解除阻塞。

注意：

> wait()方法与 notify()方法在概念上有以下特征。
> （1）这对方法必须在 synchronized 方法或块中调用，只有在同步代码段中才存在资源锁定。
> （2）这对方法直接隶属于 Object 类，而不是 Thread 类。也就是说，所有对象都拥有这一对方法。

13.3.3 过桥问题

【例 13-4】有一个南北向的桥，只能容纳一个人，现桥的两边分别有 4 人和 3 人，编制一个多线程序让这些人到达对岸，在过桥的过程中显示谁在过桥及其走向。

【基本思路】每个人用一个线程代表，桥作为共享资源，引入一个标记变量表示桥的占用情况。取得上桥资格和下桥分别用两个方法模拟。

程序代码如下：

```
#01  class  PersonPassBridge  extends Thread {
#02      private Bridge bridge;                                  //桥对象
#03      String id;                                             //人的标识
#04
#05      public PersonPassBridge(String id, Bridge  b ) {
#06          bridge = b;
#07          this.id=id;
#08      }
#09
#10      public void run()  {
#11          bridge.getBridge();                                //等待过桥
#12          System.out.println(id +"正过桥…");
#13          try {
#14              Thread.sleep((int)(Math.random()* 1000));       //模拟过桥时间
#15          } catch(InterruptedException e ) {  }
#16          bridge.goDownBridge();                             //下桥
#17      }
#18  }
#19
#20  class  Bridge {
#21      private boolean engaged = false;                       //桥的占用状态
#22
#23      public synchronized void getBridge() {                 //取得上桥资格
#24          while (engaged ) {
#25           try {
#26               wait();                                        //如果桥被占用就循环等待
#27            } catch (InterruptedException e ) {    }
#28          }
#29          engaged = true;                                    //占用桥
#30      }
```

```
#31
#32      public synchronized void goDownBridge()   {        //下桥
#33          engaged = false;
#34          notifyAll();                                   //唤醒其他等待线程
#35      }
#36  }
#37
#38  public class Test{
#39      public static void main(String args[] )  {
#40          Bridge b =new  Bridge();
#41          for (int k=1;k<=4;k++) {
#42              new PersonPassBridge("南边,第"+k+"人", b).start();
#43          }
#44          for (int k=1;k<=3;k++) {
#45              new PersonPassBridge("北边,第"+k+"人", b).start();
#46          }
#47      }
#48  }
```

【运行结果】运行程序，读者可发现每次的结果不同，以下为一个运行结果。

南边，第 1 人正过桥…
北边，第 3 人正过桥…
南边，第 2 人正过桥…
北边，第 2 人正过桥…
北边，第 1 人正过桥…
南边，第 4 人正过桥…
南边，第 3 人正过桥…

✍ 说明：

　　整个程序由 3 个类组成，PersonPassBridge 类（第 1~18 行）通过线程的运行模拟人等待过桥动作过程。Bridge 类（20~36 行）模拟共享的桥，因为每次只能一个人在桥上，所以用一个逻辑变量 engaged 模拟桥的占用情况，为 true 表示占用，false 表示未占用。Bridge 类中包含两个方法，方法 getBridge()用于取得上桥的资格，方法 goDownBridge()模拟下桥动作，它将释放占用的桥。在方法 getBridge()和 goDownBridge()定义中均加有 synchronized 修饰，可保证执行方法时必须取得对象锁，从而避免多个线程同时执行该方法。Test 类（第 38~48 行）提供了 main 方法来测试具体的应用，分别创建了 Bridge 对象和代表南北方向的 7 个 PersonPassBridge 线程并启动运行。由于线程调度的机会带有一定的随机性，因此，程序的执行结果不固定。

　　值得一提的是，在进行资源的加锁处理编程时要注意防范死锁现象的产生，避免两个线程或多个线程处于套牢在寄希望获取对方掌握的锁才能继续执行的情形。

13.3.4　生产者与消费者问题

扫描，拓展学习

【例 13-5】设想这样一个消息通信应用场景，发送方按照协议要发送一批数据给接收方分析，接收方要等到全部数据到达并处理后，才允许发送方继续发送下一批数据。这类问题属于生产者消费者问题。

　　生产者将数据写入共享缓冲区，消费者从共享缓冲区获取数据。程序中的关键是ShareArea 类设计，共享缓冲区安排一个数组来存储数据，数组大小设置为 10。该类中有 2 个方法，一个是从共享缓冲区读取字节数组的 read 方法；另一个是将一个字节整数写入共享缓冲区的 write 方法，引入实例变量 pos 来标识要写入的位置。在应用的 main 方法中首先创建一个 ShareArea 对象，然后将该对象分别传递给生产者线程和消费者线程。假设生产者按顺序生产整数 1~100，消费者共要 10 次读取数组的数据。

```
#01    /* 类 Consumer ---消费者 */
#02  class Consumer extends Thread {
#03      private ShareArea sharedObject;
#04      public Consumer(ShareArea shared) {
#05          sharedObject = shared;
#06      }
#07
#08      public void run() {
#09          for (int  t = 1; t<= 10; t++) {            //读取数据 10 次
#10              byte[]  value = sharedObject.read();   //从共享区读取数组
#11              for (int k=0;k<value.length;k++)       //输出读到的数组
#12                  System.out.println("消费: " + value[k]);
#13          }
#14      }
#15  }
#16
#17   /* 类 Producer --- 生产者 */
#18  class Producer extends Thread {
#19      private ShareArea sharedObject;
#20      public Producer(ShareArea shared) {
#21          sharedObject = shared;
#22      }
#23
#24      public void run() {
#25          for (byte count = 1; count <= 100; count++) {
#26              try {
#27                  Thread.sleep((int)(Math.random()*1000)); //延时
#28              } catch (InterruptedException e) { }
#29              sharedObject.write(count);            //给共享区写入一个字节
#30              System.out.println(" 生产: " + count);
#31          }
#32      }
#33  }
#34
#35   / * 类 ShareArea --- 共享缓冲区访问控制程序 */
#36  class ShareArea {
```

```
#37    private byte data[] = new byte[10];            //存放缓冲区数据
#38    private int pos = 0;                           //写入位置
#39
#40    public synchronized void  write(byte value) {
#41        while (pos==10) {
#42            try {
#43                wait();                             //不轮到生产者写就等待
#44            } catch (InterruptedException e) { }
#45        }
#46        data[pos] = value;                          //生产者在 pos 位置写入一个值
#47        pos++;
#48        notify();                                   //唤醒等待资源的线程
#49    }
#50
#51    public synchronized byte[] read() {
#52        while (pos<10) {
#53            try {
#54                wait();                             //没轮到消费者则等待
#55            } catch (InterruptedException e) { }
#56        }
#57        byte[] data2 = java.util.Arrays.copyOf(data,10); //复制数组的 10 个数据
#58        pos = 0;                                    //将写入位置重置 0
#59        notify();                                   //唤醒等待资源的线程
#60        return data2;                               //消费者得到数据
#61    }
#62
#63     public static void main(String args[]) {
#64        ShareArea sharedObject = new ShareArea();
#65        Producer p = new Producer(sharedObject);
#66        Consumer c = new Consumer(sharedObject);
#67        p.start();
#68        c.start();
#69    }
#70  }
```

✍ 说明：

　　程序中是依靠 pos 变量的值来控制对共享缓冲区的读/写访问。当 pos 值小于 10 时，表示缓冲区没有写满，则轮到生产者写入数据。当 pos 值到达 10 时，轮到消费者读取数据。考虑到读取数据后将 pos 置 0，并通过 notify()唤醒等待者后，有可能生产者新写入数据操作先于消费者进行输出数据操作，所以，在第 57 将读到的数据复制到另一个数组中，从而避免写入操作在先而破坏原来数据。

　　运行程序可发现，生产者和消费者各自均严格按照 1~100 的次序输出数据，但是生产者与消费者之间的输出次序可能会颠倒，因为最后的输出取决于线程的调度，有可能某个数据消费者先输出，而生产者输出在后。也就是生产者在第 29 行生产写入数据后，线程被剥夺运行，第 30 行输出就可能延后于消费者的输出。

习　　题

1. 选择题

（1）可导致线程停止执行的原因是（　　　）。

A. 有更高优先级的线程开始执行　　　　　B. 线程调用了 wait()方法

C. 线程调用了 yield()方法　　　　　　　D. 线程调用了 sleep()方法

（2）实现 Runnable 接口所需编写的方法是（　　　）。

A. wait()　　　　　B. run()　　　　　C. stop()　　　　　D. update()

（3）以下代码的调试结果为（　　　）。

```java
public class Bground extends Thread{
  public static void main(String argv[]){
      Bground b = new Bground();
      b.run();
  }
  public void start(){
      System.out.println("running... ");
  }
}
```

A. 编译错误，没有定义线程的 run 方法

B. 由于没有定义线程的 run 方法，而出现运行错误

C. 编译通过，运行输出 running...

D. 编译通过，运行无输出

（4）有关线程的叙述正确的有（　　　）。

A. 通过继承 Thread 类或实现 Runnable 接口，可以获得对类中方法的互斥锁定

B. 可以获得对任何对象的互斥锁定

C. 线程通过调用对象的 synchronized 方法可取得对象的互斥锁定

D. 线程调度算法是平台独立的

（5）能最准确描述 synchronized 关键字的是（　　　）。

A. 允许两线程并行运行，而且互相通信

B. 保证在某时刻只有一个线程可访问方法或对象

C. 保证允许两个或更多处理同时开始和结束

D. 保证两个或更多线程同时开始和结束

（6）下列说法错误的一项是（　　　）。

A. 线程一旦创建，则立即自动执行

B. 线程创建后需要调用 start()方法，将线程置于可运行状态

C．线程调用 start()方法后，线程也不一定立即执行

D．线程处于可运行状态，意味着它可以被调度

（7）声明了类"public class A implements Runnable"，下面启动该类型线程的是（　　）。

A．Thread a = new Thread(new A());　a.start();

B．A　a = new A();　a.start();

C．A　a = new A();　a.run();

D．new A().start();

2．思考题

（1）线程优先级有何意义？在有高优先级线程存在的情况下，低优先级线程还有机会运行吗？

（2）Java 程序实现多线程有哪些途径？

3．编程题

（1）利用多线程技术模拟出龟兔赛跑的场面，设计一个线程类模拟参与赛跑的角色，创建该类的两个对象分别代表乌龟和兔子，让兔子跑快些，但在路上睡眠休息时间长些，到终点时线程运行结束。

（2）编写选号程序，在窗体中安排 6 个标签，每个标签上显示 0~9 的一位数字，每位数字用一个线程控制其变化，单击"停止"按钮则所有标签数字停止变化。

（3）在窗体中安排一块画布，画布上绘制 $y = 2x^2+4x+1$ 函数曲线；绘制一个小人沿曲线轨迹运动，到达终点时又从头开始。

（4）编制一个秒针计时器，画面包含一个文本框，显示秒针值，安排一个"开始"和"结束"按钮，单击"开始"按钮则开始计时，单击"结束"按钮停止计时。时间的确定可借助日历对象实例方法实现，用 get(Calendar.SECOND)获取秒，计算从"开始"到"当前"的时间差即可确定花费的秒数。进一步思考，如何将秒针计时器设计为图形界面，绘制一个圆形秒表，秒表的 1 圈为 60s，根据花费的时间显示秒针的变化。

（5）利用多线程设计一个会自动计数的按钮，在窗体中安排两个按钮自动显示变化的计数值。

（6）编写一个英文打字游戏软件，由随机数决定随机产生 100 个英文和数字字符构成的字符序列，一屏同时最多显示 5 个字符，可以通过文本框设置字符下坠速度，对于屏幕上显示的字符在消失前均可敲击，命中的字符将自动消失，设置游戏开始按钮控制游戏的开始，通过标签显示输入字符的对错统计。根据最后的统计给出评分。

（7）在窗体中随机绘制各种颜色的填充圆，圆的大小、位置和颜色随机变化，安排两个按钮来控制绘制的开始和结束。每次重新开始绘制先清空画面。

（8）模拟交通信号灯的应用场景，在窗体中绘制红、绿、黄 3 盏信号灯，通过多线程的同步机制来控制 3 盏信号灯的点亮次序，每盏灯点亮的秒数用各自范围的随机数控制。

第 14 章

泛型、Collection API 与 Stream

本章知识目标：

☐ 了解 Java 泛型的概念。

☐ 掌握 Java 收集 API 的继承层次及 Set 接口和 List 接口的功能差异。

☐ 熟悉 Map 接口及应用。

☐ 了解 ArrayList、HashSet、HashMap 等典型类的使用。

☐ 了解 Stream 编程。

第 4 章介绍的数组提供了同类型一批元素的数据存储组织与访问形式。本章介绍的收集 (Collection) API 提供了统一的处理机制以实现对收集的各种访问处理。在 JDK 1.5 之前的收集框架中可以存放任意的对象到收集中。JDK1.5 之后，收集接口使用了泛型的定义，在操作时必须指定具体的操作类型，目的是保证对收集操作的安全性，避免发生类型强制转换带来的异常。Stream 是 Java 8 引入的一项新特性，它体现了序列数据和函数式编程的融合。

扫描, 拓展学习

14.1 Java 泛型

14.1.1 Java 泛型简介

泛型是 Java 语言的新特性，泛型的本质是参数化类型，也就是说，程序中的数据类型被指定为一个参数。泛型可以用在类、接口和方法的创建中，分别称为泛型类、泛型接口、泛型方法。以下给出了一个简单的使用泛型的举例，其中，"＜＞"之间定义形式类型参数。

【例 14-1】泛型的简单使用示例（文件名为 Example.java）。

程序代码如下：

```
#01  public class Example<T> {                        //T 为类型参数
#02      private T obj;                                //定义泛型成员变量
#03
#04      public Example(T obj) {
#05          this.obj = obj;
#06      }
#07
#08      public T getObj() {
#09          return obj;
#10      }
#11
#12      public void showType() {
#13          System.out.println("T 的实际类型: " + obj.getClass().getName());
#14      }
#15
#16      public static void main(String[] args) {
#17          Example<String> str = new Example<String>("hello!");
#18          str.showType();
#19          String s = str.getObj();
#20          System.out.println("value= " + s);
#21      }
#22  }
```

【运行结果】

```
T 的实际类型: java.lang.String
value= hello!
```

思考:

将 T 的实际类型由 String 改为 Integer，如何修改程序？

在 Java SE 1.5 之前的 Java 版本中不支持泛型，系统为实现方法参数的通用性，一般将参数定义为 Object 类型。我们知道，任何对象均可传递给 Object 类型引用变量，从而实现参数的"任意化"，但是，要将对象转化为原有类型就必须使用强制类型转换。

泛型在定义时不指定参数的类型，用的时候再来确定，增加了程序的通用性，起到了程序"模板化"的效果。泛型的好处是在编译的时候检查类型安全，并且所有的强制转换都是自动和隐式的。泛型在使用中还有一些规则和限制。

（1）泛型的类型参数只能是类类型（包括自定义类），不能是简单类型。

（2）泛型的类型参数可以有多个，例如，Map<K,V>。

（3）泛型的参数类型可以使用 extends 语句。例如，<T extends Number>，extends 并不代表继承，它是类型范围限制，表示 T≤Number。

（4）泛型的参数类型还可以是通配符类型。例如，ArrayList<? extends Number>，表示 Number 范围的某个类型，其中，"?"代表未定类型。

（5）泛型的参数类型还支持 super 子句，<? super T> 表示类型下界，表示参数化类型是 T 或者 T 的父类型。

14.1.2　Comparable<T>接口与 Comparator<T>接口

Java 提供了两个接口用于对数组或收集中对象进行排序，实现此接口的对象数组或列表可以通过 Arrays.sort 或 Collections.sort 进行自动排序。

1．Comparable<T>接口

Comparable<T>接口中定义了以下方法。

```
int Comparable(T obj)
```

功能是将当前对象与参数 obj 进行比较，在当前对象小于、等于或大于指定对象 obj 时，分别返回负整数、零或正整数。

一个类实现了 Comparable 接口，则表明这个类的对象之间是可以相互比较的，这个类对象组成的收集元素就可以直接使用 sort 方法进行排序。

【例 14-2】让 User 对象按年龄排序。

程序代码如下：

```
#01    import java.util.Arrays;
#02    public class User implements Comparable<User> {
#03        private String username;
#04        private int age;
#05
#06        public User(String username, int age) {
#07            this.username = username;
#08            this.age = age;
#09        }
#10
#11        public int getAge() {
```

```
#12           return age;
#13       }
#14
#15     public String toString() {
#16           return username + ": " + age;
#17       }
#18
#19     public int compareTo(User obj) {
#20           return this.age - obj.getAge();
#21       }
#22
#23     public static void main(String[] args) {
#24           User[] users = { new User("张三", 30), new User("李四", 20) };
#25           Arrays.sort(users);              //用 Arrays 类的 sort 方法对数组排序
#26           for (int i = 0; i < users.length; i++)
#27               System.out.println(users[i]);
#28       }
#29   }
```

【运行结果】

```
李四：20
张三：30
```

2. Comparator<T>接口

Comparator<T> 接口中定义了以下方法。

```
int Comparator(T obj1, T obj2)
```

当 obj1 小于、等于或大于 obj2 时，分别返回负整数、零或正整数。

Comparator 接口可以看成一种对象比较算法的实现，不妨称为"比较算子"，它将算法和数据分离。Comparator 接口常用于以下两种环境：① 类的设计师没有考虑到比较问题，因而没有实现 Comparable 接口，可以通过 Comparator 比较算子来实现排序而不必改变对象本身；② 对象排序时要用多种排序标准，比如升序、降序等，只要在执行 sort 方法时用不同的 Comparator 比较算子就可适应变化。

【例 14-3】使用 Comparator 比较算子进行排序。

假设 User 类没有实现 Comparable 接口，可采用 UserComparator 比较算子提供的方法实现排序，以下是按年龄（age）进行升序排序的具体实现代码。

```
#01   import java.util.Arrays;
#02   import java.util.Comparator;
#03   public class UserComparator implements Comparator<User> {
#04       public int compare(User obj1, User obj2) {
#05           return obj1.getAge() - obj2.getAge();
#06       }
#07
```

```
#08     public static void main(String[] args) {
#09         User[] users = {new User("mary",25),new User("John",40)};
#10         Arrays.sort(users, new UserComparator());        //用比较算子排序
#11         for (int i = 0; i < users.length; i++)
#12             System.out.println(users[i]);
#13     }
#14 }
```

【运行结果】

```
mary: 25
John: 40
```

思考：

　　读者可设计另一个比较算子，按用户名（**username**）进行升序排序，观察使用新的算子进行排序的结果变化。

扫描，拓展学习

14.2　Collection API 简介

　　图 14-1 给出了 Collection API 的接口层次。其中，java.util.Queue 接口为 Java5 新增的，用以支持队列的常见操作。后面将介绍的 LinkedList 类实现了 Queue 接口和 List 接口，因此 LinkedList 既可当作 Queue 来使用，又可作列表使用。在收集框架中 Collection 接口及子接口均提供了对应的抽象类，例如，Collection 接口对应抽象类为 AbstractCollection，这些抽象类给出其接口的骨干实现，可减少直接实现接口所需做的工作。实际应用编程主要还是针对 API 中的具体类。

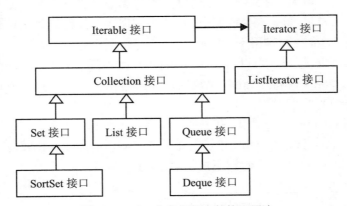

图 14-1　Java 收集框架中的接口层次

14.2.1　Collection 接口

　　Collection 接口定义形式如下。

```
public interface Collection<E> extends Iterable<E>
```

其中定义了收集的所有低层接口或类的公共方法，表 14-1 给出了其主要方法。

表 14-1 Collection 接口的主要方法

方　　法	描　　述
boolean add(E obj)	向收集中插入对象
boolean addAll(Collection<? extends E> c)	将一个收集的内容插入进来
void clear()	清除此收集中的所有元素
boolean contains(Object obj)	判断某一个对象是否在收集中存在
boolean containsAll(Collection<?> c)	判断一组对象是否在收集中存在
boolean equals(Object obj)	判断收集与对象是否相等
boolean isEmpty()	收集是否为空
Iterator<E> iterator()	获取收集的 Iterator 接口实例
boolean remove(Object obj)	删除指定对象
boolean removeAll(Collection<?> c)	删除一组对象
int size()	求出收集的大小
Object[] toArray()	将收集变为对象数组
T[] toArray(T[] a)	将收集转换为特定类型的对象数组

在 Java 8 中 Iterable 接口拥有一个默认的 forEach 方法，用于对收集成员的遍历访问。并对元素进行指定的操作。方法形态如下：

```
default void forEach(Consumer<? super T> action)
```

不论 Collection 的实际类型如何，它都支持一个 iterator()的方法，该方法返回一个迭代子，使用该迭代子也可逐一访问 Collection 中的每一个元素。通过 Iterator 接口定义的 hasNext()和 next()方法实现从前往后遍历元素，其子接口 ListIterator 进一步增加了 hasPrevious()和 previous()方法，实现从后向前遍历访问列表元素。

Iterator 接口含有以下两个常用方法。

❏　boolean hasNext()：判断容器中是否存在下一个可访问元素。

❏　Object next()：返回要访问的下一个元素，如果没有下一个元素，则引发 NoSuch-ElementException 异常。

Iterator 接口典型的用法如下。

```
Iterator it = collection.iterator();          //获得一个迭代子
while(it.hasNext()) {
   Object bj = it.next();                      //得到下一个元素
}
```

JDK 中并没有提供一个具体类直接实现 Collection 接口，而是实现它下面的子接口，当然，子接口继承了父接口的方法。

14.2.2　Set 接口

Set 接口是数学上集合模型的抽象，特点有两个：一是不含重复元素；二是无序。该接口在 Collection 接口的基础上明确了一些方法的语义。例如，add(Object)方法不能插入已经在集合中的元素；addAll(Collection c)将当前集合与收集 c 的集合进行合并运算。

判断集合中重复元素的标准是按对象值比较，即集合中不包括任何两个元素 e1 和 e2 之间满足条件 e1.equals(e2)。HashSet 是 Set 接口的典型实现类，它使用哈希表（HashMap）来实现底层存储。

【例 14-4】Set 接口的使用。

程序代码如下：

```
#01   import java.util.*;
#02   public class TestSet {
#03      public static void main(String args[]) {
#04         Set<String> h = new HashSet<String>();
#05         h.add("Str1");
#06         h.add("good");
#07         h.add("Str1");
#08         h.add(new String("Str1"));
#09         System.out.println(h);
#10      }
#11   }
```

【运行结果】

```
[Str1, good]
```

✍ 说明：

> 第 5~8 行给集合加入了 4 个对象，但只有 2 个成功加入，其他 2 个因已有相同值的元素而不能加入集合。为了避免泛型的冗长，Java 7 给出了钻石运算符<>，在使用 new 运算符实例化泛型类时不用指定数据类型，Java 编译器自动会根据其赋值的变量的泛型类型进行联想。例如，第 4 行可以简化成以下形式：
>
> ```
> Set<String> h = new HashSet<>();
> ```

子接口 SortedSet 接口用于描述按"自然顺序"或者集合创建时所指定的比较器组织元素的集合，除继承 Set 接口的方法外，其中定义的新方法体现存放对象有序的特点。例如，方法 first()返回 SortedSet 中的第一个元素；方法 last()返回 SortedSet 中的最后一个元素；方法 comparator()返回集合的比较算子，如果该集合使用自然顺序，则返回 null。TreeSet 类实现 SortedSet 接口。

14.2.3　List 接口

List 接口类似于数学上的数列模型，也称序列。其特点是可含重复元素，而且是有序的。用户可以控制向序列中某位置插入元素，并可按元素的顺序访问它们。元素的顺序是从 0 开始，最后一个元素为 list.size()-1。表 14-2 列出了对 List<E>接口中定义的常用操作。其中，elem 代表数据对象，pos 代表操作位置，start_pos 为起始查找位置。

表 14-2　List<E>接口中定义的常用方法

方　　法	功　　能
void add(E elem)	在尾部添加元素
void add(int pos, E elem)	在指定位置增加元素
E get(int pos)	获取指定位置元素
E set(int pos, E elem)	修改指定位置元素
E remove(int pos)	删除指定位置元素
int indexOf(Object obj)	从开始往后查找元素位置
int indexOf(Object obj, int start_pos)	从某位置开始往后查找元素位置
int lastIndexOf(Object obj)	从尾往前查找元素位置
int lastIndexOf(Object obj, int start_pos)	从某位置开始由尾往前查找元素位置
ListIterator<E>　listIterator()	返回列表的 ListIterator 对象

1．ArrayList 类和 LinkedList 类

类 ArrayList 是最常用的列表容器类，类 ArrayList 内部使用数组存放元素，实现了可变大小的数组。访问元素效率高，但插入元素效率低。类 LinkedList 是另一个常用的列表容器类，其内部使用双向链表存储元素，插入元素效率高，但访问元素效率低。LinkedList 的特点是特别区分列表的头位置和尾位置的概念，提供了在头尾增、删和访问元素的方法。例如，方法 addFirst(Object)在头位置插入元素。对于需要快速插入，删除元素，应该使用 LinkedList，如果需要快速随机访问元素，应该使用 ArrayList。

【例 14-5】列表的使用。

程序代码如下：

```
#01  import java.util.*;
#02  public class TestList {
#03    public static void main(String args[]) {
#04        ArrayList<Integer> a = new ArrayList<>();
#05        a.add(new Integer(12));
#06        a.add(new Integer(15));
#07        a.add(23);              //会自动包装转换，相当于 a.add(new Integer(23))
#08        System.out.println(a);
#09        System.out.println(a.indexOf(12));
```

```
#10          Double   x[] = {1.2, 2.5, 7.3};        //所有元素必须是 double 类型
#11          List<Double> b = Arrays.asList(x);      //数组转换为列表
#12          System.out.println(b);
#13       }
#14  }
```

【运行结果】

```
[12 , 15 , 23]
0
[1.2 , 2.5 , 7.3]
```

◆》注意:

给 ArrayList 加入的数据类型通常要与参数类型一致，但如果能进行转换赋值也可，程序中直接将整数 23 加入 ArrayList<Integer>，Java 会自动将基本类型数据包装转换为其包装类的对象，也就是将 23 包装转换为 Integer 类型的对象。我们知道，收集对象可以通过调用 toArray()方法转换为数组，第 10 行是调用 Arrays.asList 方法将数组转换为列表，该方法的形参是一个可变长参数，可变长参数可以匹配数组类型的实参。

🗨 思考:

能用 a.add("23")将整数 23 加入 ArrayList<Integer>中吗?

程序的第 4~6 行是给列表提供数据的常用方式。对列表赋初值还常见以下这种匿名内嵌类的形式，最里面的一层花括号相当于初始化代码块。

```
ArrayList<Integer> a = new ArrayList<>() {{
    add(new Integer(12));
    add(new Integer(15));
}};
```

程序的第 11 行是给列表赋值的一种简练的方法。也可将 Arrays.asList()方法得到的列表再通过 ArrayList 的构造参数或者 addAll 方法将数据加入新列表中。

【例 14-6】ArrayList 和 LinkedList 的使用比较。

程序代码如下:

```
#01  import java.util.*;
#02  public class ListDemo {
#03     static long timeSpend(List<Integer> st) {
#04         long start = System.currentTimeMillis();        //开始时间毫秒值
#05         for (int i = 0; i < 50000; i++)
#06             st.add(0, new Integer(i));
#07         return System.currentTimeMillis() - start;       //计算花费时间
#08     }
#09
#10     public static void main(String args[]) {
#11         long t1 = timeSpend(new ArrayList<Integer>());
#12         System.out.println("time for ArrayList = " + t1);
```

```
#13              long t2 = timeSpend(new LinkedList<Integer>());
#14              System.out.println("time for LinkedList = " + t2);
#15          }
#16     }
```

【运行结果】

```
time for ArrayList = 623
time for LinkedList = 13
```

✍ 说明：

　　第 6 行使用 List 对象的 add(int,Object)方法加入对象到 List 内指定位置，测试可知，ArrayList 所花费的时间远高于 LinkedList，原因是每次加入一个元素到 ArrayList 的开头，先前所有已存在的元素都要后移，而加入一个元素到 LinkedList 的开头，只要创建一个新节点，并调整前后的一对链接关系即可。如果将程序中 add(0,obj)修改为 add(obj)则可发现两者所花费时间相近。因此，在选择数据结构时要考虑相应问题的操作特点。

2．向量

　　向量（Vector）是 List 接口中的另一个子类，Vector 非常类似 ArrayList，早期的程序中使用较多，现在通常用 ArrayList 代替。两者的一个重要差异是，Vector 是线程同步的，线程在更改向量的过程中将对资源加锁，而 ArrayList 不存在此问题。Vector 实现了可变大小的对象数组，在容量不够时会自动增加。无参构造方法规定的初始容量为 10、增量为 10。以下构造方法规定了向量的初始容量及容量不够时的扩展增量。

```
public Vector<E>(int initCapacity, int capacityIncrement)
```

　　用 size()方法可获取向量的大小，而 capacity()方法则用来获取向量的容量。
　　除了支持 List 接口中定义的方法外，向量还有从早期 JDK 保留下来的一些方法。例如：
❑　　void insertElementAt(E obj, int index)：在指定位置增加元素。
❑　　E elementAt(int index)：获取指定位置元素。

【例 14-7】测试向量的大小及容量变化。
程序代码如下：

```
#01   import java.util.*;
#02   public class TestCapacity {
#03      public static void main(String[] args) {
#04          Vector<Integer> v = new Vector<>(20, 30);
#05          System.out.println("size=" + v.size());
#06          System.out.println("capacity=" + v.capacity());
#07          for (int i = 0; i < 24; i++)
#08              v.add(i);
#09          System.out.println("After added 24 Elements");
#10          System.out.println("size=" + v.size());
#11          System.out.println("capacity=" + v.capacity());
#12      }
```

```
#13  }
```

【运行结果】

```
size=0
capacity=20
After added 24 Elements
size=24
capacity=50
```

14.2.4　堆栈和队列

堆栈（stack）是一种后进先出的数据结构，新进栈的元素总在栈顶，而出栈时总是先取栈顶元素。堆栈常用操作是进栈和出栈，使用堆栈对象的 push 方法可将一个对象压进栈中，而用 pop 方法将弹出栈顶元素作为返回值。empty 方法可判断栈是否为空。

早期集合框架用 Stack 类描述栈，现在使用栈一般用 ArrayDeque 代替。

```
ArrayDeque<String>  stack = new ArrayDeque<>();
stack.push("苹果");                                        //压栈
stack.push("橘子");
stack.pop();                                               //出栈
stack.push("香蕉");
while (!stack.isEmpty())
    System.out.print(stack.pop()+",");
```

【运行结果】

香蕉,苹果,

✍ 说明：

字符串"橘子"在进栈后很快又出栈，所以，最后的栈中没有"橘子"，"香蕉"是后进栈的，在出栈时它先出来。

ArrayDeque 也可以作为队列使用。队列（Queue）是先进先出的一种数据结构，让你高效地在一端（"队尾"）添加元素，而在另一端（"队头"）删除元素。ArrayDeque 作为队列使用时是用 add 和 remove 方法实现进队和出队操作。

```
Queue<String>  queue = new ArrayDeque<>();
queue.add("苹果");                                         //进队
queue.add("橘子");
queue.add("香蕉");
while (!queue.isEmpty())
    System.out.print(queue.remove()+",");                //出队
```

【运行结果】

苹果,橘子,香蕉,

✍ 说明：

> 队列和我们实际生活中排队是一个道理。进队和出队有序进行，谢绝插队，始终按先来先服务的原则办事。

14.3 Collections 类

扫描，拓展学习

Java 还提供了一个包装类 java.util.Collections，它包含有针对 Collection（收集）操作的众多静态方法。以下列出常用的若干方法。

- ❑ addAll(Collection<? super T> c, T... elements)：将所有元素添加到 c 中。
- ❑ sort(List<T> list)：根据元素的自然顺序对指定列表进行升序排序。
- ❑ sort(List<T> list, Comparator<? super T> c)：根据指定比较器产生的顺序对指定列表进行升序排序。
- ❑ max(Collection<? extends T> coll)：按自然顺序返回收集的最大元素。
- ❑ max(Collection<? extends T> coll, Comparator<? super T> comp)：根据指定比较器产生的顺序，返回给定收集的最大元素。
- ❑ min(Collection<? extends T> coll)：按自然顺序返回收集的最小元素。
- ❑ min(Collection<? extends T> coll, Comparator<? super T> comp)：根据指定比较器产生的顺序，返回给定收集的最小元素。
- ❑ indexOfSubList(List<?> source, List<?> target)：返回指定源列表中第一次出现指定目标列表的起始位置；如果没有出现这样的列表，则返回-1。
- ❑ lastIndexOfSubList(List<?> source, List<?> target)：返回指定源列表中最后一次出现指定目标列表的起始位置；如果没有出现这样的列表，则返回-1。
- ❑ replaceAll(List<T> list, T oldVal, T newVal)：使用 newVal 值替换列表中出现的所有 oldVal 值。
- ❑ reverse(List<?> list)：反转指定列表中元素的顺序。
- ❑ fill(List<? super T> list, T obj)：使用指定元素替换指定列表中的所有元素。
- ❑ frequency(Collection<?> c, Object o)：返回指定收集中等于指定对象的元素数。
- ❑ disjoint(Collection<?> c1, Collection<?> c2)：如果两个指定收集中没有相同的元素，则返回 true；否则返回 false。

【例 14-8】列表元素的排序测试。

程序代码如下：

```
#01  import java.util.*;
#02  public class CollectionsTest {
#03      public static void main(String[] args) {
#04          List<String> mylist = new ArrayList<>();
```

```
#05              for (char i = 'a'; i < 'g'; i++) {
#06                  mylist.add(String.valueOf(i));
#07              }
#08              Collections.addAll(mylist, "S", "12");
#09              Collections.sort(mylist);
#10              System.out.println(mylist);
#11              Collections.sort(mylist, new Comparator1());
#12              System.out.println(mylist);
#13          }
#14      }
#15
#16      class Comparator1 implements Comparator<String> {
#17          public int compare(String s1, String s2) {
#18              s1 = s1.toLowerCase();              //字符串全部字符换小写
#19              s2 = s2.toLowerCase();
#20              return s1.compareTo(s2);
#21          }
#22      }
```

【运行结果】

```
[12, S, a, b, c, d, e, f]
[12, a, b, c, d, e, f, S]
```

✍ 说明：

第 8 行调用 Collections 类的 addAll 方法给列表 mylist 添加两个元素，第 9 行调用 Collections 类的 sort 方法按自然顺序对列表排序，第 11 行调用 Collections 类的 sort 方法按指定比较算子对列表排序，从运行结果可观察到排序结果的变化。

【例 14-9】设计一个方法 remDup，方法参数为一个列表，返回子列表，结果是只包含参数列表中不重复出现的那些元素。例如，实际参数列表中有"cat""cat""panda""cat""dog""elephant""dog""lion""tiger""panda"和"tiger"，则方法返回结果中只有"elephant""lion"。

📢 注意：

remDup 方法返回新列表，不修改来自方法参数的列表的内容，方法也可用于列表元素类型为 Integer 的情形。

【基本思路】将方法 remDup 设计为泛型方法，将其参数列表中的每个元素取出来，再检查它在列表中出现的频度是否为 1，只有频度为 1 的才加入结果列表中。

程序代码如下：

```
#01  import java.util.*;
#02  public class OnlySingle{
#03      public  static  <E>  List<E>  remDup(List<E>  me){
#04          List<E>  r = new ArrayList<E>();          //存放求解结果的列表
```

```
#05            for (int i=0; i<me.size(); i++){
#06                E   x = me.get(i);                    //获取第 i 个元素
#07                if (Collections.frequency(me,x)==1)   //是否出现频度为 1
#08                    r.add(x);
#09            }
#10            return r;                                 //返回求解结果
#11        }
#12
#13        public static void main(String args[]){
#14            //以下测试串类型数据
#15            List<String>  you = new ArrayList<String>();
#16            Collections.addAll(you, "cat", "cat", "panda", "cat", "dog",
#17              "elephant", "dog", "lion", "tiger", "panda", "tiger");
#18            System.out.println(remDup(you));
#19            //以下测试整数类型数据
#20            List<Integer> you2 = new ArrayList<Integer>();
#21            Collections.addAll(you2, 1,11,1,15);
#22            System.out.println(remDup(you2));
#23        }
#24    }
```

✍ 说明：

　　remDup 方法设计为静态的泛型方法，将泛型参数<E>添加到方法头的返回类型前。对于此问题来说，设计为泛型方法是一种好的解决方案。

如果将泛型参数加到类名后面，则方法就必须是实例方法，第 2 行和第 3 行修改如下。

```
public class OnlySingle<E>{
    public  List<E>  remDup(List<E>  me) {
```

相应地，后面的方法调用也要修改，要依托对象调用方法。

例如，第 18 行修改如下。

```
System.out.println(new OnlySingle<String>().remDup(you))
```

【例 14-10】扫雷游戏设计。

扫描，拓展学习

扫雷游戏是 Windows 应用中常见的游戏，使用 Java 实现扫雷游戏，我们可以将整个应用分若干部分进行考虑，首先要实现应用界面，可用按横竖排列的若干按钮来对应游戏中的方格，然后通过一些数组来记录每个扫雷格子位置所对应的相关信息。

第 1 部分：程序的应用界面与主类属性设置

程序代码如下：

```
#01    import java.util.*;
#02    import java.awt.*;
#03    import java.awt.event.*;
```

```
#04  public class Discovery extends Frame implements ActionListener{
#05      final static int rows = 10;                    //不妨将空间定为10行10列
#06      final static int cols = 10;
#07      Button b[][]= new Button[rows][cols];          //操作按钮
#08      int space = rows * cols;                       //格子数量
#09      String position[][] = new String[rows][cols];  //记录布雷位置
#10      int mineCount;                                 //地雷数量
#11      int dispCount[][] = new int[rows][cols];       //记录周边雷的数量
#12
#13      public Discovery() {
#14          setLayout(new GridLayout(rows,cols));      //采用网格布局
#15          for (int i = 0;i< rows;i++)
#16              for (int j = 0;j<cols;j++) {
#17                  b[i][j]= new Button("");           //按钮上标签置为空
#18                  position[i][j]="O";                //将数组元素均设置为"O"
#19                  add(b[i][j]);
#20                  b[i][j].setActionCommand(i+","+j); //设置按钮的命令名
#21                  b[i][j].addActionListener(this);   //注册事件监听
#22              }
#23          setSize(400,400);
#24          setVisible(true);
#25          setMines(5 + (int)(Math.random() * 6));    //设置5~10个地雷
#26          markInfoMap();                             //标记各位置周边雷数量
#27      }
#28      public static void main(String args[]){
#29          new Discovery();
#30      }
#31  }
```

✐ 说明：

　　该段代码中包括属性设置，在窗体的构造方法中完成应用的初始布局设置。如图 14-2 所示，第 17 行将按钮的标签置为空串，第 20 行将按钮的命令名设置为行列对应值均是为了后续对按钮的判断处理。第 25 行进行布雷，第 26 行对各位置的周边地雷数量进行标注，它们均是调用后面介绍的方法来实现。

第 2 部分：设置地雷方法和标记周边地雷数量信息

　　该部分内容在第 4 章已经介绍，只是这里将静态方法改为实例方法。

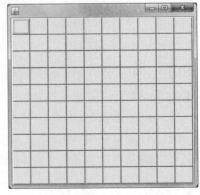

图 14-2　界面布局

```
#01  //以下为设置地雷方法的代码。通过position数组记录某位置是否为地雷
#02  public  void setMines(int mines) {
#03      mineCount = mines;
```

```
#04        int[] sequence = new int[mineCount];
#05        for (int i = 0; i < mineCount; i++) {
#06            int temp = (int) (Math.random() * rows * cols);
#07            for (int j = 0; j < sequence.length; j++) {
#08                if (sequence[j] == temp) {
#09                    temp = (int) (Math.random() * rows * cols);
#10                    j = 0;
#11                }
#12            }
#13            sequence[i] = temp;
#14            int x = sequence[i] / cols ;
#15            int y = sequence[i] % cols ;
#16            position[x][y]="X";                      //标记为地雷
#17        }
#18    }
#19    /* 以下为标记周边地雷数量信息的方法，该方法将在 dispCount 数组中
#20       对应位置标上周边地雷数量 */
#21    public void markInfoMap() {
#22        for (int i = 0; i < rows; i++)
#23            for (int j = 0; j < cols; j++)
#24                if (position[i][j].equals("X")) {
#25                    int left = (j-1)>0?(j-1):j;
#26                    int right = (j+1)<cols?(j+1):j;
#27                    int top = (i-1)>0?(i-1):i;
#28                    int bottom = (i+1)<rows?(i+1):i;
#29                    for (int x = left; x <= right; x++)
#30                        for (int y = top; y<=bottom;y++)
#31                            if (dispCount[y][x]!=9)
#32                                dispCount[y][x]++;
#33                    dispCount[i][j] = 9;              //地雷处为 9
#34                }
#35    }
```

第 3 部分：获取当前位置连片区域所有格子位置的算法设计

该部分为应用设计的难点，它的目的是要用户单击鼠标位置即可找出要关联显示的相关区域，如果当前位置为地雷位置，则不会调用该算法。按照游戏设计原则，单击空白处则应该将空白相连的空白区及含地雷数字的边界区均显示出来，单击含有地雷数字的按钮则仅显示该按钮自身的地雷数字，如图 14-3 所示。为了找出与空白相连的全部区域，引入两个列表来进行搜索，一个是待搜索列表 waitsearch；另一个是已搜索列表

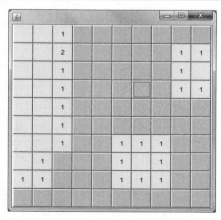

图 14-3　显示周边地雷关联信息

havesearch。每次处理一个待搜索的对象，首先要检查是否已经在已搜索列表中，如果没有就加入已搜索列表，以免重复加入。然后，检查待搜索对象的周边上下左右 4 个位置，如果是数字标记点则加入已搜索列表，如果是空白位置则加入待搜索列表。如此，反复对待搜索列表进行处理，直到列表为空为止。最后返回已搜索列表存放相连的所有格子的位置信息。为了方便处理，程序中将 x、y 位置合并在一个整数中，拼接处理表达式是"x*1000+y"，需要时再从整数中分离 x、y。当然，也可以用 Point 类来表示 x、y 位置信息，或者用 Map 对象来存放格子对应位置的 x、y 值，读者可以思考如何修改程序？

程序代码如下：

```
#01   public java.util.List<Integer> getMark(int x1,int y1) {
#02     java.util.List<Integer> havesearch = new ArrayList<>();
#03     if (dispCount[x1][y1]!=0) {                      //非空白处返回集合只含有本位置
#04       havesearch.add(x1*1000+y1);
#05       return havesearch;
#06     }
#07     java.util.List<Integer> waitsearch = new ArrayList<>();
#08     waitsearch.add(x1*1000+y1);
#09     while (!waitsearch.isEmpty()) {
#10       Integer m = waitsearch.get(0);                  //从等待集合取一个元素
#11       int x = m.intValue()/1000;                      //将 x、y 分离
#12       int y = m.intValue()%1000;
#13       if (!havesearch.contains(x*1000+y))   //未搜索处理过
#14           havesearch.add(m);                          //将元素加入已搜索列表
#15       waitsearch.remove(m);                           //将元素从待搜索列表移除
#16       /* 看搜索点的上下左右 4 个位置是否为 0,为 0 只要是未搜索处理过,
#17       则加入待搜索队列,若是 9 以下数字未搜索处理过,则加入已搜索队列 */
#18       if (x-1>=0) {                                   //上方
#19         if (dispCount[x-1][y]==0) {
#20           if (!havesearch.contains((x-1)*1000+y))
#21             waitsearch.add((x-1)*1000+y);
#22         }
#23         else if (dispCount[x-1][y]<9) {
#24           if (!havesearch.contains((x-1)*1000+y))
#25             havesearch.add((x-1)*1000+y);
#26         }
#27       }
#28       if (y-1>=0) {                                   //左方
#29         if (dispCount[x][y-1]==0) {
#30           if (!havesearch.contains(x*1000+y-1))
#31             waitsearch.add(x*1000+y-1);
#32         }
#33         else if (dispCount[x][y-1]<9) {
#34           if (!havesearch.contains(x*1000+y-1))
#35             havesearch.add(x*1000+y-1);
```

```
#36              }
#37          }
#38        if (y+1<cols) {                                    //右方
#39          if (dispCount[x][y+1]==0) {
#40            if (!havesearch.contains(x*1000+y+1))
#41              waitsearch.add(x*1000+y+1);
#42          }
#43          else if (dispCount[x][y+1]<9) {
#44            if (!havesearch.contains(x*1000+y+1))
#45              havesearch.add(x*1000+ y+1);
#46          }
#47        }
#48        if (x+1<rows) {                                    //下方
#49          if (dispCount[x+1][y]==0) {
#50            if (!havesearch.contains((x+1)*1000+y))
#51              waitsearch.add((x+1)*1000+y);
#52          }
#53          else if (dispCount[x+1][y]<9) {
#54            if (!havesearch.contains((x+1)*1000+y))
#55              havesearch.add((x+1)*1000+y);
#56          }
#57        }
#58      }                                                    //end of while
#59    return havesearch;
#60  }
```

✍ 说明：

第 2 行和第 7 行在定义两个 List 列表时加上了包路径，是由于在 awt 包中也有一个 List 类，所以要添加包路径进行区分。代码中我们将整数加入列表和判断列表中是否存在整数均没有创建 Integer 对象，Java 直接会进行对象包装转换。

第 4 部分：事件处理及地雷显示

```
#01  public void actionPerformed(ActionEvent e) {
#02    String s[] = e.getActionCommand().split(",");
#03    int x = Integer.parseInt(s[0]);
#04    int y = Integer.parseInt(s[1]);
#05    if (!b[x][y].getLabel().equals(""))
#06      return;                                              //已处理过的按钮不再处理
#07    if (dispCount[x][y]==9)  {                             //触雷
#08      displayMines();                                      //显示所有地雷
#09      b[x][y].setBackground(Color.red);
#10      javax.swing.JOptionPane.showMessageDialog(null,"你输了!");
#11      System.exit(0);
#12    } else {
#13      java.util.List<Integer> list=getMark(x,y); //获得连片的格子
```

```
#14          for (int k = 0;k<list.size();k++) {
#15              int m = list.get(k);
#16              int x1 = m/1000;
#17              int y1 = m%1000;
#18              if (dispCount[x1][y1] == 0) {            //空白处
#19                  b[x1][y1].setBackground(Color.pink);
#20                  b[x1][y1].setLabel("  ");            //避免空白格子再次处理
#21              }
#22              else if (dispCount[x1][y1] < 9)          //非雷位置
#23                  b[x1][y1].setLabel(""+dispCount[x1][y1]);    //显示数字
#24          }                                            //end of for
#25          space -= list.size();                        //未检查的格子数递减
#26          if (space == mineCount) {                    //未检查的格子数和地雷数一致
#27              displayMines();                          //亮出显示所有地雷
#28              javax.swing.JOptionPane.showMessageDialog(null,"你赢了!");
#29              System.exit(0);
#30          }
#31      }
#32  }
#33
#34  //以下方法显示地雷信息
#35  private void displayMines(){
#36      for (int i=0;i< rows;i++)
#37          for (int j=0;j<cols;j++)
#38              if (dispCount[i][j] == 9) {              //计数值为 9 表示地雷位置
#39                  b[i][j].setLabel("Q");
#40                  b[i][j].setBackground(Color.green);
#41              }
#42  }
```

✎ 说明：

事件处理的关键点是要清楚单击的格子的位置信息。所以，前面我们给按钮安排命名是以格子的坐标位置来取名的，第 2~4 行将位置信息分离出来，为了限制每个按钮仅能有效单击 1 次，我们前面将按钮的标签初始设置为空串，可以根据这个来判断是否为首次单击，后面处理过的按钮均将其标签设置为数字或 2 个空格的串。第 7 行判断是否触雷，如果触雷则用绿色背景亮出所有地雷，并将触到的地雷用红色背景标注，如图 14-4 所示。第 14~24 行的 for 循环将所得到的所有关联格子进行显示标记。第 25 行计算未处理的格子数量，第 26 行判断如果剩余格子和地雷数量一样多，则用户胜出。第 35~42 行的 displayMines 方法亮出所有地雷。

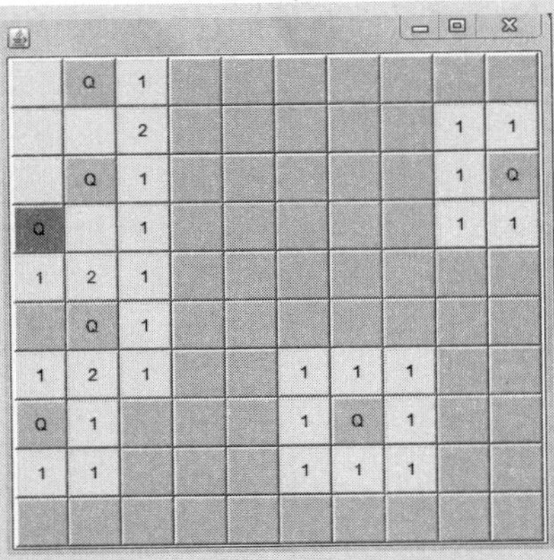

图 14-4　触雷则亮出所有地雷

扫描，拓展学习

14.4　Map 接口及实现层次

除了 Collection 接口表示的单一对象数据集合之外，对于"关键字-值"表示的数据集合在 Collection API 中提供了 Map 接口。Map 接口及其子接口的实现层次如图 14-5 所示。其中，K 为关键字对象的数据类型，而 V 为映射值对象的数据类型。

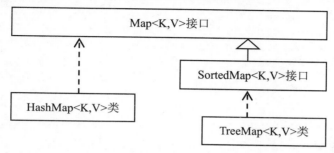

图 14-5　Map 接口及其子接口的实现层次

Map 中实际上包括了关键字、值及它们的映射关系的集合，可分别使用以下方法得到。

❑　Set<K> keySet()：关键字的集合。
❑　Collection<V> values()：值的集合。
❑　Set<Map.Entry<K,V>> entrySet()：关键字和值的映射关系的集合。

Map 中还定义了对 Map 数据集合的操作方法，如下所示。

❑　void clear()：清空整个数据集合。
❑　V get(K key)：根据关键字得到对应值。
❑　V put(K key,Vvalue)：加入新的"关键字-值"，如果该映射关系在 map 中已存在，则修改映射的值，返回原来的值；如果该映射关系在 map 中不存在，则返回 null。
❑　V remove(Object key)：删除 Map 中关键字所对应的映射关系，返回结果同 put 方法。
❑　boolean equals(Object obj)：判断 Map 对象与参数对象是否等价，两个 Map 相等，当且仅当其 entrySet()得到的集合是一致的。
❑　boolean containsKey(Object key)：判断 Map 中是否有与关键字匹配的项。
❑　boolean containsValues(Object value)：判断 Map 中是否有与键值匹配的项。

实现 Map 接口的类有很多，其中最常用的有 HashMap 和 Hashtable，两者使用上的最大差别是 Hashtable 是线程访问安全的，而 HashMap 需要提供外同步。Hashtable 还有个子类 Properties，其关键字和值只能是 String 类型，经常被用来存储和访问配置信息。

【例 14-11】Map 接口的使用。

程序代码如下：

```
#01  import java.util.*;
```

```
#02  public class MapDemo {
#03    public static void main(String args[]) {
#04        Map<Long, String> m = new HashMap<>();
#05        m.put(2003011L,"张三");
#06        m.put(2003012L,"李四");
#07        m.put(2003013L,"王五");
#08        m.put(2003012L, "丁一");
#09        Set<Long> keys = m.keySet();
#10        for (Iterator<Long> i = keys.iterator(); i.hasNext();)
#11            System.out.print(i.next() + ",");
#12        System.out.println(m.get(2003012L));
#13        System.out.println(m.values());
#14    }
#15  }
```

【运行结果】

```
2003012,2003013,2003011,丁一
[丁一, 王五, 张三]
```

✍ 说明：

　　第 8 行添加一个已有相同关键字的元素时将修改元素的键值，从第 13 行和第 12 行的输出结果可看出其变化。第 9 行通过 Map 对象的 keySet()方法得到关键字的集合，第 10、11 行用 for 循环输出该集合中所有元素。

扫描，拓展学习

　　【例 14-12】将数值在 1 万以下的中文数值串转换为具体整数。

　　例如，三千五百二十八转换为 3528，八百八十转换为 880，一千零三转换为 1003 等。我们可以将 1~9 对应的大写数字存入一个列表中，在列表中的位置让其正好等于大写数字的值，这样我们检索列表得到的位置值就是数字值。对于"千""百"和"十"这 3 个代表权值的符号，可以存放在 Map 中作为 key，其 value 值存放对应的权值串，整个数字串的值实际就是从左向右读，逐个字符取出分析处理。前一位读到的数字乘上后一位读到的权值作为累加项，最后一位可能只有数字位。所以，最终结果是累加值再加上最后位。另外，对于大写中出现的"零"要进行跳过处理。

　　程序代码如下：

```
#01  import java.util.*;
#02  class DigitConvert{
#03    public static void main(String args[]) {
#04        List<String> bigLetters = new ArrayList<>(Arrays.asList("",
#05            "一","二","三", "四","五","六","七","八","九"));
#06        Map<String,String> weights = new HashMap<String,String>(){{
#07            put("千","1000");
#08            put("百","100");
#09            put("十","10");
#10        }};
```

```
#11        String str = args[0];                    //从命令行参数得到大写数值串
#12        int total = 0, bit = 0;
#13        for (int k = 0;k<str.length();k++) {
#14            String ch = String.valueOf(str.charAt(k));
#15            if(ch.equals("零")) continue;          //先行处理零,跳过
#16            int p = bigLetters.indexOf(ch);       //查是否为数字字符
#17            if (p!=-1)
#18                bit = p;                          //记住位值
#19            else {                                //否则肯定是代表权的字符
#20                String power = weights.get(ch);   //得到位的权值
#21                if (power.equals("10") && bit==0)
#22                    bit=1;        //针对"十"前面为数值"一"时,省略掉"一"的情形
#23                total = total + bit * Integer.parseInt(power);   //累加
#24                bit = 0;
#25            }
#26        }
#27        System.out.println(str + " => " + (total+bit));
#28    }
#29 }
```

✍ 说明:

　　注意到整个大写数字串中只有 3 种字符:一个是"零",第 15 行进行跳过处理,另外两种分别是代表数值的和代表权值的字符。代表数值的字符我们在第 16 行通过查找列表得到其值,代表权值的字符在第 20 行通过查找 Map 得到其对应位的放大倍数。第 24 行在每次处理权字符后将 bit 变量有必要清零,以免将前一位的值带到最后。第 27 行最后的结果还要将累加计算出的 total 值与 bit 相加。

14.5　Stream

14.5.1　Stream 的创建

扫描,拓展学习

　　java.util.stream.Stream(流)表示某一种元素的序列,针对这些元素可以进行各种操作。Stream 的操作可以串行执行或者并行执行。在 Stream 里对元素的处理是按照流水线的方式进行的。因此它不需要保存中间结果,这种方式将为处理海量数据带来便利。

　　Stream 的创建需要指定一个数据源,比如 Collection 的子类(List 或者 Set)、数组等。有很多形式可创建 Stream。

　　(1)由收集对象创建流

　　通过调用Collection接口的默认方法stream()或parallelStream()方法可分别创建串行流和并行流。并行流也可以在创建流后通过执行 parallel()方法得到。例如,以下代码由字符串列表创建流,后面举例主要是针对该流进行处理。

```
List<String> words = Arrays.asList("bird", "boy","word","book","work");
Stream<String>  strStream = words.stream();
```

（2）由数组创建流

利用 Arrays.stream(T array)由数组创建流对象。例如：

```
int [] arr = {1,2,3,4,5,6,7,8};
IntStream stream3 = Arrays.stream(arr);
```

反之，由流也可转化为数组，例如：

```
String[] strArray1 = stream1.toArray(String[]::new);
```

（3）利用 Stream<T>接口创建流

利用 Stream<T>接口提供的 of(T)方法也可创建流对象等。例如：

```
Stream<String> stream1 = Stream.of("a", "b", "c");
```

要创建不含任何元素的 Stream，可以使用 Stream.empty()方法。

```
Stream<String> silence = Stream.empty();
```

（4）创建无限流

Stream 接口有两个用来创建无限 Stream 的静态方法。

第 1 个方法是 generate 方法，它接收一个 Supplier<T>接口的对象，例如，以下产生一个常量值的 Stream。

```
Stream<String> echos = Stream.generate(()->"Echo");
```

而以下方法则产生含有随机数的 Stream：

```
Stream<Double> randoms = Stream.generate(Math::random);
```

第 2 个方法是 iterate 方法，例如，要创建一个诸如 0、1、2、3...这样的无穷序列，可使用 iterate 方法。它接收一个种子和一个 UnaryOperator<T>接口的函数对象，并且对之前的值重复应用该函数。例如：

```
Stream<BigInteger> integers = Stream.iterate(BigInteger.ZERO,
    n -> n.add(BigInteger.ONE));
```

（5）创建原生流

对于基本数据类型的数据，还有 IntStream、LongStream、DoubleStream 等原生流。以下代码创建一个 Stream<Integer>，然后转换为原生流 IntStream。

```
Stream<Integer> stream2 = Stream.of(1,2,3);
IntStream intstream = stream2.mapToInt(Integer:parseInt);
```

也可以直接构建原生流，例如：

```
IntStream.of(new int[]{1,2,3}).forEach(System.out::print);     //输出 123
IntStream.range(1,3).forEach(System.out::print);               //输出 12
IntStream.rangeClosed(1,3).forEach(System.out::print);         //输出 123
```

（6）由缓冲输入流创建流

对于来自文件的数据，可以通过缓冲输入流的 lines()方法得到由若干行字符串数据构成的流对象。例如：

```
FileReader file = new FileReader("example.java");
BufferedReader reader = new BufferedReader(file);
Stream<String> stream = reader.lines();
```

14.5.2　Stream 的操作

扫描，拓展学习

Stream 操作可以是中间操作，也可以是最终操作。Stream 操作如果有参数的话，必须是 Lambda 表达式形式。最终操作会返回一个某种类型的值，而中间操作可有多个，它们返回变换后的流对象，如图 14-6 所示。

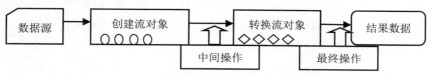

图 14-6　Stream 操作概念视图

中间操作有 filter()、sorted()、map()、distinct()等，一般是针对数据集的整理（过滤、排序、匹配、抽取等），返回值也是数据集。

最终操作有 forEach、allMatch()、anyMatch()、findAny()、findFirst()、count()、max()、min()、reduce()、collect()等。其中，forEach 接收一个 Function<T,R>接口类型的参数，用来对流的每一个元素执行指定的操作。

例如，对于前面的无限流，还可以进一步用 limit 操作来限制流的数据的数量。

```
Stream<BigInteger> integers = Stream.iterate(BigInteger.ZERO,
    n -> n.add(BigInteger.ONE)).limit(10);
integers.forEach(System.out::println);           //输出 0,1,2,3,...,9
System.out.println(integers.count());            //输出结果为 10
```

📢 注意：

> stream.limit(n)会返回一个包含 n 个元素的新流，该方法适合裁剪流，stream.skip(n)方法正好与其相反，它将返回丢弃前 n 个元素的新流。此外，Stream 类中还有一个静态方法 concat 用于将参数指定的两个流连接起来。

1．中间操作

（1）filter 操作

filter 方法接受 Predicate<T>类型的参数，将过滤流对象中的所有元素。例如：

```
strStream.filter((s) -> s.startsWith("w"))        //以字符 w 开头的单词
.forEach(System.out::println);
```

在输出结果中包含的单词有"word""work"。

（2）map 操作

map 方法含 Function<T,R>类型的参数，对流中每个元素按指定的函数进行转换。例如：

```
strStream.map(String::toUpperCase)                    //所有字符转为大写
.forEach(System.out::println);
```

在输出结果中单词依次为"BIRD" "BOY" "WORD" "BOOK" "WORK"。

与 map 类似的操作还有 mapToInt、mapToLong、mapToDouble，它们会通过 ToIntFunction<T>、ToLongFunction<T>、ToDoubleFunction<T>类型的参数将流转换为原生流。每个转换会接收一个 T，并返回相应的基本类型值。例如：

```
List<String> ints = Arrays.asList("12", "13","32","45","23");
Stream<String> intsStream = ints.stream();
IntStream is = intsStream.mapToInt(Interger::parse parseInt);
```

上面 map 生成的是 1:1 映射，每个输入元素，都按照规则转换成为另外一个元素。还有一些场景，是一对多映射关系的，这时需要 flatMap。

```
Stream<List<Integer>> inputStream = Stream.of(
    Arrays.asList(1),
    Arrays.asList(2, 3),
    Arrays.asList(4, 5, 6)
);
Stream<Integer> outputStream = inputStream.
    flatMap((childList) -> childList.stream());
outputStream.forEach(System.out::print);              //输出 123456
```

flatMap 把 inputStream 中的层级结构扁平化，就是将最底层元素抽出来放到一起，最终 outputStream 里面已经没有 List 了，都是直接的数字。

（3）distinct 操作

从流中删除重复元素。根据 equals 方法，所有重复元素均只保留一个。例如：

```
strStream.map((s)->s.substring(0,1))                  //结果串为原始串中的首字符
.distinct()
.forEach(System.out::println);
```

输出内容按次序为："b" "w"。

（4）sorted 操作

用于对流数据排序，返回一个排过序的流对象。该操作有两种形态，一种形态是无参，会默认按照自然顺序对流中的元素进行排序；另一种形态是含有一个 Comparator<T>类型的参数，按指定的 Comparator 所定义的规则进行排序。例如：

```
strStream.sorted()                                    //按自然顺序排序
.forEach(System.out::println);
```

在输出结果中单词依次为"bird" "book" "boy" "word" "work"。

【例 14-13】比较数据排序开销。

程序代码如下：

```
#01   import java.util.*;
#02   class SortTime {
#03     public static void main(String agrs[]) {
#04       int max = 100000;                         //处理 10 万个数据
#05       List<Integer> a = new ArrayList<>();
#06       for (int i = 0; i < max; i++) {
#07         int x = (int) (Math.random() * 8000);
#08         a.add(x);
#09       }
#10       long t0 = System.currentTimeMillis();       //排序前时刻
#11       long count = a.parallelStream().sorted().count();   //并行
#12       //long count = a.stream().sorted().count();          //串行
#13       System.out.println((System.currentTimeMillis() - t0) + "ms");
#14     }
#15   }
```

【运行结果】

177ms

✍ 说明：

程序中第 11 行创建的是并行流，如果将流改为第 12 行的串行流，则排序时间为 183ms，差别小。但如果数据 100 倍到千万数据时，串行开销变为 6611ms，并行为 2319ms。可以看出，并行流在数据量大时优势更明显。

💬 思考：

Stream 背后有个思想叫延迟计算，直到需要时才计算值，程序中如果省略 count()操作，则花费开销降为 2ms。可以想象并没有进行 sort 操作，如果不用流，而是改用前面学过的集合的排序方法，或者用 int 类型数组进行测试，观察排序的时间开销。

如果由 int 类型的数组创建流来测试，读者会发现基本数据类型的数据排序效率更高些，假设，v 为整型数组，则可以用以下方法创建并行流。实际上这样创建的是一个原生流。

```
Arrays.stream(v).parallel()
```

针对先前用列表集合创建的流，也可用 mapToInt 操作转换为原生流。代码如下：

```
a.parallelStream().mapToInt(Integer::intValue).sorted().count();
```

经过转换为原生流后，数据的排序效率提高很多。主要是原生数据的比较效率高于包装的对象数据，因为它避免了数据的包装和拆箱环节。

扫描，拓展学习

2. 最终操作

（1）match 操作

match 操作有多种不同的类型，分别是 allMatch()、anyMatch()、noneMatch()，其中，均含有 Predicate<T>类型的参数，所有的 match 操作均返回一个 boolean 类型的结果。anyMatch 在找到与规则匹配的元素时返回 true，否则返回 false；allMatch 找到不满足规则的元素时返回 true，否则返回 false；noneMatch 找到满足规则的元素时返回 false，否则返回 true。例如：

```
boolean r1 = strStream.anyMatch((s) -> s.startsWith("w"));
System.out.println(r1);                              //结果为 true
```

（2）汇集方法

汇集方法完成数据的各类统计处理，count()操作返回一个数值，用来标识当前流对象中包含的元素数量。例如：

```
long x1 = strStream.filter((s) -> s.startsWith("b")).count();
    System.out.println(x1);                          //输出结果为 3
```

对于 IntStream、LongStream 和 DoubleStream 等原类型流，提供有 sum()用于求和，它返回的是相应类型的数据值。而 max()、min()、average()则分别用于求最大值、最小值和平均值，这几个方法返回 Optional 值，Optional 是一个可以包含 null 值在内的容器对象，用其 get()方法可获取容器的对象，它的 ifPresent(Consumer<T>)方法在值存在时将容器元素提供给参数 Consumer 处理。

【例 14-14】求一组数据中的最大整数。

```
#01  import java.util.*;
#02  public class FindBiggest {
#03     public static void biggest(Integer... numbers) {
#04        List<Integer> x = Arrays.asList(numbers);
#05        Optional<Integer> c = x.stream().max(Integer::compareTo);
#06        System.out.println(" result is: " + c);
#07     }
#08
#09     public static void main(String[] args) {
#10        biggest(7, 13, 32, 5, 17, 5, 4, 7, 18);
#11     }
#12  }
```

【运行结果】

```
result is: Optional[32]
```

✍ 说明：

第 5 行的 max 操作作用于对象流，需要用比较器作为操作的参数，这里是利用 Integer 类的 compareTo 方法实现数据的比较。

思考：

若从本例 Optional<Integer> 类型的结果中得到整数值，应如何实现？

特别地，对于 IntStream 等原生流，max() 操作不带参数，其结果为 OptionalInt 对象，可通过 getAsInt() 方法获取整数值。average() 操作的结果是 OptionalDouble 对象，要获取其中的数据需要通过 getAsDouble() 方法。以下代码求一组整数的平均值。

```
IntStream  stream = IntStream.of(1, 2, 3, 4);                    //原生流
OptionalDouble r = stream.average();
double x = r.getAsDouble();
System.out.println("平均 : " + x);
```

（3）reduce 操作

reduce 方法的参数为 BinaryOperator<T> 类型，reduce 方法用于通过某一个方法，对元素进行归并处理，最后的结果为 Optional 类型的值。reduce 方法是用来计算流中某个值的一种通用机制。它将二元函数从前两个元素开始进行运算，并反复将前面运算结果与流中的剩余元素进行同样运算。在许多实际问题求解中可以采用，例如，求累加和、字符串拼接、求累乘、求最大值、求最小值、求集合的并集及集合的交集等。

【例 14-15】利用 reduce 操作实现一组整数的累加。

```
#01  import java.util.*;
#02  public class GetSum {
#03      public static void main(String[] args) {
#04          List<Integer> values = Arrays.asList(100, 200, 300, 400);
#05          int bill = values.stream().reduce((x, y) -> x + y)   //实现累加
#06                  .get();
#07          System.out.println("Total : " + bill);
#08      }
#09  }
```

【运行结果】

```
Total : 1000
```

 思考：

求一组数据中最大元素值，如果要利用 reduce 操作来实现，那么 reduce 操作的参数应写什么？

（4）collect 操作

collect 操作将流所有数据值收集到可变容器中，该方法的参数是 Collector 接口的实例，通常采用 Collectors 类的以下几个静态方法作为 collect 操作的参数。

❑　Collectors.toSet()：结果收集到集合中。

❑　Collectors.toList()：结果收集到列表中。

❑　Collectors.toMap(Function<T,K>, Function<T,U>)：结果收集到 Map 中。流的每个成员均接收一个从 T~K 的键抽取函数及从 T~U 的值抽取函数。

例如，以下代码将前面定义流的数据收集到列表中。

```
List<String> r = strStream.collect(Collectors.toList());
System.out.println(r);
```

则输出结果为：[bird, boy, word, book, work]。

此外，还有其他一些对流进行收集处理的方法。例如，如果想将上面流中的所有字符串拼接并收集起来，可以用以下方法：

```
String result = strStream.collect(Collectors.joining());
```

如果想在元素之间插入分隔符，则可将分隔符传入给 joining 方法：

```
String result = strStream.collect(Collectors.joining(","));
```

如果某个流中包含字符串以外的对象，则做上面收集前先将其转换为串，如下所示：

```
String result = stream.map(Object::toString)
                .collect(Collectors.joining(","));
```

作为将流的结果收集到 Map 中的例子，我们来看一个统计单词出现频度的程序，假设 words 为存放单词的列表集合。最终要输出所有单词和其出现频度。

```
Map<String,Integer> result = words.stream()
 .distinct()
 .collect(Collectors.toMap(e->e,e->Collections.frequency(words,e)));
System.out.println(result);                    //在 Map 结果中含有单词及出现频度信息
```

如果想将流结果规约为求总和、平均值、最大值或最小值，可以使用 summarizing(Int|Long|Double) 方法中的一个，这些方法将流对象映射为数字值，并产生一个(Int|Long|Double) SummaryStatistics 类型的结果，统计结果对象给我们提供了计算总和、平均值、最大值或最小值的函数。

```
IntSummaryStatistics summary = strStream.collect(
    Collectors.summarizingInt(String::length));    //统计字符串长度
double averageLength = summary.getAverage();        //求长度平均值
double maxlength = summary.getMax();                //求长度最大值
```

扫描，拓展学习

【例 14-16】将一篇文章中的单词挑出来。

假定一篇文章中单词之间用空格、逗号或句点隔开，将其中的单词找出来。

程序代码如下：

```
#01    import java.util.stream.*;
#02    import java.util.*;
#03    import java.io.*;
#04    public class PickWords {
#05        public static void main(String[] args) {
#06            try {
```

```
#07                FileReader file = new FileReader("paper.txt");
#08                BufferedReader reader = new BufferedReader(file);
#09                List<String> output = reader.lines()
#10                  .flatMap(line -> Stream.of(line.split(" |,|\\.")))
#11                  .filter(word -> word.length() > 0)
#12                  .collect(Collectors.toList());
#13                System.out.println(output);
#14            } catch (FileNotFoundException e) { }
#15        }
#16    }
```

✍ 说明：

　　第 10 行把每行的单词用 flatMap 整理到新的 Stream，第 11 行通过对流过滤处理，保留长度不为 0 的单词，第 12 行通过 collect 操作将数据汇集到列表中。由于符号 "." 句点在正则表达式中有特殊含义，所以要表示句点符号，我们用 "\\."。

【例 14-17】理解 Stream 计算的优劣。

　　随机产生 10000 个整数，根据这批数据构成的列表进行处理，变换为 Point 类型的列表，将数据除 3 的余数作为 Point 的 x 值，将除 3 取整的结果作为 Point 的 y 值，计算所有这些点到原点之间的最大距离值。

　　采用传统办法编写的程序代码如下：

```
#01  import java.awt.Point;
#02  import java.util.*;
#03  class MaxDistance{
#04      public static void main(String args[]) {
#05          long t0 = System.currentTimeMillis();              //开始时刻
#06          List<Integer> intList = new ArrayList<>();
#07          for (int k=0;k<10000;k++) {
#08              int d = (int)(Math.random()*1000);
#09              intList.add(d);
#10          }
#11          List<Point> plist = new ArrayList<>();
#12          for (Integer  m : intList)
#13              plist.add(new Point(m % 3, m / 3));
#14          double maxlen = Double.MIN_VALUE;
#15          for (Point p:plist)
#16              maxlen=Math.max(p.distance(0,0),maxlen);
#17          System.out.println(maxlen);
#18          System.out.println((System.currentTimeMillis()-t0)+"ms");
#19      }
#20  }
```

采用 Stream 实现问题求解的程序代码如下：

```
#01  import java.awt.Point;
```

```
#02    import java.util.*;
#03    import java.util.stream.*;
#04    class MaxDistance2{
#05      public static void main(String args[]) {
#06        long t0 = System.currentTimeMillis();
#07        List<Integer> intList = new ArrayList<>();
#08        for (int k=0;k<10000;k++) {
#09          int d = (int)(Math.random()*1000);
#10          intList.add(d);
#11        }
#12        OptionalDouble maxlen = intList.stream()
#13          .map(m -> new Point(m % 3, m / 3))
#14          .mapToDouble(p->p.distance(0,0))
#15          .max();
#16        System.out.println(maxlen.getAsDouble());
#17        System.out.println((System.currentTimeMillis()-t0)+"ms");
#18      }
#19   }
```

✍ 说明：

在笔者计算机上进行测试，耗时有一定的随机性，大致如表 14-3 所示。数据量越大时，Stream 计算的优势越明显。Stream 计算尤其适合云环境下的大数据处理。

采用并行流只需将第 12 行代码改为如下：

```
OptionalDouble maxlen = intList.parallelStream()
```

表 14-3 采用不同方法的程序运行耗时比较

数据量	传统办法/ms	串行流/ms	并行流/ms
100	10	210	220
10000	110	230	280
1000000	1784	610	580
10000000	17458	7170	5060

习　题

1. 选择题

（1）以下（　　）是 Collection 接口的方法。

A．iterator　　　　B．isEmpty　　　　C．toArray　　　　D．setText

（2）设有泛型类的定义如下：

```
class Test<T> {    }
```

则由该类创建对象时，使用正确的是（　　　）。

A．Test x = new Test();

B．Test<int> x = new Test<int>();

C．Test<Object> x = new Test<Object>();

D．Test<T> x = new Test<T>();

（3）类 java.util.Hashtable 实现的接口是（　　　）。

A．java.util.Map

B．java.util.List

C．java.util.Set

D．java.util.Collection

2．写出程序的运行结果

程序 1：

```
class Example<T> {
    public void  write(T a) {
        System.out.println(a);
    }
}
public  class Test {
    public static void main(String[] args){
        Example<String> x= new Example<String>();
        x.write("hello");
        Example<Integer> y= new Example<Integer>();
        y.write(123);
    }
}
```

程序 2：

```
import java.util.*;
public  class Test2 {
    public static void main(String[] args){
        ArrayList<Object> a = new ArrayList<Object>();
        a.add(new Integer(12));
        a.add("hello");
        a.add(23);
        Iterator p=a.iterator();
        while (p.hasNext()) {
          System.out.print(p.next());
        }
    }
}
```

程序 3：

```
import java.util.*;
```

```java
public class Test3 {
    public static void main(String[] args){
        ArrayList<Integer> a = new ArrayList<Integer>();
        a.add(18);
        a.add(15);
        for (int k=0;k<a.size();k++)
          System.out.println(a.get(k));
    }
}
```

程序 4：

```java
import java.util.*;
public class test4 {
    public static void main(String args[]) {
        Map<String,Integer> m = new HashMap<String,Integer>();
        m.put("张三",95);
        m.put("李四",80);
        System.out.println(m.get("张三"));
        System.out.println(m.containsKey("李四"));
    }
}
```

程序 5：

```java
class Example<T> {
  public String add(T a,T b) {
     return  a.toString()+b.toString();
  }
}
public class Test {
   public static void main(String[] args){
     Example<String> x= new Example<String>();
     System.out.println(x.add("123","543"));
     Example<Integer> y= new Example<Integer>();
     System.out.println(y.add(12,25));
   }
}
```

3. 编程题

（1）使用 LinkedList 存储学生信息，每个学生包括学号、姓名、年龄、性别等属性。实现以下功能。

① 列出所有学生。

② 增加学生。

③ 删除某个学号的学生。

（2）利用 ArrayList 存储全班学生的数学成绩，求最高分、平均分。

（3）利用 Map 建立今年的各个月份和天数的映射关系，要求实现以下功能。

① 将每个月的英文单词和天数输入 Map 中。

② 根据输入的月份查找显示本月天数。

（4）用 Map 存储中英文单词映射关系，编写中英文单词翻译程序，包含以下功能。

① 可以输入某个单词映射关系。

② 根据输入的中文单词显示英文单词。

③ 根据输入的英文单词显示对应的中文单词。

（5）将一批用户与电话号码对应关系存储在 HashMap 中，电话号码作为关键词。遍历输出 HashMap 中的所有元素。

（6）读入一个英文文本文件中的所有单词，统计输出每个单词的出现频度。

（7）给出一个字符串的有限流，求字符串长度的平均值。

（8）给出一个字符串的有限流，找出长度最大的所有字符串。

第 15 章

Swing 图形界面编程

本章知识目标：

❑ 了解 Swing 包的应用特点，熟悉 Swing 对话框的使用。

❑ 掌握 JFrame、JPanel 等容器部件的使用，学会应用 JScrollPane 实现内容的滚动。

❑ 了解 Swing 部件的图形绘制特点。

❑ 了解 Swing 下拉菜单、工具栏、选项卡等界面部署工具的使用。

❑ 掌握 JButton、JTextField、JTextArea 及 JLabel 等部件的使用。

❑ 了解 Swing 典型选择和调整部件的创建及事件处理。

本章主要涉及 Swing 典型部件的使用，从而设计出更为丰富美观的图形界面。

扫描，拓展学习

15.1　Swing 包简介

Java 语言从 JDK1.2 版本开始推出了 javax.swing 包，Swing 包在图形界面设计上比 AWT 更丰富、更美观。Swing 拥有 4 倍于 AWT 的用户界面部件，它是在 AWT 包基础上的扩展，很多情况下在 AWT 包的部件前加上字母 J 即为 Swing 部件的名称，如 JFrame、JApplet、JButton 等。Swing 包的运行速度比 AWT 包代码要慢。Swing 部件都是 AWT 的 Container 类的直接子类或间接子类，作为容器它们可以容纳其他部件。例如，JButton 的继承层次为

```
JButton->AbstractButton->JComponent->Container->Component->Object
```

Swing 与 AWT 的事件处理机制相同。处理 Swing 中的事件一般仍用 java.awt.event 包，但有的要用到 javax.swing.event 包。

Swing 部件是 100%用 Java 实现的轻量级部件，没有本地代码，不依赖操作系统的支持，Swing 在不同的平台上表现一致，并且有能力提供本地窗口系统不支持的其他特性。例如，以下几种。

❑　设置边框：对 Swing 部件可以设置一个和多个边框。Swing 中提供了各式各样的边框供用户选用，也能建立组合边框或自己设计边框。

❑　使用图标（Icon）：许多 Swing 部件如按钮、标签，除了使用文字外，还可以使用图标修饰自己。

❑　提示信息：使用 setTooltipText()方法，为部件设置对用户使用有帮助的提示信息。

Swing 部件从功能上可分为以下 6 种。

（1）顶层容器：JFrame、JApplet、JDialog、JWindow 共 4 个。

（2）中间容器：JPanel、JScrollPane、JSplitPane、JToolBar、JTabbedPane。

（3）特殊容器：在 GUI 上起特殊作用的中间层，如 JInternalFrame、JLayeredPane、JRootPane。

（4）基本控件：实现人机交互的部件，如 JButton、JComboBox、JList、JMenu、JSlider、JTextField。

（5）不可编辑信息的显示：向用户显示不可编辑信息的部件，如 JLabel、JProgressBar、ToolTip。

（6）可编辑信息的显示：向用户显示能被编辑的格式化信息的部件，如 JColorChooser、JFileChooser、JTable、JTextArea。

扫描，拓展学习

15.2　Swing 对话框的使用

15.2.1　JOptionPane 对话框

JOptionPane 类通过静态方法提供了多种对话框，可分为以下 4 类。

- ❑ showMessageDialog：向用户显示一些消息。
- ❑ showInputDialog：提示用户进行输入。
- ❑ showConfirmDialog：向用户确认，含 yes/no/cancel 响应。
- ❑ showOptionDialog：选项对话框，该对话框是前面几种形态的综合。

这些方法弹出的对话框都是模式对话框，意味着用户必须回答关闭对话框后才能进行其他操作。这些方法均返回一个整数，有效值为 JOptionPane 的几个常量，即 YES_OPTION、NO_OPTION、CANCEL_OPTION、OK_OPTION、CLOSED_OPTION。

对话框的外观大致由 4 部分组成，如图 15-1 所示。

（1）显示消息对话框（showMessageDialog）

该类对话框的显示有 3 种调用格式，其中最复杂的如下（其他为缺少某些参数情形）。

```
static void showMessageDialog(Component parentComponent, Object message,
String title, int messageType, Icon icon)
```

其中，参数 1 定义对话框的父窗体，对话框将在父窗体的中央显示，如果该参数为 null，则对话框在屏幕的中央显示；参数 2 为消息内容，可以是任何存放数据的部件或数据对象本身；参数 3 为对话框的标题；参数 4 为消息类型，内定的消息类型包括 ERROR_MESSAGE（错误消息）、INFORMATION_MESSAGE（信息）、WARNING_MESSAGE（警告消息）、QUESTION_MESSAGE（询问消息）、PLAIN_MESSAGE（一般消息）；参数 5 为自定义显示图标，缺少该参数时，根据消息类型有默认的显示图标。

例如，以下代码使用图标为错误消息类型的显示消息对话框，图 15-2 为其显示外观。

```
JOptionPane.showMessageDialog(null,"出错!","提醒",JOptionPane.ERROR_MESSAGE);
```

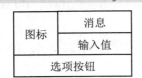

图 15-1　对话框的外观组成

图 15-2　图标为错误消息的对话框外观

（2）提示输入对话框（showInputDialog）

该类对话框共有 6 种调用方法，最简单的如下，只要给出提示信息即可。

```
static String showInputDialog(Object message)
```

最复杂的形态涉及 7 个参数，分别表示父窗体、消息、标题、消息类型、图标、可选值、初始值。具体格式如下：

```
static String showInputDialog(Component parentComponent, Object message,
String title, int messageType, Icon icon, Object[] selectionValues, Object
initialSelectionValue)
```

利用提示输入对话框还可以设置下拉选择项，例如：

```
String [] fruits = {"苹果","梨子","香蕉","西瓜"};
JOptionPane.showInputDialog(null,"你喜欢什么水果","水果选择",
    JOptionPane.QUESTION_MESSAGE,null,fruits,fruits[0]);
```

则对应的显示效果如图 15-3 所示。

（3）确认对话框（showConfirmDialog）

该类对话框共有 4 种调用方法，最简单的只包含两个参数，格式如下：

```
static int showConfirmDialog(Component parentComponent, Object message)
```

该对话框显示时包含 3 个选项 Yes、No 和 Cancel，标题默认为 Select an Option。

例如，用户进行信息删除和考试交卷等操作时可使用确认对话框，以下代码模拟交卷确认情形，图 15-4 为对应的确认对话框的已汉化显示外观。

```
int x = JOptionPane.showConfirmDialog(null, "are you sure?");
if (x == JOptionPane.YES)
    System.out.println("你选择了确认交卷");
```

图 15-3　带下拉选择的提示输入对话框

图 15-4　确认对话框的外观

最复杂的形式有 6 个参数，具体格式如下：

```
static int showConfirmDialog(Component parentComponent, Object message, String
title, int optionType, int messageType, Icon icon)
```

（4）选项对话框（showOptionDialog）

该类对话框只有一种调用方式，涉及 8 个参数，是前面几种类型对话框的综合，各参数的含义与前面的对话框含义一致。格式如下：

```
static int showOptionDialog(Component parentComponent, Object message, String
title, int optionType, int messageType, Icon icon, Object[] options, Object
initialValue)
```

其中，参数 optionType 取值为 JOptionPane 中的常量，有 DEFAULT_OPTION、YES_NO_

OPTION、YES_NO_CANCEL_OPTION 及 OK_CANCEL_OPTION 几种情形，这些常量用来
定义一组选项按钮，但选项对话框中，自定义选项优先决定选项按钮的数量。例如：

```
Object[] options = { "OK", "CANCEL" };
JOptionPane.showOptionDialog(null, "Click OK to continue", "Warning",JOptionPane.
DEFAULT_OPTION,JOptionPane.WARNING_MESSAGE,null, options, options[0]);
```

显示一个警告对话框，包括 OK、CANCEL 两个选项，
标题为 Warning，显示消息为 Click OK to continue。其外观
显示如图 15-5 所示。

图 15-5　自定义的选项对话框

【例 15-1】计算输出杨辉三角形。

用对话框输入任意一个数字（对应三角形的行数−1），
在显示消息对话框显示杨辉三角形。如果用二维数组来存储杨辉三角形的数据，不难发现，
第 1 列和主对角线位置的元素值均为 1，其他位置的元素值是其上一行中同列及前一列的两个
位置元素值之和。

程序代码如下：

```
#01   import javax.swing.*;
#02   public class PascalTriangle {
#03      public static void main(String args[]) {
#04         String no, output = "";
#05         int n;
#06         no = JOptionPane.showInputDialog("输入一个数字: ");
#07         n = Integer.parseInt(no);
#08         int c[][] = new int[n][n];
#09         for (int i = 0; i <n; i++) {
#10            c[i][0]=1; c[i][i]=1;
#11            for (int j = 0; j <= i; j++) {
#12               if (j > 0 && j < i)
#13                  c[i][j] = c[i - 1][j - 1] + c[i - 1][j];
#14               output += c[i][j] + " ";
#15            }
#16            output += "\n";
#17         }
#18         JTextArea outArea = new JTextArea(5, 20);        //用来显示输出结果
#19         JScrollPane scroll = new JScrollPane(outArea);
#20         outArea.setText(output);
#21         JOptionPane.showMessageDialog(null, scroll, "杨辉三角形",
#22               JOptionPane.INFORMATION_MESSAGE);
#23         System.exit(0);
#24      }
#25   }
```

程序运行结果如图 15-6 和图 15-7 所示。

图 15-6　输入一个数字

图 15-7　输出杨辉三角形

✍ 说明:

第 6 行利用输入对话框 showInputDialog 输入一个数字，第 16 行用显示消息对话框 showMessageDialog 显示结果。本程序的输出处理方法是先将所有输出内容拼接为一个字符串 output，然后通过一个文本域显示输出结果。这里将文本域放入 JScrollPane 中，然后将后者放入显示消息对话框。

📢 注意:

在 Swing 中，要实现部件的滚动，必须将部件加入 JScrollPane 容器中，然后再将 JScrollPane 容器对象加入应用容器中。

15.2.2　颜色选择对话框

在 JColorChooser 类中有一个静态方法可以实现弹出对话框选择颜色。具体格式如下:

```
static Color showDialog(Component component, String title, Color initialColor)
```

其中，参数 component 指出对话框依赖的部件；title 为对话框的标题；initialColor 指定对话框显示时的初始颜色设置。

例如，以下代码根据颜色选择对话框选取颜色。其外观如图 15-8 所示。

```
Color c = JColorChooser.showDialog(null, "选颜色", Color.red);
```

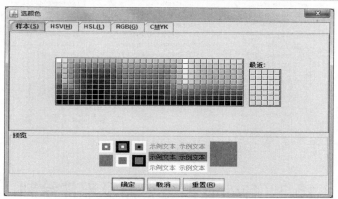

图 15-8　颜色选择对话框

15.2.3　文件选择对话框

JFileChooser 类用于选择文件，以下为其常用构造方法。

❏ JFileChooser()：创建一个指向用户默认目录的 JFileChooser 对象。

❏ JFileChooser(File currentDirectory)：创建一个 JFileChooser 对象指向参数所指目录。

以下为 JFileChooser 类的几个常用方法。

❏ int showOpenDialog(Component parent)：显示打开文件选择对话框。其返回值决定用户的选择，可用以下常量来判定。

　　◇ JFileChooser.CANCEL_OPTION：放弃选择。

　　◇ JFileChooser.APPROVE_OPTION：确认选择。

　　◇ JFileChooser.ERROR_OPTION：出错或对话框关闭。

❏ int showSaveDialog(Component parent)：显示文件保存的文件选择对话框。

❏ File getSelectedFile()：返回选中的一个文件对象。

❏ File[] getSelectedFiles()：返回选中的若干文件，此前要设置支持多选。

❏ void setMultiSelectionEnabled(boolean b)：设置是否支持选择多个文件。

以打开文件为例，首先要用 showOpenDialog 弹出对话框选择文件，如果该对话框的返回值为 JFileChooser.APPROVE_OPTION 时，再通过 getSelectedFile 方法得到选中的文件对象。

```
JFileChooser fileChooser = new JFileChooser();
int x = fileChooser.showOpenDialog(null);
if (x == JFileChooser.APPROVE_OPTION )
   File f = fileChooser.getSelectedFile();            //获取选择的文件
```

该打开文件选择对话框外观如图 15-9 所示。

图 15-9　打开文件选择对话框

15.3　Swing 典型容器及部件绘制

扫描，拓展学习

15.3.1　JFrame 类

JFrame 是直接从 Frame 类派生的，因此，在本质上与 Frame 是一致的，包括方法和事件处理，但有以下两点明显的不同。

1. 给 JFrame 加入部件的方法

图 15-10 为 JDK 文档中给出的 JFrame 的面板
视图构成，其中，有根面板（Root Pane）、分层面
板（Layered Pane）、内容面板（Content Pane）、玻
璃面板（Glass Pane）。简单应用一般仅用到内容面
板（Content Pane）。

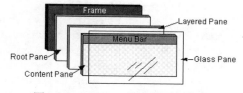

图 15-10   JFrame 的容器面板构成

JFrame 默认采用 BorderLayout 布局，新版
JDK 中可直接通过 add 方法加入部件。早期应用一般是采用 JFrame 的 getContentPane()方法获
得其内容面板作为容器（Container），然后针对该容器用 add 方法加入部件，也可以创建一个
JPanel 之类的中间容器，用 setContentPane()方法把该容器设置为 JFrame 的内容面板，然后把
部件添加到内容面板中。

其他顶级容器（JApplet、JDialog）在添加部件时也是按如此方法。

2. 关闭窗体的处理

JFrame 中可以设置用户关闭窗体时的默认处理操作。以下为设置方法：

```
void setDefaultCloseOperation(int operation)
```

其中，参数 operation 为一个整数，可以是以下常量。

- ❑ DO_NOTHING_ON_CLOSE：不做任何处理。
- ❑ HIDE_ON_CLOSE：自动隐藏窗体，为默认值。
- ❑ DISPOSE_ON_CLOSE：自动隐藏和关闭窗体。
- ❑ EXIT_ON_CLOSE：仅用于应用程序中，关闭窗体、结束程序运行。

📢 注意：

程序中仍可以注册窗体关闭事件监听者，监听者的事件处理代码将在默认处理操作前执行。

【例 15-2】用户登录界面设计。
程序代码如下：

```
#01    import java.awt.*;
#02    import javax.swing.*;
#03    import java.awt.event.*;
#04    public class ContentDemo extends JFrame {
#05        JTextField username;
#06        JPasswordField password;
#07        JButton login, register;
#08
#09        public ContentDemo() {
#10            super("login frame");
#11            Container cont = getContentPane();              //获得内容面板
#12            cont.setLayout(new GridLayout(3, 2));
```

```
#13          cont.add(new JLabel("username:"));
#14          username = new JTextField(10);
#15          cont.add(username);
#16          cont.add(new JLabel("password:"));
#17          password = new JPasswordField(10);
#18          cont.add(password);
#19          login = new JButton(new ImageIcon("enter.gif"));
#20          register = new JButton(new ImageIcon("register.gif"));
#21          cont.add(login);
#22          cont.add(register);
#23          setSize(200, 200);
#24          setVisible(true);
#25          setDefaultCloseOperation(JFrame.EXIT_ON_CLOSE);
#26      }
#27
#28      public static void main(String args[]) {
#29          new ContentDemo();
#30      }
#31  }
```

程序运行结果如图 15-11 所示。

✎ 说明：

图 15-11　用户登录界面

（1）程序中使用了 JPassword 部件实现密码输入，比 AWT 中使用文本框并设置 Echo 字符的方式显得更为简单。

（2）第 25 行设置窗体关闭时将结束应用。

（3）该例的按钮采用了图标，通过 ImageIcon 指定图标，这里直接用图形文件名作为 ImageIcon 的参数，说明图形文件与 Java 的 class 文件在同一目录下，如果图形文件不在同一目录下，需要指定文件路径。

从例 15-2 可以看出，Swing 部件在外观上作了改进，Swing 的按钮比 AWT 要更为美观，标签和各种按钮（包括单选按钮和复选按钮）均允许设置图标。

以标签为例，可以在构造方法中规定标签的图标，具体格式为：

```
JLabel(String str,Icon icon,int align)
```

也可以在创建了标签对象后通过 setIcon(Icon icon)方法设置标签的图标。

📖 练习：

改变 setDefaultCloseOperation 中的参数，观察窗体的关闭效果。

扫描，拓展学习

15.3.2　JPanel 类及 Swing 部件绘制

JPanel 是一个使用广泛的 Swing 容器，JPanel 默认布局管理器是 FlowLayout，这点与 awt 中的 Panel 一致，但与 Panel 相比，JPanel 可以有更好的外观（如边框）。

　　Swing 部件的外观通过图形绘制实现，Swing 部件默认的 paint 方法中，将顺序调用 paintComponent、paintBorder、paintChildren 这 3 个方法，分别实现部件绘制、边框绘制、内部部件的绘制。通常，在 Swing 部件中绘制图形，可通过重写 paintComponent 的方法实现，并在方法内首行安排 super.paintComponent(g) 调用，以保证先绘制部件原本的外观。

　　【例 15-3】编写一个投掷色子的程序，每次单击画面将重新投掷一下。

　　【分析】问题的关键是色子的绘制，色子共有 6 个可能的值，根据其图形排列共涉及 7 个小圆点，通过分析可得出每个圆点在色子为哪些值的情况下需要绘制。

　　程序代码如下：

```
#01  import java.awt.*;
#02  import java.awt.event.*;
#03  import javax.swing.*;
#04  public class ClickableDice extends JFrame {
#05      int value1 = 4;                                  //初始色子的点数
#06      int value2 = 4;
#07      MyPanel dice;
#08
#09      public ClickableDice() {
#10          dice = new MyPanel();
#11          dice.setBackground(Color.green);
#12          dice.setBorder(BorderFactory.createTitledBorder("投掷色子面板"));
#13          setContentPane(dice);                        //设置创建的面板为内容面板
#14          dice.addMouseListener(new MouseAdapter() {
#15              public void mousePressed(MouseEvent evt) {
#16                  value1 = (int) (Math.random() * 6) + 1;  //随机产生色子值
#17                  value2 = (int) (Math.random() * 6) + 1;  //随机产生色子值
#18                  dice.repaint();                      //在内容面板上绘制色子
#19              }
#20          });
#21          setSize(300, 200);
#22          setVisible(true);
#23      }
#24
#25      public static void main(String args[]) {
#26          new ClickableDice();
#27      }
#28
#29      void draw(Graphics g, int val, int x, int y) {   //绘制色子上面的点
#30          g.setColor(Color.black);
#31          g.drawRect(x, y, 34, 34);                    //绘制色子边框
#32          if (val > 1)                                 //左上角的点
#33              g.fillOval(x + 3, y + 3, 9, 9);
#34          if (val > 3)                                 //右上角的点
```

```
#35              g.fillOval(x + 23, y + 3, 9, 9);
#36          if (val == 6)                              //中间左边的点
#37              g.fillOval(x + 3, y + 13, 9, 9);
#38          if (val % 2 == 1)                          //正中央
#39              g.fillOval(x + 13, y + 13, 9, 9);
#40          if (val == 6)                              //中间右边的点
#41              g.fillOval(x + 23, y + 13, 9, 9);
#42          if (val > 3)                               //底部左边的点
#43              g.fillOval(x + 3, y + 23, 9, 9);
#44          if (val > 1)                               //底部右边的点
#45              g.fillOval(x + 23, y + 23, 9, 9);
#46      }
#47
#48      class MyPanel extends JPanel {                 //内嵌类
#49          public void paintComponent(Graphics g) {
#50              super.paintComponent(g);               //调用父类方法绘制背景
#51              draw(g, value1, 40, 40);               //在 10, 10 位置绘制色子
#52              draw(g, value2, 120, 40);              //在 100,10 位置绘制色子
#53          }
#54      }
#55  }
```

程序运行结果如图 15-12 所示。

✎ 说明：

> 　　创建继承 JPanel 的内嵌类 MyPanel 的对象作为 JFrame 的内容
> 面板，将色子绘制到该面板上。第 12 行设置 JPanel 采用带标题的边
> 框。第 29~46 行的 draw 方法用来在指定位置绘制某个点值的色子，
> 其目的是为了代码的重用，可在同一画面中实现多个色子的绘制。

图 15-12　投掷色子面板

扫描，拓展学习

15.4　Swing 选择部件的使用

　　Swing 选择部件中常用的有下拉组合框，单选按钮和复选按钮等，对于每类部件重点要
了解 3 方面内容：如何构建部件；如何处理事件；如何获取部件的选择值。

15.4.1　下拉组合框（JComboBox）

　　下拉组合框允许用户从下拉列表项目中选择一个值，当下拉组合框设置为可编辑状态，
用户还可对下拉组合框中的显示内容进行编辑。

1. 创建下拉组合框

每个 Swing 部件均提供了无参构造方法，为节省篇幅，对无参构造方法不予列出，下拉

组合框还有以下常用构造方法。

- ❑ JComboBox(Object[] items)：由对象数组创建下拉组合框。
- ❑ JComboBox(Vector<?> items)：由向量元素创建下拉组合框。

下拉组合框构建后还可通过以下方法进一步设置。

- ❑ void addItem(Object anObject)：添加一项。
- ❑ void removeItem(Object anObject)：删除某项。
- ❑ void setEditable(boolean aFlag)：设置是否为可编辑状态。

2．注册事件监听

下拉组合框支持选择输入和编辑输入，存在选择和动作两类事件，在进行事件编程处理中，可根据需要注册 ItemListener 和 ActionListener。方法如下：

- ❑ addItemListener(ItemListener aListener)
- ❑ addActionListener(ActionListener aListener)

3．如何获取部件的选择值

通过以下方法获取下拉组合框选中的项目信息。

- ❑ int getSelectedIndex()：获取选中项序号，对于编辑输入的项，序号为-1。
- ❑ Object getSelectedItem()：获取选中的项目对象。

【例 15-4】用下拉组合框选择窗体的背景。

程序代码如下：

```
#01  import java.awt.*;
#02  import javax.swing.*;
#03  import java.awt.event.*;
#04  public class ChangeColor extends JFrame {
#05      String des[] = { "红色", "蓝色", "绿色", "白色", "灰色" };
#06      Color c[]={Color.red,Color.blue,Color.green,Color.white,Color.gray};
#07      public ChangeColor() {
#08          JComboBox  choiceColor = new JComboBox(des);     //创建下拉组合框
#09          add("North",choiceColor);                        //将下拉列表加入窗体中
#10          setSize(300,200);
#11          setVisible(true);
#12          choiceColor.addItemListener(new ItemListener(){
#13            public void itemStateChanged(ItemEvent e) {
#14                int k = choiceColor.getSelectedIndex(); //获取选项序号
#15                getContentPane().setBackground(c[k]);
#16            }
#17          });                                              //给下拉组合框注册选项监听者
#18      }
#19      public static void main(String args[]) {
#20          new ChangeColor();
#21      }
#22  }
```

程序运行结果如图 15-13 所示。

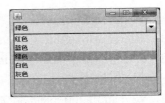

✍ **说明：**

第 12 行注册的监听者采用匿名内嵌类来实现，第 14 行通过下拉组合框的 getSelectedIndex()方法得到其选择的选项序号，第 15 行针对内容面板设置窗体背景。

图 15-13　用下拉组合框选择窗体的背景

15.4.2　单选按钮（JRadioButton）与复选按钮（JCheckBox）

1．创建单选按钮和复选按钮

Swing 的 JRadioButton 类可创建单选按钮，Swing 的 JCheckBox 类用于创建复选按钮。它们均提供有多个构造方法，最复杂的构造方法如下。

❏　JRadioButton(String text, Icon icon, boolean selected)

❏　JCheckBox(String text, Icon icon, boolean selected)

其中，3 个参数分别代表选项文本、图标和是否初始选中，其他构造方法只是省略了其中的某些参数。

📢 **注意：**

每个 JRadioButton 是独立的，布局时必须将每个单选按钮单独加入容器。要形成单选效果，需要创建一个 ButtonGroup 对象，利用 ButtonGroup 对象的 add 方法将每个单选按钮加入按钮组（ButtonGroup）中。

以下代码针对考试系统中单选题和多选题的实现介绍 JRadioButton 和 JCheckBox 应用，分别在 2 个面板中实现单选题和多选题的解答界面。

```
String ch[] = { "A", "B", "C", "D", "E" };          //选项标识
JRadioButton radio[] = new JRadioButton[5];
JPanel danxuan = new JPanel();                       //单选解答面板
danxuan.setLayout(new FlowLayout());
ButtonGroup group = new ButtonGroup();               //按钮组
for (int i = 0; i < 5; i++) {                        //创建单选的解答选项
    radio[i] = new JRadioButton(ch[i], false);
    danxuan.add(radio[i]);
    group.add(radio[i]);                             //将单选按钮加入按钮组
    radio[i].addItemListener(this);
}
JPanel duoxuan = new JPanel();                        //多选解答面板
JCheckBox cb[] = new JCheckBox [5];
duoxuan.setLayout(new FlowLayout());
for (int i = 0; i < 5; i++) {                         //创建多选的解答选项
    cb[i] = new JCheckBox(ch[i]);
    duoxuan.add(cb[i]);
    cb[i].addItemListener(this);
}
```

2．注册事件监听

图 15-14 JDK 文档中 JRadioButton 类与 JCheckBox 类的继承层次示意图。这两个类的很多共性行为均在其间接父类 AbstractButton 中定义。

```
java.lang.Object
    └ java.awt.Component
        └ java.awt.Container
            └ javax.swing.JComponent
                └ javax.swing.AbstractButton
                    └ javax.swing.JToggleButton
javax.swing.JCheckBox ┘      └ javax.swing.JRadioButton
```

图 15-14　JRadioButton 类和 JCheckBox 类的继承层次

所有 AbstractButton 的子类对象均存在选择、动作和更改 3 类事件，在进行事件编程处理中，可根据需要注册 ItemListener、ActionListener 和 ChangeListener，方法如下。

❑ addItemListener(ItemListener aListener)
❑ addActionListener(ActionListener aListener)
❑ addChangeListener(ChangeListener aListener)

其中，ChangeListener 是在 javax.swing.event 包中定义的接口，接口中有以下方法。

```
public void stateChanged(ChangeEvent e)
```

3．如何获取部件的选择值

JRadioButton 类与 JCheckBox 类的很多共性行为均在其间接父类 AbstractButton 中定义。它们的主要方法如下。

❑ String getText()：返回按钮的文本。
❑ boolean isSelected()：返回按钮是否选中状态。
❑ void setSelected(boolean b)：设置按钮的状态。

针对考试系统中的单选题和多选题，获取用户解答的事件代码可设计如下。

先看单选题，可以通过以下办法得到用户的解答。

```
String anwser = ((JRadioButton)e.getItemSelectable()).getText();
```

再看多选题，由于有多个选项，要通过拼接答案的办法得到用户解答。

```
String anwser = "";
for (int i = 0; i < ch.length; i++) {
    if (cb[i].isSelected())                    //判断选项的选中状态
    anwser += cb[i].getText();                 //将所有选中的选项拼在一起
}
```

15.4.3　列表 JList

列表与下拉组合框的区别有两点：一是列表在屏幕上可看到一定数目的选择项，而下拉组合框只能看到一项；另一点是用户允许同时选择列表中的多项，而下拉组合框只能选一项。

1．创建列表

在 Swing 中对应有 JList 控件实现列表功能，常用构造方法有如下。

❑   JList(Object[] listData)：由对象数组创建列表。

❑   JList(Vector<?> listData)：由向量元素创建列表。

2．注册事件监听

对列表进行操作会触发列表选择事件，通过以下方法注册列表选择事件监听者。

```
void addListSelectionListener(ListSelectionListener listener)
```

在 ListSelectionListener 接口中定义以下方法。

```
public void valueChanged(ListSelectionEvent e)
```

3．如何获取部件的选择值

JList 类中定义了以下常用方法。

❑   Object[] getSelectedValues()：返回的数组可获取 JList 选中的数据项。

❑   boolean isSelectedIndex(int index)：判别某个序号的选项是否选中。

❑   void setSelectedIndex(int index)：将某序号的列表项设置为选中。

扫描，拓展学习

15.5 Swing 界面部署利器

15.5.1 Swing 下拉菜单

Swing 下拉菜单所涉及的部件有菜单条（JMenuBar）、菜单（JMenu）和菜单项（JMenuItem），Swing 菜单和菜单项是按钮，它上面除了文本外，还可有图标。JMenu 继承 JMenuItem，JMenuItem 的子类还有 JCheckBoxMenuItem、JRadioButtonMenuItem。通过将菜单作为菜单项加入另一个菜单中，可以形成级联菜单。

在应用窗体中，添加 Swing 菜单的步骤如下。

（1）创建菜单条（MenuBar）。例如：

```
JMenuBar menubar = new JMenuBar();
```

（2）创建不同的菜单（JMenu）并加入菜单条中。例如：

```
JMenu file = new JMenu("File");
menubar.add(file);
```

（3）创建菜单项（JMenuItem）加入菜单。例如：

```
JMenuItem quit = new JMenuItem("Quit");
```

```
file.add(quit);
```

（4）给窗体设定菜单条：通过窗体对象的 setJMenuBar(menubar)方法实现。

【例 15-5】简单的文本文件读/写编辑器。

程序代码如下：

```
#01    import java.awt.event.*;
#02    import javax.swing.*;
#03    import java.awt.*;
#04    import java.io.*;
#05    public class FileEdit extends JFrame implements ActionListener {
#06        JTextArea input;                          //定义显示内容的文本域
#07        JMenuItem open;                           //打开文件的菜单项
#08        JMenuItem save;                           //关闭文件的菜单项
#09
#10        public FileEdit() {
#11            Container cont = getContentPane();
#12            input = new JTextArea(12, 40);        //创建文本域
#13            input.setFont(new Font("宋体", Font.PLAIN, 16));
#14            JScrollPane scroll = new JScrollPane(input);   //滚动窗格内放文本域
#15            cont.add(scroll);                            //将滚动窗格加入窗体容器中
#16            JMenuBar menubar = new JMenuBar();
#17            JMenu file = new JMenu("File");
#18            menubar.add(file);
#19            open = new JMenuItem("Open");
#20            file.add(open);
#21            save = new JMenuItem("Save As");
#22            file.add(save);
#23            open.addActionListener(this);
#24            save.addActionListener(this);
#25            setJMenuBar(menubar);
#26            setSize(500, 400);
#27            setVisible(true);
#28            setDefaultCloseOperation(JFrame.EXIT_ON_CLOSE);
#29        }
#30
#31        public void actionPerformed(ActionEvent e) {
#32            if (e.getSource() == open) {                      //打开文件
#33                try {
#34                    JFileChooser chooser = new JFileChooser();
#35                    int returnVal = chooser.showOpenDialog(this);
#36                    if (returnVal == JFileChooser.APPROVE_OPTION) {
#37                        File f = chooser.getSelectedFile(); //得到选中的文件
#38                        int size = (int) f.length();        //求文件大小
#39                        FileReader file = new FileReader(f);
#40                        char buf[] = new char[size];
```

```
#41                        file.read(buf);              //将文件内容读到字符数组
#42                        input.setText(new String(buf));
#43                        file.close();
#44                    }
#45                } catch (IOException e1) { }
#46            } else {                                              //保存文件
#47                try {
#48                    JFileChooser chooser = new JFileChooser();
#49                    int returnVal = chooser.showSaveDialog(this);
#50                    if (returnVal == JFileChooser.APPROVE_OPTION) {
#51                        File f = chooser.getSelectedFile();    //选择文件名
#52                        FileWriter file = new FileWriter(f);
#53                        file.write(input.getText());   //将文本域内容写入文件
#54                        file.close();
#55                    }
#56                } catch (IOException e1) { }
#57            }
#58        }
#59
#60    public static void main(String args[]) {
#61        new FileEdit();
#62    }
#63 }
```

✍ 说明：

　　该程序是一个涉及文件访问和 Swing 下拉菜单处理，以及文件对话框 **JFileChooser** 使用的综合应用。第 34~44 行将从文件选择对话框选中的文件中读取文本内容，在文本域中显示。第 48~55 行将文本域的内容写入通过对话框选择的文件中。图 15-15 为程序的运行界面。

图 15-15　简易文本文件编辑器

15.5.2　Swing 选项卡（JTabbedPane）

　　在 AWT 布局中曾经学习过卡片布局，使用卡片布局可以实现图形界面显示内容的切换，对于图形界面设计中常用的选项卡，如果用 AWT 设计实现相对比较复杂，在 Swing 包中提供有 JTabbedPane 选项卡控件。通过选项卡的 addTab 方法可以给选项卡添加选项，每个选项涉及一个选项标题和选项部件（通常采用面板）。addTab 方法有多种形态，以下为常用形式。

- ❑ void addTab(String title, Component component)：在选项卡中增加一个用标题代表的部件，无图标。
- ❑ void addTab(String title, Icon icon, Component component)：在选项卡中增加一个部件，该选项通过标题、图标表示，其中，标题和图标可以存在，也可以某个为 null。

单击选项卡的选项会发生状态改变事件，为处理事件，必须给选项卡注册 ChangeListener 监听者。在监听者的事件代码中，可以利用 JTabbedPane 提供了 getSelectedIndex()方法获取当前选中的选项卡序号。

以下代码显示了在窗体容器中如何添加含 4 个选项的选项卡，每个选项卡对应一块面板，选项卡的标签名代表面板的颜色。这里，将面板颜色、选项卡标题描述，以及各颜色面板均存储在数组中，以便用循环进行处理。

```
JTabbedPane jtp = new JTabbedPane();
JPanel[] jp = new JPanel[4];                    //定义有 4 个元素的面板数组
Color color[] = { Color.red, Color.green, Color.blue, Color.white };
String des[] = { "红色卡", "绿色卡", "蓝色卡", "白色卡" };
for (int i = 0; i < 4; i++) {
    jp[i] = new JPanel();                       //创建面板对象
    jp[i].setBackground(color[i]);             //设置面板的背景
    jtp.addTab(des[i], jp[i]);                 //将面板加入选项卡
}
Container cont = getContentPane();              //得到窗体的内容面板
cont.add(jtp);                                  //将选项卡加入窗体容器中
```

图 15-16 为应用效果图。单击某个选项卡，下方将显示对应的面板。实际应用时可以在各自面板上添加对应的功能组件。因此，选项卡非常适合界面的功能部署，方便功能操作切换。

图 15-16　选项卡的应用效果图

【例 15-6】用户电话号码簿的管理软件。

要求将用户联系人的信息存储在文件中，每个联系人的信息有姓名、电话、单位，使用软件可以增加某联系人，可以查看浏览所有联系人的信息，可以根据输入姓名搜索其电话。

扫描，拓展学习

【基本思路】将用户的所有联系人信息存储在 List<Map<String,String>>的列表中，每个列表元素为一个 Map 对象，对应一条联系人信息，包括姓名、电话、单位。浏览和搜索操作均针对列表进行，而添加新联系人，则除了操作列表外，还要将列表数据写入文件中。应用界面采用选项卡实现功能的部署，每个功能界面对应有一块面板来部署界面。面板中通常还

嵌套有子面板来实现各自的界面设计。

以下程序代码暂且没考虑文件的写入与装载操作。

```
#01    import javax.swing.event.*;
#02    import java.util.*;
#03    import java.io.*;
#04    public class Contacts extends JFrame{
#05        java.util.List<Map<String,String>> infos =
#06            new ArrayList<Map<String,String>>();   //列表存放联系人信息
#07
#08        public Contacts() {
#09            //loadFromFile();                        //从文件装载先前已存入的数据
#10            Container c = getContentPane();
#11            JTabbedPane jtp = new JTabbedPane();    //选项卡部署界面
#12            JPanel[] jp = new JPanel[3];
#13            String des[] = { "添加联系人", "浏览电话号码", "查找联系人" };
#14            for (int i = 0; i < 3; i++) {
#15                jp[i] = new JPanel();
#16                jtp.addTab(des[i], jp[i]);
#17            }
#18            c.add(jtp);                             //选项卡加入窗体中
#19            jp[0].setLayout(new BorderLayout());
#20            JPanel p1 = new JPanel();
#21            p1.setLayout(new GridLayout(3,2,1,5));
#22            jp[0].add("Center",p1);
#23            JTextField name = new JTextField(10);
#24            JTextField telphone = new  JTextField(10);
#25            JTextField unit = new JTextField(10);
#26            p1.add(new JLabel("姓名",JLabel.CENTER));
#27            p1.add(name);
#28            p1.add(new JLabel("电话",JLabel.CENTER));
#29            p1.add(telphone);
#30            p1.add(new JLabel("单位",JLabel.CENTER));
#31            p1.add(unit);
#32            JButton insert = new JButton("添加");
#33            jp[0].add("South", insert);
#34            JTextArea  browse = new JTextArea(10,30);    //浏览信息的文本域
#35            JScrollPane  disp = new JScrollPane(browse);
#36            jp[1].add(disp);
#37            jp[2].setLayout(new BorderLayout());
#38            JPanel p2 = new JPanel();
#39            p2.setLayout(new FlowLayout());
#40            JTextField searchtext = new JTextField(10);   //查找输入框
#41            p2.add(new JLabel("姓名:")); p2.add(searchtext);
#42            JButton search = new JButton("查找"); p2.add(search);
#43            jp[2].add("Center",p2);
#44            JLabel  result = new JLabel(".....");
```

```
#45            jp[2].add("South",result);
#46            /*  以下处理事件 */
#47          insert.addActionListener(new ActionListener(){        //添加联系人
#48             public void actionPerformed(ActionEvent e) {
#49                Map<String,String>  info = new HashMap<>();
#50                info.put("姓名",name.getText());
#51                info.put("电话",telphone.getText());
#52                info.put("单位",unit.getText());
#53                infos.add(info);                    //将 Map 对象加入列表中
#54                name.setText("");                    //清空文本框
#55                telphone.setText("");
#56                unit.setText("");
#57                //saveToFile() ;                      //数据写入文件中
#58             }
#59          });
#60          jtp.addChangeListener(new ChangeListener() {         //浏览查看
#61             public void stateChanged(ChangeEvent e){
#62                if (jtp.getSelectedIndex()==1) {
#63                    StringBuffer s = new StringBuffer();
#64                    for (int k=0;k<infos.size();k++)
#65                        s.append(infos.get(k).toString()+"\n");
#66                    browse.setText(s.toString());
#67                }
#68             }
#69          });
#70          search.addActionListener(new ActionListener() {     //搜索查找
#71             public void actionPerformed(ActionEvent e) {
#72                String s = searchtext.getText();
#73                for (int k=0;k<infos.size();k++) {
#74                    if (infos.get(k).get("姓名").equals(s))
#75                        result.setText(infos.get(k).toString());
#76                    break;
#77                }
#78             }
#79          });
#80      }
#81
#82    public static void main(String[] args) {
#83        JFrame  f = new  Contacts();
#84        f.setSize(400,300);
#85        f.setVisible(true);
#86    }
#87  }
```

✍ 说明：

　　在窗体的构造方法中主要涉及两方面的事情，一是界面的部署安排；二是事件的处理。第 10~18 行创建选项卡并将其加入窗体的内容面板上。第 19~33 行实现选项卡的第 1 块卡片的功能界面，用于实现新增联系人的输入界面，如图 15-17 所示。第 34~36 行实现选项卡的第 2 块卡片的功能界面，用于实现浏览显示所有联系人信息，如图 15-18 所示。第 37~45 行实现选项卡的第 3 块卡片的功能界面，用于按姓名搜索某联系人的信息，如图 15-19 所示。接下来的第 47~79 行将处理各类操作事件。第 47~59 行处理新增联系人的输入，将创建一个 Map 对象，各个输入项存入对应的 Map 栏目中，而后将 Map 对象加入存放所有联系人信息的列表中。第 60~69 行处理浏览联系人，这是针对选项卡的事件处理，它将遍历列表中所有联系人的信息，拼接成字符串，而后显示在文本域中。第 70~79 行处理按姓名搜索联系人的信息，它将遍历列表中的所有联系人，读取其姓名并和搜索词比较，将匹配的联系人信息显示在低部的标签中。

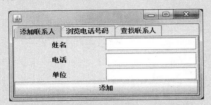

图 15-17　添加联系人界面

图 15-18　浏览所有联系人

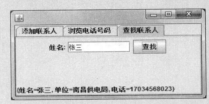

图 15-19　查找联系人信息

接下来考虑联系人的文件存储问题，最简单的方法采用对象流实现文件的访问处理，将整个联系人列表以对象的读/写方式存储到文件中。每次增加联系人除了要写入列表外，还要将列表内容写入文件中。每次程序开始运行自动读取文件内容至列表中，从而将已存在的联系人信息装载从文件到列表中。如此，既可实现信息的永久存储，又可实现数据的快速访问。

以下为从文件装载数据和将数据写入文件的两个方法，可将其添加到类中。将程序中第 9 行去掉注释即可调用 loadFromFile 方法实现数据的初始装载，将程序的第 57 行去掉注释即可实现数据的保存。

```java
void loadFromFile() {                              //从文件装载数据
    try{
        ObjectInputStream in = new ObjectInputStream(
                new FileInputStream("storedate.dat"));
        infos = (ArrayList<Map<String,String>>)in.readObject();
    }catch(Exception e) { }
}
void  saveToFile() {                               //将数据写入文件
    try {
        ObjectOutputStream out = new ObjectOutputStream(
```

```
                new FileOutputStream("storedate.dat"));
        out.writeObject(infos);
        out.close();
    }catch(Exception e) { }
}
```

15.5.3　Swing 工具栏

在 Windows 应用中工具栏使用很普遍，在 AWT 中无相应部件，Swing 包提供了 JToolBar 类来创建工具栏。工具栏是一种容器，可以安排各种部件（通常是按钮）。

默认情况下，工具栏是水平的，但可以使用接口 SwingConstants 中定义的常量 HORIZONTAL 和 VERTICAL 来显式设置其方向。以下为工具栏的构造方法。

（1）JToolBar()

（2）JToolBar(int)　//通过参数规定方向

创建工具栏后，可以通过 add(Object)方法加入部件。在自定义 JFrame 窗体的构造方法中加入以下代码可获得如图 15-20 所示的显示效果。这里，使用 BorderLayout 布局将工具栏安排在容器的上部区域（北边）。工具栏在应用使用时是可以由用户拖放改变其位置的。

图 15-20　工具栏的效果

```
Container cont = getContentPane();
cont.setLayout(new BorderLayout());
JToolBar tool = new JToolBar();
JButton  b1 = new JButton(new ImageIcon("fun1.gif"));
JButton  b2 = new JButton(new ImageIcon("fun2.gif "));
tool.add(b1);
tool.add(b2);
cont.add("North",tool);
```

如果要对工具栏中的部件进行事件驱动编程，只要对工具栏中的按钮注册动作监听者，然后编写相应的事件处理代码即可实现。

15.6　Swing 滑动杆

扫描，拓展学习

Swing 包中提供了 JSlider 类（滑动杆）来实现类似 AWT 中滚动条的调整性处理。该类的典型构造方法如下。

- ❑ JSlider()：创建一个垂直方向的滑动杆，取值范围是 0~100，初始值为 50。
- ❑ JSlider(int orientation)：创建一个参数指定方向的滑动杆，取值范围是 0~100，初始值为 50。

❑ JSlider(int orientation, int min, int max, int value)：创建由参数指定方向、范围、初始值的滑动杆。orientation 参数为 0 代表水平方向，为 1 代表垂直方向。

在用户调整滑动杆时，将产生 ChangeEvent 事件，要对该事件进行处理需要用以下方法注册更改事件监听者。

```
addChangeListener(ChangeListener listener)
```

在 stateChanged 方法中，可编写相应的事件处理代码。滑动杆的常用方法如下。

❑ int getValue()：返回滑动杆的当前值。

❑ int getMaximum()：返回滑动杆的最大值。

❑ void setValue(int n)：设置滑动杆的当前值。

【例 15-7】用滑动杆调整窗体的背景颜色。

程序代码如下：

```
#01  import java.awt.*;
#02  import javax.swing.*;
#03  import javax.swing.event.*;
#04  public class TestSlider extends JFrame implements ChangeListener {
#05      JSlider redSlider = new JSlider(0, 0, 255, 0);
#06      JSlider greenSlider = new JSlider(0, 0, 255, 0);
#07      JSlider blueSlider = new JSlider(0, 0, 255, 0);
#08      int value1, value2, value3;                    //红、绿、蓝 3 种颜色分量的值
#09      Container cont = getContentPane();
#10
#11      public TestSlider() {
#12          Panel p = new Panel();                     //创建一个放置调整部件的面板
#13          p.setLayout(new GridLayout(3, 2, 1, 1));   //面板用 3 行 2 列布局
#14          p.add(new Label("red"));
#15          p.add(redSlider);
#16          p.add(new Label("green"));
#17          p.add(greenSlider);
#18          p.add(new Label("blue"));
#19          p.add(blueSlider);
#20          cont.add("South", p);
#21          redSlider.addChangeListener(this);
#22          greenSlider.addChangeListener(this);
#23          blueSlider.addChangeListener(this);        //注册滑动杆调整监听者
#24      }
#25
#26      public void stateChanged(ChangeEvent e) {
#27          value1 = redSlider.getValue();
#28          value2 = greenSlider.getValue();
#29          value3 = blueSlider.getValue();
#30          Color color = new Color(value1, value2, value3);
#31          cont.setBackground(color);
```

```
#32        }
#33
#34     public static void main(String args[]) {
#35         JFrame me = new TestSlider();
#36         me.setSize(300, 200);
#37         me.setVisible(true);
#38         me.setDefaultCloseOperation(JFrame.EXIT_ON_CLOSE);
#39     }
#40  }
```

图 15-21 所示为程序运行的状况。

✍ 说明：

> 专门设计一个用来调整颜色的面板放在窗体南边，面板上安排 3 个代表红、绿、蓝 3 种颜色的标签及 3 个用于调整颜色的 JSlider 对象。第 26~32 行处理滑动杆的调整更改事件，它将根据滑动杆的值来设置窗体内容面板的颜色。

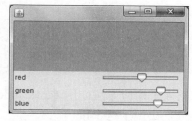

图 15-21　利用滑动杆调整窗体背景颜色

扫描，拓展学习

15.7　表格（JTable）的使用

15.7.1　表格的构建

表格用来编辑和显示二维表格数据。在 Swing 中由 JTable 类实现表格，JTable 充分体现了 MVC（模型-视图-控制器）模式的设计思想，JTable 中含有 3 个核心内部模型。

- ❑ TabelModel：处理表格的数据结构。
- ❑ TabelCloumnModel：处理表格栏的成员及顺序。
- ❑ ListSelectionModel：处理表格列表选择行为。

JTable 的典型构造方法有以下几种。

（1）JTable()：建立一个 JTable，使用系统默认的 Model。

（2）JTable(int numRows,int numColumns)：建立一个具有 numRows 行，numColumns 列的空表格。

（3）JTable(Object[][] rowData,Object[] columnNames)：第 1 个参数对应的二维数组为表格数据内容；第 2 个参数存放表格各栏的标题名称。

（4）JTable(TableModel dm)：根据 TableModel 的对象数据创建表格，JTable 会从 TableModel 对象中自动获取表格显示所必需的数据。

（5）JTable(Vector rowData,Vector columnNames)：建立一个数据和栏目均以 Vector 为输入来源的数据表格。

表格实现了 Scrollable 接口，可将其放入任何可滚动的容器（例如，JScrollPane）中进行处理。以下代码通过第 3 个构造方法创建表格并将其显示在窗体容器中，表格由两部分组成：标题栏与数据部分。在自定义 JFrame 窗体中，建立一个 JScrollPane 放置 JTable，可以实现表格内容滚动显示时，标题栏保持可见，实现如图 15-22 所示的效果。

图 15-22　表格的应用

```
String[] columnNames = { "姓名","成绩" };          //表格列名数组
String[][] data = { { "张三", "87" }, { "李四", "92" },
                    { "王五", "76" }, { "赵六", "82" } };    //表格数据数组
JTable table = new JTable(data, columnNames);       //创建表格
JScrollPane scrollPane = new JScrollPane(table);    //将表格安排在滚动面板中
getContentPane().add(scrollPane);
```

第 4 个构造方法使用 TableModel 创建表格，TableModel 本身是一个接口。Java 提供了两个类分别实现了这个接口，一个是 AbstractTableModel 抽象类，实现了大部分的 TableModel 方法，让用户可以很有弹性地构造自己的表格模式；另一个是 DefaultTableModel 这个具体类，它继承 AbstractTableModel 类，是 Java 默认的表格模式。

通过定义 AbstractTableModel 类的子类的方式定义 TableModel，必须重写其中的 getColumnCount、getRowCount、getValueAt 等抽象方法。

例如，以下代码将创建一个 10 行 10 列的表格。

```
TableModel dataModel = new AbstractTableModel(){
    public int getColumnCount(){ return 10;}        //10 列
    public int getRowCount(){ return 10;}           //10 行
    public Object getValueAt(int row,int col){      //填写每个单元格中的数据
        return  new Integer(row * col);
    }
};
JTable table = new JTable(dataModel);               //根据 TableModel 创建表格
```

更为常用的是使用 DefaultTableModel 来创建表格，以下为该模型的典型构造方法。

```
DefaultTableModel(Object[][] data,Object[] columnNames)
```

DefaultTableModel 类除提供了 JTable 中 getColumnCount()、getRowCount()等方法外，还提供了 addColumn()与 addRow()等方法，可随时增加表格栏目和数据。

15.7.2　表格元素的访问处理

1. 表格数据的编辑与读取

JTable 提供了以下方法来编辑处理表格数据，注意，方法参数中的表格行列编号均从 0 开始。

- □　boolean isCellEditable(int row,int col)：判某个单元格是否可编辑。
- □　void setValueAt(Object obj,int row,int col)：往某个单元格填数据。
- □　String getColumnName(int index)：取得某栏的名称。
- □　Class getColumnClass(int index)：取得某栏对应的类型。
- □　Object getValueAt(int row,int col)：读取某个单元格的数据。

2．表格行的选择

下面列出了针对表格进行行选择的处理方法。

- □　void setRowSelectionInterval(int from,int to)：选中从 from 到 to 的所有行。
- □　boolean isRowSelected(int row)：查看索引行为 row 的行是否被选中。
- □　void selectAll()：选中表格中的所有行。
- □　void clearSelection()：取消所有选中行的选择状态。
- □　int getSelectedRowCount()：获得表格中被选中行的数量，如果无选中行返回-1。
- □　int getSelectedRow()：获得被选中行中最小的行索引值，如果无选中行返回-1。
- □　int[] getSelectedRows()：获得所有被选中行的索引值。

3．表格的显示外观控制

JTable 的显示外观可通过以下方法来更改。

- □　setPreferredScrollableViewportSize(Dimension size)：根据 Dimension 对象设定的高度和宽度来决定表格的高度与宽度。
- □　setGridColor(color c)：更改单元格坐标线的颜色。
- □　setRowHeight(int pixelHeight)：改变行的高度，各个单元格的高度将等于行的高度减去行间的距离。
- □　setSelectionBackground(color bc)：设置表格选中行的背景色。
- □　setSelectionForeground(color fc)：设置表格选中行的前景色。
- □　setShowHorizontalLines(boolean b)：显示/隐藏单元格的水平线。
- □　setShowVerticalLines(boolean b)：显示/隐藏单元格的垂直线。

4．表格行与列的增删

要实现表格行、列的动态增删可采用 DefaultTableModel 建表。增加列、增加行、删除行分别用 DefaultTableModel 的 addColumn、addRow 和 removeRow 方法实现。

删除一列比较复杂，必须用 TableColumnModel 的 removeColumn()方法。步骤如下：①用 JTable 类的 getColumnModel()方法取得 TableColumnModel 对象；②由 TableColumnModel 的 getColumn()方法取得要删除列的 TableColumn；③将此 TableColumn 对象当作 TableColumnModel 的 removeColumn()方法的参数，从而实现指定栏的删除。

【例 15-8】表格行、列的动态增删。

程序代码如下：

```
#01    import java.awt.*;
#02    import java.awt.event.*;
#03    import java.util.Vector;
#04    import javax.swing.*;
#05    import javax.swing.table.*;
#06    public class TableDemo implements ActionListener {
#07        JTable table = null;
#08        DefaultTableModel defaultModel = null;
#09
#10        public TableDemo() {
#11            JFrame f = new JFrame();
#12            String[] name = { "数学", "物理", "语文", "化学" };
#13            String[] fun = { "增加行", "增加列", "删除行", "删除列" };
#14            String[][] data = new String[6][4];
#15            for (int i = 0; i < data.length; i++) {
#16                for (int j = 0; j < data[i].length; j++)
#17                    data[i][j] = String.valueOf((int) (Math.random() * 100));
#18            }
#19            defaultModel = new DefaultTableModel(data, name);
#20            table = new JTable(defaultModel);
#21            JScrollPane p1 = new JScrollPane(table);    //用滚动面板显示表格
#22            JPanel p2 = new JPanel();                   //用于放置功能按钮
#23            for (int k = 0; k < fun.length; k++) {
#24                JButton b = new JButton(fun[k]);
#25                p2.add(b);
#26                b.addActionListener(this);
#27            }
#28            Container contentPane = f.getContentPane();
#29            contentPane.add(p2, BorderLayout.NORTH);
#30            contentPane.add(p1, BorderLayout.CENTER);
#31            f.setSize(350,200);
#32            f.setVisible(true);
#33            f.setDefaultCloseOperation(JFrame.EXIT_ON_CLOSE);
#34        }
#35
#36        public void actionPerformed(ActionEvent e) {
#37            switch (e.getActionCommand()) {
#38            case "增加列":
#39                defaultModel.addColumn("列名");
#40                break;
#41            case "增加行":
#42                defaultModel.addRow(new Vector<Object>());       //增加一空行
#43                break;
#44            case "删除行":                                       //删除所选的行
#45                int n = table.getSelectedRow();
```

```
#46                    defaultModel.removeRow(n);
#47                    break;
#48             case "删除列":                              //删除最后 1 列
#49                    int columncount = defaultModel.getColumnCount() - 1;
#50                    if (columncount >= 0) {
#51                        TableColumnModel columnModel = table.getColumnModel();
#52                        TableColumn tc = columnModel.getColumn(columncount);
#53                        columnModel.removeColumn(tc);
#54                        defaultModel.setColumnCount(columncount);
#55                    }
#56             }
#57        }
#58
#59        public static void main(String args[]) {
#60            new TableDemo();
#61        }
#62    }
```

程序运行结果如图 15-23 所示。

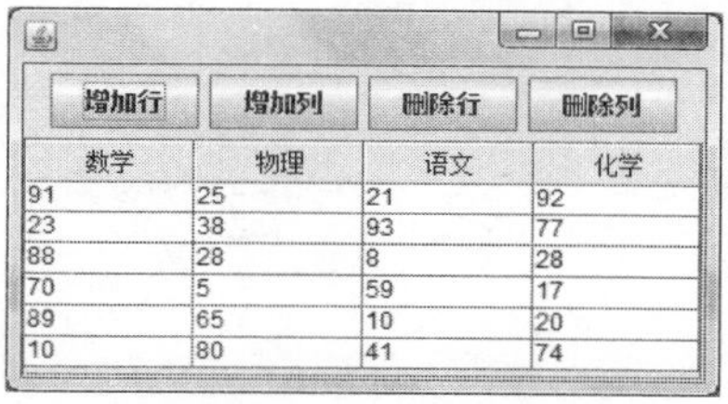

图 15-23　表格行列增删

15.7.3　表格的事件处理

JTable 通过捕获模型触发的事件更新视图。JTable 涉及以下几个事件监听者。

（1）TableModelListener：表格或单元格更新时触发 TableModelEvent 事件。该接口有 tableChanged 事件处理方法。

（2）TableColumnModelListener：表格栏目出现增、删、改或者顺序发生变化时触发 TableColumnModelEvent 事件。该接口定义有 columnAdded、columnRemoved、columnMoved、columnMarginChanged、columnSelectionChanged 共 5 个方法。

（3）ListSelectionListener：进行表格列表选择时发生 ListSelectionEvent 事件。该接口定义了 valueChanged 方法。

（4）CellEditorListener：单元格编辑操作完成触发 ChangeEvent 事件。该接口有 editingCanceled 和 editingStopped 2 个方法。

另外，对表格的一个常用操作是选中某行并获取某行的相关信息。由于单击表格某行时将选中该行，因此可利用鼠标单击事件来进行编程处理。以下为相关代码。

```
DefaultTableModel defaultModel = new DefaultTableModel(data,columnNames);
JScrollPane scrollPane = new JScrollPane();
JTable table = new JTable(defaultModel);
table.setFont(new Font("宋体",Font.PLAIN,20));              //设置表格数据的字体
table.setRowHeight(30);
table.getTableHeader().setFont(new Font("黑体",Font.PLAIN,20));    //表头字体
scrollPane.setViewportView(table);
table.addMouseListener(new MouseAdapter(){
      public void mouseClicked(MouseEvent e) {
           int x = table.getSelectedRow();              //获取选中的行的行号
           String y = (String)table.getValueAt(x,0);    //某行第 1 列数据
           System.out.println(y);                       //输出从表格提取的数据
      }
   }
);
```

✍ **说明：**

建构 DefaultTableModel 的 data 和 columnNames 参数同前面介绍的数据，该段代码中还演示了如何设置表格数据和表头的字体。利用 JTable 所提供的 getTableHeader()方法取得标题栏。

习　　题

1．选择题

（1）以下（　　　）是 MenuItem 类的方法。

A．setVisible(boolean b)　　　　　　　B．setEnabled(boolean b)

C．getSize()　　　　　　　　　　　　D．setBackground(Color c)

（2）JTextField 的事件监听器接口为（　　　）。

A．ChangeListener　　　　　　　　　B．ItemListener

C．JActionListener　　　　　　　　　D．ActionListener

（3）JPanel 的默认布局管理器是（　　　）。

A．BorderLayout　　　　　　　　　　B．GridLayout

C．FlowLayout　　　　　　　　　　　D．CardLayout

2．思考题

（1）在 Swing 中如何实现部件内容的滚动？

（2）JFrame 中对窗体的关闭有哪些处理情形？

3．编程题

（1）编写一个 Swing 应用程序，利用对话框获取两个整数，利用消息框显示两个数的最

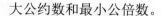

大公约数和最小公倍数。

（2）实现一个简单的文本编辑器，操作按钮安排在工具栏中，包括打开文件、保存文件、文本替换等功能。消息的处理可以通过对话框实现。

（3）实现一个计算器程序，支持加、减、乘、除、求余、求平方根等运算。

（4）在图形界面中含有一个文本框和一个文本域，在文本框中输入一个整数（≤50），验证从 4 到该整数的所有偶数可拆成两素数之和。每个数的分拆结果占一行，能进行滚动浏览。

（5）编写一个画填充圆的程序，要求能用滑动杆控制圆的半径变化。

（6）设计一个程序增删行号工具。安排一个文本域显示文件内容，一个按钮用来进行转换处理。要求能自动检测源文件中是否有行号信息，如果没有行号，则自动给源文件每行增加行号；如果有行号，则将每行的行号删除。假设程序的行数不超过 99 行，行号值为 2 位数，第 1 行为#01 标记，行号和内容之间空 2 格，转换结果自动写入文件。提供下拉菜单来选择要转换的文件和关闭应用，通过文件选择对话框来选取要进行转换的文件。

第 16 章

Java 网络编程

本章知识目标:

❑ 了解 InetAddress 类的使用方法。

❑ 掌握 Socket 通信编程原理与方法，了解网络多用户通信的编程特点。

❑ 了解数据报编程的基本方法。

❑ 了解 Java 对 URL 资源的访问编程方法。

Java 的诞生和发展与网络是紧密关联的，Java 也提供了丰富的类库实现网络应用编程。本章主要涉及数据通信处理和信息资源获取的相关 API。

扫描，拓展学习

16.1　网络编程基础

16.1.1　网络协议

　　网络上的计算机要相互通信，必须遵循一定的协议。目前使用最广泛的网络协议是应用于 Internet 的 TCP/IP 协议。TCP/IP 协议在设计上分为 5 层，物理层、数据链路层、网络层、传输层、应用层。不同层有各自职责，下层为上层提供服务。其中，网络层也称 IP 层，主要负责网络主机的定位，实现数据传输的路由选择。IP 地址可以唯一地确定 Internet 上的一台主机，为了方便记忆，实际应用中常用域名地址，域名与 IP 地址的转换通过域名解析完成。而传输层则负责保证端到端数据传输的正确性，在传输层包含两类典型通信支持：TCP 和 UDP；TCP 是传输控制协议的简称，是一种面向连接的保证可靠传输的协议。通过 TCP 协议传输，得到的是一个顺序的无差错的数据流。使用 TCP 通信，发送方和接收方首先要建立 Socket 连接，在客户服务器通信中，服务方在某个端口提供服务等待客户方的访问连接，连接建立后，双方就可以发送或接收数据。UDP 是用户数据报协议的简称，UDP 无须建立连接，传输效率高，但不能保证传输的正确性。

　　现在计算机系统都是多任务的，一台计算机可以同时与多台计算机之间通信，所以完整的网络通信的构成元素除了主机地址外，还包括通信端口、协议等。

　　在 java.net 包中提供了丰富的网络功能，例如，用 InetAddress 类表示 IP 地址，用 URL 类封装对网络资源的标识访问，用 ServerSocket 和 Socket 类实现面向连接的网络通信，用 DatagramPacket 和 DatagramSocket 实现数据报的收发。

16.1.2　InetAddress 类

　　Internet 上通过 IP 地址或域名标识主机，而 InetAddress 对象则含有这两者的信息，域名的作用是方便记忆，它和 IP 地址是一一对应的，知道域名即可得到 IP 地址。InetAddress 对象用以下格式表示主机的信息。

```
www.ecjtu.jx.cn/202.101.208.10
```

　　InetAddress 类不对外提供构造方法，但提供了一些静态方法来得到 InetAddress 类的实例对象。该类的常用方法如下。

　　（1）static InetAddress getByName(String host)：根据主机名构造一个对应的 InetAddress 对象，当主机在网上找不到时，将抛出 UnknownHostException 异常。

　　（2）static InetAddress getLocalHost()：返回本地主机对应的 InetAddress 对象。

　　（3）String getHostAddress()：返回 InetAddress 对象的 IP 地址。

　　（4）String getHostName()：返回 InetAddress 对象的域名。

例如，以下代码可以输出本机的 IP 地址。

```
import java.net.*;
public class FindIP {
  public static void main(String args[]) {
    try {
        String myaddr = InetAddress.getLocalHost().getHostAddress();
        System.out.println("本机的 IP 地址:"+myaddr);
    }catch (UnknownHostException e)  { }
  }
}
```

扫描，拓展学习

16.2　Socket 通信

16.2.1　Java 的 Socket 编程原理

Java 提供了 Socket 类和 ServerSocket 类分别用于 Client 端和 Server 端的 Socket 通信编程，可将联网的任何两台计算机进行 Socket 通信，一台作为服务器端，另一台作为客户端。也可以用一台计算机上运行的两个进程分别运行服务器端和客户端程序。

1．Socket 类

Socket 类用在客户端，通过构造一个 Socket 类来建立与服务器的连接。Socket 连接可以是流连接，也可以是数据报连接，这取决于构造 Socket 类时使用的构造方法。一般使用流连接，流连接的优点是所有数据都能准确、有序地送到接收方；缺点是速度较慢。Socket 类的构造方法有以下 4 种。

（1）Socket(String host, int port)：构造一个连接指定主机、指定端口的流 Socket。

（2）Socket(String host, int port, boolean kind)：构造一个连接指定主机、指定端口的 Socket 类，boolean 类型的参数用来设置是流 Socket 还是数据报 Socket。

（3）Socket(InetAddress address, int port)：构造一个连接指定 Internet 地址、指定端口的流 Socket。

（4）Socket(InetAddress address, int port, boolean kind)：构造一个连接指定 Internet 地址、指定端口的 Socket 类，boolean 类型的参数用来设置是流 Socket 还是数据报 Socket。

（5）在构造完 Socket 类后，就可以通过 Socket 类来建立输入/输出流，通过流来传送数据。

2．ServerSocket 类

ServerSocket 类用在服务器端，常用构造方法有两种。

（1）ServerSocket(int port)：在指定端口上构造一个 ServerSocket。

（2）ServerSocket(int port, int queueLength)：在指定端口上构造一个 ServerSocket 类，第 2 个参数 queueLength 用于限制并发等待连接的客户最大数目。

3．建立连接与数据通信

Socket 通信的基本过程如图 16-1 所示。首先，在服务器端创建一个 ServerSocket 对象，通过执行 accept 方法监听客户连接，这将使线程处于等待状态；其次，在客户端构造 Socket 类，与某服务器的指定端口进行连接。服务器监听到连接请求后，就可在两者之间建立连接。连接建立之后，就可以取得相应的输入/输出流进行通信。一方的输出流发送的数据将被另一方的输入流读取。

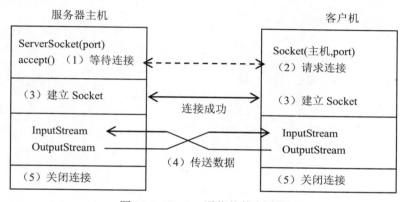

图 16-1　Socket 通信的基本过程

【例 16-1】一个简单的 Socket 通信演示程序。

程序 1：服务器方程序

```
#01  import java.net.*;
#02  import java.io.*;
#03  public class SimpleServer {
#04      public static void main(String args[]) {
#05          try {
#06              ServerSocket s = new ServerSocket(5432);    //规定服务器端口
#07              while (true) {
#08                  Socket s1 = s.accept();                 //等待客户连接
#09                  OutputStream s1out = s1.getOutputStream();
#10                  DataOutputStream dos = new DataOutputStream(s1out);
#11                  dos.writeUTF("Hello  World!");
#12                  System.out.println("a client is conneted….");
#13                  s1.close();
#14              }
#15          } catch (IOException e) { }
#16      }
#17  }
```

☞ 说明：

这里服务方监听的端口为 5432，在循环中，通过 accept 等待客户连接，如果无客户连接，线程将进入阻塞状态。一旦有客户连接成功，则将在客户机和服务器间建立一条 Socket 数据传输通道，通过 Socket 的 getOutputStream()方法可取得该通道本方的输出流，为了方便流操作，可以用 DataOutputStream 流对其进行过滤，并用 DataOutputStream 对象的 writeUTF 方法给客户发送数据，而后关闭与该客户的连接，继续循环等待其他客户的访问。

程序 2：客户方程序

```
#01   import java.net.*;
#02   import java.io.*;
#03   public class SimpleClient {
#04       public static void main(String args[]) throws IOException {
#05           Socket s = new Socket("localhost", 5432);
#06                   //申请与服务器的 5432 端口连接
#07           InputStream sIn = s.getInputStream();        //取得 Socket 的输入流
#08           DataInputStream dis = new DataInputStream(sIn);
#09           String message = dis.readUTF();              //读服务器发送的数据
#10           System.out.println(message);
#11           s.close();
#12       }
#13   }
```

☞ 说明：

这里客户方要访问的计算机为本地主机（localhost），也就是在一台计算机上自己与自己通信，客户通过创建 Socket 与服务器端建立连接后，可以取得 Socket 的输入流，用过滤流 DataInputStream 的 readUTF 方法读取来自服务器方的字符串，之后关闭 Socket 连接。

◁ 注意：

该程序在同一机器上运行时要开辟两个 DOS 窗口，首先运行服务器程序，然后在另一个窗口运行客户程序，服务器端循环运行等待客户连接，每个客户连接到服务器后，在客户方将显示服务器发送的信息 "Hello World!"，而服务器方将显示 "a client is conneted…"。本程序中只是服务器方给客户方发送数据，如果客户要给服务器方发送数据，方法一样，只是要注意两方收发的配合。

💬 思考：

上面的程序如果要实现双向通信，则服务器需要读取客户发送的数据，如果客户连接和读取客户数据安排在一个循环中，那么等待读取客户发送的数据将导致线程阻塞，不能及时转到执行 accept 方法去等待其他客户连接。因此，对于复杂的多用户通信是不可行的。

扫描，拓展学习

16.2.2　简单多用户聊天程序的实现

【例 16-2】一个简单的多用户聊天程序。

程序 1：聊天服务器端程序

聊天服务器端的主要任务有两个：一是监听某端口，建立与客户的 Socket 连接，处理一个客户的连接后，能很快再进入监听状态；二是处理与客户的通信，由于聊天在客户之间进行，所以服务器的职责是将客户发送的消息转发给其他客户。为了实现两个目标，必须设法将任务分开，可以借助多线程技术，在服务器方为每个客户连接建立一个通信线程，通信线程负责接收客户的消息并将消息转发给其他客户。这样主程序的任务就简单化了，循环监听客户连接，每个客户连接成功后，创建一个通信线程，并将与 Socket 对应的输入/输出流传给该线程。

此例中还有一个关键问题是由于要将数据转发给其他客户，因此某个客户对应的通信线程要设法获取其他客户的 Socket 输出流，也就是必须设法将所有客户的资料在连接处理时保存在一个公共能访问的地方，因此，在 TalkServer 类中引入了一个静态 ArrayList 存放所有客户的通信线程。这样要取得其他客户相关的输出流可通过该 ArrayList 去间接访问。

程序代码如下：

```
#01   import java.net.*;
#02   import java.io.*;
#03   import java.util.*;
#04   public class TalkServer {
#05       public static ArrayList<Client> allclient = new ArrayList<Client>();
#06           //存放所有通信线程
#07       public static int clientnum = 0;              //统计客户连接的计数变量
#08
#09       public static void main(String args[]) {
#10           try {
#11               ServerSocket s = new ServerSocket(5432);
#12               while (true) {
#13                   Socket s1 = s.accept();           //等待客户连接
#14                   DataOutputStream dos = new DataOutputStream(
#15                       s1.getOutputStream());
#16                   DataInputStream din =
#17                       new  DataInputStream(s1.getInputStream());
#18                   Client x = new Client(clientnum, dos, din);
#19                   //创建与客户对应的通信线程
#20                   allclient.add(x);                 //将线程加入 ArrayList 中
#21                   x.start();
#22                   clientnum++;
#23               }
#24           } catch (IOException e) { }
#25       }
#26   }
#27
#28   /* 通信线程处理与对应客户的通信，将来自客户数据发往其他客户 */
#29   class Client extends Thread {
#30       int id;                                       //客户的标识
```

```
#31        DataOutputStream dos;                    //去往客户的输出流
#32        DataInputStream din;                     //来自客户的输入流
#33
#34        public Client(int id, DataOutputStream dos, DataInputStream din) {
#35            this.id = id;
#36            this.dos = dos;
#37            this.din = din;
#38        }
#39
#40        public void run() {                      //循环读取客户数据转发给其他客户
#41            while (true) {
#42                try {
#43                    String message="客户"+id+":"+din.readUTF();  //读客户数据
#44                    for (int i = 0; i <TalkServer.clientnum; i++) {
#45                        TalkServer.allclient.get(i).dos.writeUTF(message);
#46                        //将消息转发给所有客户
#47                    }
#48                } catch (IOException e) { }
#49            }
#50        }
#51    }
```

✍ 说明：

> 每个通信线程的执行体为一个无限循环，第 43 行等待接收自己客户发送过来的数据，第 44、45 行用循环将数据发送给所有客户（包括自己）的 Socket 通道。

程序 2：聊天客户端程序

客户端的职责也有两个：一是能提供一个图形界面实现聊天信息的输入和显示，其中包括处理用户输入事件；二是要随时接收来自其他客户的信息并显示出来。因此，在客户端也采用多线程实现，应用程序主线程负责图形界面的输入处理，而接收消息线程负责读取其他客户发来的数据。程序代码如下：

```
#01  import java.net.*;
#02  import java.io.*;
#03  import java.awt.event.*;
#04  import java.awt.*;
#05  public class TalkClient {
#06      public static void main(String args[]) throws IOException {
#07          Socket s1 = new Socket(args[0], 5432);                //连接服务器
#08          DataInputStream dis = new DataInputStream(s1.getInputStream());
#09          final DataOutputStream dos =
#10              new DataOutputStream(s1.getOutputStream());
#11          Frame myframe = new Frame("简易聊天室");
#12          Panel panelx = new Panel();
#13          final TextField input = new TextField(20);
```

```
#14          TextArea display = new TextArea(5, 20);
#15          panelx.add(input);
#16          panelx.add(display);
#17          myframe.add(panelx);
#18          new receiveThread(dis, display);              //创建启动接收消息线程
#19          input.addActionListener(new ActionListener() {    //匿名内嵌类
#20              public void actionPerformed(ActionEvent e) {
#21                  try {
#22                      dos.writeUTF(input.getText());            //发送数据
#23                  } catch (IOException z) { }
#24              }
#25          });
#26          myframe.setSize(300, 300);
#27          myframe.setVisible(true);
#28      }
#29  }
#30
#31  /* 接收消息线程循环读取网络消息，显示在文本域 */
#32  class receiveThread extends Thread {
#33      DataInputStream dis;
#34      TextArea displayarea;
#35
#36      public receiveThread(DataInputStream dis, TextArea m) {
#37          this.dis = dis;
#38          displayarea = m;
#39          this.start();
#40      }
#41
#42      public void run() {
#43          for (;;) {
#44              try {
#45                  String str = dis.readUTF();            //读来自服务器的消息
#46                  displayarea.append(str + "\n");        //将消息添加到文本域显示
#47              } catch (IOException e) { }
#48          }
#49      }
#50  }
```

✎ 说明：

　　第 19~25 行根据文本框的动作事件处理，将文本框的数据发送给服务器；第 38~45 行的 run 方法将循环读取来自服务器的数据，并显示在文本域中。

　　运行该程序前首先要运行服务器方程序，运行客户方程序要注意提供一个代表服务器地址的参数，如果客户方程序与服务器方程序在同一机器上运行，则客户方运行命令为

```
java TalkClient localhost
```

图 16-2 给出了 3 个客户在线聊天的窗体截图。

图 16-2 通过服务器转发实现多个客户的通信

思考：

> 该程序仅实现了简单的多用户聊天演示，在程序中还有许多问题值得改进，读者可以进一步去解决这些问题，比如，① 如何修改服务方，使用户自己发送的消息不显示在自己的文本域中；② 增加一个用户名输入界面，用户输入身份后再进入聊天界面；③ 在客户方显示用户列表，可以选择将信息发送给哪些用户；④ 如何在服务方对退出的用户进行处理，保证聊天发送的消息只发给在场的用户，这点要客户方与服务方配合编程，客户退出时给服务方发消息。或者，服务器设置一个监视线程，检查各通信线程的 Socket 通道是否正常，对于不正常的通道自动停止相关的通信线程。

扫描，拓展学习

16.3 无连接的数据报

数据报是一种无连接的通信方式，它的速度比较快，但是由于不建立连接，不能保证所有数据都能送到目的地。所以一般用于传送非关键性的数据。发送和接收数据报需要使用 Java 类库中的 DatagramPacket 类和 DatagramSocket 类。

16.3.1 DatagramPacket 类

DatagramPacket 类是进行数据报通信的基本单位，包含了需要传送的数据、数据报的长度、IP 地址和端口等。DatagramPacket 类的构造方法有以下两种。

（1）DatagramPacket(byte [] buf, int n)

构造一个用于接收数据报的 DatagramPacket 对象，buf 是接收数据报的缓冲区；n 是接收的字节数。

（2）DatagramPacket(byte [] buf, int n, InetAddress address, int port)

构造一个用于发送数据报的 DatagramPacket 对象，buf 是发送数据的缓冲区；n 是发送的字节数；address 是接收机器的 Internet 地址；port 是接收的端口号。

也可以通过 DatagramPacket 类提供的方法获取或设置数据报的参数，如地址、端口等，例如，通过以下命令设置和获取数据报的收发数据缓冲区。

❑ void setData(byte[] buf)：设置数据缓冲区。

- ❑ byte[] getData()：返回数据缓冲区。

另外，DatagramPacket 类还提供有以下常用方法。

- ❑ int getLength()：可用来返回发送或接收的数据报的长度。
- ❑ InetAddress getAddress()：返回数据报的主机地址。

16.3.2　DatagramSocket 类

DatagramSocket 类是用来创建发送或接收数据报的 DatagramSocket 对象，它的构造方法有以下两种。

- ❑ DatagramSocket()：构造发送数据报的 DatagramSocket 对象。
- ❑ DatagramSocket(int port)：构造接收数据报的 DatagramSocket 对象，参数为端口号。

16.3.3　发送和接收过程

要完成发送和接收数据报的过程，需要在接收端构造一个 DatagramPacket 对象指定接收的缓冲区，建立指定监听端口的 DatagramSocket 对象，并通过执行其 receive 方法等待接收数据报。在发送端首先要构造 DatagramPacket 对象，指定要发送的数据、数据长度、接收主机地址及端口号，然后创建 DatagramSocket 对象，利用其 send 方法发送数据报。接收端接收到后，将数据保存到缓冲区。

以下代码给出了数据报接收和发送的编程要点，接收端的 IP 地址是 192.168.0.3，端口号是 80，发送的数据在缓冲区 message 中，长度为 200。

（1）接收端的程序

```
byte [] buf = new byte[1024];                              //buf 为接收缓冲区
DatagramPacket inpacket = new DatagramPacket(buf, buf.length);
DatagramSocket insocket = new DatagramSocket(80);          //80 为接收端口号
insocket.receive(inpacket);                                //接收数据报
String s = new String(buf,0,inpacket.getLength());         //将接收数据存入字符串
```

（2）发送端的程序

```
//假定 message 为存放发送数据的字节数组
DatagramPacket outpacket = new DatagramPacket(message,200,"192.168.0.3",80);
DatagramSocket outsocket = new DatagramSocket();
outsocket.send(outpacket);
```

【例 16-3】利用数据报发送信息或文件内容。
以下程序利用数据报发送输入信息或文件内容到特定主机的特定端口。
程序 1：发送程序

```
#01  import java.io.*;
#02  import java.net.*;
```

```
#03    public class UDPSend {
#04        public static String usage="用法:java UDPSend <hostname> <port> " +
#05                " <msg>... 或 java UDPSend <hostname> <port> -f <file>";
#06
#07        public static void main(String args[]) {
#08            try {
#09                String host = args[0];
#10                int port = Integer.parseInt(args[1]);
#11                byte[] message;
#12                if (args[2].equals("-f")) {
#13                    File f = new File(args[3]);
#14                    int len = (int) f.length();
#15                    message = new byte[len];
#16                    FileInputStream in = new FileInputStream(f);
#17                    in.read(message);              //从文件读全部数据存到数组中
#18                    in.close();
#19                } else {
#20                    String msg = args[2];
#21                    for (int i = 3; i < args.length; i++)
#22                        msg += " " + args[i];         //拼接信息内容
#23                    message = msg.getBytes();        //字符串对应的字节数组
#24                }
#25                InetAddress address = InetAddress.getByName(host);
#26                DatagramPacket packet = new DatagramPacket(message,
#27                    message.length,address, port);
#28                DatagramSocket dsocket = new DatagramSocket();
#29                dsocket.send(packet);                //发送数据报
#30                dsocket.close();
#31            } catch (Exception e) {
#32                System.err.println(usage);
#33            }
#34        }
#35 }
```

✍ 说明：

　　发送的数据来源有两种可能，通过命令行参数进行区分，一种是来自文件，要求第 3 个参数为-f，第 4 个参数为文件名，这种情形将从文件中读取信息写入 message 字节数组；另一种从命令行直接输入文本，要求第 3 个参数不为-f，从第 3 个参数开始的所有输入信息均为数据；第 20~22 行用循环将其拼接在一个字符串中，然后转化为字节数组存入 massage 中；第 26~29 行通过数据报方式将消息发送给指定主机的某端口。

程序 2：接收程序

```
#01    import java.io.*;
#02    import java.net.*;
#03    public class UDPReceive {
```

```
#04        public static final String usage = "用法: java UDPReceive <port>";
#05
#06        public static void main(String args[]) {
#07            try {
#08                int port = Integer.parseInt(args[0]);
#09                DatagramSocket dsocket = new DatagramSocket(port);
#10                byte[] buffer = new byte[2048];
#11                DatagramPacket packet =
#12                        new DatagramPacket(buffer, buffer.length);
#13                for (;;) {
#14                    dsocket.receive(packet);                //接收数据报
#15                    String msg = new String(buffer, 0, packet.getLength());
#16                    System.out.println(packet.getAddress() + ":" + msg);
#17                }
#18            } catch (Exception e) {
#19                System.err.println(usage);
#20            }
#21        }
#22    }
```

✎ 说明：

　　第 9 行在指定端口建立 DatagramSocket 对象；第 11~12 行建立数据报对象，指定数据报的接收缓冲区；第 14 行通过 DatagramSocket 对象的 receive 方法循环接收来自发送方的数据报；第 15 行将数据报接收缓冲区的数据转化为字符串。

📢 注意：

　　测试程序时，要首先运行接收程序，接收程序运行时需要提供一个端口号，该程序将循环等待接收来自发送方的数据报。发送程序需要的参数较多，首先要给定目标主机地址、端口号，接下来如果要发送文件内容，则-f 后接文件名；否则，剩下的所有参数均作为发送内容。

16.4　数据报多播

扫描，拓展学习

　　所谓多播就是发送一个数据报文，所有组内成员均可接收到。多播通信使用 D 类 IP 地址，地址范围为 224.0.0.1~239.255.255.255。发送广播的主机给指定多播地址的特定端口发送消息。接收广播的主机必须加入同一多播地址指定的多播组中，并从同样端口接收数据报。多播通信是一种高效率的通信机制，多媒体会议系统是典型应用。MulticastSocket 是 DataPacketSocket 的子类。常用构造方法如下。

❏　MulticastSocket()：创建一个多播 Socket 对象，可用于发送多播消息。

❏　MulticastSocket(int port)：创建一个与指定端口捆绑的多播 Socket 对象，可用于收发多播消息。

多播消息通常带有一个严格的生存周期，它对应着要通过的路由器数量，默认消息的生存期数据为 1，这种情形下，消息就只能在局域网内部传递。通过 MulticastSocket 对象的 setTimeToLive(int)方法可设置生命周期。

（1）接收多播数据

接收方首先通过使用发送方数据报指定的端口号创建一个 MulticastSocket 对象，通过该对象调用 joinGroup(InetAddress group)方法将自己登记到一个多播组中，然后，就可用 MulticastSocket 对象的 receive 方法接收数据报。在不需要接收数据时，可调用 leaveGroup (InetAddress group)方法离开多播组。以下为接收多播数据报关键代码。

```
InetAddress group = InetAddress.getByName("228.5.6.7");    //多播组地址
MulticastSocket s = new MulticastSocket(6789);             //创建MulticastSocket对象
s.joinGroup(group);                                        //加入多播组
byte[] buf = new byte[1000];
DatagramPacket recv = new DatagramPacket(buf, buf.length);
s.receive(recv);
```

（2）发送多播数据

发送方首先也是要像接收方一样加入多播组。用 MulticastSocket 对象的 send 方法发送数据报。以下为发送多播数据报关键代码。

```
String msg = "Hello";
DatagramPacket hi = new DatagramPacket(msg.getBytes(), msg.length(),
                          group, 6789);                    //创建要发送的数据报
s.send(hi);                                                //发送
```

其中，变量 s 为 MulticastSocket 对象，由于在发送的具体数据报中已指定了多播地址和端口，发送方创建 MulticastSocket 对象时也可使用不指定端口的构造方法。

实际应用中，发送数据是主动的动作，而接收数据是被动的动作，为了不至于阻塞应用，接收可以创建一个专门的线程，让其循环等待接收数据。

【例 16-4】基于数据报多播技术的简单讨论区。

程序代码如下：

```
#01    import java.awt.*;
#02    import java.awt.event.*;
#03    import java.net.*;
#04    public class Talk extends Frame implements Runnable {
#05        MulticastSocket mSocket;              //用于收发数据的MulticastSocket对象
#06        TextArea display;                     //显示消息的文本域
#07        TextField input;                      //发送信息的文本框
#08        InetAddress inetAddress;              //多播地址
#09
#10        public Talk() {
#11            super("多播测试");
```

```
#12           try {
#13               mSocket = new MulticastSocket(7777);
#14               inetAddress = InetAddress.getByName("230.0.0.1");
#15               mSocket.joinGroup(inetAddress);
#16           } catch (Exception e) { }
#17           display = new TextArea(5, 40);
#18           input = new TextField(20);
#19           add("South", input);
#20           add("Center", display);
#21           setSize(200, 400);
#22           setVisible(true);
#23           input.addActionListener(new ActionListener() {
#24               public void actionPerformed(ActionEvent e1) {
#25                   try {
#26                       byte[] data = input.getText().getBytes();
#27                       input.setText("");
#28                       DatagramPacket packet = new DatagramPacket(
#29                               data, data.length, inetAddress, 7777);
#30                       mSocket.send(packet);          //发送数据报
#31                   } catch (Exception e) { }
#32               }
#33           });
#34       }
#35
#36       public static void main(String[] args) {
#37           Talk s = new Talk();
#38           new Thread(s).start();
#39       }
#40
#41       public void run() {
#42           try {
#43               byte[] data = new byte[200];            //字节缓冲区存放接收数据
#44               DatagramPacket packet = new DatagramPacket(data,
#45                       data.length);
#46               while (true) {
#47                   mSocket.receive(packet);            //接收数据报
#48                   display.append(new String(data,0,packet.getLength()));
#49                       //将收到的数据添加到文本域中
#50                   display.append("\n");
#51               }
#52           } catch (Exception e) {}
#53       }
#54   }
```

✍ 说明：

> 本程序在同一个类中实现数据的收发功能，类 Talk 在继承 Frame 窗体的同时实现 Runnable 接口，通过图形用户界面触发事件实现数据的发送。第 26~30 行获取文本框的数据，通过数据报多播发送。与此同时，利用线程的 run 方法循环接收来自用户的消息。第 47~48 行将接收数据报送入文本域显示，如图 16-3 所示。

图 16-3　基于多播通信的讨论区

📢 注意：

> 多播通信已经通过一个组地址将用户联系在一起，因此，无须负责转发消息的服务方程序。只需运行一个程序就可以测试，但即便在单机上调试多播程序时也必须注意保证网络连通，否则加入多播组将出现 Socket 异常。

扫描，拓展学习

16.5　URL 访问

在 Internet 上的所有网络资源都是用 URL（Uniform Resource Locator）来表示的，一个 URL 地址通常由 4 部分组成，包括协议名、主机名、路径文件、端口号。例如，华东交通大学 Java 课程的网上教学地址为 http://cai.ecjtu.jx.cn:80/java/index.htm。

以上表示协议为 http，主机地址为 cai.ecjtu.jx.cn，路径文件为 java/index.htm，端口号为 80。当端口号为协议的默认值时可省略，如 http 的默认端口号是 80。

16.5.1　URL 类

使用 URL 进行网络通信，就要使用 URL 类创建对象，利用该类提供的方法获取网络数据流，从而读取来自 URL 的网络数据。URL 类安排在 java.net 包中，以下为 URL 的几个构造方法及说明。

❑　URL(String protocol, String host, int port,　String path)

其中，protocol 是协议的类型，可以是 http、ftp、file 等；host 是主机名；port 是端口号；path 给出文件名或路径名。

❑　URL(String protocol, String host, String path)

参数含义与上相同，使用协议默认端口号。

❑　URL(URL url, String path)

利用给定 URL 中的协议、主机，加上 path 指定的相对路径拼接新 URL。

❑　URL(String url)

使用 URL 字符串构造一个 URL 类。

如果 URL 信息错误将产生 MalformedURLException 异常，在构造完一个 URL 类后，可以使用 URL 类中的 openStream 方法与服务器上的文件建立一个流的连接，但是这个流是输入流（InputStream），只能读而不能写。

URL 类提供的典型方法如下。

- ❑ String getFile()：取得 URL 的文件名，它是带路径的文件标识。
- ❑ String getHost()：取得 URL 的主机名。
- ❑ String getPath()：取得 URL 的路径部分。
- ❑ int getPort()：取得 URL 的端口号。
- ❑ URLConnection openConnection()：返回代表与 URL 进行连接的 URLConnection 对象。
- ❑ InputStream openStream()：打开与 URL 的连接，返回来自连接的输入流。
- ❑ Object getContent()：获取 URL 的内容。

【例 16-5】通过流操作读取 URL 访问结果。

以下程序读取网上某个 URL 的访问结果，将结果数据写入某个文本文件中或者在显示屏上显示，取决于运行程序时是否提供写入的文件。运行程序时第 1 个参数指定 URL 地址，第 2 个参数可以省去，如果有该参数则表示存放结果的文件名。

程序代码如下：

```
#01    import java.io.*;
#02    import java.net.*;
#03    public class GetURL {
#04       public static void main(String[] args) {
#05           InputStream in = null;
#06           OutputStream out = null;
#07           try {
#08               URL url = new URL(args[0]);              //建立 URL
#09               in = url.openStream();                   //打开 URL 流
#10               if (args.length == 2)                    //获取相应的输出流
#11                   out = new FileOutputStream(args[1]); //输出目标为指定文件
#12               else
#13                   out = System.out;                    //输出目标为屏幕
#14               /* 以下将 URL 访问结果数据复制到输出流 */
#15               byte[] buffer = new byte[4096];
#16               int bytes;
#17               while ((bytes = in.read(buffer)) != -1)  //读数据到缓冲区
#18                   out.write(buffer, 0, bytes);         //将缓冲区数据写到输出流
#19           } catch (Exception e) {
#20               System.err.println("Usage: java GetURL <URL> [<filename>]");
#21           } finally {
#22               try {                                    //关闭输入/输出流
#23                   in.close();
#24                   out.close();
#25               } catch (IOException e) {  }
#26           }
```

```
#27        }
#28    }
```

✎ 说明：

第 9 行用来获取指定 URL 的输入流；第 10~13 行根据命令行参数判断输出目标是文件还是屏幕；第 17~18 行从输入流读数据写往输出目标。

16.5.2　URLConnection 类

前面介绍的 URL 访问只能读取 URL 数据源的数据，实际应用中，有时需要与 URL 资源进行双向通信，则要用到 URLConnection 类。URLConnection 将创建一个对指定 URL 的连接对象，其构造方法是 URLConnection(URL)，但构建 URLConnection 对象并未建立与指定 URL 的连接，还必须使用 URLConnection 类中的 connect 方法建立连接。另一种与 URL 建立双向连接的方法是使用 URL 类中的 openConnection 方法，它返回建立好连接的 URLConnection 对象。

URLConnection 类的几个主要方法如下。

❑　void connect()：打开 URL 所指资源的通信链路。

❑　int getContentLength()：返回 URL 的内容长度值。

❑　InputStream getInputStream()：返回来自连接的输入流。

❑　OutputStream getOutputStream()：返回写往连接的输出流。

【例 16-6】下载指定的 URL 文件。

程序代码如下：

```
#01  import java.net.*;
#02  import java.io.*;
#03  public class downloadFile {
#04      public static void main(String args[]) {
#05          try {
#06              URL url = new URL(args[0]);
#07              URLConnection uc = url.openConnection();
#08              int len = uc.getContentLength();
#09              byte[] b = new byte[len];            //创建字节数组存放读取的数据
#10              InputStream stream = uc.getInputStream();
#11              String theFile = url.getFile();      //获取带路径的文件标识
#12              theFile = theFile.substring(theFile.lastIndexOf('/') + 1);
#13                   //分离出文件名
#14              FileOutputStream fout = new FileOutputStream(theFile);
#15              stream.read(b, 0, len);      //从输入流读 len 个字节数据存入数组 b
#16              fout.write(b);
#17          } catch (MalformedURLException e) {
#18              System.err.println("URL error");
#19          } catch (IOException e) {  }
```

```
#20        }
#21    }
```

【运行结果】

```
e:/java> java downloadFile  "http://localhost/images/dots.gif"
```

则在 E 盘的 java 子目录下可以找到下载的文件 dots.gif。

✍ **说明：**

第 7 行建立与 URL 资源的连接；第 10 行取得连接的输入流；第 11 行取得 URL 资源文件路径；第 12 行将文件名分离出来；第 14 行创建对应的文件输出流；第 15 行读取 URL 资源的全部数据；第 16 行将数据写入文件，从实现资源内容的下载保存。

16.6　网络对弈五子棋案例

利用 Socket 通信可实现网上对弈及其他网络通信应用软件的消息传送。本案例介绍 Java 实现对弈五子棋的实现，支持多桌并发对弈。应用界面包括登录、选桌和对弈界面。

扫描，拓展学习

16.6.1　服务器方分析设计

在服务器方要考虑到维持多桌用户的同时对弈，引入多线程的机制。主要工作包括：① 接收新客户的连接请求；② 正在对弈客户的消息通信处理；③ 客户是否在线的监测。分别涉及 3 个类来完成相关的工作。

❑ 主程序线程（ChessServer），负责循环监听客户的连接请求。

❑ 对于每个客户将创建一个通信线程（MessageThread）接收来自客户的消息，并完成消息的转发。

❑ 线程（MonitorThread）负责监视客户是否连接在线，对于不在线的客户要将其对应服务器的资源信息进行清理，从而保证整个应用的持久运行。

1. 棋桌及主类程序设计

在服务器方定义一个 Desk 类记录每桌的状态信息，主要是对弈双方的相关信息。

```
#01    import java.net.*;
#02    import java.io.*;
#03    import java.util.*;
#04    class Desk {                                    //描述棋桌的相关信息
#05        String deskid;                              //桌的标识码
#06        String black;                               //黑方用户名
#07        DataOutputStream black_out;                 //黑方的输出流
#08        String white;                               //白方用户名
#09        DataOutputStream white_out;                 //白方输出流
```

```
#10        int  beginstate = 0;                       //值为 1 表示有一个用户按了 begin
#11                                                    //值为 2 表示有两个用户按了 begin
#12        public Desk(String id) {
#13            deskid = id;
#14        }
#15    }
```

在主类 ChessServer 中通过定义两个静态的 ArrayList 列表集合将所有的棋桌和所有的客户通信线程记录下来，这样在服务器方的各处代码可方便通过这两个列表得到相关状态信息。

主程序线程的职责是完成整个应用的初始化和监听准备，具体包括：建立棋桌集合，创建和启动客户连接监测线程，循环等待客户连接请求，对于每个客户连接，建立相关的输入/输出通道，并创建和启动对应客户 Socket 通道的消息处理线程。

具体代码如下：

```
#01  public class ChessServer {                                        //主类
#02      public static List<Desk> desks = new ArrayList<Desk>();    //所有棋桌
#03      public static List<MessageThread> comms =
#04          new ArrayList<MessageThread>();                        //存放所有消息线程
#05      public static void main(String args[]) {
#06        try {
#07          for (int k=0;k<10;k++)
#08              desks.add(new Desk("第"+k+"桌"));                   //创建 10 桌
#09          //创建一个监测线程监视用户的连接是否断线.
#10          Thread m = new MonitorThread();
#11          m.start();
#12          System.out.println(" wait connecting ...");
#13          ServerSocket s = new ServerSocket(5432);     //服务连接端口
#14          while (true) {
#15              Socket s1 = s.accept();                     //等待客户连接
#16              DataOutputStream dos = new DataOutputStream(
#17                  s1.getOutputStream());
#18              DataInputStream din = new DataInputStream(
#19                  s1.getInputStream());
#20              MessageThread x = new MessageThread(din, dos);
#21                  //创建消息线程，接收消息
#22              comms.add(x);                               //加入通信线程列表集合
#23              x.start();
#24          }
#25        } catch (IOException e) { }
#26      }
#27  }
```

2. 消息通信线程的设计

客户方和服务器方的通信是通过互发消息实现，本程序中消息的设计比较简单，消息用字符串表示，见表 16-1，起始单词为消息识别关键词，后面为消息参数，它们之间用逗号分

隔。利用字符串的 split 方法可实现消息参数的分离，处理消息时根据消息识别关键词来识别不同消息。有些消息在服务器处理后要转发给客户的对手方。消息通信线程（MessageThread）主要处理与对应客户的通信，接收来自客户的消息，并经过分析处理将消息转发给对手对应的 Socket 通道。MessageThread 类的属性中包含棋桌信息、用户信息及对应的 Socket 通道的输入/输出流信息。

表 16-1　客户与服务器的通信消息设计

消 息 格 式	发 往 目 标	解　　释
desk:第 1 桌;null;mary:第 2 桌;...	客户	棋桌信息，每桌之间用冒号隔开，桌内参数用分号隔开
login	服务器	登录
sitdown,桌号,座位,用户名	服务器	用户选择桌及座位
resign	服务器，并转发	客户放弃
begin	服务器，并转发	客户单击"开始"，转发消息时还会添加"开始"按钮的单击次数
step,x,y	服务器，并转发	x、y 为下棋子的位置
end	服务器	游戏结束
mointor..	所有客户	检测客户是否在线

以下为消息通信线程的具体代码。

```
#01   class  MessageThread extends Thread  {
#02      DataInputStream din;                              //对应客户的输入流
#03      Desk mydesk;                                      //对应客户所在桌
#04      String myname;                                    //对应客户的用户名
#05      DataOutputStream out;                             //对应客户的输出流
#06      boolean flag=true;                                //线程是否停止运行的控制标记
#07
#08      public MessageThread(DataInputStream in, DataOutputStream out) {
#09         din = in; this.out = out;
#10      }
#11
#12      public void run() {                               //循环读取客户消息
#13         while(flag)    {
#14           try{
#15            String message = din.readUTF();             //读客户数据
#16            //分析消息,进行处理
#17            String item[] = message.split(",");
#18            if (item[0].equals("login"))                //用户登录
#19               processlogin(out);
#20            else if (item[0].equals("sitdown"))         //选择坐某桌
#21               enterDesk(item[1],item[2],item[3]);
#22            else if (item[0].equals("begin"))           //用户点了开始
```

```
#23                    begingame();
#24                else if (item[0].equals("step"))              //下棋子信息
#25                    transfer(message);
#26                else if (item[0].equals("end"))               //游戏结束消息
#27                    mydesk.beginstate=0;
#28                else if (item[0].equals("resign"))            //用户点了放弃
#29                    resigngame();
#30            } catch(IOException e) {}
#31        }
#32    }
#33    ... //其他方法在后续部分介绍
#34  }
```

线程类中还其他一些方法，大部分方法是处理各类消息，具体介绍如下。

（1）给某个输出流发送消息

```
#01  public static void sendMessage(DataOutputStream dos,String mess) {
#02      try {
#03          dos.writeUTF(mess);
#04      }catch (IOException e1) { }
#05  }
```

（2）获取某桌的所有在线用户描述信息

```
/* 获取某桌的在线用户，方法参数为棋桌序号 */
#01  public static String getUser(int index) {
#02      String user="";
#03      if (ChessServer.desks.get(index).white!=null)
#04          user += ChessServer.desks.get(index).white+"\n";
#05      if (ChessServer.desks.get(index).black!=null)
#06          user += ChessServer.desks.get(index).black+"\n";
#07      return user;
#08  }
```

（3）处理某用户在某桌坐下的消息

```
/* 方法3个参数分别代表棋桌标识、就座位置、用户名 */
#01  public void enterDesk(String deskid, String position,String username){
#02      String id = "第"+deskid+"桌";
#03      for (int k=0; k<ChessServer.desks.size(); k++)
#04        if (ChessServer.desks.get(k).deskid.equals(id)) {      //坐哪桌
#05            if (position.equals("white")) {                     //坐白方
#06                ChessServer.desks.get(k).white = username;
#07                ChessServer.desks.get(k).white_out = out;
#08            }
#09            else {                                              //坐黑方
#10                ChessServer.desks.get(k).black = username;
#11                ChessServer.desks.get(k).black_out = out;
```

```
#12                 }
#13                 mydesk = ChessServer.desks.get(k);      //记录用户所在桌
#14                 myname = username;                      //记录用户名
#15                 /* 以下检查本桌的在线用户,通知给黑白双方 */
#16                 String user = getUser(k);
#17                 if (ChessServer.desks.get(k).white_out!=null)
#18                     sendMessage(ChessServer.desks.get(k).white_out,
#19                         "user,"+user);
#20                 if (ChessServer.desks.get(k).black_out!=null)
#21                     sendMessage(ChessServer.desks.get(k).black_out,
#22                         "user,"+user);
#23                 break;                                  //结束循环
#24             }
#25             //以下将棋桌就座变化的消息通知所有没加入棋桌的客户
#26             for (int k=0; k<ChessServer.comms.size(); k++) {
#27                 MessageThread y = ChessServer.comms.get(k);
#28                 if (y.mydesk==null)                     //是否没加入棋桌
#29                     processlogin(ChessServer.comms.get(k).out);
#30             }
#31         }
#32 }
```

（4）处理用户单击了“开始”按钮的消息

```
   /*服务器收到“开始”消息要进行计数统计,统计结果发给对手*/
#01 public void begingame(){                           //收到了用户单击“开始”按钮
#02     mydesk.beginstate++;
#03     if (mydesk.black_out!=null && mydesk.white_out!=null) {
#04         if (mydesk.black.equals(myname))
#05             sendMessage(mydesk.white_out,"begin,"+mydesk.beginstate);
#06         else
#07             sendMessage(mydesk.black_out,"begin,"+mydesk.beginstate);
#08     }
#09 }
```

（5）处理用户单击了“放弃”按钮的消息

```
/*  服务器收到“放弃”消息要转发给其对手 */
#01 public void resigngame(){
#02     mydesk.beginstate=0;
#03     if (mydesk.black.equals(myname))
#04         sendMessage(mydesk.white_out,"resign");
#05     else
#06         sendMessage(mydesk.black_out, "resign");
#07 }
```

（6）处理传送下棋子信息的消息

```
/*  服务器收到的下棋子信息要转发给对手方 */
```

```
#01  public void transfer(String mess){           //传送下子信息
#02      if (mydesk.black.equals(myname))
#03          sendMessage(mydesk.white_out,mess);   //发给白方
#04      else
#05          sendMessage(mydesk.black_out,mess);   //发给黑方
#06  }
```

（7）给登录用户或未选择棋桌的用户推送选择棋桌信息

```
/* 服务器发给用户关于所有棋桌的信息，以便其选择就座位置 */
#01  public void processlogin(DataOutputStream you){   //传送棋桌信息
#02      int n = ChessServer.desks.size();
#03      String mess="desks,";                         //消息关键词
#04      for (int k=0;k<n;k++) {
#05          mess=mess+":"+ ChessServer.desks.get(k).deskid+";"+
#06          ChessServer.desks.get(k).black+";"+
#07          ChessServer.desks.get(k).white;           //各桌之间用冒号隔开
#08      }
#09      sendMessage(you, mess);                       //将棋桌信息发给指定用户的数据通道
#10  }
```

3．客户是否在线监听线程

服务方设计一个难点是如何知道用户是否在线，MonitorThread 线程采用的方法是通过发送"mointor.."这样的"心跳检测"消息来观察客户方的反应，根据发送的异常来判断用户 Socket 通道是否完好。其带来的问题是在线客户会时常收到该消息，因此，MonitorThread 线程的休息间隔可安排长些，以便影响应用性能。对于离线的客户要进行相关资源的清理，并修改服务器上记录的相关信息，将用户的离线信息通知对弈的另一方。

```
#01  class MonitorThread extends Thread {
#02    public void run() {
#03        while (true) {
#04          for (int k=0; k< ChessServer.comms.size(); k++) {
#05            try {
#06                ChessServer.comms.get(k).out.writeUTF("mointor..");
#07            } catch (IOException e2) {                    //网络异常的处理
#08            System.out.println(" a client close...");      //输出提示
#09            MessageThread x= ChessServer.comms.get(k);
#10            Desk exitdesk = x.mydesk;                       //从线程得到对应桌
#11            if (exitdesk == null)
#12                continue;
#13            int x2 = exitdesk.deskid.length();
#14            String d= exitdesk.deskid.substring(1,x2-1);
#15            int k2 = (new Integer(d)).intValue();           //得到桌号
#16            String username = x.myname;                     //读出现异常的用户名
#17            x.flag = false;                                 //修改逻辑变量值，让用户通信线程停止
#18            ChessServer.comms.remove(x); //从列表中删除该用户的线程
```

```
#19                //以下从桌中找到用户并删除相关信息
#20            if (exitdesk.white!=null) {
#21                if (exitdesk.white.equals(username)){
#22                    exitdesk.white=null;
#23                    exitdesk.white_out=null;
#24                    if (exitdesk.black_out!=null)
#25                        MessageThread.sendMessage(exitdesk.black_out,
#26                            "user,"+MessageThread.getUser(k2));
#27                }
#28            } else if (exitdesk.black!=null)
#29                if (exitdesk.black.equals(username)){
#30                    exitdesk.black = null;
#31                    exitdesk.black_out = null;
#32                    if (exitdesk.white_out!=null)
#33                        MessageThread.sendMessage(exitdesk.white_out,
#34                            "user,"+MessageThread.getUser(k2));
#35                }
#36            }                              //网络异常处理结束
#37        }
#38        try {
#39            Thread.sleep(5000);             //每隔 5s 发送一个监测信号
#40        }catch(InterruptedException e) { }
#41    } //while end
#42  } //run end
#43 }
```

16.6.2 客户方分析设计

扫描，拓展学习

　　客户方的职责由两部分构成，一个是应用界面，完成登录、选棋桌、下棋等操作界面的事件处理；另一个是要与服务方进行通信。将消息发送给对手是一种主动行为，可由应用界面中的各类事件触发完成，而接收对方的消息则是被动行为，所以，在客户方创建一个接收消息的线程（receiveThread），该线程将循环等待接收消息，根据消息的分析处理更新客户界面的显示。注意，该线程创建时要通过参数将 Socket 数据输入流和窗体对象通过参数传递获取得到，以便能读取网络数据，并访问窗体对象的属性和方法。

　　客户方设计的一个难点是棋桌的动态更新，要能根据网络对手的选择变化动态显示各棋桌信息。程序中用了面板的两个特殊方法，一个是 removeAll()方法可清除所有布局显示；另一个是 validate()方法，它可在布局改变后，更新面板显示。加入面板的棋桌数量及每桌黑白位置座的情况由服务器传递的信息分析决定，有客户座的位置用标签显示客户，无客户的位置用按钮显示，每个按钮的名称要加以区分，以便处理事件时通过按钮名知道用户选择了哪桌，如图 16-4 所示。

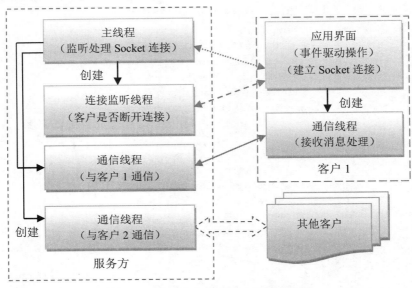

图 16-4　客户方和服务器方的线程划分

1．客户方主程序

【客户端程序】程序文件名为 ChessClient.java

```
#01    import java.awt.*;
#02    import java.awt.event.*;
#03    import java.net.*;
#04    import java.io.*;
#05    public class ChessClient extends Frame {
#06        Button newGameButton;                        //"开始"按钮
#07        Button resignButton;                         //"放弃"按钮
#08        Label message;                               //用于显示信息给用户
#09        String username;                             //用户名
#10        Panel second;                                //显示棋桌选择的面板
#11        DataOutputStream dos;                        //用户的数据输出流
#12        Board board;                                 //棋盘
#13        TextArea allplayer;                          //显示用户列表的文本域
#14
#15        public static void main(String a[]) {
#16            new ChessClient ();
#17        }
#18
#19        public ChessClient () {
#20            try {
#21                Socket s1 = new Socket("localhost",5432);  //连接服务器
#22                DataInputStream dis = new  DataInputStream(
#23                    s1.getInputStream());
```

```
#24            dos= new DataOutputStream(s1.getOutputStream());
#25            new receiveThread(dis,this);       //创建启动接收消息线程
#26          } catch(Exception e2) { System.exit(0); }
#27        //采用卡片式布局，由 3 块面板构成：1--登录，2--选棋桌，3--棋盘
#28        setLayout(new CardLayout());
#29        Panel first = new Panel();              //面板 1 为登录面板
#30        final TextField loginname = new TextField(10);
#31        Button b = new Button("login");
#32        first.add(new Label("用户名"));
#33        first.add(loginname);
#34        first.add(b);
#35        add("first",first);
#36        b.addActionListener(new ActionListener(){
#37            public void actionPerformed(ActionEvent e) {
#38                username= loginname.getText();
#39                sendMessage("login");          //发送登录消息
#40            }
#41         });
#42        second = new Panel();                    //面板 2 为选择棋桌，内容动态生成
#43        add("second", second);
#44        Panel third=new Panel();                 //面板 3 为棋盘及控制按钮等
#45        add("third", third);
#46        third.setLayout(null);
#47        third.setBackground(new Color(0,150,0));
#48        board = new Board();                     //创建棋盘面板
#49        third.add(board);
#50        third.add(newGameButton);
#51        third.add(resignButton);
#52        third.add(allplayer);
#53        third.add(message);
#54        board.setBounds(16,16,172,172);          //采用坐标定位方法布置界面
#55        newGameButton.setBounds(210, 30, 120, 30);
#56        resignButton.setBounds(210, 70, 120, 30);
#57        message.setBounds(0, 280, 350, 30);
#58        allplayer.setBounds(210, 110, 120, 60);
#59        setSize(400,400);
#60        setVisible(true);
#61        addWindowListener(new WindowAdapter() {
#62            public void windowClosing(WindowEvent e) {
#63                System.exit(0);
#64            }
#65         });
#66      }
#67    ...//其他方法见后面介绍
#68  }
```

ChessClient 类中其他一些方法介绍如下。

（1）给服务器方发送消息的方法

```
#01  void sendMessage(String message) {        //给服务器发送消息
#02     try {
#03         dos.writeUTF(message);
#04     }catch (IOException e) { }
#05  }
```

（2）棋桌显示动态更新处理

```
/* 方法参数 deskinfo 是一个含有描述所有棋桌信息的字符串 */
#01   public void display(String deskinfo) {//动态显示棋桌
#02      String des[]= deskinfo.split(":");
#03      second.removeAll();                    //清除面板的所有内容
#04      second.setLayout(new GridLayout(des.length+1,3,10,10));
#05      second.add(new Label("桌号",Label.CENTER));
#06      second.add(new Label("黑方",Label.CENTER));
#07      second.add(new Label("白方",Label.CENTER));
#08      for (int k=1;k<des.length;k++){
#09       String info[]=des[k].split(";");
#10       second.add(new Label(info[0],Label.CENTER));
#11       if (info[1].equals("null")) {     //黑座位为空
#12          Button me=new Button(info[0]+"执黑");
#13          second.add(me);                        //在空位处安排按钮，以便用户单击坐下
#14          me.addActionListener(new ActionListener(){
#15             public void actionPerformed(ActionEvent e) {
#16                String s=e.getActionCommand();
#17                int x2=s.length();
#18                String d=s.substring(1,x2-3);        //得到桌序号
#19                sendMessage("sitdown,"+d+",black,"+username);
#20                CardLayout   x=(CardLayout)(
#21                    ChessClient.this.getLayout());
#22                x.show(ChessClient.this, "third");
#23                ChessClient.this.setTitle("黑方");
#24                board.i_am= board.BLACK;          //确定自己是哪方
#25             }
#26          });
#27       }
#28       else                                            //显示该座位的用户
#29          second.add(new Label(info[1],Label.CENTER));
#30       if (info[2].equals("null")) {                   //白座位为空
#31          Button me=new Button(info[0]+"执白");
#32          second.add(me);
#33          me.addActionListener(new ActionListener(){
#34             public void actionPerformed(ActionEvent e) {
#35                String s = e.getActionCommand();
```

```
#36                    int x2 = s.length();
#37                    String d = s.substring(1,x2-3);
#38                    sendMessage("sitdown,"+d+",white,"+username);
#39                    CardLayout x = (CardLayout)(
#40                        ChessClient.this.getLayout());
#41                     x.show(ChessClient.this, "third");
#42                    ChessClient.this.setTitle("白方");
#43                    board.i_am = board.WHITE;
#44             }
#45          });
#46       }
#47     else
#48        second.add(new Label(info[2],Label.CENTER));
#49   }
#50   second.validate();                    //用新的布局控件更新面板
#51 }
```

2. 处理下棋过程的内嵌类

以下介绍下棋面板和其中定义的方法，通过下棋面板实现棋盘上信息的绘制，Board 类中封装有棋盘上棋子的描述，以及当前下棋过程的状态信息。其中定义的方法比较多，我们分四大类进行描述。其中，与状态处理相关的方法还要被后面介绍的消息处理线程调用。

```
/* Board 面板为代表棋盘的内嵌类，包含当前棋盘的状态信息 */
#01  class Board extends Panel implements ActionListener,
#02         MouseListener {
#03    int[][] board;                    //存储棋盘上棋子信息
#04    static final int EMPTY = 0,       //代表空方格
#05                    WHITE = 1,        //方格有白子
#06                    BLACK = 2;        //方格有黑子
#07    boolean gameInProgress;           //游戏正进行标记
#08    int i_am=0;                       //我是哪方（黑或白）
#09    int currentPlayer;                //现在轮到谁，值为 WHITE 和 BLACK.
#10    int begincount=0;                 //单击开始的次数，双方均点了开始才能下棋
#11
#12    public Board() {
#13       setBackground(Color.lightGray);
#14       addMouseListener(this);
#15       resignButton = new Button("放弃");
#16       resignButton.addActionListener(this);
#17       newGameButton = new Button("开始");
#18       newGameButton.addActionListener(this);
#19       message = new Label("  ",Label.CENTER);
#20       message.setFont(new Font("宋体", Font.BOLD, 14));
#21       message.setForeground(Color.green);
#22       allplayer = new TextArea(4,10);
#23       board = new int[13][13];
```

```
#24      }
#25      ...... //其他与下棋过程相关方法见后面介绍
#26  }
```

Board 内嵌类中其他一些方法按四大类分别介绍如下。

（1）与五子棋业务逻辑相关的方法

❏ 判断是否赢了的方法

```
/*  根据当前下子的位置判断本方是否存在 5 子连线胜利情形
参数 row 和 col 代表刚下棋子的坐标位置
*/
#01  private boolean winner(int row, int col) {
#02      if (board[row][col]==EMPTY)
#03          return false;
#04      if (count(board[row][col], row, col, 1, 0) >= 5)
#05          return true;                          //水平方向有 5 子连线
#06      if (count(board[row][col], row, col, 0, 1) >= 5)
#07          return true;                          //垂直方向有 5 子连线
#08      if (count(board[row][col], row, col, 1, -1) >= 5)
#09          return true;                          //反斜线方向有 5 子连线
#10      if (count(board[row][col], row, col, 1, 1) >= 5)
#11          return true;                          //正斜线方向有 5 子连线
#12      return false;
#13  }
```

❏ 统计某方位棋子个数的方法

```
/*  count 方法计算某个方位上的本方棋子个数
参数 player 代表刚下棋子方的标识
参数 row 和 col 代表棋子坐标位置
参数 dirX、dirY 代表要统计 5 子连线的方位信息
*/
#01  private int count(int player,int row,int col,int dirX,int dirY) {
#02      int ct = 1;                               //计算某方向连续属于本方的棋子个数
#03      int r, c;                                 //被检测的行列
#04      r = row + dirX;                           //在某个方向找自己棋子
#05      c = col + dirY;
#06      while (r>=0 && r<13 && c>=0 && c<13 && board[r][c]==player){
#07          ct++;
#08          r += dirX;                            //继续该方向的下一个位置
#09          c += dirY;
#10      }
#11      r = row - dirX;
#12      c = col - dirY;
#13      while (r >= 0 && r < 13 && c >= 0 && c < 13 && board[r][c] == player){
#14          ct++;
#15          r -= dirX;
```

```
#16            c -= dirY;
#17        }
#18        return ct;
#19    }
```

❏　游戏结束的后处理方法

```
/* 参数 description 为胜利一方的描述信息，游戏结束要进行状态的清理 */
#01    void gameOver(String description) {
#02        message.setText(description);
#03        newGameButton.setEnabled(true);
#04        resignButton.setEnabled(false);
#05        gameInProgress = false;
#06        begincount=0;
#07        sendMessage("end");                    //给对方发结束游戏的消息
#08    }
```

（2）与事件处理相关的方法

❏　"开始"和"放弃"按钮的动作监听事件处理

单击"开始"按钮就是想和对方开始下棋，而单击"放弃"按钮就是认输。

```
#01    public void actionPerformed(ActionEvent evt) {
#02        Object src = evt.getSource();
#03        if (src == newGameButton) {            //点了"开始"按钮
#04            begincount++;
#05            if (begincount==2) {
#06                doNewGame();                   //双方点了"开始"按钮才开始游戏
#07            } else {
#08                newGameButton.setEnabled(false);
#09                message.setText("等待对方按'开始'按钮");
#10            }
#11            sendMessage("begin");              //发送期望下棋开始的消息
#12        }
#13        else if (src == resignButton)          //点了"放弃"按钮
#14        {
#15            doResign();                        //针对放弃认输的状态处理
#16            begincount = 0;
#17            sendMessage("resign");             //发送放弃认输的消息
#18        }
#19    }
```

❏　棋盘上鼠标事件处理方法

仅针对鼠标按下的事件进行处理，在棋盘上鼠标按下实际上就是下棋子的动作。鼠标其他动作相关的几个方法均为空方法体。

```
#01    public void mousePressed(MouseEvent e) {   //单击鼠标下棋子
#02        if (!gameInProgress){
```

```
#03            if (begincount==1)
#04                message.setText("等待对方按'开始'按钮");
#05            else
#06                message.setText("单击'开始'按钮开始新游戏");
#07        }else {
#08            if (i_am == currentPlayer) {            //轮到本方才可下子
#09                int col = (evt.getX() - 2) / 13;
#10                int row = (evt.getY() - 2) / 13;
#11                if (col >= 0 && col < 13 && row >= 0 && row < 13) {
#12                    sendMessage("step,"+ row+","+ col); //下子信息发给对方
#13                    doClickSquare(row,col);
#14                }
#15            }
#16        }
#17    }
#18    public void mouseReleased(MouseEvent e) { }
#19    public void mouseClicked(MouseEvent e) { }
#20    public void mouseEntered(MouseEvent e) { }
#21    public void mouseExited(MouseEvent e) { }
```

（3）与状态处理相关的方法

❑　开始新游戏的状态设置处理方法

```
#01    void doNewGame() {                              //开始新游戏
#02        if (gameInProgress) {
#03            message.setText("先结束游戏!");
#04            return;
#05        }
#06        for (int row = 0; row < 13; row++)          //初始化棋盘为空
#07            for (int col = 0; col < 13; col++)
#08                board[row][col] = EMPTY;
#09        currentPlayer = BLACK;                       //黑先下
#10        message.setText("轮到黑方.");
#11        gameInProgress = true;
#12        newGameButton.setEnabled(false);
#13        resignButton.setEnabled(true);
#14        repaint();
#15    }
```

❑　主动放弃的状态处理方法

```
/* 某方单击"放弃"按钮将调用 doResign 方法 */
#01    void doResign() {
#02        if (!gameInProgress) {
#03            message.setText("现在未进行游戏 !");
#04            return;
#05        }
#06        if (currentPlayer == WHITE)
```

```
#07            message.setText("黑棋放弃，白胜.");
#08        else
#09            message.setText("白棋放弃，黑胜");
#10        newGameButton.setEnabled(true);
#11        resignButton.setEnabled(false);
#12        gameInProgress = false;
#13    }
```

❑　在棋盘上下子的处理方法

```
/* 在棋盘上单击下棋子调用 doClickSquare 方法  */
#01    void doClickSquare(int row, int col) {
#02        if (board[row][col] != EMPTY) {
#03            message.setText("只能下在空格处");
#04            return;
#05        }
#06        board[row][col] = currentPlayer;        //记录当前下子的信息
#07        repaint();
#08        if (winner(row,col)) {                  //判是否胜
#09            if (currentPlayer == WHITE)
#10                gameOver("白方胜!");
#11            else
#12                gameOver("黑方胜!");
#13            return;
#14        }
#15        boolean emptySpace = false;             //检查是否棋盘下满
#16        for (int i = 0; i < 13; i++)
#17            for (int j = 0; j < 13; j++)
#18                if (board[i][j] == EMPTY)
#19                    emptySpace = true;
#20        if (emptySpace == false) {
#21            gameOver("棋盘满了,重新开始");
#22            return;
#23        }
#24        if (currentPlayer == BLACK) {
#25            currentPlayer = WHITE;
#26            message.setText("轮白下");
#27        }
#28        else {
#29            currentPlayer = BLACK;
#30            message.setText("轮黑下");
#31        }
#32    }
```

（4）棋盘内容绘制相关的方法

❑　整个棋盘的绘制

/*　包括绘制棋盘和棋盘上已经下过的棋子，由于棋子是下在格子的中央，所以绘制的具体坐标位置比

较好确定，棋盘假定是 13 行 13 列规格的 */

```
#01    public void paint(Graphics g) {
#02        g.setColor(Color.darkGray);
#03        for (int i = 1; i < 13; i++) {
#04            g.drawLine(1 + 13*i, 0, 1 + 13*i, getHeight());
#05            g.drawLine(0, 1 + 13*i, getWidth(), 1 + 13*i);
#06        }
#07        g.setColor(Color.black);
#08        g.drawRect(0,0,getWidth()-1,getHeight()-1);
#09        g.drawRect(1,1,getWidth()-3,getHeight()-3);
#10        for (int row = 0; row < 13; row++)
#11            for (int col = 0; col < 13; col++)
#12                if (board[row][col] != EMPTY)          //在棋盘上画棋子
#13                    drawPiece(g, board[row][col], row, col);
#14    }
```

❑　在指定位置绘制棋子的方法

```
/* 用于在指定位置绘制棋子，该方法在 paint 方法中调用 */
#01    void drawPiece(Graphics g, int piece, int row, int col) {
#02        //在(row,col)位置画棋子,piece 为 BLACK 或 WHITE.
#03        if (piece == WHITE)
#04            g.setColor(Color.white);
#05        else
#06            g.setColor(Color.black);
#07        g.fillOval(3 + 13*col, 3 + 13*row, 10, 10);
#08    }
```

3. 消息通信处理线程

消息通信线程负责接收来自服务方的消息，对消息进行分析处理。

```
#01    class receiveThread extends Thread  {                //接收消息线程
#02        DataInputStream dis;
#03        ChessClient f;
#04
#05        public receiveThread(DataInputStream dis ,ChessClient myFrame) {
#06            this.dis = dis;
#07            f = myFrame;
#08            this.start();
#09        }
#10
#11        public void run()  {                              //线程的 run()方法
#12            for(;;) {
#13                try {
#14                    String str= dis.readUTF();            //读取服务器转发的消息
#15                    String item[]=str.split(",");         //分析消息处理
#16                    if (item[0].equals("desks")) {        //将棋桌信息进行显示
```

```
#17                    if (f.username!=null) {
#18                        f.display(item[1]);              //动态显示棋桌信息
#19                        CardLayout x=(CardLayout)(f.getLayout());
#20                        x.show(f, "second");             //显示第 2 块卡，也就是棋桌选择
#21                    }
#22                }
#23                else if(item[0].equals("begin")) {       //收到单击"开始"按钮
#24                    f.board.begincount++;
#25                    f.message.setText("对方按了开始");
#26                    if (item[1].equals("2"))             //有 2 个用户点了开始
#27                        f.board.doNewGame();             //开始新游戏
#28                }
#29                else if(item[0].equals("step")) {        //收到一步下棋
#30                    int x=Integer.parseInt(item[1]);
#31                    int y=Integer.parseInt(item[2]);
#32                    f.board.doClickSquare(x,y);          //在棋盘上下子
#33                }
#34                else if(item[0].equals("resign")) {      //收到用户放弃
#35                    if (f.board.currentPlayer == f.board.WHITE)
#36                        f.message.setText("黑棋放弃，白胜.");
#37                    else
#38                        f.message.setText("白棋放弃，黑胜");
#39                    f.newGameButton.setEnabled(true);
#40                    f.resignButton.setEnabled(false);
#41                    f.board.gameInProgress = false;
#42                    f.board.begincount=0;
#43                }
#44                else if (item[0].equals("user")) {       //更新用户进入棋桌列表
#45                    f.board.begincount=0;
#46                    f.allplayer.setText(item[1]);
#47                    f.board.gameInProgress = false;
#48                    String u[]=item[1].split("\n");
#49                    if (u.length>=2)
#50                        f.newGameButton.setEnabled(true);
#51                    else
#52                        f.newGameButton.setEnabled(false);
#53                    f.resignButton.setEnabled(false);
#54                }
#55            } catch (IOException e){ }
#56        }
#57    }
#58 }
```

【运行界面】程序运行时首先登录，如图 16-5 所示；其次选择棋桌及位置，如图 16-6 所示；最后进入与对手的交互下棋界面，如图 16-7 和图 16-8 所示。

图 16-5　用户登录

图 16-6　用户选择棋桌和座位

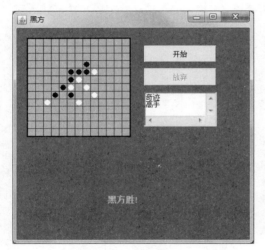

图 16-7　黑方下棋界面

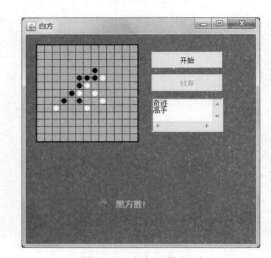

图 16-8　白方下棋界面

习　　题

1. 选择题

（1）InetAddress 类的 getLocalHost 方法返回一个（　　）对象，它包含了运行该程序的计算机的主机名。

  A．Applet   B．DatagramSocket

  C．InetAddress   D．AppletContext

（2）下列说法错误的一项是（　　　）。

A．每个 UDP 报文均包含完整的源地址和目的地址

B．UDP 协议发送方和接收方不用建立可靠的连接

C．UDP 协议的传输是可靠的，而且操作简单

D．UDP 报文最大是 64KB

（3）使用（　　　）类建立一个 socket，用于不可靠的数据报的传输。

A．Socket

B．DatagramSocket

C．MulticastSocket

D．ServerSocket

（4）下列实现 TCP/IP 的客户端和服务器端的处理类是（　　　）。

A．ServerSocket

B．Server

C．Socket

D．DatagramPacket

（5）以下说法正确的有（　　　）。

A．至少要在两台计算机上才能完成服务器端和客户端的 Socket 通信

B．InetAddress 类不对外提供构造方法

C．调用 URL 类的构造方法需要处理 MalformedURLException 异常

D．UDP 的不可靠性和网络传输的不可靠有关

2．思考题

（1）简述 Socket 编程和数据报编程的基本工作原理，比较两者的异同。

（2）URL 包含哪 4 个部分？URLConnection 类与 URL 有何异同？

3．编程题

（1）改写基于多播通信的讨论区程序，增加用户登录，显示发言人等。

（2）编写一个程序，获得指定 URL 资源的内容大小、最后修改日期。

（3）编写一个简易共享白板的应用，在网络上可以多人在一块白板上绘制图形，绘制的信息通过网络传输给其他使用者。

第 17 章

JDBC 技术和数据库应用

本章知识目标：

❑ 了解 JDBC 与数据库连接的形式。

❑ 掌握 JDBC 对数据库操作访问方法。

❑ 掌握记录集游标的移动处理方法。

❑ 了解用 PreparedStatement 类实现 SQL 预处理。

作为一种有效的数据存储和管理工具，数据库技术得到了广泛应用。为支持 Java 程序的数据库操作功能，Java 语言提供了 Java 数据库编程接口 JDBC。JDBC 提供了统一的 API 访问不同的数据库。JDBC 类库中的类依赖于驱动程序管理器，不同数据库需要不同的驱动程序。驱动程序管理器的作用是通过 JDBC 驱动程序建立与数据库的连接。JDBC 是 Java 数据库访问的基础，在此基础上，一些框架软件提供了更为丰富的数据库访问形式。

扫描，拓展学习

17.1　JDBC

17.1.1　关系数据库概述

目前，主流的数据库技术是关系数据库，数据以行、列的表格形式存储，通常一个数据库中由一组表构成，表中的数据项及表之间的连接通过关系来组织和约束。根据数据库的大小和性能要求，用户可以选用不同的数据库管理系统。小型数据库常用的有 Microsoft Access 和 MySQL 等。而大型数据库产品有 IBM DB2、Microsoft SQL Server、Oracle、Sybase 等。所有这些数据库产品都支持 SQL 结构查询语言，通过统一的查询语言可实现各种数据库的访问处理，常用的 SQL 命令的使用举例见表 17-1。

表 17-1　常用的 SQL 命令的使用举例

命　　令	功　　能	举　　例
Create	创建表格	create table COFFEES (COF_NAME VARCHAR(32),PRICE INTEGER)
Drop	删除表格	drop table COFFEES
Insert	插入数据	INSERT INTO COFFEES VALUES ('Colombian', 101);
Select	查询数据	SELECT COF_NAME, PRICE FROM COFFEES where price>7
Delete	删除数据	Delete from COFFEES where COF_NAME ='Colombian'
Update	修改数据	Update COFFEES set price=price+1

17.1.2　JDBC API

Java 应用程序通过 JDBC API(java.sql)与数据库连接，而实际的动作则是由 JDBC 驱动程序管理器（JDBC Driver Manager）通过 JDBC 驱动程序与数据库系统进行连接。

java.sql 包提供了多种 JDBC API，以下为几个最常用的 API。

❑ Connection 接口：代表与数据库的连接。通过 Connection 接口提供的 getMetaData 方法可获取所连接数据库的有关描述信息，表名、表的索引、数据库产品的名称和版本、数据库支持的操作。

❑ Statement 接口：用来执行 SQL 语句并返回结果记录集。

❑ ResultSet：SQL 语句执行后的结果记录集。读者必须逐行访问数据行，但是读者可以任何顺序访问列。

1. 使用 JDBC 连接数据库

与数据库建立连接的标准方法是调用 DriverManager.getConnection 方法。该方法接收含有某个 URL 的字符串。JDBC 管理器将尝试找到可与给定 URL 所代表的数据库进行连接的驱动程序。以下代码为几类典型数据库的连接方法，其中，url 提供了一种标识数据库的方法，

395

可以使相应的驱动程序能识别该数据库并与之建立连接。

❑　连接 SQL Server 数据库

```
Class.forName("com.microsoft.jdbc.sqlserver.SQLServerDriver");
String url="jdbc:sqlserver://localhost:1433;DatabaseName=数据库名";
Connection conn= DriverManager.getConnection(url, 数据库用户, 密码);
```

❑　连接 Access 数据库

```
Class.forName("sun.jdbc.odbc.JdbcOdbcDriver");
String url="jdbc:odbc:driver={Microsoft Access Driver (*.mdb)};DBQ=data.mdb";
//data.mdb 为数据库名，如果与 Java 程序不在同一目录，要指定路径
Connection conn=DriverManager.getConnection(url,"","");
```

Access 数据库是微软 Office 套件中的一员，该数据库在于微软的应用软件配合还是比较好，例如，ASP 和 ASP.NET 编程，但与 Java 配合效率不高，不适合大型应用。

❑　连接 MySQL 数据库

```
Class.forName("com.mysql.jdbc.Driver");
String url="jdbc:mysql://localhost:3306/mysqldb";
//mysqldb 为具体数据库名
Connection conn=DriverManager.getConnection(url, 数据库用户, 密码);
```

MySQL 是与 Java 配合较好的数据库，在实际应用中广泛采用。为连接 MySQL，要下载 Java 连接 MySQL 数据库的驱动程序，例如，mysql-connector-java-5.1.21.jar 包，将其添加到工程的类路径中。

2．创建 Statement 对象

建立了与特定数据库的连接之后，就可用该连接发送 SQL 语句。Statement 对象用 Connection 类的方法 createStatement 创建，例如：

```
Statement stmt = con.createStatement();
```

接下来，可以通过 Statement 对象提供的方法执行 SQL 查询，例如：

```
ResultSet rs = stmt.executeQuery("SELECT a, b, c FROM Table2");
```

Statement 接口提供了 3 种执行 SQL 语句的方法：executeQuery、executeUpdate 和 execute。使用哪一个方法由 SQL 语句所产生的内容决定。

❑　方法 executeQuery 用于产生单个结果集的语句，例如 SELECT 语句。

❑　方法 executeUpdate 用于执行 INSERT、UPDATE 或 DELETE 语句及 SQL DDL（数据定义语言）语句，例如 CREATE TABLE 和 DROP TABLE。INSERT、UPDATE 或 DELETE 语句的效果是修改数据库表格中若干行的指定数据项内容。executeUpdate 的返回值是一个整数，是受影响的行数（即更新计数）。对于 CREATE TABLE 或 DROP TABLE 等不涉及操作记录的语句，executeUpdate 的返回值总为零。

❑　方法 execute 用于执行返回多个结果集、多个更新计数或二者组合的语句。

Statement 对象将由 Java 垃圾收集程序自动关闭，而作为一种好的编程风格，应在不需要 Statement 对象时显式地关闭它们，这将立即释放 DBMS 资源。

【例 17-1】创建数据表。

程序代码如下：

```
#01  import java.sql.*;
#02  public class CreateStudent {
#03    public static void main(String args[]) {
#04       String url = "jdbc:mysql://localhost:3306/studentdb";
#05       String sql = "create table student " +
#06          "(name  VARCHAR(20), " +
#07          "sex   CHAR(2), " +
#08          "birthday Date, " +
#09          "graduate  Bit, "+
#10          "stnumber  INTEGER)";
#11       try {
#12          Class.forName("com.mysql.jdbc.Driver");
#13        } catch(java.lang.ClassNotFoundException e) {  }
#14       try {
#15          Connection con = DriverManager.getConnection(url,"root","a1");
#16              //假设数据库的账户名为 root,密码为 a1
#17          Statement stmt = con.createStatement();
#18          stmt.executeUpdate(sql);
#19          System.out.println ("student table created ");
#20          stmt.close();
#21          con.close();
#22       } catch(SQLException ex) {  }
#23    }
#24  }
```

📢 注意：

　　运行程序将在所连接的数据库中创建一个数据库表格 student。如果数据库中已有该表，则不会覆盖已有表，要创建新表，必须先将原表删除（用 drop 命令）。

17.2　JDBC 基本应用

17.2.1　数据库查询

1. 获取表的列信息

通过 ResultSetMetaData 对象可获取有关 ResultSet 中列的名称和类型的信息。假如

扫描，拓展学习

results 为结果集，则可以用如下方法获取数据项的个数和每栏数据项的名称。

```
ResultSetMetaData  rsmd = results.getMetaData();
rsmd.getColumnCount()                          //获取数据项的个数
rsmd.getColumnName(i)                          //获取第 i 栏字段的名称
```

2．遍历访问结果集（定位行）

ResultSet 包含符合 SQL 语句中条件的所有行，每一行称作一条记录。我们可以按行的顺序逐行访问结果集的内容。在结果集中有一个游标用来指示当前行，初始指向第 1 行之前的位置，可以使用 next()方法将游标移到下一行，通过循环使用该方法可实现对结果集中的记录的遍历访问。

3．访问当前行的数据项（具体列）

ResultSet 通过一套 get 方法来访问当前行中的不同数据项。可以多种形式获取 ResultSet 中的数据内容，这取决于每个列中存储的数据类型。可以按列序号或列名来标识要获取的数据项。注意，列序号从 1 开始，而不是从 0 开始。如果结果集对象 rs 的第二列名为"title"，并将值存储为字符串，则下列任一代码将获取存储在该列中的值。

```
String s = rs.getString("title");
String s = rs.getString(2);
```

可使用 ResultSet 的以下一些方法来获取当前记录中的数据。

❑   String getString(String name)：将指定名称列的内容作为字符串返回。

❑   int getInt(String name)：将指定名称列的内容作为整数返回。

❑   float getFloat(String name)：将指定名称列的内容作为 float 型数返回。

❑   Date getDate(String name)：将指定名称列的内容作为日期返回。

❑   boolean getBoolean(String name)：将指定名称列的内容作为布尔型数返回。

❑   Object getObject(String name)：将指定名称列的内容返回为 Object。

使用哪个方法获取相应的字段值取决于数据库表格中数据字段的类型。

【例 17-2】查询学生信息表。

程序代码如下：

```
#01  import java.sql.*;
#02  public class QueryStudent {
#03     public static void main(String args[]) {
#04        String url = "jdbc:mysql://localhost:3306/studentdb";
#05        String sql = "SELECT  *  FROM student";
#06        try {
#07           Class.forName("com.mysql.jdbc.Driver");
#08        } catch(java.lang.ClassNotFoundException e) {  }
#09        try {
#10           Connection con = DriverManager.getConnection(url,"root","a1");
```

```
#11            Statement stmt = con.createStatement();
#12            ResultSet rs = stmt.executeQuery(sql);
#13            while (rs.next()) {
#14                String s1 = rs.getString("name");
#15                String s2 = rs.getString("sex");
#16                Date  d = rs.getDate("birthday");
#17                boolean  v = rs.getBoolean("graduate ");
#18                int  n = rs.getInt("stnumber");
#19                System.out.println(s1+"," +s2+","+d+","+v+","+","+n);
#20            }
#21            stmt.close();
#22            con.close();
#23        } catch(SQLException ex) {
#24            System.out.println(ex.getMessage());
#25        }
#26    }
#27  }
```

✎ 说明：

　　第 13 行在循环条件中通过结果集的 next 方法实现对所有行的遍历访问，在第 14～18 行，针对不同类型字段分别用不同的获取数据方法。

4．创建可滚动结果集

扫描，拓展学习

Connection 对象提供的不带参数的 createStatement()方法创建的 Statement 对象执行 SQL 语句所创建的结果集只能向后移动记录指针。实际应用中，有时需要在结果集中前后移动或将游标移动到指定行，这时要使用可滚动记录集。

（1）创建滚动记录集必须用以下方法创建 Statement 对象。

```
Statement createStatement(int resultSetType,int resultSetConcurrency)
```

其中，resultSetType 代表结果集类型，包括以下情形。

❑ ResultSet.TYPE_FORWARD_ONLY：结果集的游标只能向后滚动。

❑ ResultSet.TYPE_SCROLL_INSENSITIVE：结果集的游标可以前后滚动，但结果集不随数据库内容的改变而变化。

❑ ResultSet.TYPE_SCROLL_SENSITIVE：结果集可前后滚动，而且结果集与数据库的内容保持同步。

resultSetConcurrency 代表并发类型，取值包括如下。

❑ ResultSet.CONCUR_READ_ONLY：不能用结果集更新数据库表。

❑ ResultSet.CONCUR_UPDATABLE：结果集会引起数据库表内容的改变。

具体选择创建什么样的结果集取决于应用需要，与数据库表脱离的且滚动方向单一的结果在访问效率上更高。

（2）游标的移动与检查

可以使用以下方法来移动游标以实现对结果集的遍历访问。

- void afterLast()：移到最后一条记录的后面。
- void beforeFirst()：移到第一条记录的前面。
- void first()：移到第一条记录。
- void last()：移到最后一条记录。
- void previous()：移到前一条记录处。
- void next()：移到下一条记录。
- boolean isFirst()：是否游标在第一条记录。
- boolean isLast()：是否游标在最后一条记录。
- boolean isBeforeFirst()：是否游标在第一条记录之前。
- boolean isAfterLast()：是否游标在最后一条记录之后。
- int getRow()：返回当前游标所处行号，行号从 1 开始编号，如果结果集没有行，返回为空。
- boolean absolute(int row)：将游标指到参数 row 指定的行。如果 row 为负数，表示倒数行号，例如：absolute(-1)表示最后一行，absolute(1)和 first()效果相同。

以下例子与例 17-2 的不同是支持游标的双向移动。

【例 17-3】游标的移动。

程序代码如下：

```
#01  import java.sql.*;
#02  public class MoveCursor {
#03    public static void main(String args[]) {
#04      String url = "jdbc:mysql://localhost:3306/studentdb";
#05      String sql = "SELECT  *  FROM student";
#06      try {
#07          Class.forName("com.mysql.jdbc.Driver");
#08          Connection con = DriverManager.getConnection(url,"root","a1");
#09          Statement stmt = con.createStatement(ResultSet.
#10              TYPE_SCROLL_INSENSITIVE,  ResultSet.CONCUR_READ_ONLY);
#11          ResultSet rs = stmt.executeQuery(sql);
#12          rs.last();
#13          int num = rs.getRow();
#14          System.out.println("共有学生数量=" +num);
#15          rs.beforeFirst();                        //游标移到首条记录之前
#16          while (rs.next()) {                      //循环遍历所有记录
#17              String s1 = rs.getString("name");
#18              // ...
#19          }
#20          stmt.close();
```

```
#21            con.close();
#22        } catch(java.lang.ClassNotFoundException e) {  }
#23        catch(SQLException ex) {System.out.println(ex.getMessage());}
#24    }
#25 }
```

✎ 说明：

第 10 行和第 11 行创建的 Statement 对象可实现记录集的前后滚动，在数据查询应用中经常使用该形式。第 13 行和第 14 行给出了获取数据库表格中记录数的方法，就是先将游标移到最后一行，然后用 getRow()方法得到记录的行号。第 16 行和第 17 行遍历访问记录的方法是：首先，将游标移动到首条记录之前；其次，用循环执行记录集的 next()方法移动到后续记录。

扫描，拓展学习

17.2.2　数据库的更新

1．数据插入

将数据插入数据库表格中要使用 INSERT 语句，以下例子按数据表的字段顺序及数据格式拼接出 SQL 字符串，使用 Statement 对象的 executeUpdate 方法执行 SQL 语句实现数据写入。

【例 17-4】执行 INSERT 语句实现数据写入。

程序代码如下：

```
#01 import java.sql.*;
#02 public class InsertStudent {
#03    public static void main(String args[]) {
#04        String url = "jdbc:mysql://localhost:3306/studentdb";
#05        try {
#06            Class.forName("com.mysql.jdbc.Driver");
#07            Connection con = DriverManager.getConnection(url,"root","a1");
#08            Statement stmt = con.createStatement();
#09            String sql = "INSERT INTO student "
#10       + "VALUES ('张三', '男', '1974/02/13' ,True, 20010845)";
#11            stmt.executeUpdate(sql);
#12            sql = "INSERT INTO student "
#13       + "VALUES ('李四', '女', '1978/12/03',False, 20010846)";
#14            stmt.executeUpdate(sql);
#15            System.out.println("2 Items have been inserted ");
#16            stmt.close();
#17            con.close();
#18        } catch (SQLException ex) {
#19            System.out.println(ex.getMessage());
#20         } catch (java.lang.ClassNotFoundException e) {      }
#21    }
#22 }
```

✍ 说明：

> 运行该程序，打开数据库将发现在数据表中新加入了两条记录。在 SQL 语句中提供的数据要与数据库中的字段对应一致，本例给出了 4 种常见数据类型数据的提供方式。

📢 注意：

> 在 MySQL 中，插入日期型数据要用引号括住，数据写成 '1978/12/03' 形式。如果是 ACCESS 数据库，则要用数据库的日期转换函数，写成 DateValue('78/12/03') 的表达形式。

2. 数据修改和数据删除

要实现数据修改只要将 SQL 语句改用 UPDATE 语句即可，而删除则使用 DELETE 语句。例如，以下 SQL 语句将张三的性别改为"女"。

```
sql="UPDATE  student set  sex= '女' where name= '张三'";
```

实际编程中经常需要从变量获取要拼接的数据，Java 的字符串连接运算符可以方便地将各种类型数据与字符串拼接，如以下 SQL 语句删除姓名为"张三"的记录。

```
String x="张三";
sql="DELETE  from  student  where name='"+x+"'";
```

扫描，拓展学习

17.2.3 用 PreparedStatement 类实现 SQL 操作

从上面的例子可以看出，SQL 语句的拼接结果往往比较长，日期数据还需要使用转换函数，容易出错。以下介绍一种新的处理办法，即利用 PreparedStatement 接口。使用 Connection 对象的 prepareStatement(String sql) 方法可获取一个 PreparedStatement 接口对象，利用该对象可创建一个表示预编译的 SQL 语句，然后，可以用其提供的方法多次处理语句中的数据。例如：

```
PreparedStatement ps = con.prepareStatement("INSERT INTO student VALUES
(?,?,?,?,?)");
```

其中，SQL 语句中的问号为数据占位符，每个"?"根据其在语句中出现的次序对应有一个位置编号，可以调用 PreparedStatement 提供的方法将某个数据插入到位符的位置。例如，以下语句将字符串 china 插入第 1 个问号处。

```
ps.setString(1, "china");
```

PreparedStatement 提供了以下方法以便将各种类型数据插入语句中。

❑ void setAsciiStream(int index, InputStream x, int length)：从 InputStream 流（字符数据）读取 length 个字节数据插入 index 位置。

❑ void setBinaryStream(int index, InputStream x, int length)：从 InputStream 流（二进制数据）读取 length 个字节数据插入 index 位置。

❏　void setCharacterStream(int index, Reader reader, int length)：从字符输入流读取 length
个字符插入 index 位置。

❏　void setBoolean(int index, boolean x)：在指定位置插入一个 boolean 值。

❏　void setByte(int index, byte x)：在指定位置插入一个 byte 值。

❏　void setBytes(int index, byte[] x)：在指定位置插入一个 byte 数组。

❏　void setDate(int index, date x)：在指定位置插入一个 date 对象。

❏　void setDouble(int index, double x)：在指定位置插入一个 double 值。

❏　void setFloat(int index, float x)：在指定位置插入一个 float 值。

❏　void setInt(int index, int x)：在指定位置插入一个 int 值。

❏　void setLong(int index, long x)：在指定位置插入一个 long 值。

❏　void setShort(int index, short x)：在指定位置插入一个 short 值。

❏　void setString(int index, string x)：将一个字符串插入指定位置。

❏　void setNull(int index, int sqlType)：将指定参数设置为 SQL NULL。

❏　void setObject(int index, object x)：用给定对象设置指定参数的值。

【例 17-5】采用 PreparedStatement 实现数据写入。

程序代码如下：

```
#01  import java.sql.*;
#02  public class InsertStudent2 {
#03      public static void main(String args[]) {
#04          String url = "jdbc:mysql://localhost:3306/studentdb";
#05          try {
#06              Class.forName("com.mysql.jdbc.Driver");
#07              Connection con = DriverManager.getConnection(url,"root","a1");
#08              Statement stmt = con.createStatement();
#09              String sql = "INSERT INTO student VALUES (?,?,?,?,?)";
#10              PreparedStatement ps = con.prepareStatement(sql);
#11              ps.setString(1, "王五");
#12              ps.setString(2, "男");
#13              ps.setDate(3, Date.valueOf("1982-02-15 "));
#14              ps.setBoolean(4, true);
#15              ps.setInt(5, 20010848);
#16              ps.executeUpdate();
#17              System.out.println("add  1 Item ");
#18              stmt.close();
#19              con.close();
#20          } catch (SQLException e) {  }
#21            catch (java.lang.ClassNotFoundException e) {  }
#23      }
#24  }
```

扫描，拓展学习

【例 17-6】基于数据库存储的用户通信录的管理。

本例在第 15 章已介绍用文件存储的方案，本章将该例改写为采用数据库表格存储的实现办法。用户通信录的数据库库名为 contractsdb，其中只有一个表格 contract，包括 3 个字段：姓名(name)、联系电话(phone)和单位(unit)。本例采用 JTable 表格显示用户通信录的内容，这样更为直观。由于通信录的数据可以不断增加，因此，JTable 显示的内容是动态从数据库中装载得到。应用功能界面仍然采用选项卡来部署。

```java
#01    import javax.swing.*;
#02    import java.awt.*;
#03    import java.awt.event.*;
#04    import java.sql.*;
#05    public class ContactData extends JFrame {
#06        JTextField name = new JTextField(10);
#07        JTextField telphone = new JTextField(10);
#08        JTextField unit = new JTextField(10);
#09        String[] columnNames = { "姓名", "电话", "单位" };
#10        JPanel[] jp = new JPanel[3];
#11        JLabel result;
#12
#13        public ContactData() {
#14            JButton insert = new JButton("添加");
#15            JTextField searchtext = new JTextField(10);
#16            JButton search = new JButton("查找");
#17            result = new JLabel(".....");
#18            Container c = getContentPane();
#19            JTabbedPane jtp = new JTabbedPane();
#20            String des[] = { "添加联系人", "浏览电话号码", "查找联系人" };
#21            for (int i = 0; i < 3; i++) {
#22                jp[i] = new JPanel();                    //创建面板对象
#23                jtp.addTab(des[i], jp[i]);               //将面板加入选项卡
#24            }
#25            c.add(jtp);
#26            jp[0].setLayout(new BorderLayout());
#27            JPanel p1 = new JPanel();
#28            p1.setLayout(new GridLayout(3, 2, 1, 5));
#29            jp[0].add("Center", p1);
#30            p1.add(new JLabel("姓名", JLabel.CENTER));
#31            p1.add(name);
#32            p1.add(new JLabel("电话", JLabel.CENTER));
#33            p1.add(telphone);
#34            p1.add(new JLabel("单位", JLabel.CENTER));
#35            p1.add(unit);
#36            jp[0].add("South", insert);
#37            jp[2].setLayout(new BorderLayout());
#38            JPanel p2 = new JPanel();
```

```
#39                p2.setLayout(new FlowLayout());
#40                p2.add(new JLabel("姓名:"));
#41                p2.add(searchtext);
#42                p2.add(search);
#43                jp[2].add("Center", p2);
#44                jp[2].add("South", result);
#45                insert.addActionListener(new ActionListener() {
#46                    public void actionPerformed(ActionEvent e) {
#47                        saveToDatabase(name.getText(), telphone.getText(),
#48                        unit.getText());                //从文本框获取数据写入数据库
#49                    }
#50                });
#51                jtp.addChangeListener(new ChangeListener() {
#52                    public void stateChanged(ChangeEvent e) {
#53                        if (jtp.getSelectedIndex() == 1) {
#54                            String data[][] = loadFromDatabase();
#55                            JTable table = new JTable(data,columnNames);
#56                            JScrollPane disp = new JScrollPane(table);
#57                            jp[1].removeAll();          //删除以前内容
#58                            jp[1].add(disp);            //加入滚动面板
#59                            jp[1].validate();
#60                        }
#61                    }
#62                });
#63                search.addActionListener(new ActionListener() {
#64                    public void actionPerformed(ActionEvent e) {
#65                        String s = searchtext.getText();
#66                        String res = searchData(s);     //调用搜索方法显示搜索结果
#67                        result.setText(res);            //在标签中显示结果
#68                    }
#69                });
#70            }
#71    public static void main(String[] args) {
#72            JFrame x = new ContactData();
#73            x.setSize(400, 300);
#74            x.setVisible(true);
#75        }
#76        ... //其他 3 个对数据库操作访问的方法在后面介绍
#77    }
```

✍ 说明：

　　所有对数据库的操作访问封装在 3 个方法中实现。第 47、48 行调用 saveToDatabase 方法将新输入的联系人数据写入数据库。第 54 行调用 loadFromDatabase()方法从数据库获取所有联系人的数据，将数据动态显示在 JTable 中，并通过滚动面板动态部署到选项卡相关的第 2 块面板上（第 56~59 行）。显示效果如图 17-1 所示。第 66 行调用数据查询方法 searchData()得到指定姓名的联系人信息，第 67 行在标签中显示结果。

图 17-1 在 JTable 中显示数据信息

以下为数据库操作访问的若干方法。

（1）从数据库装载所有数据放到二维数组中

```
#01    String[][] loadFromDatabase() {
#02        try {
#03            //从数据库读取数据写入 data 数组
#04            String url = "jdbc:mysql://localhost:3306/contractsdb";
#05            Class.forName("com.mysql.jdbc.Driver");
#06            Connection con=DriverManager.getConnection(url,"root","a1");
#07            Statement stmt = con.createStatement();
#08            String sql = "select * from  contract";
#09            ResultSet rs = stmt.executeQuery(sql);
#10            rs.last();                                    //定位到最后一条记录
#11            String data[][] = new String[rs.getRow()][3];
#12            int row = 0;
#13            rs.beforeFirst();
#14            while (rs.next()) {
#15                data[row][0] = rs.getString("name");
#16                data[row][1] = rs.getString("phone");
#17                data[row][2] = rs.getString("unit");
#18                row++;
#19            }
#20            stmt.close();
#21            con.close();
#22            return data;
#23        } catch (Exception e) {
#24            System.out.println(e);
#25        }
#26    }
```

✍ 说明：

　　该方法设计的关键是第 10～19 行，第 11 行定义一个行数和数据表记录个数一样多的二维字符串数组，通过接下来的循环将数据库表格中各行内容写入二维数组中，最后返回二维数组作为方法的结果。

（2）将新增数据保存到数据库表格中

```
#01    void saveToDatabase(String name,String phone,String unit) {
#02        try {
```

```
#03                 //从几个文本框读取数据写入数据库
#04                 String url = "jdbc:mysql://localhost:3306/contractsdb";
#05                 Class.forName("com.mysql.jdbc.Driver");
#06                 Connection con=DriverManager.getConnection(url,"root","a1");
#07                 Statement stmt = con.createStatement();
#08                 String sql = "INSERT INTO contract VALUES (?,?,?)";
#09                 PreparedStatement ps = con.prepareStatement(sql);
#10                 ps.setString(1, name);
#11                 ps.setString(2, phone);
#12                 ps.setString(3, unit);
#13                 ps.executeUpdate();
#14                 stmt.close();
#15                 con.close();
#16         } catch (Exception e) {
#17                 System.out.println(e);
#18         }
#19 }
```

（3）根据参数提供的姓名从数据库搜索联系人信息

```
#01  String searchData(String s) {
#02      try {
#03                 String url = "jdbc:mysql://localhost:3306/contractsdb";
#04                 Class.forName("com.mysql.jdbc.Driver");
#05                 Connection con=DriverManager.getConnection(url,"root","a1");
#06                 Statement stmt = con.createStatement();
#07                 String sql = "select * from contract where name='"+s+"'";
#08                 ResultSet rs = stmt.executeQuery(sql);
#09                 rs.first();                          //定位到查询结果的第 1 条记录
#10                 String res = "姓名=" + rs.getString("username");
#11                 res += ",电话=" + rs.getString("phone");
#12                 res += ",单位=" + rs.getString("unit");
#13                 stmt.close();
#14                 con.close();
#15                 return res;
#16         } catch (Exception e) {
#17                 System.out.println(e);
#18         }
#19  }
```

17.3　简单考试系统样例

扫描，拓展学习

【例 17-7】一个考试系统的设计。

计算机辅助教学测试在 Web 应用中较为常见[13]，本例的目标是设计一个基于桌面应用的教学测试程序，采用 Swing 图形界面结合数据库访问技术来实现，具体功能特点如下。

（1）系统采用数据库存储测试试题，包括单选和多选两类试题。

（2）多选和单选采用不同的解答界面，系统自动根据试题类型给出当前试题对应的答题界面。

（3）每屏显示一道试题，学生在解答试题过程中可以前后翻动试题浏览并解答，已解答的试题可以更改解答。

（4）单击"交卷"或"考试时间到"，系统将自动评分，并将评分结果告诉学生，学生确认后，结束考试。

系统设计包括规划数据的存储、应用界面、应用功能的实现等环节。

1．数据库表格（exampaper）的字段设计

数据库表格设计是数据库应用系统设计的关键环节。本例将所有试题存储在一张表中，并假设库中所有试题用于测试。存储试题的表格字段设计如下。

❑ content：备注型，用于存放试题内容。

❑ type：整型，用于表示试题类型，值为 1 表示单选；2 表示多选。

❑ answer：字符串，长度 5，表示标准答案。

2．系统界面设计

考试界面由多块面板采用嵌套布局进行设计。考试过程界面要显示的主要内容包括试题内容、解答控件、翻动试题控件及当前试题序号、剩余时间等。由于试题库中试题是单选与多选混合存储，所以考试界面中，不再安排题型切换选择按钮，而是自动根据试题类型来决定解答界面的风格。图 17-2 是当前试题为单选题的显示界面，多选与单选的差别是将单选按钮改为复选框。

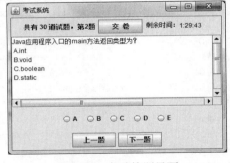

图 17-2　考试答题界面

针对上图的界面有多种方式设计布局，这里，最外层采用 BorderLayout 布局，在顶部（North）区域显示试题数量、剩余时间等，底部区域显示翻动试题按钮，而中央区域显示试题内容和解答控件，中央部分用一个采用 BorderLayout 布局的面板来布置。

为了实现两种题型的解答界面的切换，在解答控件区安排一块卡片布局的面板，单选和多选分别用一块卡片来实现。

3．类与方法设计

（1）试题信息封装类 Question

Question 类封装有试题的内容、标准答案、用户解答、题型信息。

```
#01    class Question{
```

```
#02        String content;                    //试题内容
#03        String answer;                     //答案
#04        String userAnswer;                 //用户解答
#05        int type;                          //试题类型，1--单选，2--多选
#06    }
```

（2）CountTime 类

该类实现剩余时间计算，应用多线程技术实现剩余时间的动态计算，该类继承标签，通过改变标签的文字实现剩余时间的显示。

① 属性变量

```
int totalTime：总考试时间；
int startTime：考试开始时间；
```

ExamFrame myFrame：将考试窗体传递过来，以便获取相关信息。

② 方法

❑　构造方法 CountTime()：设置初始属性，计算考试开始时间。

❑　run()：动态更新时间。

具体代码如下：

```
#01        /* 显示剩余时间的标签，通过多线程实现时间的动态更新，时间用完
#02          自动调对话框显示分数 */
#03    class CountTime extends Label implements Runnable {
#04        int totalTime;
#05        int startTime;
#06        ExamFrame myFrame;               //将考试窗体传递过来，以便在窗体中央显示消息框
#07
#08        public CountTime(int seconds, ExamFrame testframe) {
#09            totalTime = seconds;
#10            myFrame = testframe;
#11            Calendar rightNow = Calendar.getInstance();
#12            int h = rightNow.get(Calendar.HOUR_OF_DAY);
#13            int m = rightNow.get(Calendar.MINUTE);
#14            int s = rightNow.get(Calendar.SECOND);
#15            startTime = h * 3600 + m * 60 + s;          //记录考试起始时间
#16        }
#17
#18        public void run() {
#19            for (;;) {
#20                Calendar rightNow = Calendar.getInstance();
#21                int h = rightNow.get(Calendar.HOUR_OF_DAY);
#22                int m = rightNow.get(Calendar.MINUTE);
#23                int s = rightNow.get(Calendar.SECOND);
#24                int remain = totalTime - (h * 3600 + m * 60 + s - startTime);
#25                        //计算剩余时间
```

```
#26                    if (remain < 0) {
#27                        JOptionPane.showMessageDialog(myFrame,
#28                                    "分数=" + myFrame.givescore());
#29                        System.exit(0);
#30                    }
#31                    int rh = (int) (remain / 3600);
#32                    int rm = (int) ((remain - rh * 3600) / 60);
#33                    int rs = remain - rh * 3600 - rm * 60;
#34                    String msg = "剩余时间: " + rh + ":" + rm + ":" + rs;
#35                    this.setText(msg);                    //在标签上显示剩余时间
#36                    try {
#37                        Thread.sleep(1000);
#38                    } catch (InterruptedException e) {  }
#39                }
#40        }
#41 }
```

（3）测试主界面类 ExamFrame

该类的设计包括两个方面：一个方面是应用界面的设计、包括事件驱动；另一个方面是数据的访问处理，如试题的内容及用户解答的登记。

① 属性变量设计

为了提高数据访问效率，可以将所有试题内容及标准答案、题型等信息先从数据库读取，并封装为 Question 对象，保存在一个数组列表 question 中，以后通过根据当前试题编号访问数组列表获取当前试题信息，与试题存取的相关实例变量定义如下。

❑ ArrayList<Question> question：存放所有试题信息。

❑ int amount：表示试题数量。

❑ int bh：表示当前解答的试题编号。

另外，在 ExamFrame 类中还将图形用户界面中的一些部件对象作为属性变量，其中最有特色的是选项的表示处理，定义了 3 个数组分别存放 5 个选项标识（A、B、C、D、E）、5 个复选控件、5 个单选控件。用数组存放数据的好处是便于用循环来访问处理数据。

② 方法设计

❑ 构造方法 ExamFrame()：该方法主要实现界面的布局显示、注册事件监听，以及数据的初始化处理（包括调用 readQuestion 方法读所有试题存入数组列表）。

❑ display_ans()：当前试题解答控件的显示处理，该方法要将用户对该题的已有解答项进行正确设置，这样用户可以随意翻动试题查看已做解答和更改解答。

❑ givescore()：评分计算。

❑ actionPerformed()：动作事件处理，包括翻动试题、交卷等按钮。

❑ itemStateChanged()：解答选项的事件处理，将用户解答进行登记。

❑ readQuestion()：访问数据库，将所有试题信息存入数组列表 question 中。

程序代码如下：

```
#01    import java.awt.*;
#02    import java.awt.event.*;
#03    import java.sql.*;
#04    import java.util.*;
#05    import javax.swing.*;
#06    public class ExamFrame extends JFrame implements ActionListener,
#07                    ItemListener {
#08       ArrayList<Question> question=new ArrayList<Question>();  //全部试题
#09       int amount;                                //试题数量
#10       int bh = 0;                                //当前试题编号
#11       String ch[] = { "A", "B", "C", "D", "E" };   //选项标识
#12       JCheckBox cb[] = new JCheckBox[5];          //多选题的复选框
#13       JRadioButton radio[] = new JRadioButton[5];  //单选题的选项按钮
#14       JTextArea content;                         //显示试题内容的文本域
#15       JButton finish;                            //交卷按钮
#16       JButton next;                              //下一道试题
#17       JButton previous;                          //上一道试题
#18       JPanel answercard;                         //安排试题解答选项卡片
#19       JLabel hint;                    //提示标签，用于提示共有多少题，当前第几道
#20       CountTime remain;                  //显示剩余时间的标签
#21       int examtime = 5400;               //考试总时间，以 s 为单位
#22
#23       /* 在构造方法中完成应用界面的布局及各类部件的事件的注册 */
#24       public ExamFrame() {
#25          super("考试系统");
#26          readQuestion();                  //从数据库读取试题存入数组列表
#27          setLayout(new BorderLayout());
#28          /* 上部面板显示试题序号、交卷按钮、剩余时间 */
#29          JPanel up = new JPanel();
#30          hint = new JLabel("共有 ? 道试题，第 ? 题 ");
#31          finish = new JButton("   交  卷  ");
#32          up.add(hint);
#33          up.add(finish);
#34          remain = new CountTime(examtime, this);   //创建计时标签
#35          up.add(remain);
#36          new Thread(remain).start();               //启动计时线程
#37          add("North", up);
#38          /* 中间面板显示试题内容，给出解答选项卡片 */
#39          JPanel middle = new JPanel();
#40          middle.setLayout(new BorderLayout());
#41          content = new JTextArea(10, 50);
#42          middle.add("Center", new JScrollPane(content));
#43          content.setText(question.get(bh).content);
#44          JPanel duoxuan = new JPanel();            //多选解答面板
```

```
#45          duoxuan.setLayout(new FlowLayout(FlowLayout.CENTER, 10, 10));
#46          for (int i = 0; i < 5; i++) {            //创建解答选项
#47              cb[i] = new JCheckBox(ch[i]);
#48              duoxuan.add(cb[i]);
#49              cb[i].addItemListener(this);         //给复选框注册 ItemListener
#50          }
#51          JPanel danxuan = new JPanel();           //单选解答面板
#52          danxuan.setLayout(new FlowLayout(FlowLayout.CENTER, 10, 10));
#53          ButtonGroup group = new ButtonGroup();
#54          for (int i = 0; i < 5; i++) {            //创建解答选项
#55              radio[i] = new JRadioButton(ch[i], false);
#56              danxuan.add(radio[i]);
#57              group.add(radio[i]);
#58              radio[i].addItemListener(this);  //给单选按钮注册 ItemListener
#59          }
#60          answercard = new JPanel();
#61          answercard.setLayout(new CardLayout());//两种解答界面用卡片式布局
#62          answercard.add(danxuan, "singlechoice");
#63          answercard.add(duoxuan, "multichoice");
#64          middle.add("South", answercard);
#65          add("Center", middle);
#66          display_ans();                           //根据题型选择要显示的解答卡片
#67          /* 底部安排翻动试题按钮 */
#68          JPanel bottom = new JPanel();
#69          previous = new JButton(" 上一题 ");
#70          bottom.add(previous);
#71          next = new JButton(" 下一题 ");
#72          bottom.add(next);
#73          add("South", bottom);
#74          next.addActionListener(this);            //给翻动试题按钮注册动作监听者
#75          previous.addActionListener(this);
#76          finish.addActionListener(this);
#77          setSize(400, 300);
#78          setVisible(true);
#79          setDefaultCloseOperation(EXIT_ON_CLOSE);
#80      }
#81
#82  /* 功能：根据当前试题显示解答界面。该方法是系统设计的一个关键点，
#83  核心问题有两个；一是根据题型决定显示答题界面；二是根据用户解答来
#84  显示各选项的值，以保证用户前后翻动试题能正确显示用户的已有解答
#85  */
#86   public void display_ans() {
#87      hint.setText("共有 " + amount + " 道试题，第" + (bh + 1) + "题");
#88      CardLayout lay = (CardLayout) answercard.getLayout();
#89      if (question.get(bh).type == 1) {           //判断是单选还是多选
#90          lay.show(answercard, "singlechoice");   //显示单选卡片
```

```
#91              for (int i = 0; i < 5; i++)
#92                  radio[i].removeItemListener(this);
#93                  //取消事件监听，避免因选项值设置而引发事件
#94              for (int i = 0; i < 5; i++) {
#95                radio[i].setSelected(false);
#96                if (question.get(bh).userAnswer.equals(ch[i])) {
#97                    radio[i].setSelected(true);          //根据学生解答设置选项
#98                }
#99              }
#100             for (int i = 0; i < 5; i++)
#101                radio[i].addItemListener(this);          //恢复选项的事件监听
#102        } else {
#103          lay.show(answercard, "multichoice");          //显示多选卡片
#104             for (int i = 0; i < 5; i++) {
#105                cb[i].removeItemListener(this);          //取消选项的事件监听
#106                cb[i].setSelected(false);
#107              if (question.get(bh).userAnswer.length() > 0) {
#108                  if (question.get(bh).userAnswer.indexOf(ch[i]) != -1) {
#109                      cb[i].setSelected(true);
#110                  }
#111              }
#112                cb[i].addItemListener(this);          //恢复选项的事件监听
#113             }
#114        }
#115    }
#116
#117    /* 功能：将用户解答与标准答案比较计算得分 */
#118    public int givescore() {
#119        int score = 0;
#120        for (int i = 0; i < amount; i++) {
#121            Question q = question.get(i);
#122            if (q.userAnswer.equals(q.answer)) {
#123                score = score + 1;
#124            }
#125        }
#126        return (int) (score * 100 / amount);
#127    }
#128
#129    /* 功能：根据当前试题的题型拼接出用户的解答，将其存入解答数组 */
#130    public void itemStateChanged(ItemEvent e) {
#131        String s = "";
#132        if (question.get(bh).type == 1) {
#133            s = ((JRadioButton)e.getItemSelectable()).getText();//单选题
#134        } else {                                          //多选题
#135            for (int i = 0; i < ch.length; i++)
#136                if (cb[i].isSelected())
```

```
#137                              s = s + cb[i].getText();              //将所有选中的选项拼在一起
#138            }
#139        question.get(bh).userAnswer = s;
#140    }
#141
#142    /* 功能：实现试题的翻动 */
#143    public void actionPerformed(ActionEvent e) {
#144        if (e.getSource() == next) {                    //查看下一道试题
#145            if (bh < amount)
#146                bh++;
#147            content.setText(question.get(bh).content);
#148            display_ans();
#149        } else if (e.getSource() == previous) {  //查看上一道试题
#150            if (bh > 0)
#151                bh--;
#152            content.setText(question.get(bh).content);
#153            display_ans();
#154        } else {                                        //交卷
#155            JOptionPane.showMessageDialog(this,"分数="+ givescore());
#156            System.exit(0);
#157        }
#158    }
#159
#160    public static void main(String args[]) {
#161        new ExamFrame();
#162    }
#163
#164    /* 读取试题库试题内容存放到数组列表中 */
#165    public void readQuestion() {
#166        int stbh = 0;
#167        String url = "jdbc:mysql://localhost:3306/examdb";
#168        String sql = "SELECT  *  FROM exampaper";
#169        try {
#170            Class.forName("com.mysql.jdbc.Driver");
#171            Connection con=DriverManager.getConnection(url,"user","11");
#172            Statement stmt = con.createStatement();
#173            ResultSet rs = stmt.executeQuery(sql);
#174            while (rs.next()) {                         //循环遍历所有试题
#175                Question me = new Question();
#176                me.content = rs.getString("content");
#177                me.answer = rs.getString("answer");
#178                me.type = rs.getInt("type");
#179                me.userAnswer="";                       //用户解答默认为空串
#180                question.add(me);                       //试题加入数组列表中
#181            }
#182            amount = question.size();
```

```
#183          } catch (SQLException ex) {
#184              System.out.println(ex.getMessage());
#185          }catch (java.lang.ClassNotFoundException e) {    }
#186    }
#187  }
```

✍ **说明：**

　　本应用程序是一个涉及综合知识较多的应用，因此，在程序中也加上了不少注释以便读者理解。希望读者仔细思考，对程序的解决方案也可以考虑做些改进，比如，增加题型；在需要进行用户认证的情况下如何改进数据库表格，以及如何实现随机抽题等。

习　　题

1．思考题

简述使用 JDBC 访问数据库的基本步骤。

2．编程题

　　（1）编写一个图形界面应用程序，利用 JDBC 实现班级学生管理，在数据库中创建 student 和 class 表格，应用程序具有以下功能。

　　① 数据插入功能。能增加班级，在某班增加学生。

　　② 数据查询功能。在窗体中显示所有班级，选择某个班级将显示该班的所有学生。

　　③ 数据删除功能。能删除某个学生，如果删除班级，则要删除该班所有学生。

　　（2）改进考试系统，整个系统界面由 3 块面板采用卡片式布局构成，第 1 块卡片为用户认证模块；第 2 块卡片为测试模块；第 3 块卡片为成绩显示模块。在数据库中建立一个用户表格，每个用户认证通过后才能进入测试模块，测试结束后将成绩写入成绩登记表。

附录一

正则表达式简介

正则表达式描述了一种字符串匹配的模式，可以用来检查一个串是否含有某种子串、将匹配的子串替换或者从某个串中取出符合某个条件的子串等。使用正则表达式要注意限定符和特殊符号的含义，见附表 1 和附表 2。

限定符用来指定正则表达式的一个给定组件必须出现多少次才能满足匹配。

附表 1　正则表达式中的限定符

限　定　符	描　　　　述
*	匹配前面的子表达式零次或多次。例如，zo* 能匹配 "z" 以及 "zoo"
+	匹配前面的子表达式一次或多次。例如，'zo+' 能匹配 "zo" 以及 "zoo"
?	匹配前面的子表达式零次或一次。例如，"do(es)?" 可以匹配 "do"、"does"
{n}	n 是一个非负整数。匹配确定的 n 次。例如，'o{2}' 不能匹配 "Bob" 中的 'o'，但是能匹配 "food" 中的两个 o
{n,}	n 是一个非负整数。至少匹配 n 次。例如，'o{2,}'能匹配 "foooood" 中的所有 o
{n,m}	m 和 n 均为非负整数，其中 n <= m。最少匹配 n 次且最多匹配 m 次。例如，"o{1,3}" 将匹配 "fooooood" 中的前 3 个 o。'o{0,1}' 等价于 'o?'

所有限定符均是特殊字符，此外，还有其他一些特殊符号，在实际内容中如果要匹配这些特殊符号，需要使用转义符。例如，如果要查找字符串中的 "*" 符号，需要对*进行转义，即在其前加一个反斜杠字符\，例如 runo*ob 匹配 runo*ob。

附表 2　正则表达式中的特殊字符

特　殊　字　符	描　　　　述
$	匹配输入字符串的结尾位置。要匹配 $ 字符本身，请使用 \$
()	标记一个子表达式的开始和结束位置。子表达式可以获取供以后使用。要匹配这些字符，请使用 \(和 \)

特 殊 字 符	描　　述
*	匹配前面的子表达式零次或多次。要匹配 * 字符本身，请使用 *
+	匹配前面的子表达式一次或多次。要匹配 + 字符本身，请使用 \+
.	匹配除换行符 \n 之外的任何单字符。要匹配.字符本身，请使用 \.
[	标记一个中括号表达式的开始。要匹配[字符本身，请使用 \[
?	匹配前面的子表达式零次或一次。要匹配 ? 字符本身，请使用 \?
\	将下一个字符标记为或特殊字符、或原义字符、或向后引用、或八进制转义符。例如，序列 '\\' 匹配 "\"
^	匹配输入字符串的开始位置。要匹配 ^ 字符本身，请使用 \^
{	标记限定符表达式的开始。要匹配{字符本身，请使用 \{
|	指明两项之间的一个选择。要匹配|字符本身，请使用 |

附录二

本书实例目录

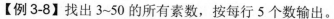

【例3-8】找出 3~50 的所有素数，按每行 5 个数输出。

【例3-9】统计 3 位数中满足各位数字降序排列的数的个数，要求各位数字无重复。例如，510、321 都满足要求，而 766、201 就不符合要求。

【例3-10】少年宫最近邮购了小机器人配件，共有 3 类，其中，A 类含有 8 个轮子、1 个传感器；B 类含有 6 个轮子、3 个传感器；C 类含有 4 个轮子、4 个传感器。他们一共订购了 100 套机器人，收到了轮子 600 个、传感器 280 个。根据这些信息请你计算：B 类机器人订购了多少个？

【例3-11】4 位同学中一位做了好事，班主任问这 4 位是谁做的好事。

【例3-12】输出 10~20 之间不能被 3 或 5 整除的数。

【例3-13】利用随机函数产生 100 以内的一个整数，给用户 5 次猜测的机会，猜对给出"你真厉害!"，每次猜错，则看是否在 5 次内，如果是，则根据情况显示"错，大了!继续"或者"错，小了!继续"，否则显示"错，没机会了!"。

【例3-14】某长途车从始发站早 6:00 到晚 6:00 每 1 小时整点发车一次。正常情况下，汽车在发车 40min 后停靠本站。由于路上可能出现堵车，假定汽车因此而随机耽搁 0~30min，也就是说最坏情况汽车在发车 70min 后才到达本站。假设某位旅客在每天的 10:00~10:30 之间一个随机的时刻来到本站，那么他平均等车的时间是多少分钟？

【例4-1】求 10 个学生的平均成绩。

【例4-2】利用随机数模拟投掷色子 500 次，输出各个数的出现次数。

【例4-3】将一维数组元素按由小到大顺序重新排列。

【例4-4】二维数组动态创建示例。

【例4-5】矩阵相乘 $C_{n \times m} = A_{n \times k} \times B_{k \times m}$。

【例4-6】编写求阶乘的方法，并利用求阶乘的方法实现一个求组合的方法。

【例4-7】写一个方法判断一个整数是否为素数，返回布尔值。利用该方法验证哥德巴赫猜想：任意一个不小于 3 的偶数可以拆成两素数之和。不妨将验证范围缩小到 4~100。

【例4-8】参数传递演示。

【例4-9】输出命令行所有参数。

【例4-10】二分查找问题。

【例4-11】扫雷游戏的布雷编程。

【例5-1】表示点的 Point 类。

【例5-2】Point 类的再设计。

【例5-3】银行卡类的设计。

【例5-4】静态空间与对象空间的对比。

【例5-5】求 10~100 的所有素数。

【例5-6】变量的作用域举例。

【例5-7】语句块中定义的局部变量只在语句块内有效。

【例 5-8】编写一个代表圆的类，其中包含圆心（用 Point 表示）和半径两个属性，利用本章 Point 类提供的方法，求两个圆心间的距离，编写一个静态方法判断两个圆是否外切。用两个实际圆验证程序。

【例 6-1】类的继承中构造方法的调用测试。

【例 6-2】方法调用的匹配测试。

【例 6-3】从复数方法理解多态性。

【例 6-4】方法的引用类型参数匹配处理。

【例 6-5】访问继承成员示例。

【例 6-6】给 Point 类增加 equals 方法。

【例 6-7】反射机制简单测试举例。

【例 6-8】测试对私有成员的访问。

【例 6-9】测试包的访问控制的一个简单程序。

【例 6-10】常量赋值测试。

【例 6-11】综合样例。

【例 7-1】设有中英文单词对照表，输入中文单词，显示相应英文单词；输入英文单词，显示相应中文单词。如果没找到，显示"无此单词"。

【例 7-2】从命令行参数获取一个字符串，统计其中有多少个数字字符，多少个英文字母。

【例 7-3】从一个代表带有路径的文件名中分离出文件名。

【例 7-4】将一个字符串反转。

【例 7-5】输入一个百亿以内的正整数，把它转换为人民币金额大写表示。

【例 7-6】所谓回文数就是左右对称的数字，如 585,5885,123321...，当然，单个的数字也可以算作是对称的。

【例 7-7】计算 1!+2!+3!+…+40!之和。

【例 7-8】格式化日期。

【例 7-9】日期的使用示例。

【例 7-10】Java 8 的日期时间类的使用示例。

【例 7-11】利用枚举类型描述 13 张扑克牌的点值。

【例 8-1】定义一个代表"形状"的抽象类，其中包括求形状面积的抽象方法。继承该抽象类定义三角形、矩形、圆形。分别创建一个三角形、矩形、圆形，并存入一个数组中，访问数组元素将各类图形的面积输出。

【例 8-2】接口应用举例。

【例 8-3】内嵌类可访问外层类的成员。

【例 8-4】静态内嵌类举例。

【例 8-5】方法中的内嵌类。

【例 11-13】一个画图程序，可以通过弹出式菜单选择画笔颜色，通过鼠标拖动画线。

【例 12-1】显示若干文件的基本信息，文件名通过命令行参数提供。

【例 12-2】在屏幕上显示文件内容。

【例 12-3】将一个大文件分拆为若干小文件。

【例 12-4】找出 10~100 之间的所有姐妹素数，写入文件中。所谓姐妹素数，是指相邻两个奇数均为素数。

【例 12-5】系统对象的串行化处理。

【例 12-6】利用对象串行化将各种图形元素以对象形式存储，从而实现图形的保存。

【例 12-7】从一个文本文件中读取数据加上行号后显示。

【例 12-8】用 FileWriter 流将 ASCII 英文字符集字符写入文件。

【例 12-9】将一个文本文件中的内容简易加密写入另一个文件中。

【例 12-10】应用系统用户访问统计。

【例 12-11】模拟应用日志处理，将键盘输入数据写入文件尾部。

【例 13-1】直接继承 Thread 类实现多线程。

【例 13-2】利用多线程实现模拟运转的钟表。

【例 13-3】中奖电话号码的滚动随机选取程序。

【例 13-4】有一个南北向的桥，只能容纳一个人，现桥的两边分别有 4 人和 3 人，编制一个多线程让这些人到达对岸，在过桥的过程中显示谁在过桥及其走向。

【例 13-5】设想这样一个消息通信应用场景，发送方按照协议要发送一批数据给接收方分析，接收方要等到全部数据到达并处理后，才允许发送方继续发送下一批数据。这类问题属于生产者消费者问题。

【例 14-1】泛型的简单使用示例（文件名为 Example.java）。

【例 14-2】让 User 对象按年龄排序。

【例 14-3】使用 Comparator 比较算子进行排序。

【例 14-4】Set 接口的使用。

【例 14-5】列表的使用。

【例 14-6】ArrayList 和 LinkedList 的使用比较。

【例 14-7】测试向量的大小及容量变化。

【例 14-8】列表元素的排序测试。

【例 14-9】设计一个方法 remDup，方法参数为一个列表，返回子列表，结果是只包含参数列表中不重复出现的那些元素。例如，实际参数列表中有"cat""cat""panda""cat""dog""elephant""dog""lion""tiger""panda"和"tiger"，则方法返回结果中只有"elephant""lion"。

【例 14-10】扫雷游戏设计。

【例 14-11】Map 接口的使用。

参 考 文 献

[1] 丁振凡. Java 语言程序设计实验指导与习题解答[M]. 北京：清华大学出版社，2010.

[2] 丁振凡. Java 语言程序设计（第 2 版）[M]. 北京：清华大学出版社，2014.

[3] [美] Maurice Naftalin. 精通 Lambda 表达式：Java 多核编程[M]. 张龙，译. 北京：清华大学出版社，2015.

[4] [美] CayS. Horstmann. 写给大忙人看的 Java 核心技术[M]. 杨谦，等，译. 北京：电子工业出版社，2016.

[5] [美] Herbert Schildt. Java 8 编程入门官方教程（第 6 版）[M]. 王楚燕，等，译. 北京：清华大学出版社，2015.

[6] 丁振凡. 基于 WWW 的协同式 CAI 软件的 Java 实现[J]. 计算机应用，1999.

[7] 丁振凡. 谈 Java 汉字处理中的问题[J]. 计算机时代，1999.

[8] 丁振凡. 利用 Java 在主页上播放校园风光图片[J]. 电脑学习，1999.

[9] 丁振凡. 基于 Java 的串口通信应用编程[J]. 微型机与应用，2012.

[10] 丁振凡. 基于 Java 的远程围棋对弈软件的设计[J]. 华东交通大学学报，1999.

[11] 丁振凡，李馨梅. 基于 JDBCTemplate 的数据库访问处理[J]. 智能计算机与应用，2012.

[12] 丁振凡. 基于 WebSocket 的在线围棋对弈软件设计[J]. 吉首大学学报（自然科学版），2017.

[13] 丁振凡. 基于 Cloud Foundry 云平台的网络考试系统实现[J]. 吉首大学学报（自然科学版），2013.

[14] 丁振凡. Spring 安全的用户密码加密处理研究[J]. 长春工程学院学报，2012.

[15] 丁振凡，吴根斌. 基于 Spring 的网站文件安全监测系统设计[J]. 计算机技术与发展，2012.

[16] 丁振凡. 用 Java 播放幻灯片的几个技巧[J]. 计算机时代，1999.